U0934932

建筑电气专业系列教材

楼宇自动控制技术

龚 威 主编

内容简介

本书系统地论述了现代建筑智能化系统的控制技术，包括智能建筑系统的组成原理、楼宇自控系统的设计思想及设计方法。

全书共分为8章，内容为智能建筑的基础知识、建筑设备的空调监控技术、电梯监控技术、智能建筑技术中的电气接口和现场总线与系统集成，还介绍了智能家居控制系统和绿色智能建筑等方面的内容。

本书的特点是以当前楼宇自控系统技术发展动向为出发点，结合国内外的先进技术和智能建筑的应用需求，深入浅出地论述了现代智能建筑的自控技术以及如何设计与实现现代建筑智能化，并将所介绍的先进技术及手段以工程实例的方式展现给读者。

书中内容新颖、语言通俗、技术先进、资料丰富、贴近工程实际。

本书可作为建筑类高等院校的本科生、研究生或专科生智能建筑控制系统课程的教材，也可以作为从事智能建筑自动控制的工程技术人员自学或参考的书籍。

图书在版编目(CIP)数据

楼宇自动控制技术/龚威主编. —天津：天津大学出版社，2008.9
(2011.2 重印)　　ISBN 978-7-5618-2798-7

Ⅰ.楼…　Ⅱ.龚…　Ⅲ.智能建筑－房屋建筑设备－自动控制
Ⅳ.TU855

中国版本图书馆 CIP 数据核字(2008)第150158号

出版发行　天津大学出版社
出 版 人　杨欢
地　　址　天津市卫津路92号天津大学内(邮编:300072)
电　　话　发行部:022-27403647　邮购部:022-27402742
网　　址　www.tjup.com
短信网址　发送"天大"至916088
印　　刷　天津泰宇印务有限公司
经　　销　全国各地新华书店
开　　本　185mm×260mm
印　　张　18.75
字　　数　468千
版　　次　2008年9月第1版
印　　次　2011年2月第2次
定　　价　35.00元

建筑电气专业系列教材
编写委员会

前　言

随着现代通信与信息技术、计算机网络技术、智能控制技术等技术的发展，智能建筑已成为现代建筑的主流。智能建筑与众多的现代科学技术息息相关，它将多种不同技术及体系集成到一个高效能运行的大系统中，使它们相互结合、相互渗透。所以说，建筑智能化技术是一门飞速发展的、交叉性的、多学科的应用技术。

楼宇自控系统是实现智能建筑的根基，是智能建筑生存的前提。智能建筑通过楼宇自控系统实现建筑物内与建筑环境的全面监控和管理，为使用者提供高效、舒适、安全及经济的工作和生活环境。因此，智能建筑必须具备优良的楼宇自控系统。

楼宇自控系统包含多类学科，涉及多种技术，它涵盖了建筑电力、照明、空调、安全防范、消防、停车场管理等楼宇自动化子系统。本书全面系统地对楼宇自控系统的基本原理、基本技术、设计方法以及智能建筑的最新技术进行了深入的分析，还从节能技术角度对绿色建筑进行了阐述。另外，从培养学生的综合能力出发，为了更好地掌握前沿技术，精选了几个典型的工程实例加以分析，给读者以全新的感觉。

全书分为8章，大致分为三方面的内容：第一部分介绍了智能建筑的基本概念、建筑设备的监控技术、楼宇自控系统技术基础、楼宇自控系统中的电气接口与现场总线和部分应用实例；第二部分介绍了智能建筑系统集成、BAS和IBAS系统，并列举了近期国内外极具代表性的实例，对智能建筑综合管理系统的两种模式进行了解剖分析；第三部分介绍了智能家居控制系统、绿色智能建筑方面的内容，探讨了以生态建筑为主体、以实现建筑可持续发展为战略的资源节约与再利用的绿色生态建筑建设的技术和经济标准。

书中体现了形成智能建筑系统的综合技术手段，突出了系统性和实用性，同时引用了成熟、先进的现代楼宇自动控制技术，突出了先进性和引领性，使读者对现代智能建筑控制技术的现状和未来发展有较全面的了解。与以往不同的是书中不仅增加了工程实例，还增加了工程实践的经验和指导以及相关产品的应用。本书各章附有习题，帮助读者学习和掌握书中的内容。

本书取材新颖、贴近实际、内容丰富、广深兼顾，力求对读者在学习过程中起到关键的指导作用，并融合教与学的逻辑思维规律，以提高对不同人群的适用度。

它既可作为高等院校楼宇自控系统(智能建筑控制系统)专科生、本科生、研究生的教材,也可作为从事智能建筑工程技术人员的参考书。

本书属于丛书系列,消防控制系统、安全防范系统及其网络通信技术等相关内容已在其他书中表述,故本书不再涉及。

全书由天津城市建设学院龚威主编,天津城市建设学院王瀛、陈冰、范文参加编写。第1、8章由陈冰编写;第2章由范文编写;第3、6章由王瀛编写;第4、5章由龚威编写;第7章由陈冰、王瀛编写,全书由龚威统稿。在编写过程中得到了潘雷、杨国庆、谢媛媛、谢飞、张小旭等人的大力帮助,在这里表示衷心感谢。

本书在编写过程中引用和参考了有关智能建筑及楼宇自控技术的部分书籍、相关资料,在参考文献并未一一列出,在此对这些书刊和资料的作者表示诚挚的感谢。

由于时间仓促,编者水平有限,书中难免有一些不妥之处,恳请广大读者批评指正。

作者
2008.5

目　录

第 1 章　智能建筑概述

本章介绍了智能建筑的主流趋势和智能建筑的技术内涵,从智能建筑的概念、特点、功能特征给出了构成智能建筑各个子系统的内容;从信息社会、最优化组合的视角,审视了智能建筑的需求,体现了建筑"可持续发展"的理念,论述了如何使建筑实现根本意义上的智能化。

智能型建筑(Intelligent Building)是现代建筑技术与现代通信技术、计算机技术、控制技术相结合的产物。从首座举世公认的智能建筑落成至今,只有短短二十多年的时间,但智能建筑以前所未有的、高效的信息传递速度,卓越的建筑设备自动化以及可提供更加舒适、节能、符合生态要求的生活与工作环境而得以迅猛发展,从而成为当今建筑领域中的宠儿,并已经成为今后大中型,甚至相当多中小型建筑物发展的主流。

长期以来,建筑更多地被当做是与艺术相关的学科,对它从属于技术领域的概念有所冷漠。人们对建筑的关心往往是它的外在表现,而忽视其内在的许多因素。但智能建筑的出现改变了这一观念。智能建筑技术将计算机和网络技术为核心的信息技术与建筑技术、建筑艺术相结合,使得智能建筑不再是传统意义上的建筑物了。如果说钢铁、混凝土和玻璃使建筑的外观发生了变化,那么智能建筑就是从本质上改变着建筑在人们心中的概念。建筑不再单单是一个用来遮风避雨的壳体,而将成为能够参与人类生产、生活且具有"生命"特性的实体。如果用人体做一个形象的比喻,可以得到表 1-1 中的结果。

表 1-1　智能建筑与人的类比

"头脑"	"骨骼"	"肌肉"	"血管"	"神经系统"	"感觉器官"
计算机控制管理中心	建筑的梁、板、柱等主题承重结构部位	建筑的填充墙、装修、维护结构部位	各种材料的配线、配管(如上、下水管,电线管,燃气管等)	由通讯电线、电缆、光缆、光纤等组成的信息传送网及计算机网络系统	与计算机中心相连的各类传感器、探头、工作站、交换站和各职能部分

从表中可以看出,传统建筑只是具备了"人"外在的"骨骼"、"血管"和"肌肉",而智能建筑则是在此基础上加上聪明的"头脑"、灵敏的"神经系统"和"感觉器官"的完整的"人"。

1.1　智能建筑的定义与分类

1.1.1　智能建筑的产生和发展背景

1. 智能建筑的产生

对智能建筑的研究可以追溯到 20 世纪六七十年代。智能建筑的发展史是一个从监控到管理的发展过程。早期的超高层大楼一般设备非常多,诸如空调系统、给排水系统、变配电系统、保安系统、消防系统、停车场系统等各种专业系统同时共存。操作和控制这些系统仅靠中央控制室很难实现。1984 年美国康涅狄格州的哈特福市将一幢旧金融大厦进行了改造，一幢新型的建筑出现在世人的面前。曾有报道，对这幢大厦进行了如下描述：

1984 年 1 月的一天，一位办公人员走进了位于美国康涅狄格州哈特福德市的一座 38 层的办公楼。他“使用 ID 卡乘上电梯便可收到天气预报及股市行情；一走进自己的办公室，照明灯便自动打开；走到自己的办公桌前，语音信箱、电子信箱的号码就显示出最近的受检情况”。随后，他“用电话和同事商量问题，说话的同时，需要的资料就用传真机发送过来了。工作记录可由计算机自动输入。当外面的天气发生变化时，室内照明跟着相应改变，始终保持桌面所需的照度。该吃午饭了，当天的菜单就显示在显示器上。这位工作人员可以很容易地做出选择。终于，一天紧张的工作结束了，当他离开办公室 12 分钟后，室内照明自动关闭……”

这就是世界上第一座智能建筑——City Place，也称都市大厦。该建筑的改造是由著名的 SOM 设计事务所承接建筑设计，而智能系统设计是由美国联合技术公司（UTC，United Technology Corp.）承接。

该建筑地上 38 层，地下 2 层，总面积 12 万平方米，装备了先进的通信系统、办公自动化系统及自动监控和建筑设备管理系统，并首创了“多用户共同租用”这一使用方式，使用户可以用低廉的价格租用昂贵的设备，享受通讯自动化及办公自动化服务。City Place 以全新的设计与服务成为智能建筑跨时代的里程碑。

当然，智能建筑的产生不是一蹴而就的，而是经过一定历史时期的演化才发展成为如今的这种状况。City Place 只不过是智能建筑发展史中一个标志性建筑。只有在各种技术条件、社会条件、经济条件同时具备的情况下，智能建筑才能产生。

2. 智能建筑的产生背景

20 世纪 80 年代，微电脑技术的崛起再加上信号传输技术的进步，基本上实现了所有设备都可以显示于大楼内的中央监控室，并且较容易地进行操作和管理，从而提高了效率。直至建起第一座真正意义的智能建筑，这中间经过了十几年的时间。它的产生并不是偶然的，而是有深刻的经济、社会和技术背景。归纳起来，有以下 4 个方面的主要原因。

（1）经济背景

经济是人类一切活动和社会进步发展的基础，每个时期的建筑都与其所处时代的经济发展水平相适应。奴隶社会，生产力低下，建筑仅是一个挡风蔽雨的窝；封建社会以农业经济为基础，建筑的功能有所提高，中国的秦砖汉瓦式建筑是一种典型；20 世纪以大生产为基础，混凝土、钢结构的高大厂房与公共建筑拔地而起；随着人类文明、技术与经济的进一步发展，知识经济时代已经到来，与之相适应的建筑物也必须跟上时代发展的步伐，智能建筑是历史发展的必然。

二次世界大战以后，全世界经济处于战后稳定快速的恢复和发展阶段。到了 20 世纪八九十年代，由于亚洲经济的崛起，世界经济又进入一个突飞猛进的时期。这一时期的经济呈现出以下几个特点。

1）第三产业的崛起　世界经济发展到 20 世纪中期，一些老牌发达资本主义国家的第一、第二产业的发展已相对平缓，经营利润不高。于是，有高利润附加值的第三产业——信息服务业，便得以蓬勃发展。在这些国家，特别是在一些经济中心城市中，第三产业往往在国民经济生产总值中占有很高的比重。从事第三产业的人口急剧增加,从事金融、贸易、保险、房地产、咨询服务、综合技术服务(国外也有称其为第四产业或信息产业)的人员比重逐年提高。为这些人提供有利于提高劳动效率的舒适、高效办公场所,便成为社会的迫切需要,而第三产业的高利润也使这些人在租用这些高级办公楼时,在经济上有了保证与可能。

2)世界经济全球化　20世纪80年代中期以来,区域经济被打破,各国经济日益纳入世界经济体系。世界金融市场已跨越国界,跨国公司的扩张使生产和科技国际化,加速了资金、技术、商品、人才的国际流动,大量国际化的办公人员产生,他们在世界各地办公,但彼此之间需要密切的信息交流与联系。于是,对办公室内办公手段与通讯手段的要求相应提高,这就为智能建筑提供了广阔的买方市场。

3)世界经济由总量增长型向质量效益型转变　至20世纪90年代,世界生产技术由高消耗型向节能型转变,生产方式由单纯追求规模效益转化为重视产品性能和质量,产品本身包含更多的技术含量。生产中脑力劳动成分大大高于体力劳动,这就需要与之相适应的办公场所的大量出现。

以上三个经济特征是诱导和支撑智能建筑产生的经济基础。但只有经济基础是不够的,智能建筑的产生同时还受到另外几个因素的影响和作用。

(2)社会背景

20世纪70年代以来,许多国家为了解决长期以来困扰国民经济发展的基础设施落后的问题,纷纷将原来由国家垄断经营的交通、邮电、通讯等行业向民间或国外开放,使得信息技术市场的竞争日趋激烈,各种机构应运而生,这就为智能建筑的技术和设备选择提供了坚实而广泛的基础。

(3)技术背景

仅仅具备了经济条件和社会条件也还是不够的,智能建筑的产生还需要技术上的支持,并在技术推动下发展。上个世纪80年代以来,在“第三次浪潮”的推动下,科学技术得以飞速发展。以计算机集成技术发展情况为例,从1965年到1985年,仅20年时间,集成电路就从10^2级的小规模集成电路发展成为10^6甚至10^8级的超大、极大规模集成电路。计算机技术、微电子技术、信息网络技术的发展促使智能建筑的实现具备了硬件条件。电脑普及程度大大提高,网络逐步实现国际化,办公设备种类及自动化水平也有了长足进步等等,这一切都为智能建筑的实现创造了良好的物质技术条件。

(4)生产、生活的客观需求

随着现代生活水平的提高,人们对生产、生活场所的环境条件也提出了更高的要求,而智能建筑的出现正迎合了这种需求,它能为使用者提供更加方便、舒适、高效和节能的生产与生活条件。

总之,智能建筑是多种因素相互影响、共同作用的结果,未来智能建筑的发展也必将如此。因此,在实际工程的设计中必须综合考虑到这些因素和条件,才能设计出真正符合实际需要的智能建筑。而从第一座智能建筑建成到如今,同样又经过了十几年的时间,可以预计智能建筑的发展之路还会很长很长,还需要经过十年、百年或更长时间,它的发展必将给人类的生活和工作带来巨大变革。

1.1.2 智能建筑的定义

目前,关于智能建筑的定义,国内外有很多不同的看法,各个国家及有关组织按照对智能建筑的理解给出了各自的定义。目前的定义归纳起来有以下几种。

①美国智能建筑协会(AIBI)的定义是:智能建筑是指通过建筑物的结构、系统、服务和管理四项基本要求以及它们之间的内在关系进行最优化,从而营造一个投资合理,具有高效、舒适、便利的环境的建筑物。

②日本智能建筑协会的定义是:智能建筑是指具备信息通讯和办公自动化信息服务以及楼宇自动化各项功能的、便于进行智力活动需要的建筑物。

③新加坡国际智能建筑研究机构的定义是:智能建筑是指在建筑物内建立一个综合的计算机网络系统,该系统应能将建筑物内的设备监控系统、通信系统、商业管理系统、办公自动化系统以及智能卡系统和多媒体音像系统集成为一体化的综合计算机管理系统。该系统应能对建筑物内部实现全面的管理和监控,包括设备、商业、通讯及办公自动化方面的管理。

④欧洲智能建筑协会的定义是:智能建筑是使用户发挥最高效率,同时又以最低的保养成本、最有效地管理其本身资源的建筑。

⑤国际智能建筑协会(IIBI)的定义是:智能建筑必须是在将来新的要求产生时,可以导入相适应的新技术的建筑。

从以上的定义中不难看出,各个定义的产生都有各自的相关背景,在主旨内容相同的情况下,又有着不同的内容与含义。但定义的不同并不等于是歧义,而是定义者出发点不同。这也说明智能建筑是正在发展的、不断变化的。因此对智能建筑的理解也应以发展的眼光看待,在不同的阶段,对于不同的国家、不同的人,智能建筑有着不同的含义。

美国是从事智能建筑设计研究工作较早的国家,并且在技术上较先进。其特定的社会制度与商业机制,使得他们在对智能建筑的讨论中,更多关注的是对市场的积极作用。这是因为,在美国有“大量的房地产市场和扮演特别角色的投机发展商”以及来自世界各地的许多承租者,他们所关心的是投资与回报、出租与服务的关系。这就使美国的一些组织对智能建筑的考虑更加侧重于投资、服务和管理的方面。

日本在智能建筑方面的研究工作虽起步晚于美国,但发展速度相当惊人。日本凭借其强大的经济实力、先进的科技水平,在智能建筑的设备研制方面远远走在世界前列。但由于日本的行政管理模式趋于集权化,办公方式趋于传统,“他们唯一感兴趣的是用办公环境来强调工作等级关系”。因此,现代的办公设备往往无法发挥最大的效益。但随着日本现有的管理模式与工作方式的改变,成功地开发智能建筑将不是空想。正如一位日本人所说:“十年前,美国的工厂比我们的好。现在,我们工厂的设备比他们的好。十年后,我们的办公环境也一定会比他们的好。”

欧洲智能建筑的发展方向与美国、日本有所不同。在组织结构方面的不同点多于技术方面。这主要是因为受到在提高工作、生活质量方面广泛发展的工业民主化的巨大影响。欧洲的经济强盛时期已经成为过去,逐渐走向衰退。同时,能源缺乏也成为制约其发展的另一因素。以上两个原因决定了欧洲的智能建筑将更加注重使用的舒适性和建筑的经济有效性。

我国尚处在社会主义初级阶段,尽管发展速度很快,但资源与国力有限,智能建筑的研究工作起步较晚。这既是劣势,也是优势。虽然我国的经济、技术水平较低,不能够像美国、日本那样将大量的资金投入到智能建筑的实践方面,但这给予了我们更大的空间,可以用更加冷静、平和的心态思考,将有限的资金用到最有效的地方。起步晚,可以使我们更全面、审慎地观察那些走在世界前列的国家,从他们身上吸取经验教训,少走弯路。总之,在综合分析我国现阶段的状况后,可以看出:我国的智能建筑的研究与发展工作应该着眼于发展技术、提高经济效益、节约能源,更多地考虑如何与现有建筑相结合以及可持续发展等等这些切合实际的问题,一步一个脚印地走自己智能建筑开发的道路。

鉴于此,本书采用的智能建筑定义是在国内使用较为普遍的一种定义:智能建筑指利用系统集成方法,将计算机技术、通信技术、信息技术与建筑艺术有机结合,通过对设备的自动监控、对信息资源的管理和对使用者的信息服务及其与建筑的优化组合,所获得的投资合理、适合信息社会需要,并且具有安全、高效、舒适、便利和灵活特点的建筑物。

综合以上所有的智能建筑定义,可以发现,尽管对智能建筑的定义有不同的描述,但都涵盖了以下一些方面:

①综合应用计算机技术、通信技术、信息技术和建筑艺术,并高度有机集成化;

②建筑内部环境人性化并与用户有程度较高的亲和关系;

③安全性高,有先进的防火、安防系统与设施,能以很高的效能及时应对和处理各类火灾灾害或安防监控的事务;

④以建筑设备自动化系统、通信网络系统、办公业务信息网络系统为基础,对楼宇进行高效能的控制和管理;

⑤使依托智能建筑工作的用户在处理信息交互、办公事务时和从事经济活动中具有较高的效率;

⑥使用系统集成的方式对各个子系统、功能环节进行高度灵活和科学的集成,将诸子系统从硬件到软件都高度有机地集成在一个大系统中。

1.1.3 智能建筑的分类

随着智能建筑技术的发展,越来越多的建筑都具备了智能化的特点。智能化建筑的概念也随着技术的发展而延伸到了住宅、小区、学校、办公建筑群等方面。

1. 智能住宅

近几年,对单体公共建筑、综合体公共建筑的智能化已成为各国的建设目标,在这种大背景的推动下,住宅的智能化也被提到了议事日程。由于住宅是人类居住休息的相对私密的空间,因此住宅的智能化应更具人性化、安全性和舒适性。

在这里,可给智能化住宅下个定义:智能化住宅是指通过家庭总线将家庭住宅内的各种与信息相关的通信设备、执行终端、家用电器和家庭保安及防灾害装置都并入网络中,进行集中式的监视控制操作并高效率地管理家庭事务的住宅。这样的住宅,内部与外部都有和谐的环境,用户在工作、学习方面有着很高的效率,能够方便地调用大量的外部信息资源,同时也能方便快捷地将用户个人信息与外部进行交互;在生活方面,具有较高的舒适性、安全性。

2. 智能小区

智能小区是对具有一定智能化程度的住宅小区的统称,是指通过综合配置住宅区内的各功能子系统,并以综合布线为基础,由网络将在一定地域范围内的若干智能住宅连接起来,实现园区各种公共设施智能管理的集合。它将建筑艺术、生活理念与信息技术、计算机网络技术等相关技术很好地融合在一起,为用户提供安全、舒适、方便和开放的智能化、信息化生活空间;依靠高新技术,实现回归自然的环境氛围;促进优秀的人文环境发展,依靠先进的科技实现小区物业运行的高效化、节能化和环保化,体现了住宅小区发展的趋势。

智能小区以小区建筑实体作为平台集成,运用信息处理、传输、监控、管理以及系统集成,

实现服务、信息和系统资源的高度共享,以人为本。它具有如下一些重要特征:

①住宅内部具备完善的综合安全防灾措施与为生活服务的智能控制器,住宅与小区和社会之间具有高度的信息交互能力;

②小区内部具备完善的安防措施、全面的公用设施监控管理和信息化的社区服务管理;

③能为小区内住户提供多媒体的多种信息服务。

3. 智能办公建筑

到目前为止,在已建成的各种不同类型的智能建筑中,智能办公楼无论从数量还是从智能化的程度上看,无疑都是首屈一指的。

智能办公建筑是智能建筑的一种类型,是指单栋办公、商务楼宇或具有其他用途及业务属性的楼宇智能化后所形成的智能型建筑,具有智能建筑所应具有的所有基本条件。智能办公建筑可以用于商务、企事业办公或科学研究。总之,用途可以是多方面的,但都装备了较完整的智能化系统和智能化、信息化的基础设施。

智能办公建筑的基本框架是将楼宇自动化、通信网络、办公信息网络三个子系统集成为一个整体,各子系统的软硬件协调地集成在一起,使得管理综合化和多元化。

国内学者对智能建筑的分类,还有智能广场、智能城市和智能国家等,这里不再议及。

1.2 智能建筑的组成

在我国,一直强调在三个方面实现楼宇的自动化功能。国家标准《智能建筑设计标准》(GB/T5034—2000)就将智能建筑定义为"以建筑为平台,兼备楼宇自动化 BA(Building Automation)、办公自动化 OA(Office Automation)及通信网络系统 CA(Communication Automation),集结构、系统、服务、管理及它们之间的最优化组合,向人们提供一个安全、高效、舒适、便利的建筑环境"的建筑物。但经过这么多年的实践和探索,人们普遍认为这种 3A 的分类比较模糊。不少人士认为,通信自动化系统 CAS 和办公自动化系统 OAS 的提法欠妥,概念不够确切,改为通信网络系统 CNS(Communication Network System)和信息网络系统 INS(Information Network System)更为恰当。因此,在《智能建筑工程质量验收规范》(GB/T50339—2003)中,将智能建筑的基本组成部分改为建筑自动化系统 BAS、通信网络系统 CNS 和信息网络系统 INS,三者通过结构综合布线系统 SCS(Structured Cabling System)和计算机网络技术进行物理连接,并以管理为目的进行有机集成,集成部分又称为建筑管理系统 BMS(Building Management System)或智能建筑综合管理系统 IBMS(Intelligent Building Management System),如图 1-1 所示。

在智能建筑的组成结构中,建筑设备自动化系统 BAS 是智能建筑存在的基础;通信网络系统 CNS 是建筑物内外信息传输的通道;信息网络系统 INS 则是向智能建筑内的人们提供网络应用平台,为人们的工作和生活创造方便快捷的环境。

1.2.1 建筑自动化系统 BAS(Building Automation System)

BAS 也被称为建筑自动控制系统,是"将建筑物或建筑群内的电力、照明、空调、给排水、防灾、保安、车库管理等设备或系统,以集中监视、控制和管理为目的,构成综合系统",从广义而言,主要包括建筑设备监控系统、安全防范自动化系统、火灾报警与消防自动化系统三大部分。而狭义的 BAS 则专指建筑设备监控系统。

建筑物内存在许多独立设备,建筑设备监控系统(狭义的 BAS)对它们进行自动监控和管

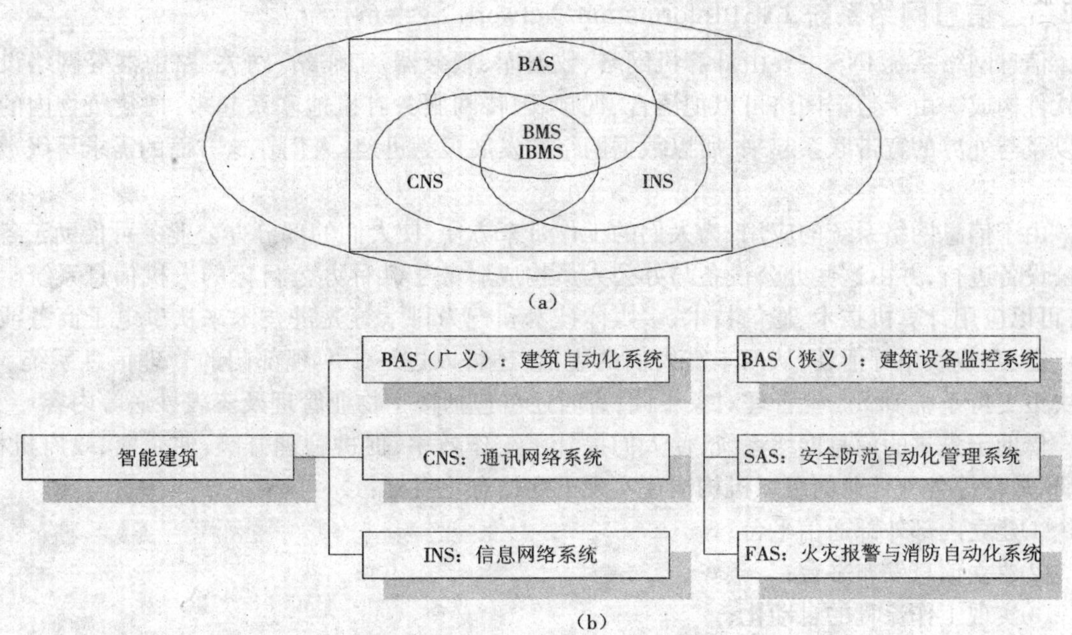

图1-1　智能建筑的定义与组成图解

(a)智能建筑的定义图解；(b)智能建筑的组成图解

理。该系统主要包括空调系统、给排水系统、变配电系统、照明系统、电梯系统。

安全防范自动化系统（SAS，Security Automation System）主要有防盗报警与监听、监控，出入口监控、闭路电视监控，紧急报警，巡更管理和周界防卫等功能，是建筑智能化系统的一个子系统。这个子系统对于确保大厦内人身、设备及信息资源安全是必不可少的。该系统包括防盗报警系统、紧急求助系统、巡更管理系统、闭路电视监控系统、出入口控制系统、停车场管理系统等。

火灾报警与消防自动化系统（FAS，Fire Automation System）贯彻以防为主、防消结合的方针，要及时发现并报告火情，控制火灾的发展，尽早扑灭火灾，以确保人身安全和减少社会财富的损失。为此，该系统主要包括火灾自动报警系统、自动灭火、喷淋系统、消防设备联动系统、紧急广播系统、紧急照明系统。

1.2.2　通信网络系统CNS（Communication Network System）

通信网络系统CNS是建筑物内语音、数据、图像传输的基础设施，由于与外部通信网络（公用电话网、综合业务数字网、计算机互联网、数据通信网及卫星通信网）相连，可确保建筑物内外信息的畅通、实现信息共享。智能建筑对于CNS所提供服务的要求可归纳为“5W1H”。其中“5W”是指无论是谁或与谁进行通信Whoever（通信自由性选择）、无论采用什么方式进行通信Whatever（通信服务多样性）、无论是什么时间进行通信Whenever（通信随时性）、无论在哪里与那里进行通信Wherever（通信全方位、无约束性）；其中“1H”是指无论怎样进行通信However（通信操作方便、实时、安全）。该系统包括电话通信网、接入Internet的计算机局域网、卫星通信系统、有线电视CATV系统、无线通信系统。

1.2.3 信息网络系统 INS(Information Network System)

信息网络系统 INS 主要由计算机网络、数据库、服务器、工作站、网关、路由器等网络设备及软件构成。由于数据网络可以把语音、视频、因特网服务有机地联系起来,把建筑物内的服务以及与外界的宽带联系起来,所以数据网络的发展极为迅速,人们在这方面的需求呈级数增长。

由于信息网络系统的应用,为人们的工作带来方便,使人们的部分办公业务可借助于各种办公设备进行,并由这些办公设备与办公人员构成服务于某种办公目标的人机信息系统。同时,可以应用计算机技术、通信技术、多媒体技术和行为科学等先进技术来从事电子商务或视频点播、游戏娱乐等活动,从而丰富人们的生活,还可以进一步实现部门的管理信息系统 MIS 和决策支持系统 DSS。视管理对象不同,有时还可包括楼宇物业管理及三表抄送等内容。

借助于先进的信息网络系统,使人们提升了工作效率,促进管理升级,使企业、政府机构、科研、教育等各种行业的组织机构快速实现下列信息化目标:

①建立内部外部通信平台;

②建立信息发布平台;

③实现工作流程的自动化;

④实现文档管理、知识管理;

⑤实现人事、办公资产等的计算机管理;

⑥实现工作计划、工作日志等方面的网络办公方式;

⑦实现分布式办公;

⑧全面解决办公过程中的网络通信,公文流转、审批处理,信息、文档管理,人事、办公资源管理等。

1.2.4 建筑管理系统 BMS 和智能建筑综合管理系统 IBMS

随着信息技术的发展,智能建筑大大提高了建筑物的自动化与信息化水平,但没有系统集成的建筑就不是真正意义的智能化建筑,因此,系统集成是实现楼宇建筑智能化功能的唯一技术手段。智能建筑通过系统集成可将计算机技术、通信技术和信息技术以及楼宇自动化有机地结合起来,以实现信息综合、资源共享。

智能建筑系统集成的核心是如何在各功能子系统相对完善的基础上进行系统集成。为了保证系统集成任务能够顺利完成,智能建筑系统的集成要包括功能集成、技术集成、产品集成以及工程集成等方面,从而实现对智能化建筑全面和完善的综合管理。

BMS 系统是以狭义的 BAS(建筑设备监控系统)为核心的一种实时域系统集成。它的最大特点就是将原来独立的 SAS(安全防范系统)、FAS(火灾报警与自动消防系统)与狭义的 BAS 系统有机地集成起来,实现了系统联动控制和整个建筑的全局响应能力。其纵向系统结构如图 1-2 所示。

BMS 纵向系统结构表明整个建筑的设备和安全防范、火警等实时信息都反馈到 BMS 工作站,便于集中监视和控制。纵向关系仅简单地表明了系统结构。为了实现 BMS 的高效率和可靠集成,各子系统之间还包含一些横向关系,即实时域的联动响应并不完全依靠 BMS 的网络交换设备,如火警的报警带来的电气设备(空调、照明等)自动断电,安全防范报警和照明系统的联动等等(图 1-3)。正是这些有机的纵横交织的功能管理使今天的建筑具备了较高智能化

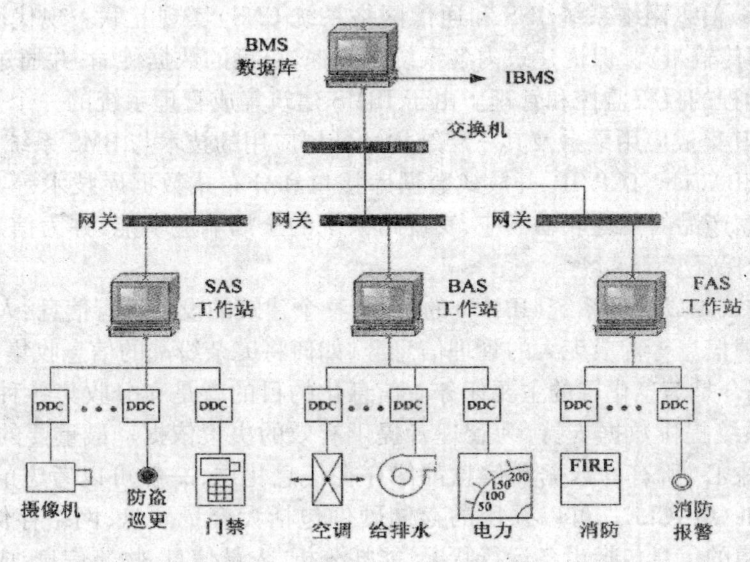

图1-2　BMS纵向系统结构图

的集成度，作为比较成熟的集成系统BMS得以广泛的应用。

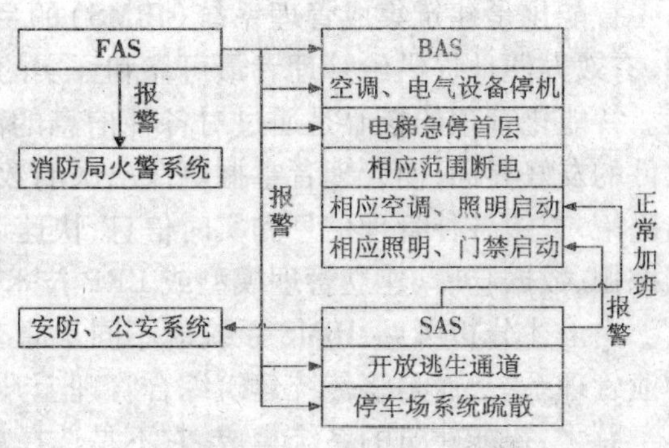

图1-3　BMS系统横向结构图

如果说BMS系统集成是为了实现事件响应的快速性、设备联动的可靠性、整个建筑的安全性的话，IBMS系统集成的目的就和BMS系统有较大的区别。IBMS作为综合集成管理平台应构建在整个建筑或建筑群的信息域之上，服务的对象是业主或物业管理部门，它对BMS系统的功能，主要集中在监视、管理和优化资源的配置上，对于实时的控制信息不建议其参与控制。

新型的现代建筑或建筑群建成之后，随之而来的是人流、物流和资金流。这些信息综合成为建筑（群）的信息流。如何有效地管理和利用这些信息，实现业务管理的集成化、智能化和资源配置优化，以达到高效率、综合管理的目的，成为迫切需要解决的问题。而IBMS系统，就是针对这一问题提出来的。

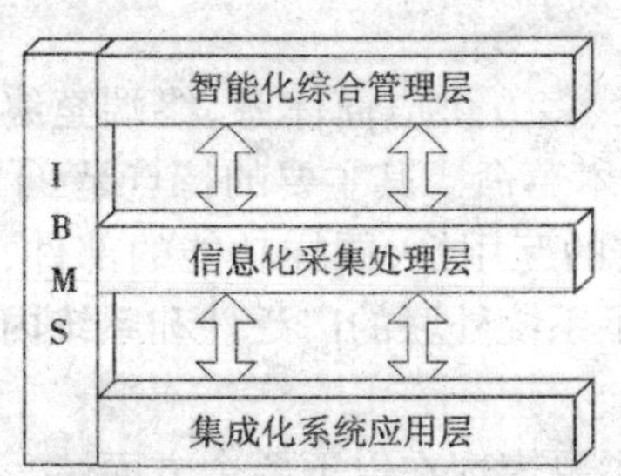

图1-4　IBMS的层次结构图

智能建筑综合管理系统（简称IBMS）是以当今先进的网络技术、计算机技术、通信技术、控制技术和数据处理技术等多项技术为基础，以现代建筑（建筑群）经营管理模式为手段，以实现安全、稳定、高效和集约式管理为目的的综合集成管理平台。其特点是整个建筑（群）的管理与监控系统的集成化、信息化和智能化，从层次上看三者紧密相连、互相依托、互相支持。其层次结构如图1-4所示。

集成化是智能建筑综合管理系统（IBMS）的基础，依托于内部INTRANET使整个建筑（群）中的各子系统（主要是指建筑管理系统 BMS、信息网络系统 INS 和通信网络系统 CNS）实现互联。现代网络技术可提供高达千兆的内部传输带宽，保证建筑内各系统的高速、可靠的数据传输，并通过开放的 INTERNET 接口实现远程的授权监控和管理。由于 IBMS 建筑集成管理系统的一个重要组成部分是 BMS 系统，所以其集成应用平台及其三层结构最低层应用的技术与 BMS 系统所应用的技术是相近的，如 OPC、BACnet、TCP/IP、开放式数据库接口和分布式数据库技术等实现多种技术的融合，和各种厂家产品的无缝联动响应，实现跨系统的全局响应功能，并为信息化和智能优化提供可靠的平台保证。

信息化是建筑集成管理系统（IBMS）的核心，整个建筑的设备运行信息、人员管理信息、物流信息、服务反馈信息等构成庞大的管理信息源，如何将庞杂纷乱的信息收集、分类、整理成为有序数据信息集合是信息化层的主要任务。信息化的目的就是充分收集各种信息，为系统优化和专家经验系统提供数据支持，为管理者提供有效的决策依据。最重要的一点，它是整个 IBMS 系统信息中心，所有的数据和信息都保存在信息化层，一般可以考虑的数据库为 SQL-SERVER、DB2 和 ORACLE。可以采用的存储硬件包括大容量硬盘、网络存储设备或磁盘阵列，信息化层收集的信息包括设备运行状况、能耗分析、人员信息、物流信息、成本分析、满意度调查和人员管理等多方面综合信息。

智能化是建筑集成管理系统（IBMS）的目的，智能化的关键是通过科学的数据分析和处理，有效方便地提供给管理者最可靠和详实的综合业务状况，并提出相应的优化管理和运营方案。智能化管理的核心是通过对各种信息的高效率利用，并通过类似于专家系统管理或 MIS 软件的友好界面，使管理者掌握更深层次的数据分析结果。管理者可以充分利用上述信息做出决策，查阅各种管理信息和实时信息，快速调整管理和运营计划。可以考虑采用的技术有数据挖掘、数据仓库、建立管理模型或 ERP 技术等。

由上述分析可见，IBMS 系统既不同于原有的实时域设备管理系统 BMS，也不同于纯粹的物业管理系统，而是将传统建筑综合管理上升到企业资源计划系统（ERP）的层次。

总之，智能建筑的系统集成，它不是选择最好产品的简单行为，而是选择最适合用户需要和投资规模的产品和技术；它不是简单的设备供应，更体现的是集成设计的技巧、集成应用软件开发的能力以及集成系统调试的经验。一个好的系统集成平台的存在目的是以方便管理和经营为目的的，同时，还要为管理者创造管理的效率和效益。这样的集成产品才能立足。

1.3　智能建筑的开放性、设计标准和基本特征

1.3.1　智能建筑的开放性

开放性系统需要具备的条件是应用开放技术、可互操作性、多方供应商体系、终端至终端解决方案。这对于设备制造商和用户来说，都是一次巨大的技术革命。其主要的特点是：①系统确定的技术规范是所有设备生产厂家都应共同遵守的；②它的互用性，同样功能的部件，尽管生产厂商不同，均应该可以互相替换。简言之，开放性决定了系统外联的广泛性和系统内联的任意性。

对于智能建筑而言，开放性技术的采用可以说益处多多，主要表现在以下两个方面。

第一，开放性是市场的需求。采用开放性系统，对于工程业主、系统集成商和设备供应商，都可带来收益。工程业主因为能够对产品有众多的选择，可有效地达到控制系统寿命周期成

本的目的,还使系统重新配置和技术的升级换代变得容易;系统集成商也因能从众多的产品供应商中选择到真正达到工程要求的产品,来保证工程高质量地完成;从设备角度而言,不仅因采用开放性技术而拓展了销售渠道,也因竞争促使供应厂商提供性价比更高的产品。

第二,开放性技术将加速智能建筑系统集成的实现,而实现系统集成将能为业主提供更好的管理手段和为最终用户提供更全面的服务。开放性系统在技术上使智能建筑各个系统间的集成成为可能。它能够解决好各类设备和各子系统间的接口、协议、系统平台、应用软件等集成相关问题,减少了集成的困难程度。可以说,开放性系统创造了楼宇系统的最大化价值,是实现各子系统间无缝集成的一条光明大道,已经成为系统集成的前提,给用户带来增值的回报。

目前开放性技术和标准有很多,如LonWorks、BACnet标准都已成为了国际标准,还有新的楼宇控制技术KNX和工业以太网等。但在开放性技术中,目前采用OPC技术作系统集成应用得较多,也较易实现,即各个子系统将上传的信息按标准的协议存储在OPC服务器上,系统间通过标准化互联网络进行信息系统集成,以浏览器或其他方式使用数据。从用户角度而言,当决定选用开放性系统时,应考虑以下几方面。

1)必须采用开放协议　系统的开放性首先体现为,采用开放的协议标准,例如LonWorks、BACnet、Modbus等标准协议。凡符合标准协议的第三方系统都可以集成进来,不需要开发专用的系统网关设备,这样可降低投资成本(因网关的专用性,故开发成本高,又因为网关牵涉到不同协议之间的转换户驱动程序的编制,故技术难度也较高)。

2)支持软件接口　系统支持各种标准的软件接口,例如OPC、DDE等。OPC的主要技术基础OLE、COM、DCOM都是由Microsoft公司提出的,因此可保证集成商连接不同的系统,创造可靠的解决方案,提供真正的可互操作性,减少实施的费用和时间。另外,OPC保证了完全可扩展的解决方案,满足未来的改变和扩展。

3)数据库的开放　系统应支持ODBC、JDBC等标准数据库接口。

4)可编程接口的能力　用户可以自己进行接口开发(比如第三方系统采用RS232协议),系统具备接口编程能力,通过编写对第三方系统的驱动程序,实现与第三方系统的互联。

例如,英国Novar集团在建筑设备自动化系统BAS中采用如下开放性技术:在管理层,主要采用OPC、ODBC等技术;在自动化层主要采用BACnet;在现场控制层采用BACnet和LonWorks等。

1.3.2 智能建筑设计标准

代表21世纪建筑高科技含量之一的智能建筑是人类创造更多物质财富和提高生活质量的基础设施。众所周知,人类社会经历了农业社会和工业社会,现在正处于知识经济社会中。在农业社会,人类的生产以农场工作为主;在工业社会,则以工厂为主;而在知识经济社会,重要生产场所将过渡到智能建筑之中。但客观地讲,中国的智能建筑远不如想象中的乐观。尽管建设投资和数量有着惊人的增长,但是建筑本身的实际内容却有诸多问题,如工程建设水平不高、工程质量不能令人满意、智能系统不能正常工作,甚至有的建筑跟风而上、名不副实……

据建设部一项专题调查显示,在1999—2001年间,深圳每年房地产开发面积为600~700万平方米,其中楼盘中具备智能化的就占96%。而这些早期的社区住宅智能系统,为了达到“卖点效应”,信息化系统追求大而全,配套设施不齐全,在建成后难以启用,成了一件昂贵的摆设。还有的地方,智能化系统运行正常、能够起到重要作用的仅占20%;尚可使用的系统占

45%；有35%的系统不能开通使用或运行一段时间后发生故障，因无人修复而废弃。相当大的一部分智能化系统不能实现预期的目标，造成大量人力、物力的浪费，形成了智能建筑不“智能”的奇怪现象。

其实，出现这样的问题并不偶然。因为，首先打出“智能建筑”旗号的是房地产开发商。他们中的绝大多数并不真正懂得智能建筑，需要的仅仅是这块金字招牌，好为房地产商品大大增值。而真正最早进入这个市场的是系统集成商，他们多半由原先承担通信或网络工程的公司转变而来，这样的切入本是顺理成章之事，不过，缺乏对建筑行业的了解却成为他们发展壮大的主要障碍。与此同时，建筑事业的主力军，即建筑工程的设计和施工安装两支队伍却显得技术准备不足。尽管其中某些设备系统原本就是他们的专长，如空调、照明等，但在新的要求下也难免措手不及。正是上述几个关键问题没有解决好，阻碍了国内智能建筑市场的健康发展，成为国内广泛应用建筑智能化技术的瓶颈。

俗话说：“没有规矩，不成方圆。”正是为了解决国内智能建筑市场发展中出现的种种问题，让中国的智能建筑行业有章可循。自2000年10月1日起，我国开始施行由建设部会同有关部门共同制定的国家标准——《智能建筑设计标准》(GB/T50314—2000)，对国内的智能建筑设计开始进行规范化管理。随后，国家相继出台了《建筑与建筑群综合布线系统工程设计规范》、《建筑与建筑群综合布线系统工程验收规范》、《智能建筑设计标准》、《智能建筑工程质量验收统一标准》等一系列标准和规范，结束了多年来国内智能建筑设计施工制度无章可循、无标准可依的窘状，为我国智能建筑市场的健康有序发展奠定了基础，标志着我国智能建筑进入了一个全新的发展阶段。

2000年版的《智能建筑设计标准》(GB/T50314—2000)对我国的智能建筑发展一直起到积极的推动作用。随着时间的验证，智能建筑越来越成为我国建设发展的主体，且日趋成熟。2000年版《智能建筑设计标准》已不能与之相适应，因此，2006年12月29日，建设部发布了批准《智能建筑设计标准》(GB/T50314—2006)为国家标准的公告，并自2007年7月1日起实施。新版本的《智能建筑设计标准》一定会带领我国的智能建筑飞向更高、更广的空间。

《智能建筑设计标准》(GB/T50314)在2000版与2006版之间有着很大的区别。在这里可以将其区别归纳为如下几点：

①2000版的《智能建筑设计标准》是早期的、代表着智能建筑初步阶段的标准，2006版的则是根据社会进步的情况做出适时更新的全面、深入、完整的设计规范；

②2000版的《智能建筑设计标准》局限于办公楼，2006版则适用于各类建筑；

③2000版的《智能建筑设计标准》重于系统分级，2006版则是按建筑类别进行划分，重于功能需求；

④2000版的《智能建筑设计标准》按系统分类，2006版则在第3章介绍“设计要素”，重于共性的规范要求，第4～13章分别是对办公建筑、商业建筑、文化建筑、媒体建筑、体育建筑、医院建筑、学校建筑、交通建筑、住宅建筑、通用工业建筑等各类建筑的个性规范要求，更注重了共性与个性的协调统一；

⑤2000版的《智能建筑设计标准》偏重于系统细节，2006版则偏重于系统功能；

⑥2000版的《智能建筑设计标准》中“综合布线系统”是独立一章，2006版中“综合布线系统”则包含在“信息设施系统”之中；

⑦2000版的《智能建筑设计标准》中的第8章电源在2006版中被取消；

⑧2006 版的《智能建筑设计标准》中增加了 2000 版没有的"机房工程"；

⑨2006 版的《智能建筑设计标准》比 2000 版更加重视抗干扰、保证电源质量和合适的接地等措施；

⑩2000 版的《智能建筑设计标准》中的建筑设备监控在 2006 版中则高到建筑设备管理的高度。

1.3.3　智能建筑的基本特征

1. 智能建筑的特征

智能建筑是理想的办公场所，它能帮助人们学习更多的知识，节省更多的能量，完成更多、更高难度的设计与科研工作，更及时全面实施商贸交易，使人们获得更大的经济效益与社会效益。

进入信息时代以后，相当多的人长期生活、学习与工作在大厦中，办公室变成第二个"家"。因而，对办公环境与物质文明的追求达到了空前的高度。除了要求舒适宜人的生活环境之外，更要求具备现代化的办公与通信环境，真正做到足不出户便可知国内外政治、经济、科技与文化领域的最新信息；手不提笔便可利用上述情报，完成科研、设计工作，甚至重大的国家商贸交易。概括讲，智能建筑的特点如下。

1）安全性　除采取一切先进技术，确保人们的生命与财产安全外，还特别重视计算机网络的保护与安全。有效保护计算机网络中的信息资源变得空前重要，切实防止被破坏、被删除、被篡改以及被非法使用等情况的发生。

2）舒适性　在智能大厦生活和工作的人们，为适应信息时代飞速发展的要求，工作必须具有高效率与高创造力。而智能建筑的最终受益者也应该是在其中生活和工作的人。因此，智能建筑充分体现"以人为本"的思想。对环境控制的要求相应提高，除温度、湿度、灯光照度与卫生环境等基本控制内容外，进而逐步要求在声响、色彩、自然光，甚至嗅觉环境等方面达到更佳状态，以获得生理与心理两方面的舒适感。所以，发达国家的智能建筑发展到今天，已经不是单纯的高新技术产品的简单合成，而是采用高科技满足人的需求，改善和提高人工作环境的品质，更好地为人服务。

3）高效率　进入信息时代后，知识、人才的重要性更加突出，信息与时间就是金钱。市场竞争要求智能建筑必须为人们创造一个迅速获取信息、加工信息的良好办公环境。智能建筑应具有完善的数据、语言、图像及多媒体通信设施与信息服务系统，以达到高效工作的目的。

4）经济性　智能建筑功能的提高，无疑将导致网络通信和环境控制等设备与系统初投资的增加，能耗增加也是不可避免的。因此，如何恰当掌握标准，力求获得合理的性价比是十分重要的。可以这样说，智能建筑与节能环保和业主的经济效益紧密相连。建筑物的节约能源和保护环境，已成为智能建筑发展必须考虑的首要前提和最重要的条件。例如，将环境控制与系统集成等标准提得过高，往往会导致初投资、能耗与运行费用的增加。应十分重视智能建筑的经济性，否则，将使其丧失生命力。为此，充分利用多种学科的高新技术和千方百计降低运行能耗与费用是智能建筑的共同特点。

5）适应性　智能建筑是信息产品升级换代和业主自身需求的结合。在新技术突飞猛进的今天，尤其是电子设备的更新，使建筑平面设计与使用功能不可能不变更。而且，智能建筑的发展完全是一种市场行为、业主行为的结果。政府只是对建筑物的节能和环保提出要求，而业主完全是根据市场和自身的需求投资适用的智能建筑，不会盲目攀比。为此，智能建筑应具有良好的灵活性,能适应社会的进步。

2. 智能建筑理论的特征

智能建筑理论主要有下面三个特征。

1)多目标的优化　智能建筑是一个大系统,需要多视角地考虑技术、管理、经济、人文、环境等因素的大系统运行目标,并且调动各种手段使系统达到最优的综合目标。系统的优化目标函数为:$S = f$(技术、效率、价格、发展、环境、人气等)。

2)多学科的综合　智能建筑的规划、设计、运行和管理所涉及的技术、经济、管理以及法律问题,需要应用各学科的知识成果来解决。

3)多因素的相关性　智能建筑与社会信息化、社会经济发展和管理模式、装备技术发展、政府导向等有着十分密切的关系,尽管就表面来看智能建筑仅是一种建设行为与经营管理方法,如果从建筑物的生命周期成本(LCC,Life Cycle Cost)来看,当某种设备与技术采用后,可改变其生命周期中许多相关的分项状态。

1.4 智能建筑的现状及发展展望

1.4.1 智能建筑的现状

自从第一座公认的智能建筑落成后,在世界各地,无论是发达国家还是发展中国家,都高度重视智能建筑的发展,将这一新兴领域提高到21世纪可持续发展战略实力的关键来考虑,竞相结合本国实际情况发展智能建筑,并制定出相应的规划、方针、政策与策略。

美国是最早实现智能建筑的国家,早在1985年初就成立了“美国智能建筑协会”。到1995年,该国已累计建造了近万座各类智能建筑。而且,今后智能建筑的比重还要大幅度增加。日本是紧随美国之后第二个建成智能建筑的国家,于1985年初建成了青山大楼,并于1985年底成立了“建设省国家智能建筑专业委员会”,对智能建筑给予政策上的支持,民间还成立了“日本智能建筑研究会”。到2000年,日本有65%的建筑实现了智能化。新加坡政府公共事业部门为了推广智能建筑,专门制定了“智能大厦手册”。英国、法国、加拿大、瑞典、德国等也相继在20世纪80年代末90年代初建成了各具特色的智能建筑。

随着世界范围内智能建筑的兴起,在基本建设热潮的带动下,随着大量国外智能系统设备产品供应商、系统集成商、房地产开发商和建筑事务所的涌入,中国的智能建筑热也悄然兴起。

智能建筑的概念最初进入国内时间并不晚,大体上在20世纪80年代后,中国科学院计算技术研究所就曾进行了“智能化办公大楼可行性研究”,对智能办公楼的发展进行了探讨。1990年建成的北京发展大厦,通常被认为是我国智能建筑的雏形。在此后短短几年时间里,相继建成了深圳的地王大厦、北京西客站等一大批高标准的智能大厦。而后续建成的上海金茂大厦、厦门国际会展中心则已经达到了世界智能建筑的先进水平。再往后的十几年里,智能建筑在国内的发展迎来了高潮,我国的智能建筑像雨后春笋一样发展起来。不仅在北京、广州等东部大城市出现了智能建筑,即便在乌鲁木齐这样远离沿海的西部中型城市也建造了智能大厦。近几年,国内已建成具备一定智能型的公共建筑和住宅小区,其中有外交部大楼、水利部指挥中心、邮电ISDN指挥中心、新华社办公大楼、上海博物馆、深圳特区报大厦、上海商城、上海花园饭店、上海久事复兴大厦、广州地王广场、深圳国贸大厦、深圳长城饭店、深圳国贸中心、深圳市政府大楼、北京望京小区A4区、上海邮电二村、深圳梅林小区等。

1.4.2　智能建筑的发展展望

国内智能建筑急风暴雨式地起飞局面业已过去，现正处于一个整顿与规范的过程之中，市场逐步从无序走向有序，从混乱走向健康，一个秩序井然、协调发展的环境正在逐步形成之中。当然，也应该认识到，任何平衡都只是相对的，智能建筑是一门正在发展中的技术，它的内涵仍不是稳定的，还处于发展之中，新技术、新工艺、新观念的发展都会突破平衡的局面，将会造成新的不平衡，这就需要继续付出新的努力去达到新的平衡。如此循环不已，这才是推动智能建筑技术发展的动力。

目前，特别是在我国智能建筑蓬勃发展的形势下，也存在着一些需要思考的问题。要特别注意处理好智能建筑的建、管、发展三者之间的关系，在建设中要正确定位，遵守统一规划分步实施的原则。在智能建筑的设计过程中，“尤其是业主与设计院必须做到三个‘统一’，即需求与经济条件要统一、需求与技术要统一、理论与实际要统一。设计与系统集成商还要注意，必须做到三个‘优化’，即优化设计、优化施工管理、优化物业管理（含各系统的升级和再开发，使老设备焕发青春）。”

另外，也应注意到智能建筑与绿色建筑是相统一的两个方面，要给人们营造并提供一个高效、舒适、安全、便捷的建筑环境。智能建筑在营造、使用过程中所消耗的能源占全球能源的50%左右；与建筑相关的空气污染、光污染、电磁污染等均应给予足够的重视。今后建筑科技的发展，将进一步围绕保护环境，节省资源，降低能耗，改善人类社会生产、生活条件，努力开发应用高新技术，建设具有智能、节能、生态平衡、太阳能利用等各种新型建筑，充分满足社会的需求。

除此之外，还应看到，世界上智能建筑方面的著名品牌产品几乎已全部进入中国市场之中，无论楼宇自动控制系统、综合布线系统、消防系统、安保系统、通信系统、广播系统、闭路电视系统、车管系统等，均已成为外国名牌产品角逐的天下，国产的设备和系统力量十分微弱。因此，如何培植国产品牌与国际名牌产品一争高下，是当前一个突出的问题。一方面要提高自己的实力，同时也要有一定的政策支持，形成自己的精品市场。总之，在巨大的智能建筑市场面前，国产品牌不能没有一席之地。不过值得欣喜的是，在系统集成市场上则是另一番景象。除少数国际上著名大企业以外，大多数系统集成工程业务的市场被国内企业所占据。通过多年的锻炼，国内已形成了一批具有相当规模、拥有雄厚的技术力量、资金殷实、信誉良好、业绩突出的中型和中型以上的企业，是今后国产化设备与系统集成的希望所在。

智能建筑是人、信息和工作环境的智能结合，是建立在建筑设计、行为科学、信息科学、环境科学、社会工程学、系统工程学、人类工程学等各类理论学科之上的交叉应用。随着社会经济的发展，未来建筑智能化的内容会更加丰富，并且融入各类建筑之中。

未来的智能建筑将在发展单幢办公楼、综合智能化大楼的基础上，向各类智能建筑发展，如工厂、医院、宾馆、学校、政府办公楼等建筑，发展成为大范围建筑群和建筑区的综合智能化社区或形成建筑智能化市场，在综合智能化社区的基础上，通过社区间广域通信网络、通信管理中心继而发展智能化城市，即信息化城市和所谓信息化社会。

智能建筑已成为未来时代建筑的标志，中国的智能建筑将面向新世纪，面对信息时代，做好一切准备，迎接更大的发展。

习 题

1. 世界上公认的第一幢智能建筑出现在哪里？是什么样的建筑？
2. 什么是智能建筑？哪些原因使其诞生？
3. 智能建筑由哪几部分构成？它们各自的功能是什么？构成它们的子系统都有哪些？
4. 智能建筑的开放性体现在哪几个方面？
5. 描述智能建筑的特点。

第 2 章　建筑设备监控技术基础

智能化建筑的基础是楼宇设备自动化系统，智能化建筑中的机电设备和设施是楼宇自动化的对象和环境。本章对构成楼宇自动化系统的空调系统、给排水系统、供配电系统、照明系统、电梯系统等几个主要环节的监控原理、运行规律及控制特性做了详细阐述，同时论述了如何实现智能建筑设备的最优控制和管理。

建筑设备监控系统又称为楼宇设备自动化系统，主要功能是采用计算机对智能建筑中分散的建筑设备进行监测和控制。建筑设备监控系统对楼宇内众多暖通空调、给排水、供配电、照明、电梯、消防等机电设备进行综合协调、运行管理和维护保养工作，它为所有机电设备提供了安全、可靠、节能、长效运行的保证，能实现暖通空调、给排水、供配电、照明、电梯、消防系统之间的信息互通，从而提高整个建筑内部设备运行的效率，减少能源消耗，同时使管理者随时掌握设备状态运行情况、能量消耗情况及各种参数变化情况。建筑设备监控技术包括以下主要内容：

①空调系统的监视与控制；

②给水、排水系统的监视与控制；

③供配电系统的监视与控制；

④照明系统的监视与控制；

⑤电梯系统的监视与控制。

2.1　空调系统的原理与控制

2.1.1　空调系统分类

空调通常按负担室内热湿负荷所用的介质分为全空气系统、全水系统、空气－水系统和冷剂系统；按空气处理设备的集中程度可分为集中式空调系统、半集中式空调系统和分散式空调系统；按热量传递的原理分为对流方式空调和辐射方式空调；按被处理空气的来源分为封闭式系统、直流式系统和混合式系统，详见表 2-1。

表 2-1　空调系统分类

主要传热方式	负担热湿负荷的介质	空调方式	分散程度			备注
			集中	半集中	分散	
对流	全空气	单风管定风量方式	√			末端空调机组方式与全空气诱导空调方式。前者为中央空调的主要方式
		单风管变风量方式	√			
		双风管方式	√			
		全空气诱导器空调方式		√		
	全水	风机盘管方式		√		(1)冷、热源集中 (2)无新风,属封闭式系统
	空气－水	风机盘管＋新风系统方式		√		为中央空调主要方式之一
		空气－水诱导器空调方式		√		
	冷剂	整体式柜式和窗式空调机 分体式柜式和窗式空调机			√	不设新风系统者属封闭式
		闭路式水环热泵方式			√	不设新风系统者属封闭式
辐射	空气－水	低温辐射空调＋新风系统方式	√			

下面就其各种方式的原理图示、特征和系统应用分别说明。

1. 按负担室内热湿负荷所用的介质分类

1)全空气系统　全空气系统如图 2-1(a)所示,以普通的低速单风管系统为代表,系统应用广泛,可分为一次回风和二次回风方式。应用这种系统时室内负荷全部由处理过的空气负担。由于空气比热、密度小,系统需要空气量多、风管断面大、输送耗能大,采用这种系统室内空气的品质能获得改善。

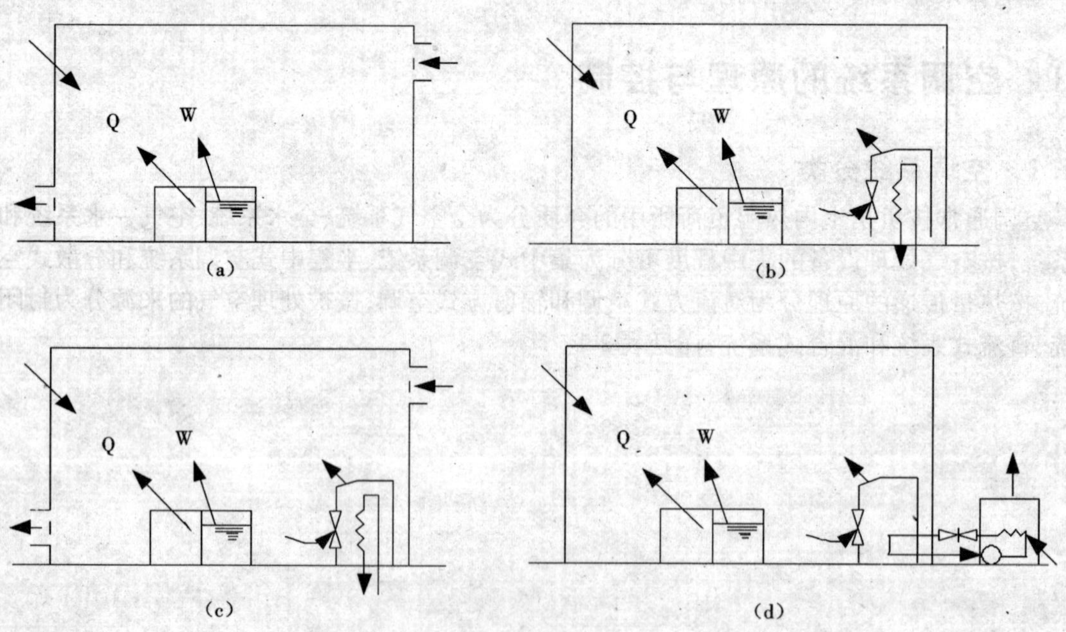

图 2-1　空调按负担室内热湿负荷所用的介质分类

(a)全空气系统;(b)全水系统;(c)空气－水系统;(d)冷剂系统

2）全水系统　全水系统如图2-1（b）所示，有风机盘管系统和辐射板供冷供热系统。由于室内负荷由一定温度的水负担，所以输送管路断面小，但无通风换气作用。

3）空气－水系统　空气－水系统如图2-1（c）所示，典型应用为风机盘管与新风相结合的系统和诱导空调系统。处理过的空气和水共同负担室内负荷，既解决了占用空间问题，又解决了通风换气问题，是一种综合解决方案，常被一般空调所使用。

4）冷剂系统　冷剂系统如图2-1（d）所示，有柜式空调机组（整体式或分体式）、多台室内机的分体式空调机组（多联机）、闭路式水环热泵机组系统。由于制冷系统蒸发器或冷凝器直接向房间吸收（或放出）热量，冷、热量的输送损失少。

2. 按空气处理设备的集中程度分类

1）集中式空调系统　集中式空调系统如图2-2（a）所示，空气的温湿度集中在空调机组（AHU）中进行调节后经风管输送到使用地点，对应负荷变化集中在AHU中不断调整，是空调最基本的方式。一般有单风管定风量、单风管变风量和双风管系统。

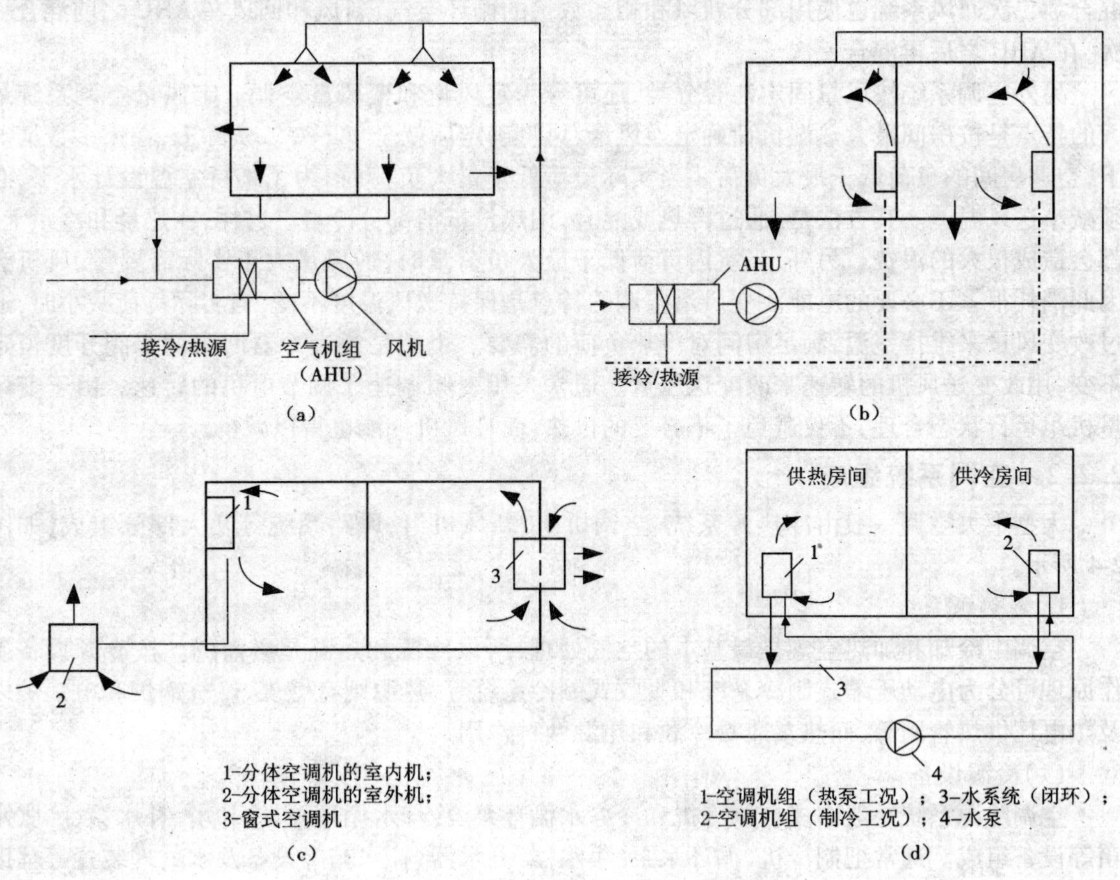

图2-2　空调按空气处理设备集中程度分类

（a）集中式；（b）半集中式；（c）、（d）分散式

2）半集中式空调系统　半集中式空调系统如图2-2（b）所示，除由集中的AHU处理空气外，在各个空调房间还分别有处理空气的末端装置（如风机盘管等）。典型应用有新风集中处理结合诱导器送风、新风集中处理结合风机盘管送风。

3)分散式空调系统 分散式空调系统有个别独立型和构成系统型两种,如图2-2(c)、2-2(d)所示,个别独立型房间的空气处理由独立的带冷热源的空调机组承担,整体或分体的柜式或窗式机组都属于个别独立型分散式空调系统。构成系统是带冷热源的空调机组通过水系统构成环路。

3. 按被处理空气的来源分类

以集中式全空气系统为例,空调系统按被处理空气的来源分类如下。

1)封闭式空调系统 封闭式空调系统如图2-3(a)所示。由于系统全部使用循环空气,无新风加入,所以一般用于室内无人居留的空调系统。

2)直流式空调系统 直流式空调系统如图2-3(b)所示。系统全部使用新风,不使用循环空气,一般用于室内空气含有有毒有害气体(或病菌)不能循环使用的空调系统。

3)混合式空调系统 混合式空调系统有一次回风和二次回风两种,分别如图2-3(c)和2-3(d)所示。一次回风系统除部分新风外使用相当数量的循环空气,新风和回风在AHU之前混合。二次回风系统也使用部分新风和相当数量的循环空气,新风和回风在AHU之前混合一次,在AHU之后再混合一次。

另外空调系统按风量固定与否分类,还可分为定风量和变风量空调。定风量空调系统最大的特点是按房间最大热湿负荷确定逆风量,风量确定后就全年不变。实际上,在大多数情况下,空调房间的负荷低于最大负荷。当实际负荷低于最大负荷时,为了维持室温设计水平,必须减小送风温差。其方法是:通过再热或混合,用热量抵消部分冷量。这样,在热量和冷量上,都会造成很大的浪费。另外,当室内负荷低于最大负荷量时,逆风量大于实际需要量,风机会因此消耗很多不必要的电能。变风量空调的特点是保持送风温度不变,当实际负荷减小时,通过改变风量来维持室温,满足房间对冷热负荷的需要。也就是说表冷器回水调节阀开度恒定不变,用改变送风机的转速来改变送风量。通常采用变频调速来调节电机的转速。由于变风量机组运行状态合理,不仅避免了不必要的供热,而且风机耗能也得以减少。

2.2.2 空调系统组成

大型中央空调一般由冷热源系统、空调机组、新风机组、风路系统等几大部分组成,如图2-4所示。

1. 冷热源系统

空调中冷却和加热空气是最基本的空气处理,所以冷源和热源是必需的。按冷源设备工作原理可分为电动压缩式制冷系统和吸收式制冷系统等,热源则有燃煤、燃气锅炉和电锅炉以及热电厂供热管网等,而热泵兼具冷源和热源两种作用。

(1)冷源设备

空调冷源系统一般由多台制冷机和冷冻水循环泵、冷却水循环泵、冷却塔、补水箱、膨胀水箱等设备组成。通常把制冷机、循环水泵、集水器/分水器、补水箱等设备及水处理装置等辅助设备安装在专门的设备间——制冷站。空调制冷站一般有数台冷水机组。冷水机组制成的冷冻水进入分水器,由分水器向各个空调区域的新风机组、空调机组或风机盘管等空调末端设备提供冷冻水,冷冻水与末端设备的空调系统进行水/气换热、吸热升温后返回到集水器,再由冷冻水循环泵加压后进入冷水机组循环制冷,这样就实现了冷冻水的循环过程。

空调系统中应用最广泛的冷水机组有压缩式和吸收式两种。

1)压缩式制冷 如图2-5所示,制冷压缩机将蒸发器内的低压低温的制冷剂气体1(氨或

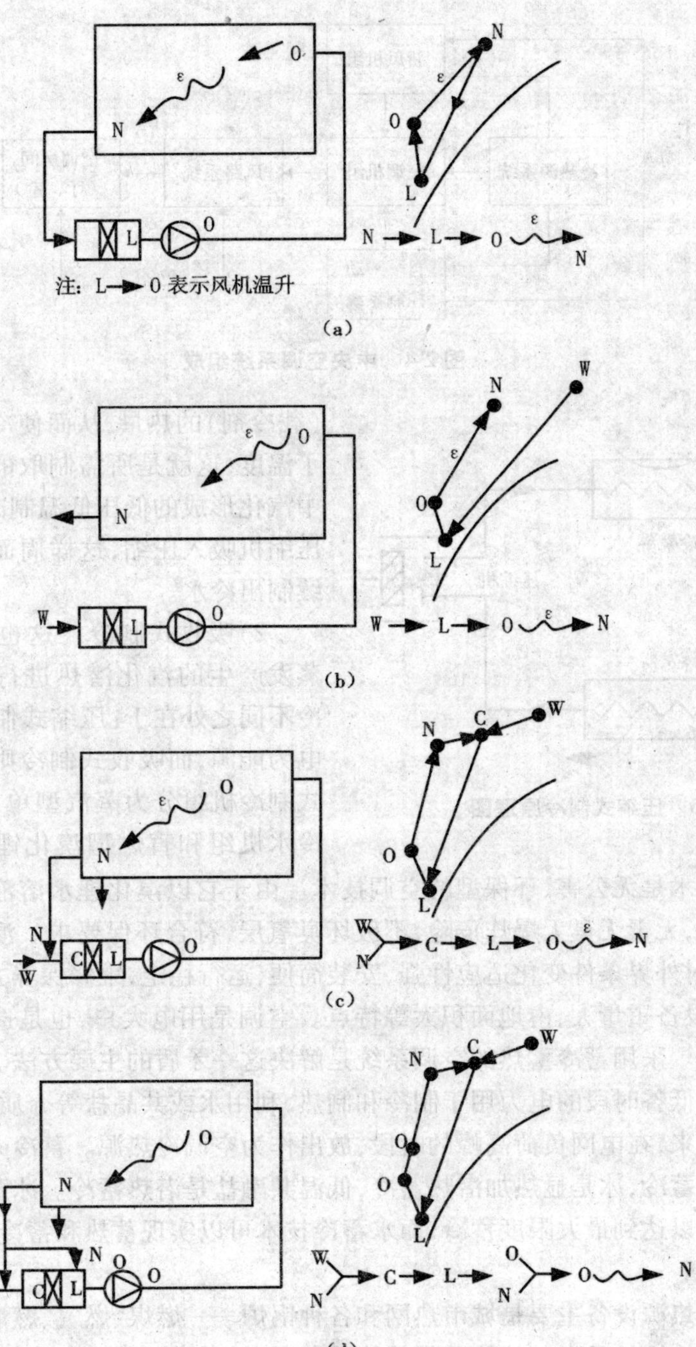

图 2-3　空调按被处理空气来源分类

(a)封闭式；(b)直流式；(c)、(d)混合式

氟里昂)吸入压缩机体内，经过压缩机的压缩做功，使成为压力和温度都较高的气体 2 排入冷凝器。在冷凝器内，高压高温的制冷剂气体与冷却水(水冷方式)或空气(风冷方式)进行换热，把热量传给冷却水或空气，而使制冷剂气体凝结为液体 3。高压液体再经节流阀降压为低压液体 4 后进入蒸发器。在蒸发器内低压制冷剂液体立即汽化，而汽化时必须吸收周围介质

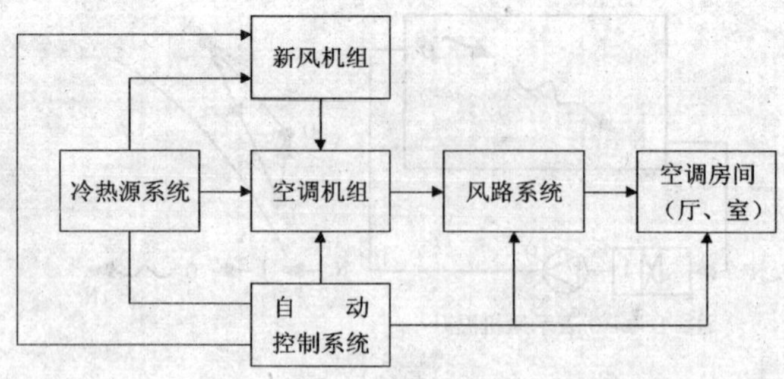

图 2-4　中央空调系统组成

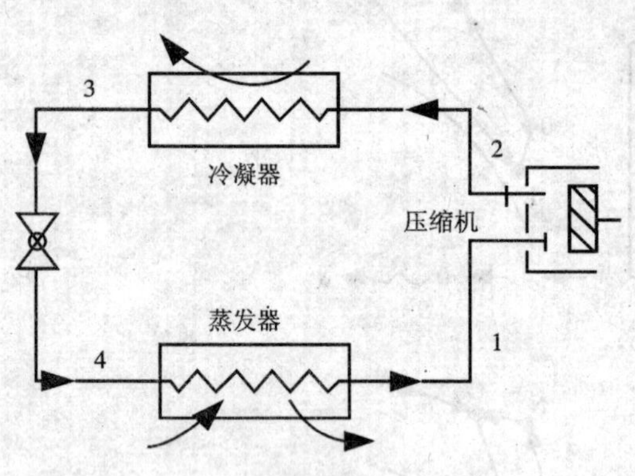

图 2-5　压缩式制冷原理图

(载冷剂)的热量,从而使冷媒水因失热而降低了温度,这就是所需制取的低温冷水。蒸发器中汽化形成的低压低温制冷剂气体 1 又被制冷压缩机吸入压缩,这样周而复始,不断循环,连续制出冷水。

2)吸收式制冷　这也是利用低压制冷剂蒸发产生的汽化潜热进行制冷。与压缩式制冷不同之处在于:压缩式制冷所用的压缩机以电为能源,而吸收式制冷则以热为能源。吸收式制冷机组分为蒸汽型单、双效溴化锂吸收式冷水机组和直燃型溴化锂冷水机组等。溴化锂吸收式制冷技术是无公害、环保型的空调技术。由于它以溴化锂水溶液为吸收工作机组在真空状态下运转,无毒无臭无爆炸危险,不破坏臭氧层,符合环保要求。溴化锂制冷机组制冷量调节范围宽,对外界条件变化适应性强,安装简便,运行稳定,维修保养方便,但有腐蚀性强、气密性要求高、设备重量大、占地面积大等特点。空调是用电大户,也是造成电网峰谷负荷差的主要原因之一。采用蓄冷蓄热的空调系统是解决这一矛盾的主要方法。所谓蓄冷蓄热空调就是将电网负荷低谷时段的电力用于制冷和制热,利用水或共晶盐等介质的显热和潜热,将冷量和热量储存起来,在电网负荷高峰的时段,放出作为空调冷热源。蓄冷介质有水、冰、低温共融盐。水是显热蓄冷,冰是显热加潜热蓄冷,低温共融盐是潜热蓄冷。冰蓄冷空调技术利用水的固↔液相变可以达到最大限度蓄冷,而水蓄冷技术可以实现蓄热和蓄冷双重用途。

(2)热源装置

空调系统的热源设备主要是城市热网和各种锅炉——燃煤、燃气、燃油蒸汽锅炉以及电热锅炉等。其中电热锅炉具有其他能源的热能设备所无法比拟的优点,诸如对环境绝对无污染、无三废排放、无噪声、自动化程度高、操作简便、维修方便等。随着我国相关部门一系列低谷用电优惠政策的出台,蓄热运行的电锅炉迅速增加,成为新的最具发展前景的绿色空调热源。

电热锅炉是将电能转换成热能,并将热能传递给介质的热能装置。电能转化成热能可以通过电阻式、电磁感应式和电极式三种元件。电阻式电热转换元件是纯电阻性元件,结构简单,转换过程中没有损耗,普遍用于电热锅炉中。电磁感应式元件存在感抗,电路中产生无功功率,功率因数较小,一般只用于小容量电热设备。电极式元件多用于冶炼金属行业,在电热锅炉中较少采用。

蓄热电锅炉系统流程如图2-6所示。冷水及采暖回水注入电热锅炉,待炉水达到一定温度后,送到分水器,成为采暖供水,同时,将炉水送至蓄热水箱。蓄热水箱和电热锅炉之间形成循环回路,通过循环水泵用电热锅炉发出的热量加热蓄热水箱的水,直至设定温度。通常锅炉提供高温蒸汽或高温热水,需经换热机组换热后,变成空调热水。换热机组由换热器、水泵、管路、仪表和机架等组成,核心部件是换热器。换热器功能是把高温蒸汽或高温热水变成65~70 ℃的空调热水,经热水泵加压,由分水器送往各终端负载,在各负载进行热湿处理,然后使其回流,回流水的水温下降,经集水器进入换热器后再加热,依此循环。

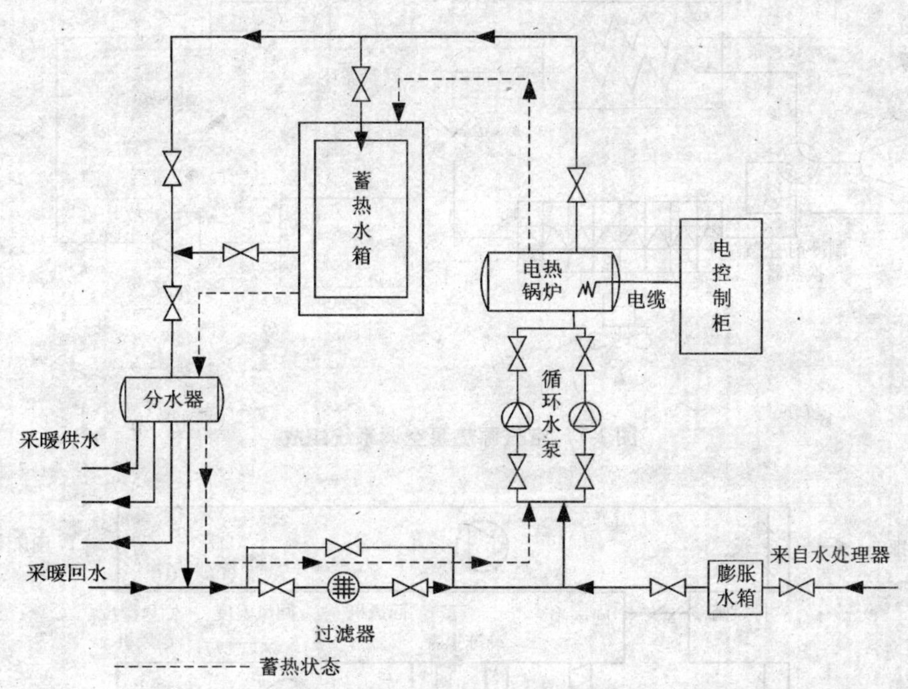

图2-6　蓄热电锅炉系统流程

(3)空气源热泵

热泵在夏季可以作为制冷设备供冷,冬季可以将低品位热源提高温度成为高品位热源用以供热。热泵种类很多,有空气源热泵、水源热泵、地源热泵、燃气热泵、蓄热式热泵和高温相变式热泵等。空气热源热泵(ASHP)又称风冷热泵冷热水机组,它通过制冷剂管路四通阀的转换,运行在两种工况,利用一台机组就可以解决全年的空调需要。在冬季,按制热工况运行,即制冷剂/水换热器作为冷凝器,制冷剂/空气换热器作为蒸发器,向用户提供55 ℃的热水,作为空调的热源;在夏季,按制冷工况运行,即制冷剂/水换热器作为蒸发器,制冷剂/空气换热器作为冷凝器,向用户提供7 ℃冷冻水。图2-7为空气源热泵空调系统。

2. 空调机组

空调机组是完成对空气温度、湿度、洁净度和风速调节任务的重要设备,如图2-8所示。

空调机组由送风机、过滤器、冷水阀门、热水阀门、防冻报警开关、送风温度测试装置、送风湿度测试装置、新风阀、回风阀等部分组成。在回风部分还设有回风机、回风温度测试装置、回风湿度测试装置以及排风阀等部件。

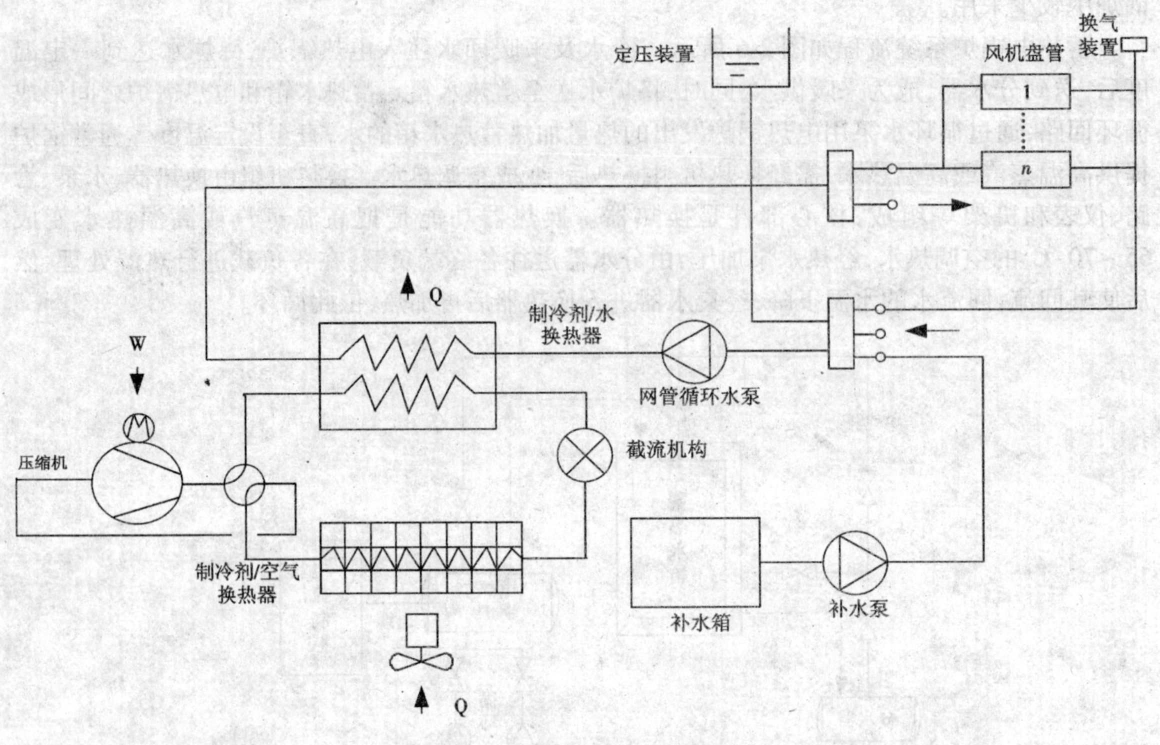

图 2-7　空气源热泵空调系统组成

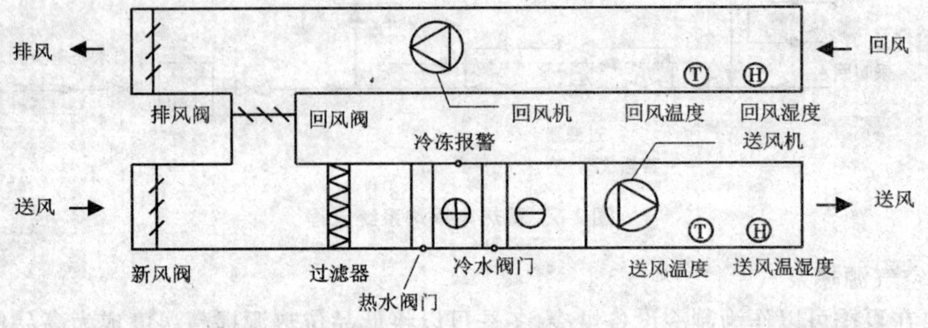

图 2-8　空调机组组成

1）风机　送风机开动为空调房间输送经过处理的洁净空气，它与回风机配合可以组成适当的气流。人们生活在低速的空气环境中，比在静止空气环境中更感舒适。用冷风源时，水平流速以 0.3 m/s 为宜；用热风源时，以 0.5 m/s 为宜。

2）风阀　在空调机组中，设有新风阀、回风阀和排风阀，这些风阀都是用来控制气流的。在变风量系统中，这些阀门与风机是连锁控制的。过滤器的功能在于防止悬浮颗粒进入空调空间，通常在过滤器两边设置压差开关。当过滤网太脏时，向主控室报警。

3）阀门　空调机组还设置了冷水阀门和热水阀门，用这些阀门给空气加湿、调温。空气过于潮湿或过于干燥都会使人们感到不适。随着季节气温的变化，人们对室温、湿度都有不同的要求，空调机组就是控制这些阀门以适应不同的生理要求和生活习惯，适应工作场所的工作和生产的需要。温度、湿度传感器为空调系统的控制、计算提供了实时数据，也为冷水、热水阀门的调控提供了依据。

此外空调机组里还具有防冻报警装置,采用防霜冻开关监测表冷器前的温度,实现防冻保护。

3. 新风机组

为了保证室内良好的空气质量,在中央空调系统中设有新风机组。新风机组的结构见图2-9。

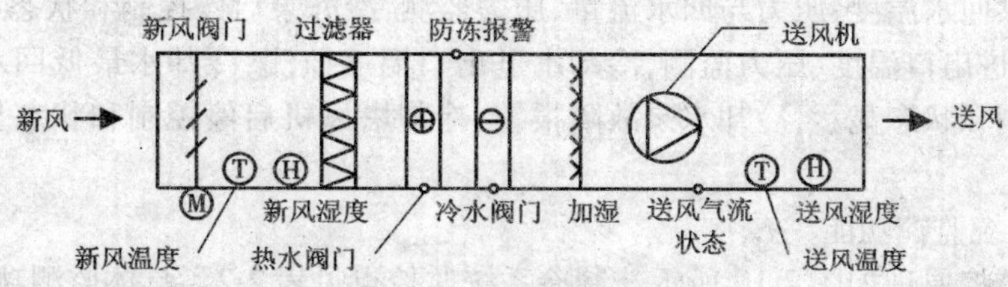

图 2-9 新风机组组成

新风机组设有送风机、各种调节阀、测温测湿装置、过滤器等。

1)送风机 送风机设启停控制装置,同时还设有故障报警装置。风机启动后,风道内产生风压,送风机的送风口与回风口的压差增大,压差开关闭合,表明风机处于运行状态。送风机故障时由动力箱主电路的热继电器的辅助触点给出报警信号。

2)调节阀 新风机组设有新风阀。新风阀根据空气质量要求、新风的温度和湿度、房间的温度和湿度以及焓值计算控制风阀的开度,使系统在最佳新风量的状态下运行。新风阀门的开度还可根据室内空气质量传感器调整。当室内 CO_2、CO 浓度升高时,经过计算控制开度以增加新风输入量。

3)温、湿度测量与控制 新风机组中设置了新风温度、湿度的测量和送风温度、湿度的测量。测量的湿度信号经计算机与给定值比较,根据产生的偏差按一定的调节方式调节加湿电动阀的开度,以保证室内相对湿度符合要求。

4)过滤器 为了加强对悬浮颗粒的过滤,新风机组专门设有过滤器。当过滤器被灰尘阻塞,进气与出气两边压差会变大。当压差超限时,压差开关闭合进行报警,提醒操作人员要清洗过滤器。

5)防冻保护 为防止新风机组结霜,专门设有防霜冻开关。通过监测,当表冷器前的温度低于 5 ℃时,开关闭合报警。

2.2.3 空调系统冷、热源自动控制

1. 冷源自动控制

(1)制冷系统监控原理

通常将制冷机、冷却水、冷水循环水泵、补水箱、集水器、分水器等一些辅助设备安装在专用设备间——制冷站中。制冷站中的冷水机组生成的冷冻水通过分水器向各空调区的新风机组、空调机组或风机盘管提供冷冻水。冷冻水与这些末端设备进行换热,升温后又返回制冷站的集水器,再经过冷冻水循环泵加压进入冷水机组进行制冷,整个过程循环进行。冷冻水系统由冷冻水机组、冷冻水循环泵、分水器、集水器、空调末端及一些辅助设备组成。在制冷过程中,通过对冷冻水供回水温度、流量、压力、压差、冷水机组运行台数和差压旁路调节的控制,实

现对冷冻水系统的控制，以满足空调末端设备对冷源的需求，同时达到节能目的。

智能建筑设计中要求根据建筑设备的情况选择配置下列相关的空调冷源系统监控项目：

①压缩式制冷系统和吸收式制冷系统的运行状态监测、监视、故障报警、启停程序配置、机组台数或群控控制、机组运行均衡控制及能耗累计；

②蓄冰制冷系统的启停控制、运行状态显示、故障报警、制冰与溶冰控制、冰库蓄冰量监测及能耗累计；

③冷冻水供回水温度、压力与回水流量、压力监测，冷冻泵启停控制和状态显示，冷冻泵过载报警，冷冻水进出口温度、压力监测，冷却水进出口温度监测，冷却水最低回水温度控制，冷却水泵启停控制和状态显示，冷却水泵故障报警，冷却塔风机启停控制和状态显示，冷却塔风机故障报警。

(2)制冷系统监控功能

制冷系统监控原理如图 2-10 所示。制冷系统监控点见表 2-2。具体监测功能如下。

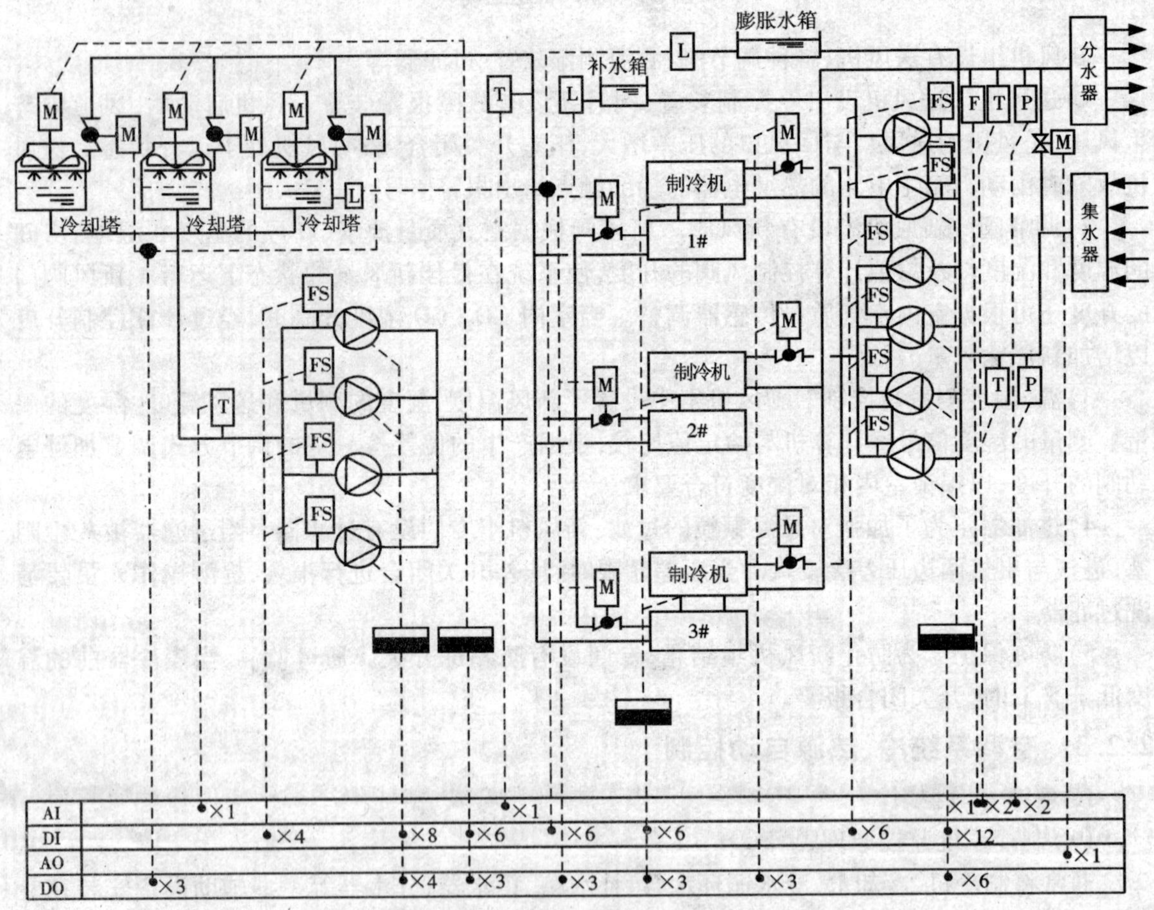

图 2-10 制冷系统监控示意图

表 2-2　制冷系统监控点表

监测控制点描述	AI	AO	DI	DO	接口位置
制冷机组运行状态			√		制冷机组动力箱主电路接触器的辅助触点
制冷机组故障状态			√		制冷机组动力箱主电路热继电器的辅助触点
制冷机组手动/自动状态			√		制冷机组动力箱控制回路
制冷机组开/关控制				√	DDC 数字输出口到制冷机组动力柜
冷冻水泵运行状态			√		冷冻水泵出水口水流开关
冷冻水泵故障状态			√		冷冻水泵动力箱主电路热继电器的辅助触点
冷冻水泵手动/自动状态			√		冷冻水泵动力箱控制回路
冷冻水泵开/关控制				√	DDC 数字输出口到水泵主接触器控制回路
冷却水泵运行状态			√		冷却水泵出水口水流开关
冷却水泵故障状态			√		冷却水泵动力箱主电路热继电器的辅助触点
冷却水泵手动/自动状态			√		冷却水泵动力箱控制回路
冷却水泵开/关控制				√	DDC 数字输出口到水泵主接触器控制回路
冷却塔风机运行状态			√		风机动力箱主电路接触器的辅助触点
冷却塔风机故障状态			√		风机动力箱主电路热继电器的辅助触点
冷却塔风机手动/自动状态			√		风机动力箱控制回路
冷却塔风机开/关控制				√	DDC 数字输出口到风机主接触器控制回路
冷冻水压差旁通阀		√			DDC 模拟输出口到阀门驱动器控制输入口
冷冻水供水温度	√				分水器进水口水管温度传感器
冷冻水供水/回水压差	√				分水器进水口与集水器之间压差传感器
冷冻水回水温度	√				集水器出水口水管温度传感器
冷冻水总回水流量	√				集水器出水口电磁流量计
冷却水泵出口压力	√				冷却水泵出水口压力传感器
冷却塔进水温度	√				冷却塔进水管温度传感器
冷却塔回水温度	√				冷却塔回水管温度传感器
冷却塔补水箱、膨胀水箱液位			√		液位开关

(1)监测运行状态

监测及记录制冷机、冷冻水泵、冷却水泵、冷却塔风扇运行状态。监控点分别取自制冷机动力箱接触器辅助触点、冷冻水泵动力箱接触器辅助触点、冷却水泵动力箱接触器辅助触点、冷却塔风扇动力箱接触器辅助触点。

(2)进行故障报警

制冷机、冷冻水泵、冷却水泵、冷却塔风扇故障报警。监控点分别取自制冷机动力箱热继电器触点、冷冻水泵动力箱热继电器触点、冷却水泵动力箱热继电器触点、冷却塔风扇动力箱热继电器触点。

(3)检测冷冻水供/回水、冷却水供/回水温度

监控点分别取自安装在冷冻水管路和冷却水管路上的供/回水温度传感器的输出。通过

温度测量可以了解冷冻机组制冷温度是否在合理范围之内,并可了解末端冷负荷变化情况。

(4)检测冷冻水流量

监控点取自安装在冷冻水回水管路上的流量传感器输出。流量与温度监测相结合,可以计算出空调系统的冷负荷量,以此作为能源消耗计量和系统效率评价依据。

(5)检测冷冻水供/回水压力(或压差)

监控点取自安装在冷冻水管路上的供/回水压力(或压差)传感器输出。通常根据供回水压差调节压差旁通阀的开度。

(6)监测冷却塔、膨胀水箱、补水箱水位

监控点分别取自冷却塔、膨胀水箱、补水箱监测输出点。水箱使用的液位传感器如无特殊要求一般应选用液位开关,设高限、低限、溢流水位各一。膨胀水箱是制冷系统中的辅助设备。当冷冻水管路内的水随温度改变、相应的体积热胀冷缩变化时发挥重要作用。膨胀水箱与冷冻水管路直接相连。当水体膨胀体积增加时,胀出的水排入膨胀水箱;当体积减小时,膨胀水箱中的水可对管路中的水进行补充。补水箱用来存放经过除盐、除氧处理的冷冻用水。当冷冻水管路中的冷冻水需要补充时,补水泵将补水箱中存储的水泵入管路。补水箱中设置液位开关对水箱水位进行监测,当水位低于下限水位时进行补充,达到上限水位时停止补充防止渗流。

(7)监测冷水机组运行状态及控制冷水机组启停

冷水机组运行状态信号取自冷水机组控制器对应运行状态输出触点(或主接触器辅助触点)。启停控制信号从 DDC 数字输出口输出到冷水机组控制器启停遥控输入点(或配电柜主接触器控制回路)。制冷系统由多台冷水机组及辅助设备组成,在设计制冷系统时,一般按最大负荷情况设计冷水机组的总冷量和冷水机组台数,但实际运行情况一般都与最大负荷情况有较大偏差,对应于变化的负荷,通过冷水机组的群控实现节能运行。冷水机组的节能群控有以下两种基本方式。

1)冷冻水回水温度控制法　冷水机组输出冷冻水温度一般为 7 ℃,冷冻水在空调末端负载进行能量交换后,水温上升。回水温度高低基本反映了系统冷负荷的大小,监控系统根据回水温度调节冷水机组和冷冻水泵运行台数,实现节能运行。

2)冷量控制法　使用一定的计量手段,根据回水温度与流量求出空调系统的实际冷负荷,再选择匹配的制冷机台数以及配套的辅助设备投入运行,实现节能。

(8)控制冷冻水泵、冷却水泵、冷却塔风机启停

控制信号分别从 DDC 数字输出口输出到冷冻水泵、冷却水泵、冷却塔风机配电箱接触器控制回路。为使冷水机组能正常运行和保证系统安全,通过编制程序,严格按照各设备启停顺序的工艺流程要求运行。冷水机组的启动、停止与辅助设备的启停控制须满足工艺流程要求的逻辑连锁关系。冷水机组的启动流程为:冷却塔风机启动→冷却水泵启动→冷冻水泵启动→冷水机组启动;冷水机组的停机流程为:冷水机组停机→冷冻水泵停机→冷却水泵停机→冷却塔风机停机。冷水机组具有自锁保护功能,冷水机组通过水流开关监测冷却水和冷冻水回路的水流状态。如果正常,则解除自锁,允许冷水机组正常启停。来自冷却塔的冷却水通常温度为 32 ℃,经冷却泵加压送入冷水机组,与冷凝器进行换热。由于带走了冷凝器的热量,冷却水温度升高至设计温度 37 ℃,送至冷却塔上部经过喷淋降温冷却,又重新循环送至冷水机组完成冷却水循环。冷却水进水温度的高低基本反映了冷却塔的冷却效果。用冷却进水温度控

制冷却塔风机(风机工作台数控制或变速控制)以及冷却水泵的运行台数,可以使冷却塔节能运行。利用冷却水进水温度控制冷却塔风机运行台数的控制过程和冷水机组的控制过程彼此独立。如果室外温度较低,从冷却塔流往冷水机组的冷却水经过管道自然冷却,即可满足水温要求,此时就无需开启冷却塔风机,能够达到节能效果。

(9)冷水机组冷冻水、冷却水进水电动阀及冷却塔进水电动阀控制

控制信号分别从 DDC 数字输出口输出到冷冻水进水电动阀、冷却水进水电动阀、冷却塔进水电动阀开关控制输入点。

(10)压差旁路两通阀调节控制

控制信号从 DDC 模拟输出口输出到压差旁路两通调节阀驱动器控制输入点。二管制空调系统中,空调末端设备采用两通调节阀的空调水系统,在两通阀的调节过程中,系统末端负荷侧水量常发生变换,从而引起冷冻水流量改变,冷水机组一般设有自动保护装置,当流量过小时,自动停止运行,保护冷水机组。在冷冻水供水、回水总管之间设置旁路。在末端流量发生变化时,通过调节旁通流量来抵消末端流量的改变对冷水机组侧冷冻水流量的影响。旁路主要由旁路电动两通阀及压差控制器组成。通过测量冷冻水供回水间的压力差来控制冷冻水供水、回水之间旁路电动二通阀的开度,使冷冻水供水、回水之间的压力差保持常量,来达到冷水机组侧的恒流量,这种方式叫差压旁路控制。差压旁路调节是二管制空调水系统必须配备的环节。

(11)设备互为备用切换与均衡运行控制

制冷系统中的各种设备基本都是多台配置,采用互为备用方式运行。如果正在工作的设备出现故障需要停机,首先将故障设备切离,再将备用设备投入运行,使整个系统正常工作不受影响。为使设备和系统处于高效率的工作状态,并有较长的使用寿命,就要使设备做到均衡运行,即互为备用的设备实际运行累计时间要保持基本均衡。每次启动系统时,应先启动累计运行小时数少的设备,并在合适的时候进行自动切换。因此,要求控制系统对互为备用的设备有累计运行时间统计、记录和存储的功能,并能进行均衡运行控制。

2. 热源系统控制

空调系统的热源一般有城市热网和自备锅炉两种。无论是热网还是锅炉提供的热水或蒸汽温度都高于空调系统要求的温度(65 ~ 70 ℃),所以空调系统中还需要设置换热机组将高温热水或高温蒸汽转换成空调热水。

智能建筑设计中要求根据建筑设备的情况选择配置下列相关的空调热源系统监控项目:热力系统的运行状态监视、台数控制、燃气锅炉房可燃气体浓度监测与报警、换热器温度控制、换热器与热循环泵连锁控制及能耗累计。

(1)锅炉机组运行监控功能

运行监控功能如下。

①监测、显示蒸汽或热水出口压力、温度、流量。

②监测锅炉及热水泵运行状态。

③安全保护信号显示。

④设备故障报警。对于电锅炉可以通过对电锅炉机组控制器(柜)的运行状态输出触点的监控,在非正常状态下给出电锅炉机组故障报警;对于热水泵可以通过对热水泵配电箱热继电器触点闭合/断开状态,监测热水泵故障情况,并能自动报警。

⑤监测锅炉汽包水位，越限报警。

⑥锅炉设备顺序启停控制。使用DDC的数字输出口对电锅炉机组的启停进行控制。电锅炉系统启动顺序：启动热水泵→启动电锅炉；停止顺序：停止电锅炉→停止热水泵。

⑦锅炉(运行)台数控制。一般情况下锅炉都是多台配置，采用互为备用方式运行。如果正在工作的锅炉出现故障，首先将故障锅炉切离，再将备用锅炉投入运行，使整个系统正常工作不受影响。为使锅炉有较长的使用寿命，就要做到均衡运行，即互为备用的锅炉实际运行累计时间要保持基本均衡。每次启动系统时，应先启动累计运行小时数少的锅炉，并在合适的时候进行自动切换，因此要求控制系统对互为备用的锅炉有累计运行时间统计、记录和存储的功能，并能进行均衡运行控制。对于电锅炉系统可采用不同的控制方式使其节能运行。常用方法之一是：根据回水温度所反映的系统热负荷大小，对锅炉机组的启/停调节以及投入运行的热水泵台数、转速的调节实现节能运行，此方法称为回水温度法。另外一种是：由运算环节通过对冷水机组的供/回水温度及回水干管的流量测量值，计算出实际系统热负荷，依据此热负荷值调节电锅炉的启停及投入运行的热水泵台数，达到节能目的，此方法称为热负荷控制法。

⑧燃料耗量统计记录(燃煤、燃油、燃气锅炉)。

⑨油压、气压显示(燃油、燃气锅炉)。

⑩锅炉房可燃物、有害物质浓度监测报警(燃煤、燃油、燃气锅炉)。

⑪烟气含氧量检测及燃烧系统自动调节(燃煤、燃油、燃气锅炉)。

(2)换热设备监控功能

换热设备监控系统如图2-11所示，换热设备监控点见表2-3。具体功能如下。

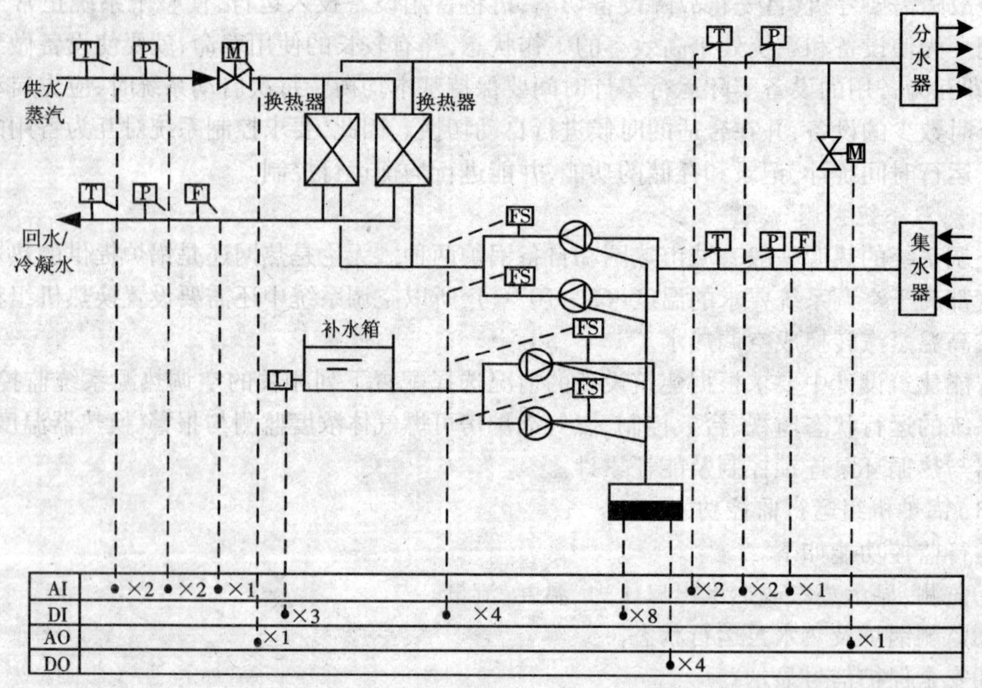

图2-11 换热设备监控系统原理图

表2-3　换热设备监控点表

监测控制点描述	AI	AO	DI	DO	接口位置
补水箱水位监测			√		膨胀水箱液位开关
一、二次水循环泵运行状态			√		一、二次水循环泵动力柜主接触器辅助触点
一、二次水循环泵故障状态			√		一、二次水循环泵动力柜热继电器辅助触点
一、二次水循环泵手动/自动状态			√		一、二次水循环泵动力柜控制电路
一、二次水循环泵启停控制				√	DDC数字输出口到一、二次热水循环泵动力柜控制电路
补水泵运行状态			√		补水泵动力柜主接触器辅助触点
补水泵故障状态			√		补水泵动力柜热继电器辅助触点
补水泵手动/自动状态			√		补水泵动力柜控制电路
补水泵启停控制				√	DDC数字输出口到补水泵动力柜控制电路
一、二次水出口温度测量	√				一、二次水出口温度传感器
一、二次热水回水温度测量	√				一、二次热水回水温度传感器
分水器供水温度测量	√				分水器进口温度传感器
一、二次热水回水流量测量	√				一、二次热水流量传感器
一、二次热水供回水压力测量	√				一、二次热水供回水压力/压差传感器
一次热水/蒸汽电动阀控制		√			DDC模拟输出口到一次侧电动阀驱动器控制口
压差旁通阀门开度控制		√			DDC模拟输出口到压差旁通阀驱动器控制口
换热器二次水入口电动阀控制				√	DDC数字输出口到二次侧电动蝶阀驱动器控制口

①对空调换热系统运行参量、运行状态监测及控制有换热器一次侧热水供回水的温度监测、换热器一次侧热水供回水的压力监测、二次热水泵启停状态监控、水流开关状态监控、热水泵启/停控制等。

②换热器进汽和水阀与热水循环泵连锁控制要根据严格的连锁控制关系对换热系统进行启动顺序控制是启动二次热水循环泵→开启一次侧热水/蒸汽阀门；换热系统的停止顺序控制是关闭一次侧热水/蒸汽阀门→停止二次热水循环泵。

③换热器按设定出水温度自动控制进汽和水量，并可将回水温度作控制参量或根据实际热负荷大小，调节换热器的运行台数和热水泵运行台数及转速，实现节能运行。

④手动或预设时间程序运行控制与远程控制可对换热器按给定的运行时间表进行运行控制，并能对楼宇内的现场设备（与换热器相关的设备）进行远程控制。

2.2.4　空调系统的自动控制

1. 新风机组的自动控制

(1)新风机组的控制原理

新风机组主要功能是为各房间提供新鲜空气，满足室内清洁空气的要求。它所服务的对象有两类：一类是空调方式采用新风空调系统加风机盘管的场所，例如宾馆的客房；另一类是必须采用直流系统的房间，例如无菌病房。为避免室外空气的温/湿度影响室内空气的温/湿度，将室外空气引入室内之前要进行热湿处理。新风机组主要由新风阀、过滤器、冷/热盘管、送风机构成，控制系统中的现场设备由DDC、温度/湿度传感器、压差开关、防冻开关、电动调节阀、风阀执行器组成。

智能建筑设计中要求根据建筑设备的情况选择配置下列相关的新风系统监控项目：新风机组启停控制及运行状态显示；过载报警监测；送、回风温度监测；新风温、湿度监测；过滤器状态显示及报警；风机故障报警；冷(热)水流量调节；加湿器控制；风门调节；风机、风阀、调节阀连锁控制；室内CO_2浓度或空气品质监测；寒冷地区防冻控制。

(2)新风机组的监控功能

新风机组监控系统如图2-12所示，新风机组监控点见表2-4。具体功能如下。

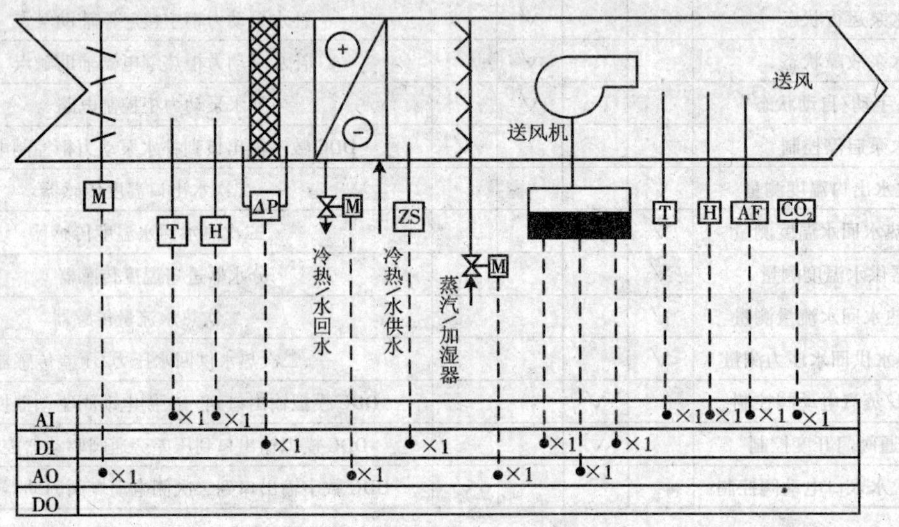

图2-12 新风机组监控原理图

表2-4 新风机组监控点表

监测控制点描述	AI	AO	DI	DO	接口位置
送风机运行状态			√		送风机动力柜主接触器辅助触点
送风机故障状态			√		送风机动力柜主电路热继电器辅助触点
送风机开关控制				√	DDC数字输出口到送风机动力柜主接触器控制回路
空调冷冻水/热水阀门调节		√			DDC模拟输出口到冷热水电动阀驱动器控制口
加湿阀调节		√			DDC模拟输出口到加湿电动阀驱动器控制口
新风口风门开度控制		√			DDC模拟输出口到风门驱动器控制口
防冻报警			√		低温报警开关
过滤网压差报警			√		过滤网压差传感器
新风温度	√				风管式温度传感器
新风湿度	√				风管式湿度传感器
送风温度	√				风管式温度传感器
送风湿度	√				风管式湿度传感器
空气质量	√				空气质量(CO_2、CO浓度)传感器

1)新风温度湿度监测，送风温度湿度监测 监控点分别取自安装在新风口的风管式空气

温度/湿度传感器以及安装在送风管上的风管式空气温度/湿度传感器。新风机组的主要控制对象是出风口温度或被调节房间内的温度。传感器测出的温度值或房间内温度值传送给 DDC。DDC 将接收到的温度值与设定值比较所得偏差按 PID 算法处理后，调节冷/热水调节阀开度控制冷冻水（或热水）流量，使夏季的室内空间温度低于 28 ℃，冬季高于 16 ℃。在新风机组运行中，室外温度变化对于调节系统来讲是一个扰动输入。为提高系统的控制性能，把新风温度作为扰动信号加入调节系统中，可采用前馈补偿方式消除新风温度变化对输出的影响。新风机组湿度调节是把出风口湿度传感器测量的湿度信号送入 DDC 控制器与给定值比较，产生偏差，由 DDC 按 PI 算法调节加湿电动阀开度，以保持空调房间相对湿度。

2）过滤网两侧压差监测　监控点取自安装在过滤网两侧的压差开关。当过滤网积尘堵塞严重时，压差超限，压差开关报警，提醒工作人员清洗。

3）送风风速检测　监控点取自送风管内的风管式风速传感器。

4）风机的运行状态监测及风机故障监测　监控点分别取自送风机配电柜接触器辅助触点和送风机配电柜热继电器辅助触点。对送风机的手动控制、自动控制及运行和故障状态进行监控。系统一般具备按给定时间表控制风机的启停功能。

5）防冻开关状态监测（只用于冬季气温低于 0 ℃的北方地区）　监控点取自安装在送风管靠近表冷器出风侧的防冻开关输出口。当室外温度过低导致换热器出风侧温度低于 5 ℃时，防冻开关报警，此时，应关闭风门和风机，以免换热器温度进一步下降。

6）空气质量检测　监控点取自安装在空调区域的空气质量传感器（通常选用 CO_2 传感器）。传感器将空调房间 CO_2 浓度信号传送到 DDC。DDC 通过计算输出控制信号，控制新风风门开度，调节新风量以保证室内空气质量。

7）新风机风门开度控制和送风机启停控制　控制信号分别取自从 DDC 数字输出口输出到新风门驱动器控制输入口和从 DDC 数字输出口输出到送风机配电箱接触器控制回路。根据新风温湿度、房间温湿度、焓值计算及空气质量的要求，控制新风门的开度，使系统在最佳新风风量状态下运行，达到节能目的。

8）冷水阀/热水阀门开度、加湿阀门开度控制　控制信号分别取自从 DDC 模拟输出口输出到冷热水二通调节阀和加湿二通调节阀驱动器控制输入口。

为使新风机组能正常运行，通过编制程序，严格按照各设备启停顺序的工艺流程要求运行。新风机组的启动、停止须满足工艺流程要求的逻辑连锁关系。新风机组启动顺序是：新风风门开启→送风机启动→冷热水调节阀开启→加湿阀开启；新风机组停机顺序是：加湿阀关闭→冷热水调节阀关闭→送风机停止→新风风门关闭。

2. 空调机组的自动控制

（1）空调机组监控原理

典型的定风量空调机组监控原理如图 2-13 所示。

空调机组由送风机、回风机、过滤器、冷水阀门、热水阀门、新风阀、回风阀、排风阀等部分组成。控制系统中的现场设备由 DDC、送风温度传感器、送风湿度传感器、防冻开关、压差开关、电动调节阀、风阀执行器等组成。

空调机组的工作主要是对系统中的新风和回风混合后进行热湿处理，再送入到空调房间，调节室内空气参数达到预定要求。由于空调机组处理的空气除新风外还有回风，除了要面对室外空气参数变化干扰外，还存在室内人员和设备的散热、散湿量变化引起的干扰，空调控制

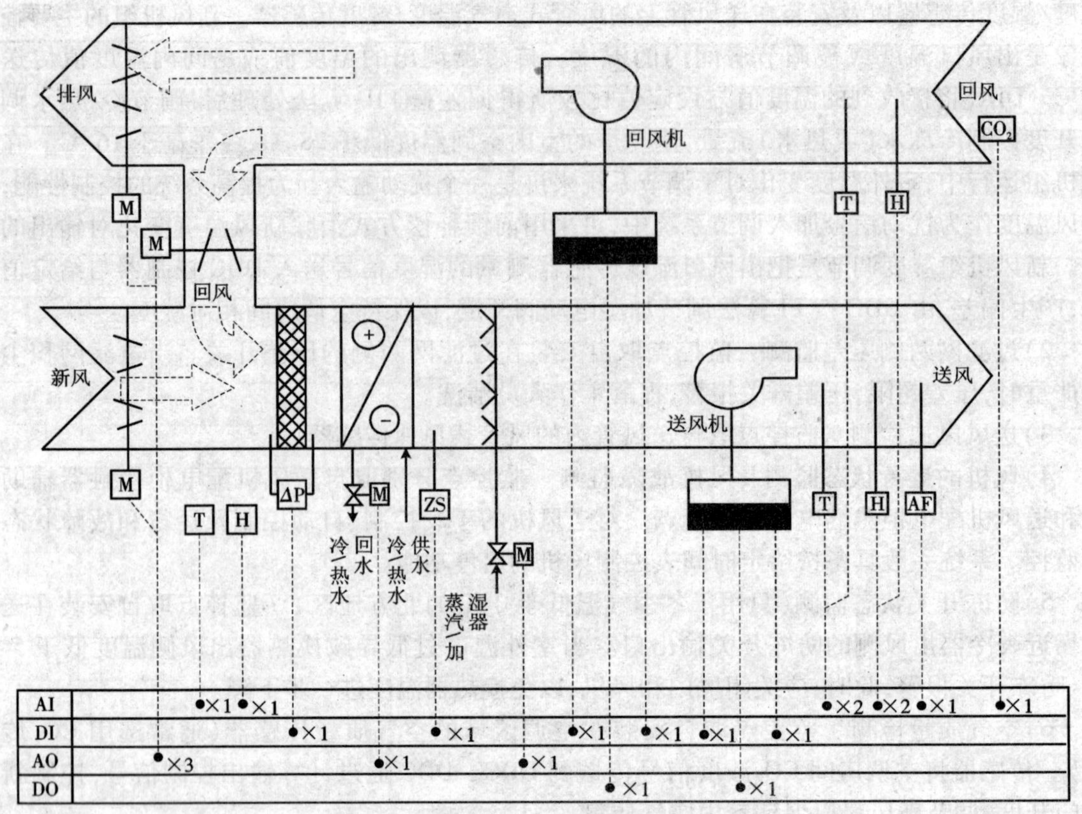

图 2-13 定风量空调机组监控系统原理图

系统必须同时监测新风参数、送风参数和回风参数，并选用适当方式对干扰进行补偿，满足室内温湿度和空气卫生要求，同时减少运行能耗。

智能建筑设计中要求根据建筑设备的情况选择配置下列相关的空调机组监控项目：空调机组启停控制及运行状态显示；过载报警监测；送、回风温度监测；室内外温、湿度监测；过滤器状态显示及报警；风机故障报警；冷（热）水流量调节；加湿器控制；风门调节；风机、风阀、调节阀连锁控制；室内 CO_2 浓度或空气品质监测；寒冷地区防冻控制；送回风机组与消防系统联动控制。

3. 典型空调机组监控功能

定风量空调机组监控见表 2-5。具体功能如下。

表 2-5 定风量空调机组监控点表

监测控制点描述	AI	AO	DI	DO	接口位置
送风机运行状态			√		送风机动力柜主接触器辅助触点
送风机故障状态			√		送风机动力柜主电路热继电器辅助触点
送风机手动/自动转换状态			√		送风机动力柜控制电路（可选）
送风机开/关控制				√	DDC 数字输出接口到送风机动力柜主接触器控制回路
回风机运行状态			√		回风机动力柜主接触器辅助触点

续表

监测控制点描述	AI	AO	DI	DO	接口位置
回风机故障状态			√		回风机动力柜主电路热继电器辅助触点
回风机手动/自动转换状态			√		回风机动力柜控制电路(可选)
回风机开/关控制				√	DDC 数字输出接口到回风机动力柜主接触器控制回路
空调冷冻水/热水阀门调节		√			DDC 模拟输出接口到冷热水电动阀驱动器控制口
加湿阀门调节		√			DDC 模拟输出接口到加湿电动阀驱动器控制口
新风口风门开度控制		√			DDC 模拟输出接口到送风门驱动器控制口
回风口风门开度控制		√			DDC 模拟输出接口到回风门驱动器控制口
排风口风门开度控制		√			DDC 模拟输出接口到排风门驱动器控制口
防冻报警			√		低温报警开关
过滤网压差报警			√		过滤网压差传感器
新风温度	√				风管式温度传感器(可选)
新风湿度	√				风管式湿度传感器(可选)
室外温度	√				室外温度传感器(可选)
回风温度	√				风管式温度传感器
回风湿度	√				风管式湿度传感器
送风温度	√				风管式温度传感器(可选)
送风风速	√				风管式风速传感器(可选)
送风湿度	√				风管式湿度传感器(可选)
空气质量	√				空气质量(CO_2、CO 浓度)传感器

1)送、回风机运行状态和故障状态监测　监控点分别取自送、回风机配电柜接触器辅助触点和送、回风机配电柜热继电器辅助触点。对送风机的手动控制、自动控制及运行和故障状态进行监控。系统具备按给定时间表控制风机的启停功能。

2)送、回风温、湿度监测，室外(或新风)温、湿度监测　监控点分别取自送、回风管上的风管式空气温、湿度传感器输出端和室外(或新风口)的温、湿度传感器输出端。定风量空调系统以回风温度为被调参数。传感器测出的回风温度值传送给 DDC。DDC 将接收到的温度值与设定值比较所得偏差按 PID 算法处理后，调节冷、热水调节阀开度来控制冷水或热水流量，使空调区域气温保持在设定值(一般夏季温度低于 28 ℃，冬季高于 16 ℃)。系统运行中，室外温度变化是一个扰动输入，为提高系统的控制性能，把新风温度作为扰动信号加入调节系统中，可采用前馈补偿方式消除新风温度变化对输出的影响。空调机组湿度调节是把回风湿度传感器测量的湿度信号送入 DDC 与给定值比较，产生偏差，由 DDC 按 PI 算法调节加湿电动阀开度，以保持空调房间相对湿度。

3)过滤网两侧压差监测　监控点取自安装在过滤网两侧的压差开关。当过滤网积尘堵塞严重时，压差超限，压差开关报警，提醒工作人员清洗。

4)送风风速监测　监控点取自送风管上的风管式风速传感器输出。

5)防冻开关状态监测(只用于冬季气温低于 0 ℃的北方地区)　监控点取自安装在送风

管靠近表冷器出风侧的防冻开关输出端。当室外温度过低导致换热器出风侧温度低于 5 ℃时,防冻开关报警。此时,应关闭风门和风机,以免换热器温度进一步下降。

6)空气质量检测　监控点取自安装在空调区域(或回风管)的空气质量传感器(通常选用CO_2传感器)。传感器将空调房间CO_2浓度信号传送到DDC。DDC通过计算输出控制信号,控制新风风门开度,调节新风量以保证室内空气质量。

7)送、回风机启停控制　控制信号从DDC数字输出口输出到送、回风机配电柜接触器控制回路。空调机组的定时运行和远程控制是通过控制系统,按给定的时间表对空调机组进行定时启/停控制,并能对相关设备进行远程控制。

8)新风口风门开度及回风、排风风门开度控制　控制信号分别从DDC模拟数字输出口输出到新风口风门驱动器控制输入口和回风、排风风门驱动器控制输入口。根据新风温湿度、回风温湿度在DDC进行回风和新风焓值计算,按回风和新风焓值比例及空气质量检测值确定新风的需要量,控制新风门和回风门的开度,使系统在最佳新风回风比状态下运行,达到节能目的。

9)冷热水阀门开度调节及加湿阀门开度调节　控制信号分别从DDC模拟输出口输出,到冷热水二通调节阀驱动器控制输入口和加湿二通调节阀驱动器控制输入口。

为使空调机组能正常运行,通过编制程序,严格按照各设备启停顺序的工艺流程要求运行。空调机组的启动、停止须满足工艺流程要求的逻辑连锁关系。空调机组启动顺序是:新风风门、回风风门、排风风门开启→送风机启动→回风机启动→冷热水调节阀开启→加湿阀开启;空调机组停机顺序是:加湿阀关闭→冷热水调节阀关闭→回风机停止→送风机停止→新风风门、回风门、排风门关闭。

4. 通风系统自动控制

设计现代建筑空调时,常将送、排风机兼做发生火灾时的补风机和排烟风机。在电气联动控制和监控程序等方面需要进行系统、全面的规划设计。送排风机的监控原理见图2-14、图2-15,送排风设备的监控点见表2-6。

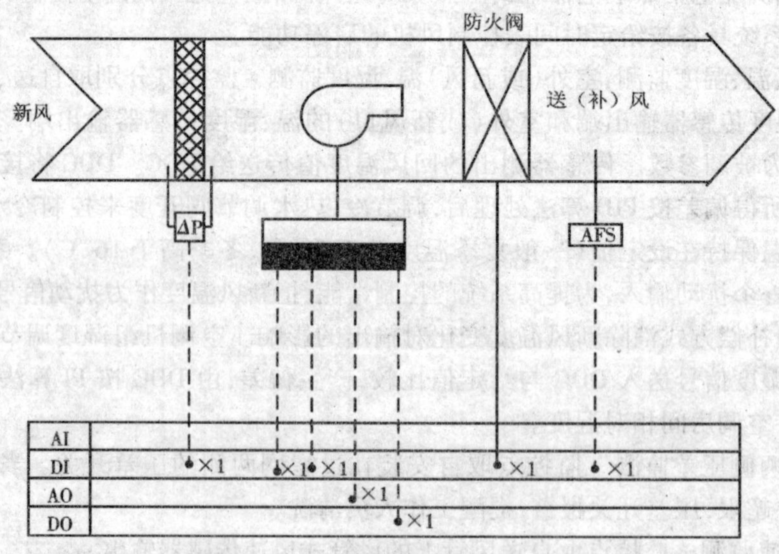

图2-14　送(补)风机监控原理图

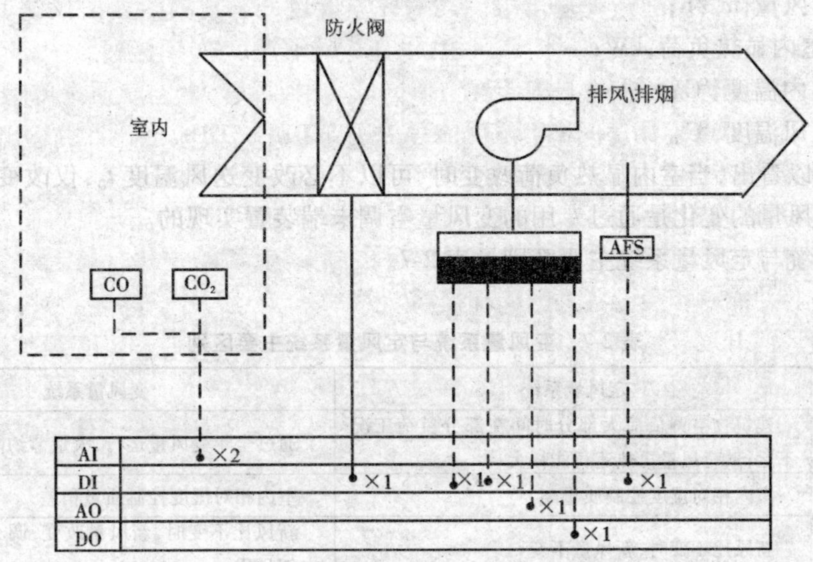

图 2-15 排风/排烟风机监控原理图

表 2-6 送排风设备的监控点表

监测控制点描述	AI	AO	DI	DO	接口位置
通风机运行状态			√		通风机动力柜主接触器辅助触点
通风机故障状态			√		通风机动力柜主电路热继电器辅助触点
通风机手动/自动转换状态			√		通风机动力柜控制电路(可选)
通风机开/关控制				√	DDC 数字输出接口到通风机动力柜主接触器控制回路
通风机高低速运行控制		√			DDC 模拟输出接口到通风机变频器控制口
空气质量监测	√				CO、CO_2 传感器
过滤网压差报警			√		压差传感器
风机风流状态监测			√		风流/风压开关

2.2.5 变风量空调系统

1. 变风量空调系统简介

(1)变风量空调系统原理和特点

变风量空调系统(variable air volume air conditioning system,缩写为 VAV),是一种节能效果显著的空调系统。

上节讲的空调机组指的是定风量系统,其送风量是根据空调房间最大热湿负荷确定的。但实际空调负荷是随室外气温的高低及室内散热、热湿量的大小而变化的。因此,当负荷减小时,就需要减小送风温差(提高送风温度)和送风湿差(提高送风含湿量)来达到调节目的。这就不仅增加了热量消耗,而且又浪费了冷量,是很不经济的。变风量空调的送风量可依下式计算:

$$G=\frac{Q_x}{1.01(t_n-t_0)}$$

式中：G——送风量，m^3/h；

Q_x——室内显热负荷，kW；

t_n——室内温度，℃；

t_0——送风温度，℃。

由上式可以看出，当室内显热负荷改变时，可以不必改变送风温度 t_0，仅改变送风量 G 就可达到要求。风量的变化是通过专用的变风量空调末端装置实现的。

变风量系统与定风量系统主要区别见表 2-7。

表 2-7 变风量系统与定风量系统主要区别

项目	定风量系统	变风量系统
能耗情况	建筑物空调负荷大部分时间在部分负荷工况下运行，全风量再热运行能耗大	通过全年变风量运行，大量节约能耗
控制质量	室内相对湿度控制质量高	室内相对湿度控制质量稍差
新风量	新风比不变时，新风量不变	新风比不变时，新风量改变，调小时影响室内空气品质
室内气流	气流分布稳定	风量调小时，室内气流分布受影响
造价	末端设备简单，控制系统比变风量简单，造价较低	末端设备造价高，控制系统较复杂，造价高

变风量系统根据空调负荷的变化以及室内要求参数的变化自动调节各末端及空调机组风机的送风量，最大程度地保证空调环境的舒适性，降低空调机组的运行能耗。它具有以下显著特点。

1）节能 与定风量空调系统相比，减少了再热量及其相应的冷量，这正是变风量系统从运行机制上较定风量系统合理的地方。而且随着各房间送风量的变化，系统总送风量也相应变化，可以节省风机运行能耗。此外，根据变风量空调系统运行特点，在计算空调系统总负荷时可以适当考虑各房间发生的同时性，减小风机容量及风道系统的规模。变风量系统的运行费用相当经济，对于大容量的空调装置尤为显著。

2）控制灵活 在定风量空调系统中，只有放置温度传感器的一点是可控的，即使做多测点加权平均处理，原则上一个空调系统也只能接受一个参数控制。而在变风量空调系统中，同一空调机组服务的各个空调区域是通过各自的末端装置分别进行控制的，这就提供了相当的灵活性，可以把不同朝向、不同温度要求的房间放在一个空调系统，这样便于进行房间的改扩建。

3）提高卫生水平 与风机盘管相比，吊顶内没有大量冷冻水管和凝结水管，可以减少处理凝结水的困难。特别是避免了凝结水盘中细菌孳生和参加室内风循环的弊病，可以提高室内空气的卫生质量。变风量系统是全空气系统，可以设置送回风双风机，以便在过渡季节使用新风，甚至采用全新风运行，充分利用室外空气的自然冷源。

（2）变风量空调系统分类

变风量系统由变风量空调机组和变风量末端装置（VAV box）两大部分组成，可以分为单风道变风量系统、双风道变风量系统和多区域变风量系统。其中单风道变风量系统又有旁通式、再热式、诱导式、风机动力式、双导管式等。调节变风量系统送风的末端装置是变风量空调系统的关键设备。不同厂家产品种类繁多,分类方法也有多种。按照调节原理来分,可以分成4种基本类型,即节流型、风机动力型、双风管型和旁通型。

常用的变风量系统有下列几种。

1)单风道变风量系统　此系统如图2-16所示。这是最简单的变风量系统,也称为基本型变风量系统。它仅有一条送风道通过末端设备和送风口向室内送风。末端主要由温度传感器、湿度传感器、电动风门、风速传感器、控制器等部件构成,通过调节风门控制房间的温度。温度传感器测出的温度信号送给DDC,经过与设定值比较,取出偏差送给控制器,经过算法处理后,输出控制调节电动风门的开启度调节空调区温度。根据空调负荷的减少而相应减少,这样可实现对室温和室内最大、最小风量的有效控制,减少风机和制冷机的动力负荷。这种系统的末端装置只能对各房间同时加热或冷却,无法实现在同一时期内,对一部分房间加热、另一部分房间冷却。而且,当显热负荷减少时,室内相对湿度也不易控制。因此,这种系统仅适用于室内负荷比较稳定、室内相对湿度无严格要求的场合。

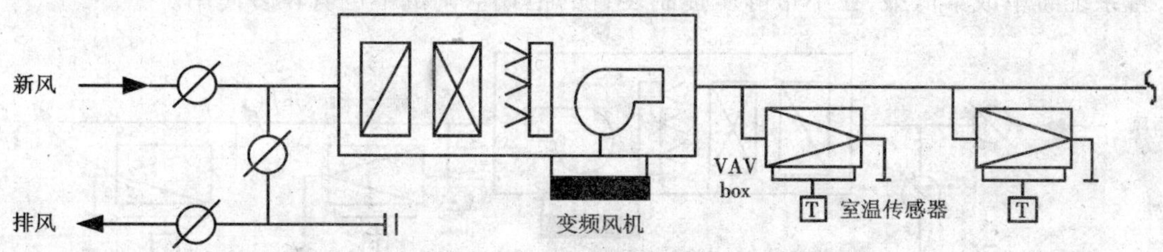

图2-16　单风道变风量系统

2)单风道再热型变风量系统　此系统如图2-17所示。在单风道变风量系统末端装置的基础上增加了再热(冷)装置,就构成再热型变风量系统。在风量统计的范围内,通过调节风门控制空调区温度,在风量调节到极限值但温度仍达不到设定值时,通过DDC将加热器开启,将一次风再热,调节空调房间温度来达到设定值。此系统又可分为热水再热变风量系统和电热再热变风量系统。

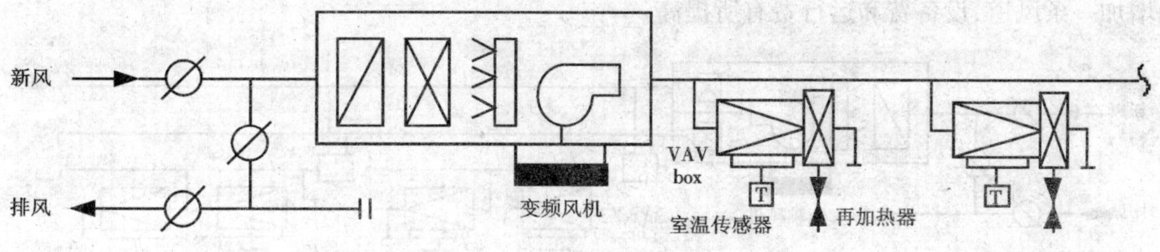

图2-17　单风道再热型变风量系统

3)单风道送回风机联动型变风量系统　此系统如图2-18所示。该系统可保持室内静压不变,一般应用在高级办公室空调系统及有静压要求的生产车间、特种仪器/设备间、研究室等。

4)单风道旁通型变风量系统　此系统如图2-19所示。当室内负荷变化时,送入室内的风量减少,多余的风量通过旁通管口排入吊顶,与室内回风一起返回空调机组。实际上,这种系统总风量并未改变,只是末端风量改变,节能效果有限但可满足室内热舒适要求及工艺恒温要

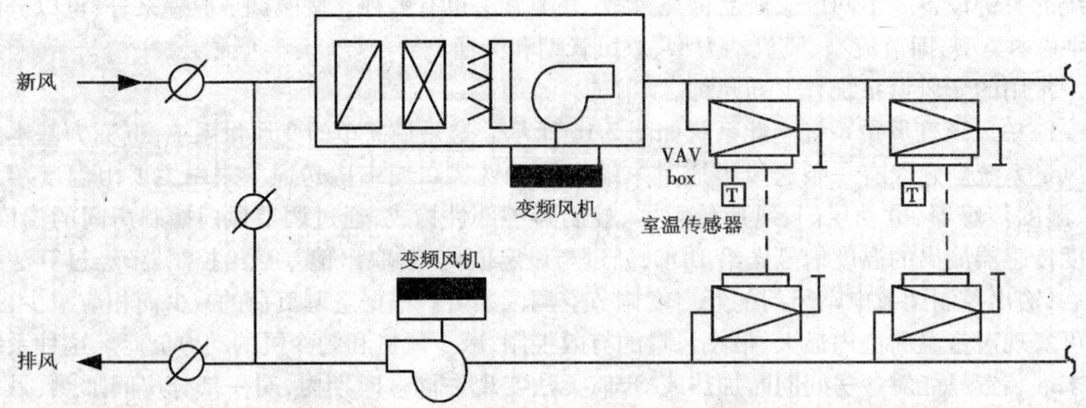

图 2-18 单风道送回风机联动型变风量系统

求，且系统简单成本低廉，在不带静压控制装置的柜式空调机中也有较多使用。

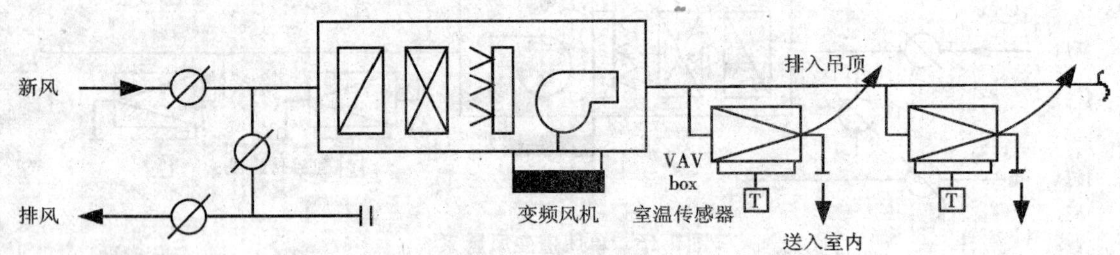

图 2-19 单风道旁通型变风量系统

5）双风道混风型变风量系统　此系统如图 2-20 所示。机组具有冷热两个风道。当房间的送风量随着冷负荷的减少而达到最小风量时，开启热风阀，向房间补充热量，使系统负荷得到有效调节。这种系统，对房间的负荷适应性强，能满足有的房间加热、有的房间冷却的要求。由于负荷得到补偿，最小风量得到控制，室内的相对湿度可保持在较合适的水平上，但系统需增加一条风道，设备费和运行费有所提高。

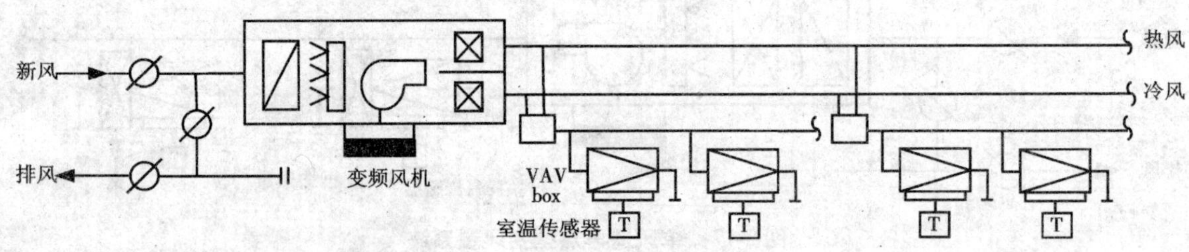

图 2-20 双风道混风型变风量系统

6）双风道单风机变风量系统　此系统如图 2-21 所示。

7）双风道双风机型变风量系统　此系统如图 2-22 所示。

8）以 CO_2 浓度为标准控制新风量的变风量系统　此系统如图 2-23 所示。

调节变风量系统送风的末端装置是变风量空调系统的关键设备。产品种类繁多，分类方法也有多种。按照调节原理来分，可以分成 4 种基本类型，即节流型、风机动力型、双风管型和

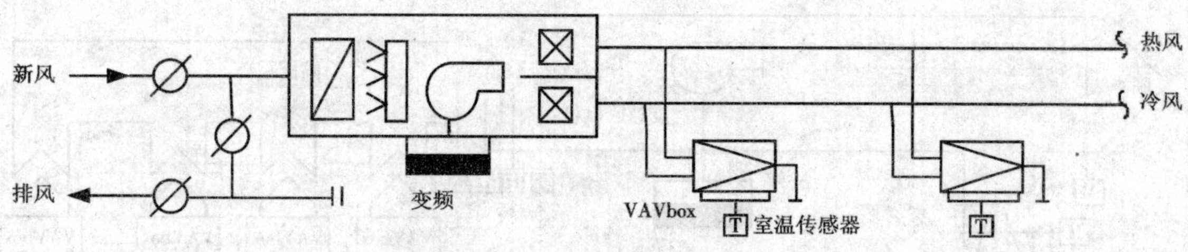

图 2-21 双风道单风机变风量系统

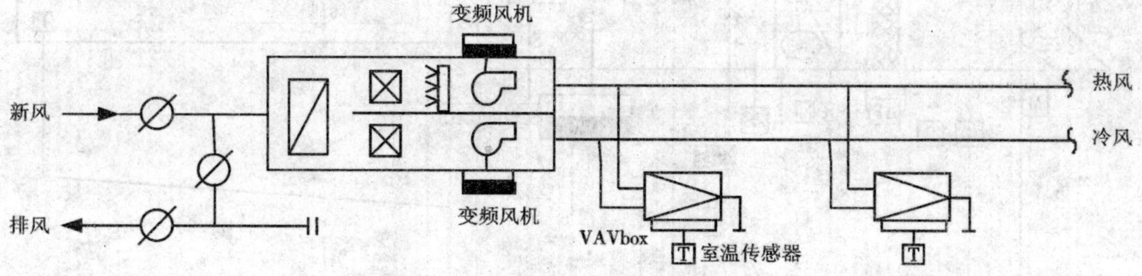

图 2-22 双风道双风机型变风量系统

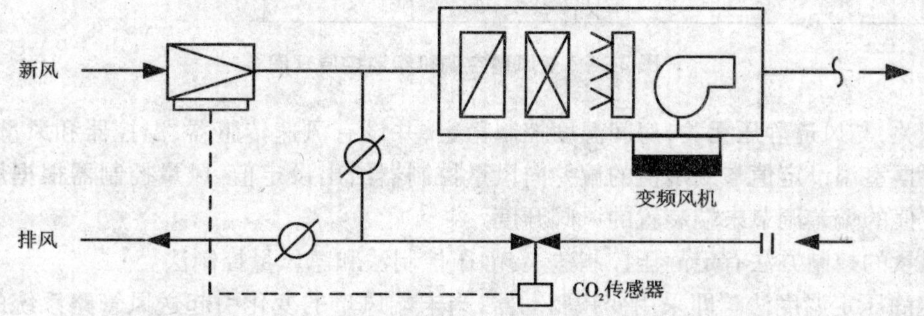

图 2-23 以 CO_2 浓度为标准控制新风量的变风量系统

旁通型。

2. 变风量空调系统控制

(1)变风量空调系统控制原理

典型的变风量空调机组监控原理如图 2-24。

变风量空调系统具有很多传统定风量空调系统不具备的优势,因此得到了越来越广泛的应用。但在选择变风量空调系统时,空调一次投资有所增加,控制相对复杂,对管理水平要求较高。因此,用户在决定采用变风量空调系统前,应针对具体情况对变风量空调系统精心设计,特别是系统控制方式尤为重要,否则有可能产生新风不足、房间气流组织不好、房间正压或负压过大、室内噪声偏大、系统运行不稳定、节能效果不明显等一系列问题。

变风量空调系统是通过控制末端风阀的开度调节进入房间的风量,以满足房间的温度要求。压力相关型末端不带风速传感器,由室内温控器直接控制电动风阀的动作,末端送风量受风阀开度与风道静压二者制约,房间温度波动,精度不高,但是压力相关型末端装置只要配以较灵敏的室内温控器,仍然可以将室温控制在舒适范围之内。压力无关型末端送风量仅与室

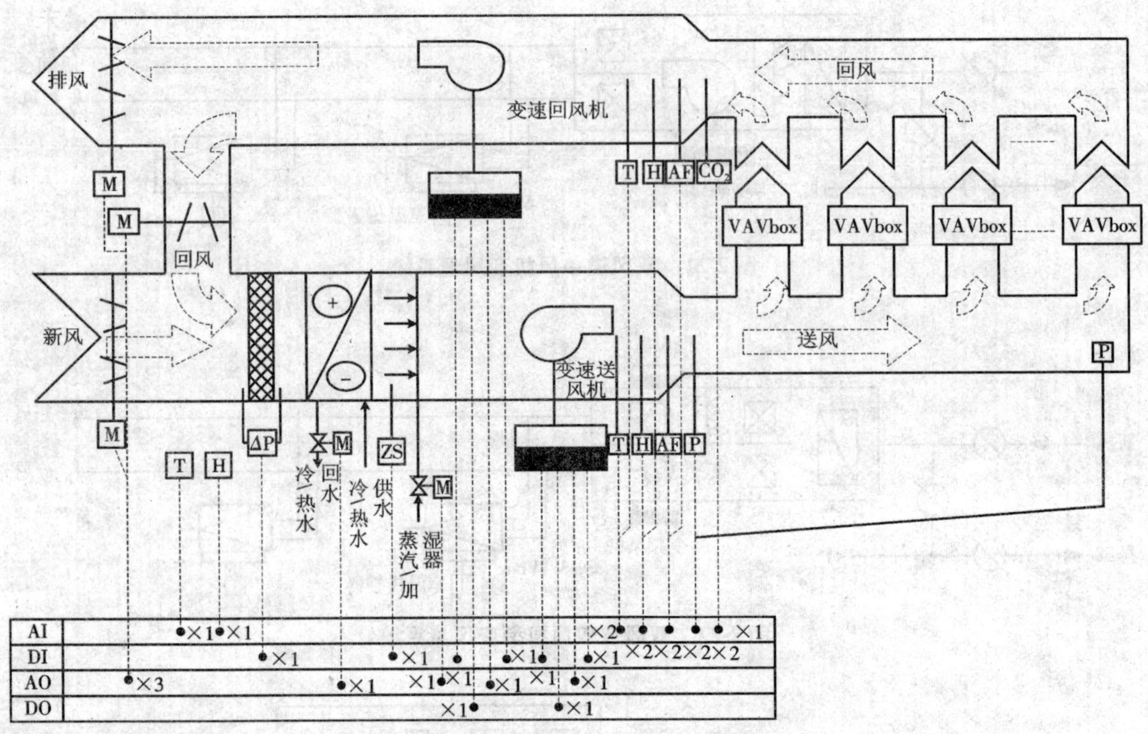

图 2-24 变风量空调机组监控原理图

温偏差有关，与风道静压无关，房间温度控制稳定，并设有风速传感器、温控器和风量控制器。温控器根据室温设定值与测定值的偏差向风量控制器给出设定值，风量控制器根据风量设定值与测定值的偏差调节末端装置的风阀开度。

送风量的控制方法有定静压控制法、变静压控制法和总风量控制法。

1）定静压定温度法 即采用变频驱动器，当末端风量的变化引起送风管路系统的静压产生变化时，通过改变风机电机的转速实现系统的总送风量的控制。而维持送风管路的系统静压恒定，需保证最不利环路末端有足够的出风静压，且静压控制点应尽可能低，以节约风机的能耗。这种控制方法是在送风温度保持不变条件下，保证系统风管中某一点或几个固定点处平均静压为一定值。通过控制变频器转速，将以上诸参考点的平均静压控制在给定值，实现总风量的调节控制。通常选取送风干管末端的参考点平均静压做调节参量，控制机组风机转速来稳定末端静压。当被调控区域的热负荷匹配增加供风量时，风管压降增加，末端静压降低，末端定压传感器测得的静压值送往 DDC 的 AI 口，与设定值比较后的偏差值，按特定调节规律运算并输出控制信号到变频器，调节转速、稳定静压。

2）定静压变温度法 当 VAV 系统末端负荷发生变化时，在保持参考点平均静压不变的条件下，调节空调机组送风温度，实现末端负荷变化引起 VAV 系统总负荷的动态跟踪变化。这种方法中，可以保持送风温度不变，通过调节空调机组通风量，动态跟随末端负荷变化的要求，同时保证末端静压不变。也可以在保持空调机组通风量不变的情况下，通过调整空调机组送风温度，以满足末端负荷变化的要求，同时保持末端静压维持在稳定值。还可以在保持末端定静压的条件下，同时调节空调机组的总送风量和送风温度，来实现定静压变温度的控制。

3）变静压变温度法　使用带风阀开度的传感器、风量传感器和室内温控器的变风量末端装置控制。由变风量末端装置风阀的开度判断系统中的静压来调节风机转速。在末端负荷变化时，同时调节末端静压和送风温度，即末端静压和送风温度均是可调节参数。定静压方法控制简单，但风机能耗较高，末端风阀多处于偏小状态，相应地带来了噪声问题；变静压方法虽然能最大限度地节省风机能耗，但控制算法复杂，实现较为困难，尤其是控制公司的产品基本上都不提供变静压的控制算法。

4）总风量控制法　控制末端静压的变风量空调系统工作运行存在着不稳定性因素，采用总风量与末端负荷匹配的总风量控制法，可有效地进行变风量空调系统中的运行与节能控制。通过自动计量和统计求出各末端风量总量，通过送风机相似特性及相关的计算求出对应的送风机转速，并控制空调机组送风机在此转速运行，使送风量与负荷匹配，这就是 VAV 系统中的总风量控制法。在控制精度要求不高时，构建开环的总风量控制系统，控制策略与算法较简单，稳定性好。但是，各末端风量处在动态变化及设备性能变化时，变风量空调系统工作运行误差就很大，采用反馈方式构成闭环控制后，系统性能会大幅提升。根据系统各末端风量之和与系统当前总风量相匹配，采用末端实时的风量需求控制主风机的转速。根据风机相似律，在空调系统阻力系数不发生变化时，总风量和风机转速是正比关系。它可以说是一种间接根据房间温度偏差由 PID 控制器控制转速的风机控制方法。

对于新风量的控制有以下几种方法。

1）送风机、回风机风量测量控制法　同时测量送风机和回风机风量。一般认为，由于送风机和回风机风量远大于新风量，风管内风速较高，所以测量误差相对较小。新风量应该等于送风机和回风机风量之差。

2）新风风机新风量控制法　由安装在新风管内的速度传感器调节风阀维持最小新风量。该方法的优点是误差小，缺点是需要另设最小新风管，增加了一次投资。

3）CO_2浓度监控法　将 CO_2传感器置于空调房间具有代表性的地方。当 CO_2高于设定值时，即增大新风量。这种控制方法是目前认为最先进的新风量控制方法，也是使用最多的控制方法，主要的问题是完全忽略了 CO_2以外的污染物的影响和控制滞后，而且这种测量只能代表某个点或者小范围内 CO_2的瞬时浓度。

智能建筑设计中要求根据建筑设备的情况选择配置下列相关的变风量空调系统监控项目：变风量（VAV）系统的总风量调节；送风压力监测；风机变频控制；最小风量控制；最小新风量控制；加热控制。

（2）变风量空调系统的监控功能

变风量空调系统主要监控点见表 2-8。具体功能如下。

表 2-8　VAV 空调系统主要监控点配置表

监测控制点描述	AI	AO	DI	DO	接口位置
送风机运行状态			√		送风机动力柜主接触器辅助触点
送风机故障状态			√		送风机动力柜主电路热继电器辅助触点
送风机手动/自动转换状态			√		送风机动力柜控制电路（可选）
送风机开/关控制				√	DDC 数字输出接口到送风机动力柜主接触器控制回路

续表

监测控制点描述	AI	AO	DI	DO	接口位置
送风机转速控制		√			DDC 模拟输出接口到送风机变频器控制口
回风机运行状态			√		回风机动力柜主接触器辅助触点
回风机故障状态			√		回风机动力柜主电路热继电器辅助触点
回风机手动/自动转换状态			√		回风机动力柜控制电路(可选)
回风机开/关控制				√	DDC 数字输出接口到回风机动力柜主接触器控制回路
回风机转速控制		√			DDC 模拟输出接口到回风机变频器控制口
空调冷冻水/热水阀门调节		√			DDC 模拟输出接口到冷热水电动阀驱动器控制口
加湿阀门调节		√			DDC 模拟输出接口到加湿电动阀驱动器控制口
新风口风门开度控制		√			DDC 模拟输出接口到送风门驱动器控制口
回风口风门开度控制		√			DDC 模拟输出接口到回风门驱动器控制口
排风口风门开度控制		√			DDC 模拟输出接口到排风门驱动器控制口
空调机组送风出口(静)压力	√				风管式空气压力传感器
送风管末端静压	√				风管式空气压力传感器
防冻报警			√		低温报警开关
过滤网压差报警			√		过滤网压差传感器
新风温度	√				风管式温度传感器(可选)

1)送、回风机运行状态及故障状态监测　监控点分别取自送回、风机配电柜接触器辅助触点和送、回风机配电柜热继电器辅助触点。

2)送、回风温、湿度监测,室外(或新风)温、湿度监测　监控点分别取自送、回风管上的风管式空气温、湿度传感器输出和室外(或新风口)的温、湿度传感器输出。被调节区域的湿度平均值可用空调机组回风相对湿度描述,因此以空调机组回风的相对湿度作为调节量,调节送风含湿量实现湿度控制。回风管中的空气湿度经湿度传感器检测,测得的信号送往 DDC,并与设定值比较,其偏差经 PI 运算得到控制信号,调节加湿阀开度,将空调机组回风的相对湿度控制在设定值。

3)过滤网两侧压差监测　监控点取自安装在过滤网两侧的压差开关。当过滤网积尘堵塞严重时,压差超限,压差开关报警,提醒工作人员清洗。

4)送风、回风风速监测　监控点分别取自送风管、回风管上的风管式风速传感器输出端。用送、回风风速值计算系统总送风量和总回风量。

5)防冻开关状态监测(只用于冬季气温低于 0 ℃的北方地区)　监控点取自安装在送风管靠近表冷器出风侧的防冻开关输出端。当室外温度过低,导致换热器出风侧温度低于 5 ℃时,防冻开关报警。此时,应关闭风门和风机,以免换热器温度进一步下降。

6)空气质量检测　监控点取自安装在空调区域(或回风管)的空气质量传感器输出端(通常选用 CO_2传感器)。传感器将空调房间 CO_2浓度信号传送到 DDC。DDC 通过计算输出控制信号,控制新风风门开度,调节新风量以保证室内空气质量。

7)送风管末端压力检测　监控点取自安装在送风管压力最不利位置的空气压力传感器

输出(一般采用风管式空气压力传感器)。

8)送、回风机电机转速控制　控制信号从DDC模拟输出口输出到送、回风机电机变频器控制口。在较大的VAV空调系统中,末端数量多,分布范围大,总风量大且风道管路较长。系统装置中包含总回风管路中的回风机。在控制上,除了对风机进行变频调速控制外,还要求对回风机进行相应的联动控制,即送风量控制和回风量控制,以保证空调房间在其他运行参数得到满足的同时满足送风量和回风量的平衡。一般情况下回风量要小于送风量,但在被调控区域有负压要求时,回风量要大于送风量。要根据系统的实际情况确定送风量与回风量的差值,同时根据风管末端静压信号,调控回风机的转速及风量。还可以将送风机前后风道压差测量值和回风机前后风道压差测量值送入DDC的AI口,并与DDC内存储的设定值进行比较,对偏差进行给定控制算法运算后,输出控制信号调节风机转速,使回风量满足要求。

9)送、回风机启停控制　控制信号从DDC数字输出口输出到送、回风机配电柜接触器控制回路。空调机组的定时运行和远程控制是通过控制系统,按给定的时间表对空调机组进行定时启/停控制,并能对相关设备进行远程控制。

10)新风口风门开度及回风、排风风门开度控制　控制信号分别从DDC数字输出口输出到新风口风门驱动器控制输入口和回风、排风风门驱动器控制输入口。DDC根据新风温湿度、回风温湿度进行回风和新风焓值计算,按回风和新风焓值比例及空气质量检测值确定新风的需要量,控制新风门和回风门的开度,使系统在最佳新风回风比状态下运行,达到节能目的。

11)冷热水阀门开度调节及加湿阀门开度调节　控制信号分别从DDC模拟输出口输出到冷热水二通调节阀驱动器控制输入口和加湿二通调节阀驱动器控制输入口。

为使空调机组能正常运行,通过编制程序,严格按照各设备启停顺序的工艺流程要求运行。空调机组的启动、停止须满足工艺流程要求的逻辑连锁关系。空调机组的启动控制顺序是:新风风门开启→回风风门开启→送风机启动→排风风门开启→回风机启动→空调冷冻水/热水调节阀开启→加湿阀开启;空调机组的停机控制顺序是:加湿阀关闭→空调冷冻水/热水调节阀关闭→回风机停机→排风风门关闭→送风机停机→回风风门关闭→新风风门关闭。

(3)变风量空调末端的监控功能

1)变风量空调末端房间温度检测　监控点取自安装在空调房间的温度传感器输出端。

2)变风量空调末端房间静压检测　监控点取自安装在空调房间的压力传感器输出端。

3)变风量空调末端装置送风风速(风量)检测　监控点取自安装在空调房间送风管的风速(风量)传感器输出端。

4)变风量空调末端送风、回风风门开度调节　控制信号分别从VAV末端控制器模拟输出口输出到送风、回风风门驱动器控制输入口。

5)变风量空调末端再热器开关控制　控制信号从VAV末端控制器数字输出口输出到末端装置再热器控制输入口。

2.3　给排水系统的监控

城市现代化建筑大都是多功能的高层建筑,其给排水系统特点如下。

①高层建筑内人数众多,对生活卫生及保安防火设施要求较为严格,因此必须装设具有标准较高的给水排水系统,以保证给水排水的安全与可靠。

②高层建筑的高度造成给水管道内的静压力较大。过大的水压力不但影响使用、浪费水量而且增加维修工作量,为此对给水管道系统、热水管道系统及消防给水系统必须进行竖向分区。

③高层建筑发生火灾的因素很多,一旦着火,火势猛,蔓延快,不易扑救,人员疏散也很困难。因此,当高度超过十层时,要求建筑内消防系统必须有自救能力,为此高层建筑要设置独立的消防供水系统。

④高层建筑内设备复杂,各种管道交错,必须搞好综合布置,要求不渗不漏。另外高层建筑对防震、防沉降、防噪声等要求也较高,因此在给排水工程设备中还需要考虑抗震、防噪声等措施。

实现对建筑内部用水安全可靠供应和污水及时排放,以及实现给排水系统科学有效的管理和水、电资源的节约是建筑设备自动化要解决的主要问题。给排水监控系统主要功能是通过计算机对系统中的各种水位、水泵工作状态和管网压力进行实时监测,按照一定要求控制水泵的运行方式、台数和相应阀门的动作,以达到需水量和供水量之间的平衡、污水的及时排放,实现水泵高效、低耗的最优化控制,达到经济运行的目的,并对给排水系统的设备进行集中管理,保证系统可靠运行。

2.3.1 给排水系统基础知识

1. 给水系统

给水系统按用途可分为生活给水系统、生产给水系统和消防给水系统三类。生活给水系统供给人们饮用、盥洗、洗涤、沐浴、烹饪等生活用水,水质必须符合国家规定的饮用水卫生标准。生产给水系统供给生产设备冷却、原料和产品的洗涤以及各类产品制造过程中所需的生产用水,生产用水应根据工艺要求,提供所需的水质、水量和水压。消防给水系统供给各类消防设备灭火用水,消防用水对水质要求不高,但必须按照建筑防火规范保证供给足够的水量和水压。

给水系统由引入管、水表节点、管道系统、配水装置与用水设备、控制附件、增压和储水设备等主要部分组成。自室外给水管引入室内的管段,称为引入管,也称进户管。安装在引入管上的水表及其前后设置的阀门和泄水装置总称为水表的节点。水表用于计量建筑用水量。水表前后安装阀门用于检修和更换时关闭管路。管道系统主要由水平干管、立管和支管等组成。配水装置与用水设备是指各类卫生器具、用水设备的配水龙头和生产与消防等用水设备。控制附件主要指管道系统中调节水量、水压,控制水流方向以及便于管道、仪表和设备检修的各类阀件。常用的阀门有截止阀、闸阀、蝶阀、止回阀、液位控制阀、安全阀等。当市政管网压力不足或建筑对安全供水有要求时,需设置水泵、气压给水装置、水箱与水池等增压和储水设备。

一般给水系统有直接给水、水箱给水、水泵给水、水泵水箱给水、气压给水、分区给水等方式。直接给水方式由室外给水管网直接供水,是最简单、经济的给水方式,适用于室外给水管网的水量、水压在一天内均能满足用水要求的建筑。

水箱给水方式宜在室外给水管网供水压力呈现昼夜周期性不足时采用。低峰用水时,利用室外给水管网水压直接向水箱进水;高峰用水时,室外管网水压不足,由水箱向建筑内给水系统供水。水泵给水方式宜在室外给水管网供水压力经常不足时采用,建筑物内用水量大且较均匀时,可用水泵供水;当建筑内用水不均匀时,宜采用变频供水。

水泵、水箱给水方式宜在室外给水管网低于或经常不能满足建筑内给水管网所需的水压,且室内用水不均匀时采用。其优点是水泵能及时向水箱供水,可缩小水箱容积,又因有水箱的调节作用,水泵设计水量小且稳定,能保持在高效区运行。

气压给水方式即在给水系统中设置气压给水设备,利用该设备的气压水罐内气体的可压缩性供水。气压水罐的作用相当于高位水箱,但可根据需要设置在高处或低处。该给水方式宜在室外给水管网压力低于或经常不能满足建筑内给水管网所需水压、室内用水不均匀且不宜设置高位水箱时采用。当室外给水管网的压力只能满足建筑下层供水要求时,可采用分区给水方式。室外给水管网水压线以下楼层为低区由外网直接供水,室外给水管网水压线以上楼层为高区由升压储水设备供水。

智能建筑生活供水方式可分为两种:匹配式与非匹配式。非匹配式供水的特点是水泵的供水量大于系统的用水量。非匹配式供水系统需配置蓄水设备,如水塔、高位水箱等,以便将多余的水或全部的水暂时蓄存起来。当蓄存的水达到高水位时,水泵停止运转,这时,由蓄水器向用水系统供水。当蓄水器中的水被用到低水位时,水泵再次启动向蓄水设备供水。匹配式供水的特点是水泵的供水量随着用水量的变化而变化,没有多余的水量,不设置高位水箱等蓄水设备。早期的水泵直供式给水系统,就是一种原始的匹配式供水设备。但由于水泵的速度不能调节,水压随用水量的变化而急剧变化。当用水量小时,水压高,供水效率很低,既不节能,又使系统的水压不稳定。

近几年来,由于电子技术及计算机控制技术的迅速发展以及节能降耗的需求,变频调速装置开始在民用供水系统中得到应用。通过改变水泵电机的供电电源频率,调节水泵的转速,自动控制水泵的供水量以保证在用水量变化时,供水量随之变化,从而维持水系统的压力不变,实现了供水量与用水量的相互匹配。变频恒压供水成为既节能、又节省建筑面积的较完美匹配式的供水方式。

2. 中水系统

所谓"中水"是指其水质介于上水(给水)和下水(排水)之间的杂用水。建筑系统的中水主要指生活污水和其他污水经处理后,达到国家规定的水质标准的回用与建筑或住宅小区内杂用的非饮用水。

建筑中水(Reclaimed Water System for Building)是建筑物中水和小区中水的总称。建筑物中水是在一栋或几栋建筑物内建立的中水系统;小区中水是在小区内建立的中水系统。

建筑中水系统一般具有充分、易于获取的水源,并且该原水易于处理,不含难降解和有毒物质。目前,我国中水的水源主要是以生活污水为主,包括洗浴排水、盥洗排水、厨房排水等。以生活污水为水源,可以充分利用中水系统覆盖区域内的已有排水系统,无需另建,节省投资。生活污水的水质和水量相对稳定,可保证建筑中水系统的正常运行。建筑中水系统如图2-25所示。

中水回用的处理技术按机理可分为物理化学法、生物化学法和物化生化组合法等。主要的工艺流程如下。

1)生物化学法　原水→格栅→调节池→接触氧化池→沉淀池→过滤→消毒→出水。

2)物理化学法　原水→格栅→调节池→絮凝沉淀池→超滤膜→消毒→出水。

3)物化生化结合法　原水→格栅→调节池→活性污泥池→膜生物反应器→消毒→出水。

3. 排水系统

建筑排水系统是将建筑内部人们在日常生活和工业生产中使用过的水收集起来,及时排

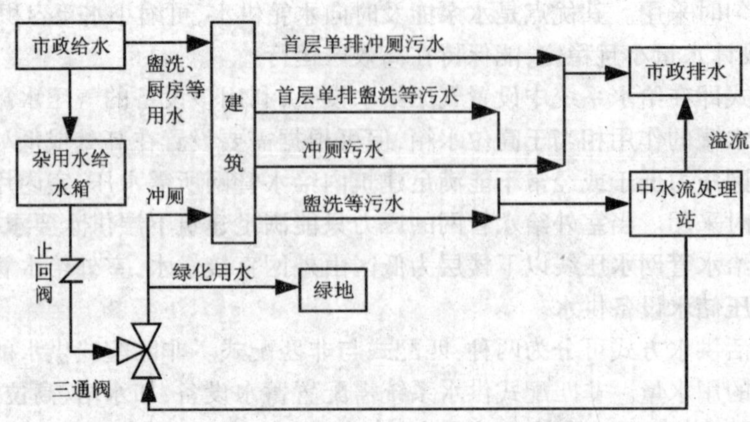

图 2-25 建筑中水系统示意图

到室外。按系统接纳的污废水类型不同,主要可分生活排水系统和工业废水排水系统。

高层建筑物一般建有地下室,地下室的污水集水池一般低于城市排水管网的标高,故不能以重力排除,应先将污水集中收集于集水井中,然后由排水泵将污水提升,排至室外排水管或水处理池中。

2.3.2 给排水系统监控

给排水系统方式不同,但监控目的是一致的:一是要使系统正常工作,保证可靠供水;二是要使设备合理运行,提高效率,节约能源。给排水系统都是由水泵、水箱、管道、阀门等设备组成,监控的对象主要是水池、水箱的水位和各类水泵的工作状态。

智能建筑设计中要求根据建筑设备的情况,选择配置下列相关的给排水系统监控项目:给水系统水泵的自动启停控制及运行状态显示,水泵故障报警,水箱液位监测、超高与超低水位报警,污水处理系统的水泵启停控制及运行状态显示,水泵故障报警,污水集水井、中水处理池监视,超高与超低液位报警,漏水报警监视。

1. 给排水系统监控功能

1)水箱(池)液位显示及报警　监视水箱(池)的各种水位,当水位超限时发出报警信号。

2)水泵启停控制　根据对水压或液位的检测结果,控制投入运行水泵的数量,并根据各泵运行时间,实现主、备泵自动切换,平衡各泵的运行时间。

3)水泵运行状态显示及过载报警　监视水泵运行状态,当水泵发生过载等故障时,发出报警信号。

4)水流、水压状态显示　监视水泵水流、水压及压差等状态,当参数异常时,发出报警信号。

5)累计运行时间　累计各设备运行时间,并据此制定各设备的检修保养计划,提示管理人员定时维修。

2. 给排水设备中监控的物理量

给排水设备中监控的物理量一般为液位、压力、压差、流量和运行状态等。

(1)液位信号

对给排水系统来说,给水系统的水池、水箱中的液位和排水系统的污水池或集水井中的液位是保证系统运行的重要参数。

控制液位一般是指控制开、停水泵的液位，它们是水泵运行的必要参数。

报警液位一般可分为超高报警和超低报警液位，用于监视液位的极限位置，便于及时采取紧急应对措施，若不加控制将会出现异常情况。

指示液位用来监视系统的运行状态。

(2)压力信号

给水系统的运行状态一般可由压力信号反映出来，压力过高或过低均会影响给水系统的正常运行。压力信号的取样位置，通常选在系统中能表征系统运行状态的部位或压力的高低可能对系统运行产生严重影响的部位，例如给水加压泵的出口、减压阀的两端等。

(3)压差信号

建筑给排水系统中有些部位的压力差往往标志着设备的运行工况，必须及时了解，一旦超限时必须及时进行处理。例如过滤器两端的压差信号，能反映出过滤器是否堵塞，以确定是否需要及时清洗。

(4)流量信号

流量信号一般用于系统给、用水量的大小的观察和计量。但因流量测量仪器价格昂贵，所以尽管流量是给排水系统的重要参数，选用时仍需慎重。

(5)运行状态信号

在给、排水系统中都设有水泵等运转设备，了解这些设备的运行状态是十分必要的。运行状态信号的采集一般直接来自水泵等运转设备，其中包括所有备用设备的状态信号，以便实现对所有设施的监控。

3. 建筑给水系统的监控

(1)分区给水

现代高层建筑常采取分区给水方式，即结合建筑层数对建筑物合理进行纵向分区，将建筑物给水系统分成上下两个或多个供水区。下区可直接利用城市管网供水，上区由水泵、水箱联合供水。如图2-26所示，上区系统由高位生活水泵(一用一备)和高位水箱组成，中区由三台水泵(两用一备)和恒压水箱组成。下面给出分区给水系统监控功能。分区给水系统监控点见表2-9。

1)水箱水位监测与报警　监控点取自水位监测传感器输出点。传感器一般选用液位开关，设停泵水位、启泵水位、低报警水位、溢流水位监测。当高位水箱的水位达到溢流水位时，说明水泵在高位水箱水位达到上限时没有停止，此时溢流水位发出报警信号送到控制中心报警，提示值班人员注意，并做出紧急处理。当高、中位水箱的水位到达最低报警水位时，说明水泵在高、中位水箱水位到达下限时没有开启，此时最低报警水位发出报警信号送到控制中心报警，提示值班人员注意，做紧急处理。蓄水池的下限水位并不意味着蓄水池无水，而是为了保障消防用水，蓄水池必须留有一定的消防用水量。当发生火灾时，消防泵启动，抽取这部分存水。如果蓄水池液面达到消防泵停泵水位，则控制消防泵停泵并向系统报警。

2)水流信号监测　出水干管上装设流量计或水流开关，水流信号通过AI或DI通道送入现场DDC，以监视给水系统的运行状况。

3)水泵状态监控　水泵的运行状态和过载监测信号分别取自水泵控制接触器的辅助触点及热继电器的辅助触点，作为两路开关量输入信号，各自引入DDC不同的DI输入通道，用于监视水泵的启停状态和过载状态。当发生过载时，控制过载水泵停机，并发出过载报警信

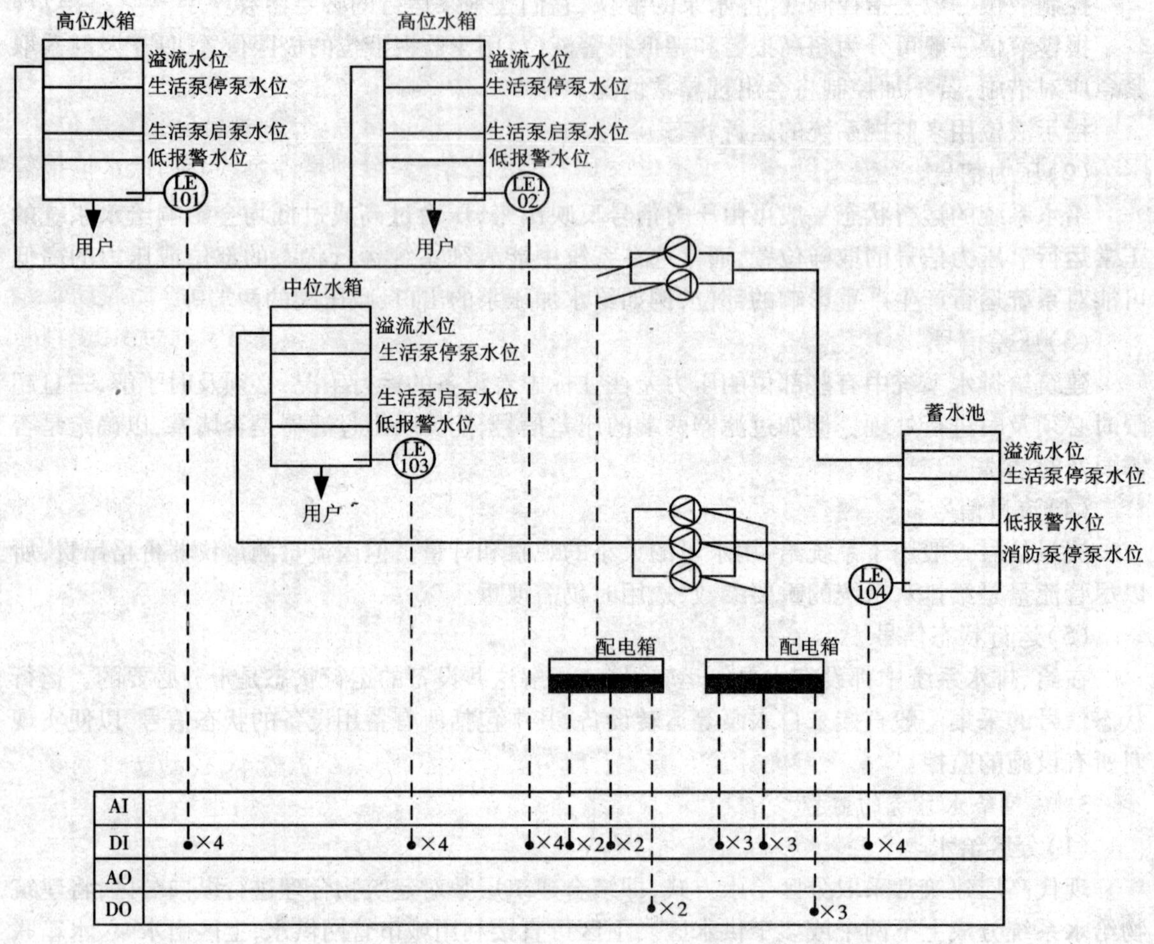

图 2-26　给水系统监控原理图

表 2-9　分区给水系统监控点表

监测控制点描述	AI	AO	DI	DO	接口位置
水箱停泵水位			√		水位监测传感器输出
水箱启泵水位			√		水位监测传感器输出
水箱低报警水位			√		水位监测传感器输出
水箱溢流水位			√		水位监测传感器输出
蓄水池停泵水位			√		水位监测传感器输出
蓄水池启泵水位			√		水位监测传感器输出
蓄水池低报警水位			√		水位监测传感器输出
蓄水池溢流水位			√		水位监测传感器输出
水泵状态			√		水泵配电柜接触器辅助触点
水泵故障报警			√		水泵配电柜热继电器触点
水泵启停控制				√	DDC 数字输出口输出到水泵配电箱接触器控制回路

号。实现系统对水泵工作状态和故障的监测。当工作泵出现故障时，备用泵自动投入运行。现场控制器可根据检测到的各水箱水位按编制好的程序自动控制水泵的运行，同时把有关数据送往中央站进行统计分析，以便对整个给水系统进行管理。

4）水泵的启停控制　以中区为例，中位水箱设有 4 个水位信号，分别是最低报警水位、下限水位、上限水位和溢流水位；高位水箱也设有 4 个水位信号，分别是停泵、起泵、低水位报警和溢流水位。这些水位信号通过 DI 通道送入现场 DDC，DDC 通过一路 DO 通道接到配电箱上控制水泵启停。系统开始运行后，控制系统对高、中、低位水箱水位进行监测，当高位水箱液位降低到下限水位时，该信号由现场的 DDC 控制器进行判断后，通过 DO 通道自动启动水泵运行。当高位水箱达到上限水位或蓄水池水位达到停泵水位时，该水位信号又通过 DDC 判断后发出停止生活水泵信号。

5）设备运行时间统计和均衡控制　为使设备和系统处于高效率的工作状态，并有较长的使用寿命，就要使设备做到均衡运行，即互为备用的设备，实际运行累计时间要保持基本均衡。每次启动系统时，应先启动累计运行小时数少的设备，并在合适的时候自动切换。因此要求控制系统对互为备用的设备有累计运行时间统计、记录和存储的功能，并能进行均衡运行控制。给水监控系统对水泵累计运行时间进行记录，为定时维修提供依据，并根据每台泵的运行时间，自动确定将其作为运行泵或是备用泵。

（2）变频恒压供水

DDC 控制器根据水泵出水口管网压力值与设定值之间的偏差控制变频器的输出频率，以控制水泵的转速，将供水压力维持基本恒定。当用水量增加、管网压力减小，控制器控制变频器输出频率增加，水泵转速随之增加，供水量增加；当用水量减小、管网压力增加，控制器控制变频器输出频率降低，水泵转速随之降低，供水量减少。系统运行时，当用水量较小时，只用变频泵供水；当用水量加大，变频泵达到设定上限频率仍不能满足供水要求时，定频泵启动，同时供水；当用水量减少至一台泵能满足供水量的要求时，定频泵停泵，由变频泵供水；当变频泵或其调速装置故障时，定频泵作为备用泵延时启动单独供水。

变频恒压供水系统原理如图 2-27 所示，变频恒压供水监控点见表 2-10。

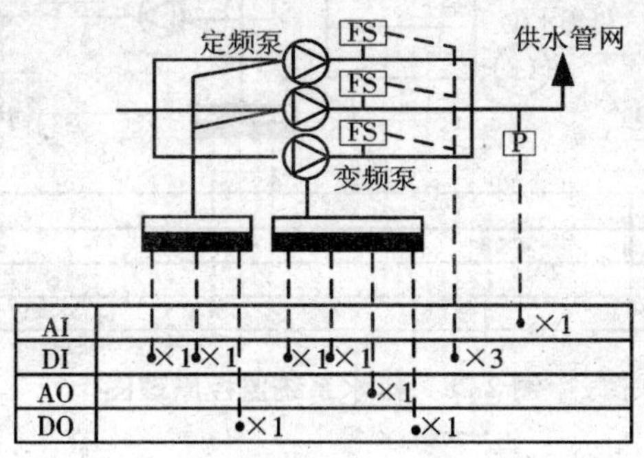

图 2-27　变频恒压供水监控系统原理图

表 2-10　变频恒压供水系统监控点表

监测控制点描述	AI	AO	DI	DO	接口位置
供水压力	√				供水干管上的压力传感器

续表

监测控制点描述	AI	AO	DI	DO	接口位置
水流开关状态			√		水流开关状态输出
定频泵启停状态			√		定频泵配电柜接触器辅助触点
定频泵故障报警			√		定频泵配电柜热继电器触点
定频泵启停控制				√	DDC 数字输出口输出到定频泵配电箱接触器控制回路
变频泵启停状态			√		变频泵配电柜接触器辅助触点。
变频泵故障报警			√		变频泵配电柜热继电器触点
变频泵启停控制				√	DDC 数字输出口输出到变频泵配电箱接触器控制回路
变频泵转速控制		√			DDC 模拟输出口输出到变频泵电动机变频器控制口

1)供水压力监测　监控点取自供水干管上的压力传感器。

2)水流开关状态监测　监控点取自水流开关状态输出点。

3)定频泵、变频泵启停状态　监控点分别取自定频泵、变频泵配电柜接触器辅助触点。

4)定频泵、变频泵故障报警　监控点分别取自定频泵、变频泵配电柜热继电器触点。

5)定频泵、变频泵启停控制　控制信号从 DDC 数字输出口输出到定频泵、变频泵配电箱接触器控制回路。

6)变频泵转速控制　控制信号从 DDC 模拟输出口输出到变频泵电动机变频器控制口。

4. 建筑排水系统的监控

如图 2-28 所示,建筑排水监控系统的监控对象为集水井和排水泵,排水监控系统的监控点见表 2-11。

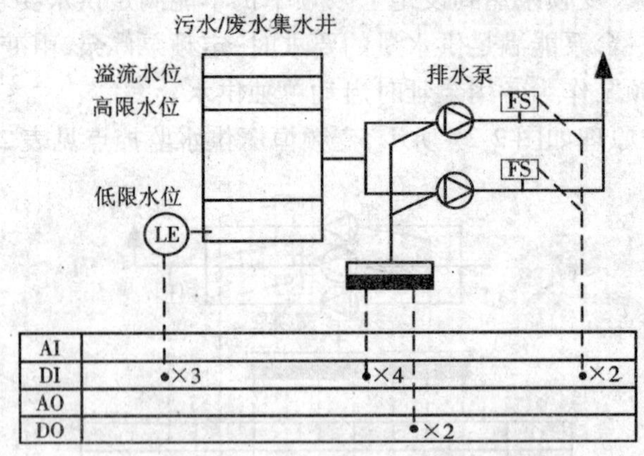

图 2-28　排水系统监控原理图

表 2-11　排水系统监控点表

监测控制点描述	AI	AO	DI	DO	接口位置
高限、低限、溢流水位	√				水位监测传感器输出
水流开关状态			√		水流开关输出
排水泵启停状态			√		排水泵配电柜接触器辅助触点

续表

监测控制点描述	AI	AO	DI	DO	接口位置
排水泵故障报警			√		排水泵配电柜热继电器触点
排水泵启停控制				√	DDC数字输出口输出到排水泵配电箱接触器控制回路

1)污水集水井和废水集水井水位监测　监控点取自水位监测传感器输出点。传感器一般选用液位开关,设高限、低限、溢流水位。

2)排水泵的启/停控制　根据污水集水井和废水集水井的水位,控制排水泵的启/停。当集水井的水位达到上限时,连锁启动相应的水泵。当水位达到高限时,连锁启动相应的备用泵,直到水位降至下限时连锁停泵。集水井设三个液位开关监测水位,分别是低限水位(停泵水位)、高限水位(启泵水位)和溢流水位。监控系统根据集水井水位变化,控制工作泵的启停。液位信号通过DI通道送入现场DDC。当集水井中水位达到高限时,DDC启动一台排水泵运行开始排污,直到水位降至低限时停止排水泵运行。当污水流量较大,水位达到溢流水位时,监控系统发出报警信号,提醒值班人员注意,同时将备用泵投入运行。

3)排水泵运行状态的检测以及故障报警　监控点分别为排水泵配电箱接触器辅助触点和热继电器辅助触点。排水系统的运行状态监视是将水泵主电路上交流接触器的辅助触点作为开关量输入信号,接到DDC的DI输入通道上监测水泵的运行状态;将水泵主电路中热继电器的辅助触点通过DI通道,提供水泵过载停机和过载报警信号。

4)设备运行时间统计和均衡控制　在多台水泵的排水系统中,多台水泵互为备用。当某台水泵发生故障,备用水泵自动投入使用以确保排水系统正常工作。为延长各水泵的使用寿命,通常要求水泵累计运行时间数尽可能相同,因此,每次启动系统时,应优先启动累计运行小时数最少的水泵。控制系统应有自动记录设备运行时间的功能。

2.4 供配电系统的监控

供配电系统是智能建筑的命脉。智能建筑供配电系统的安全、可靠运行对于保证智能建筑内人身和设备财产安全,保证智能建筑各子系统的正常运行,具有极其重要的意义。对供配电的基本要求如下。

1)安全　在电能的供应、分配和使用中,不应发生人身事故和设备事故。

2)可靠　应满足用电设备对供电可靠性的要求。

3)优质　应满足用电设备对电压和频率等等供电质量的要求。

4)经济　供配电应尽量做到节省投资,降低年运行费用,减少有色金属消耗量和电能损耗,提高电能利用率。

2.4.1 用电负荷分类

电力网上的用电设备所消耗的功率称为用户的用电负荷或电力负荷。用户供电的可靠性等级是由用电负荷的性质所决定的。用电负荷分为一级、二级和三级。

1)一级负荷的划定标准　中断供电将造成人员伤亡、重大政治影响、重大经济损失和公共场所秩序严重混乱的负荷为一级负荷。

2)二级负荷的划定标准　中断供电将造成较大政治影响、较大经济损失和公共场所秩序混乱的负荷为二级负荷。

3)三级负荷的划定标准　不属于一级和二级负荷者都是三级负荷。

在智能楼宇用电设备中,属于一级负荷的设备有消防控制室,消防水泵,消防电梯,防排烟设施,火灾自动报警,自动灭火装置,火灾事故照明,疏散指示标志,电动的防火门窗、卷帘、阀门等消防用电设备,保安设备,主要业务用的计算机及外设、管理用的计算机及外设,通信设备,重要场所的应急照明。属于二级负荷的设备有客梯、生活供水泵房等。空调、照明等属于三级负荷。

2.4.2 典型楼宇供配电系统

楼宇供配电系统具有以下特点:电压等级较低(属于配电系统);结构功能和控制系统较工厂供电系统简单;供电可靠性要求高;供电设备无人职守,需要具备自动报警功能;系统需要具有时控功能,根据季节变化自动调节时控设备启停时间;峰谷差异大等。中大型楼宇的供电电压一般采用 10 kV,有时也可采用 35 kV,变压器装机容量大于 5 000 kVA。为了保证供电可靠性,应至少有两个独立电源,具体数量应视负荷大小及当地电网条件而定。两路独立电源原则上是同时供电,互为备用。此外,必要时还需装设应急备用发电机组。

1. 供电系统的主结线

电力的输送与分配必须由母线、开关、配电线路、变压器等组成一定的供电电路,这个电路就是供电系统的一次结线,即主结线。现代智能楼宇由于功能上的需要,一般都采用双电源进线,即要求有两个独立电源,常用的供电方案如图 2-29 所示。图 2-29(a)为两路高压电源,正常时一用一备,即当正常工作电源事故停电时,另一路备用电源自动投入。此方案可以减少中间母线联络柜和一个电压互感器柜,对节省投资和减小高压配电室建筑面积均有利。这种结线要求两路都能保证 100% 的负荷用电。当清扫母线或母线故障时,造成全部停电。因此这种结线方式常用在大楼负荷较小、供电可靠性要求相对较低的建筑中。图 2-29(b)为两路电源同时工作,当其中一路出现故障时,由母线联络开关对故障回路供电。该方案由于增加了母线联络柜和电压互感器柜,变电所面积也相应增大。这种结线方式是商用型楼宇、高级宾馆、大型办公楼宇常用的供电方案。当大楼的安装容量大、变压器台数多时,尤其适宜采用这种方案,因为它能保证较高的供电可靠性。当变压器台数较少时,还可从邻近楼宇高压配电室以放射式向该楼宇变压器供电。

目前最常用的双电源主结线方案如图 2-30 所示,采用两路 10 kV 独立电源,变压器低压采取单母线分段的方案。对于规模较小的建筑,由于用电量不大,当地获得两个电源较困难、附近又有 400 V 的备用电源时,可采用一路 10 kV 电源作为主电源、400 V 电源作为备用电源的高供低设备主结线方案,如图 2-31 所示。智能楼宇供电以低压为主。

2. 低压配电方式

低压配电方式是指低压干线的配线方式。低压配电干线一般是指从变电所低压配电屏分路开关至各大型用电设备或楼层配电盘的线路。用电负荷分组配电系统是指负荷的分组组合系统。由于智能楼宇负荷种类较多,低压配电系统的组织是否得当,将直接影响大楼用电的安全运行和经济管理。

低压配电的结线方式可分为放射式和树干式两大类。放射式配电是一独立负荷,或一集中负荷均由一单独的配电线路供电,它一般用在供电可靠性高、单台设备容量较大和容量比较

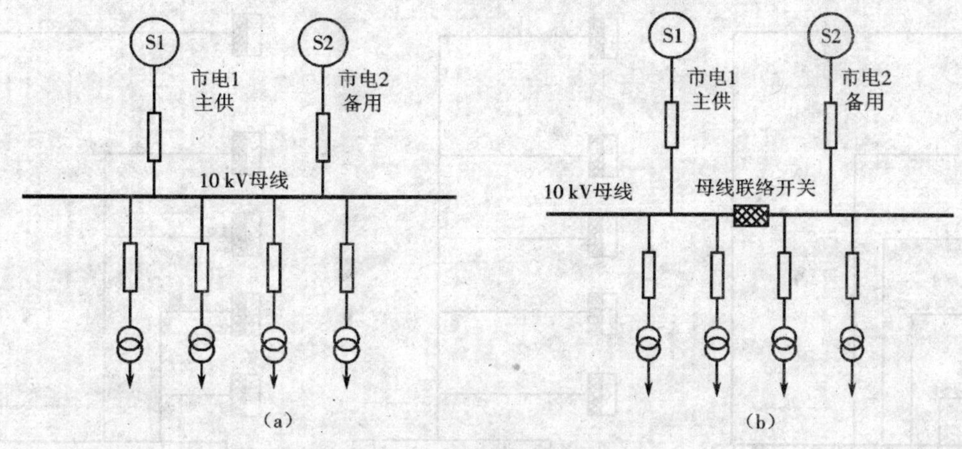

图 2-29　建筑常用供电方案

(a)两路一用一备;(b)两路同时工作

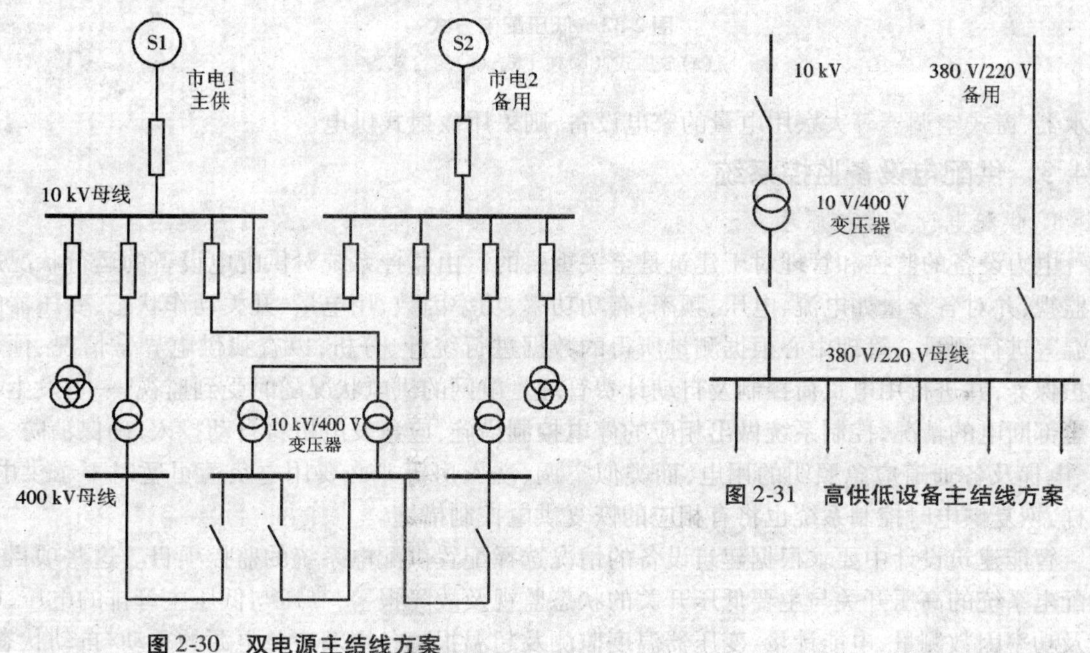

图 2-31　高供低设备主结线方案

图 2-30　双电源主结线方案

集中的低压配电场所。大型消防系统、生活水泵和中央空调的冷冻机组对供电可靠性要求较高,而且单台机组容量较大,因此应考虑放射式专线供电。对于楼层用电量较大的大厦,可采用一回路供一层楼的放射式供电方案。树干式配电是一独立负荷或一集中负荷按它所处的位置依次连接到某一条配电干线上。树干式配电所需配电设备及有色金属消耗量较少,系统灵活性好,但干线发生故障时影响范围大,一般适用于用电设备比较均匀、容量不大、又无特殊要求的场合。图 2-32(a)和(b)分别为放射式和树干式结线图。混合式即为放射和树干的组合方式,如图 2-32(c)所示,有时也称为分区树干式。

在高层住宅中,住户配电箱多采用单极塑料小型开关组装的组合配电箱。一般照明及小容量插座采用树干式结线,即住户配电箱中每一分路开关带几盏灯或几个小容量插座;而对电

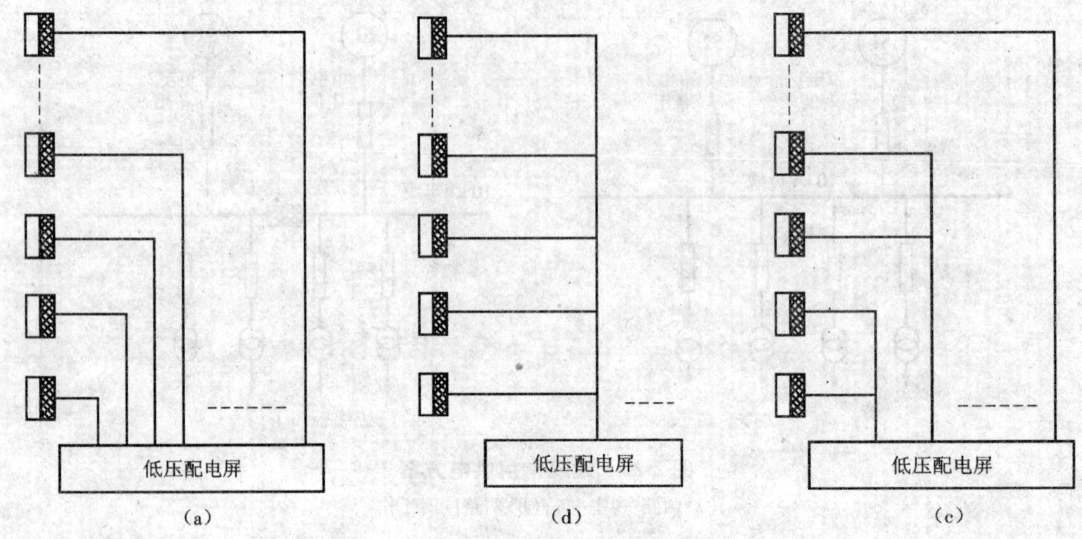

图2-32 低压配电方式
(a)放射式;(b)树干式;(c)组合式

热水器、窗式空调器等大宗用电量的家电设备,则采用放射式供电。

2.4.3 供配电设备监控系统

1. 供配电设备监控原理

电力设备的监控和管理对于建筑是至关重要的。由监控系统对供配电设备的运行状况进行监视,并对各参量如电流、电压、频率、有功功率、功率因数、用电量、开关动作状态、变压器的油温等进行测量。管理中心根据测量所得的数据进行统计、分析,以查找供电异常情况、预告维护保养,并进行用电负荷控制及自动计费管理。电网的供电状况随时受到监视,一旦发生电网全部断电的情况,控制系统做出相应的停电控制措施,应急发电机将自动投入,确保消防、保安、电梯及各通道应急照明的用电,而类似空调、洗衣房等非必要用电负荷可暂时不予供电。同样,恢复供电时控制系统也将有相应的恢复供电控制措施。

智能建筑设计中要求根据建筑设备的情况选择配置供配电系统的监控项目。这些项目是供配电系统的高压开关与主要低压开关的状态监视及故障报警,高压与低压主母排的电压、电流及功率因数测量,电能计量,变压器温度监测及超温报警备用及应急电源的手动/自动状态、电压、电流及频率监测,主回路及重要回路的谐波监测与记录。

2. 供配电设备监控功能

典型供配电监控系统原理如图2-33,供配电系统监控点见表2-12。

(1)高压系统

在高压系统中主要对电源进线和母联断路器的通断进行控制及监视,测量和监视电压、电流、频率、有功功率、无功功率,监视故障状态及报警。高压侧监测包括内容如下:

①高压进线真空断路器的分合状态及故障状态监测,监控点取自高压断路器辅助触点;

②高压进线电流、电压、频率、功率因数监测,监控点取自电流互感器、电压互感器、频率变送器、功率因数变送器输出端;

③电度计量,监控点取自电量变送器输出端。

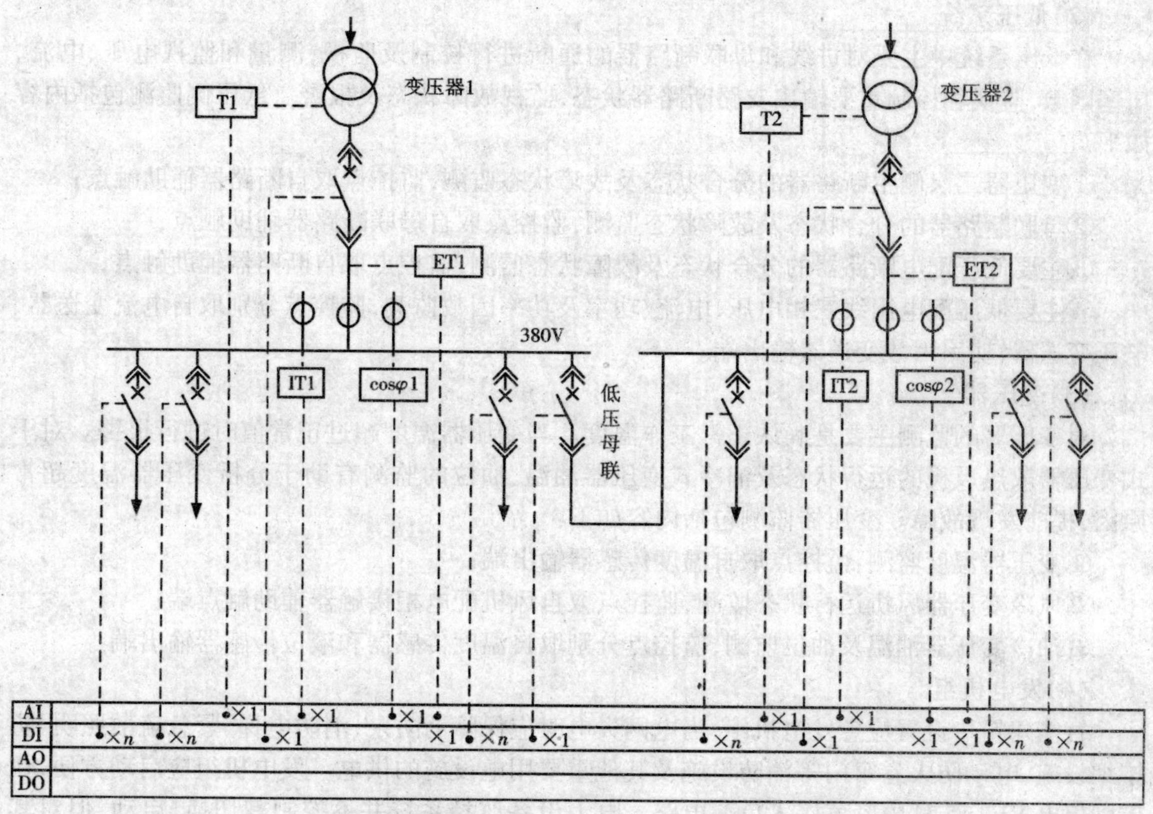

图 2-33　供配电系统监控原理图

表 2-12　供配电系统监控点表

监测控制点描述	AI	AO	DI	DO	接口位置
高压真空断路器状态			√		高压真空断路器辅助触点
高压进线电流	√				电流互感器
高压进线电压	√				电压互感器
高压进线频率	√				频率变送器
高压进线功率因数	√				功率因数变送器
变压器二次侧主断路器状态			√		断路器辅助触点
母联断路器状态			√		断路器辅助触点
低压配电断路器的状态			√		断路器辅助触点
低压进线电流	√				电流互感器
低压进线电压	√				电压互感器
低压进线功率	√				功率变送器
低压进线功率因数	√				功率因数变送器
变压器温度	√				温度传感器

(2)低压系统

在低压系统中主要对进线和母联断路器的通断进行控制及监视,测量和监视电压、电流、功率因数,监视和控制重要输出支路断路器状态,监视故障状态及报警。低压侧监测包括内容如下:

①变压器二次侧主断路器的分合状态及故障状态监测,监控点取自断路器辅助触点;

②母联断路器的分合状态及故障状态监测,监控点取自母联断路器辅助触点;

③主要低压配电断路器的分合状态及故障状态监测,监控点取自断路器辅助触点;

④主要低压配电出线三相电压、电流、功率及功率因数监测,监控点分别取自电流变送器、电压变送器、功率因数变送器输出端。

(3)变压器

对变压器的监测主要是确认正常工作温度。当变压器温度超过正常值时进行报警。对干式变压器散热风机的运行状态及油冷式变压器油温、油位的监测有助于分析变压器温度超常原因,提前发现故障。变压器监测包括内容如下:

①变压器温度监测,监控点取自温度传感器输出端;

②风冷变压器风机运行状态监测,监控点取自风机配电柜接触器辅助触点端;

③油冷变压器油温及油位监测,监控点分别取自温度传感器和液位传感器输出端。

(4)发电机组

智能建筑中设置应急发电机组,当电网失电时应保障消防泵、消防电梯、紧急疏散照明、防排烟设施、电动防火卷帘门等消防设施及其他重要用电设施的供电。发电机组应启动方便,在市网停电 10~15 秒内紧急接入负荷电路。电力设备监控系统并不控制其切换、启动,但对其重要参数、状态的监测可以有助于系统的正常运行及故障排除。

发电机组监测包括内容如下:

①发电机电气参数的监测,如电流、电压、有功功率、无功功率、功率因数等,监测点分别取自电流变送器、电压变送器、功率变送器、功率因数变送器输出端;

②发电机运行状况监测,如油温、油压,冷却泵运行状态,进出水温、水压,冷却风扇运行状态等,监测点分别取自相应的接触器辅助触点、热继电器辅助触点和传感器输出。

(5)直流系统

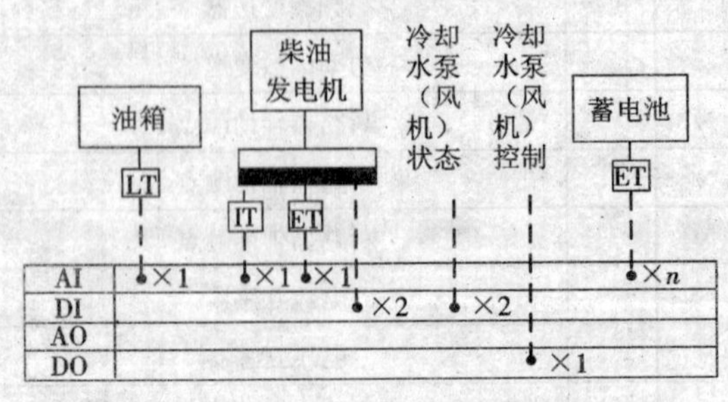

图 2-34 柴油发电机和蓄电池组监控示意图

现代建筑高压配电室对继电保护要求严格,必须设置直流操作电源,产生直流 220 V、110 V、24 V 直流电,为高压断路器、保护、自动装置及事故照明提供直流电源。为保证直流电源部分的正常工作,系统监视各开关的状态,对直流蓄电池组的电压及电流进行监视及记录,并能及时自动对故障进行诊断、报警。

柴油发电机和蓄电池组工作监控结构如图 2-34,发电机组及直流系统监控点见表 2-13。

表 2-13 发电机组及直流系统监控点表

监测控制点描述	AI	AO	DI	DO	接口位置
油箱液位	√				液位传感器
发电机输出电流	√				电流变送器
发电机输出电压	√				电压变送器
发电机运行状态			√		发电机配电屏断路器辅助开关
发电机故障状态			√		发电机配电屏断路器辅助开关
发电机冷却水泵(冷却风扇)开关控制				√	DDC 数字输出口
发电机冷却水泵(冷却风扇)运行状态			√		水流开关(风扇主电路接触器辅助触点)
发电机冷却水泵(冷却风扇)故障状态			√		水泵(风扇)主电路热继电器辅助触点
蓄电池电压	√				直流电压传感器

2.5 照明系统的监控

电气照明是建筑物的重要组成部分。照明设计的优劣除影响建筑物的功能外,还影响建筑艺术的效果。室内照明系统由照明装置及其电气部分组成。照明装置主要是灯具,照明装置的电气部分包括照明开关、照明线路、照明配电盘等。

2.5.1 楼宇照明基础

1. 照明方式和种类

(1)照明方式

1)一般照明 为照亮整个场地而设置的均匀照明称为一般照明。对于工作位置密度很大而对光照方向无特殊要求的场所,或受生产技术条件限制不适合装设局部照明或采用混合照明不合理时,则可单独装设一般照明。

2)分区一般照明 对某一特定区域,如进行工作的地点,设计成不同的照度来照亮该区域的一般照明称为分区一般照明。分区一般照明可有效地节约能源。

3)局部照明 特定视觉工作用的、为照亮某个局部而设置的照明称为局部照明。局部照明只能照射有限面积,对于局部地点需要高照度并对照射方向有要求时,可装设局部照明。对于因一般照明受到遮挡或需要克服工作区及其附近的光幕反射时,也宜采用局部照明。当有气体放电光源所产生的频闪效应的影响时,使用白炽灯光源的局部照明是有益的。但规定在一个工作场所内不应只装设局部照明。

4)混合照明 由一般照明与局部照明组成的照明称为混合照明。对工作位置视觉要求较高,且对照射方向有特殊要求的场所,往往采用混合照明方式。

(2)照明种类

1)正常照明 在正常情况下使用的室内、外照明为正常照明。它一般可单独使用,也可与应急照明、值班照明同时使用,但控制线路必须分开。

2)应急照明 因正常照明的电源失效而启用的照明为应急照明。作为应急照明的一部分,用于确保正常活动继续进行的照明,称为备用照明;作为应急照明的一部分用于确保处于潜在危险之中的人员安全的照明，称为安全照明；作为应急照明的一部分，用于确保疏散通道被有效地辨认和使用的照明称为疏散照明。在由于工作中断或误操作容易引起爆炸、火灾和人身事故或将造成严重政治后果和经济损失的场所，应设置应急照明。应急照明灯宜布置在可能引起事故的工作场所以及主要通道和出入口。应急照明必须采用能瞬时点燃的可靠光源，一般采用白炽灯或卤钨灯。当应急照明作为正常照明的一部分经常点燃且发生故障不需要切换电源时，也可用气体放电灯。暂时继续工作用的备用照明的照度不低于一般照明的10%；安全照明的照度不低于一般照明的5%；保证人员疏散用的主要通道上的照度不应低于0.5 lx。

3）值班照明　在非工作时间内供值班人员用的照明为值班照明。在非三班制生产的重要车间、仓库或非营业时间的大型商店、银行等处，通常宜设置值班照明。值班照明可利用正常照明中能单独控制的一部分或利用应急照明的一部分或全部。

4）警卫照明　在夜间为改善对人员、财产、建筑物、材料和设备的保卫状况，用于警戒而安装的照明为警卫照明。可根据警戒任务的需要，在厂区或仓库区等警卫范围内装设。

5）障碍照明　为保障航空飞行安全，在高大建筑物和构筑物上安装的障碍标志灯为障碍照明。应按民航和交通部门的有关规定装设。

2. 照明控制

（1）照明控制策略

下面介绍目前国内外照明界提出的几种控制策略。

1）时间表控制　时间表控制分为可预知时间表控制和不可预知时间表控制两种。

①在每天的使用内容及使用时间没有很大变化的场所，可采用可预知时间表控制策略。它采用定时控制方式来满足活动要求，适用于普通的办公室和按时营业的百货商场、餐厅及按时上下班的厂房。

②在每天的使用内容及使用时间经常发生变化的场所，可采用不可预知时间表控制策略。这种控制策略可以采用人体活动感应开关控制方式以应付事先不可预知的使用要求，适用于会议室、复印中心、档案室等场所。

2）昼光（天然光）控制　若能从窗户或天空获得自然光，即利用天然采光，则可以关闭电灯，降低电力消耗。昼光照明控制器由光敏传感器和开关或调光装置组成，可随天然光变化调节电灯。昼光提供的照度增加，照明用电减少，由它带来的辐射热也减少。随之而来的是空调的热负荷就相应减少，所消耗的电能也随之减少，而这一切都是自动进行，无需任何人为调节。由于人类天生对自然光的喜爱，在工作环境中引入自然光，可以使人们心情舒畅，工作效率提高。采用昼光控制策略时，需考虑楼宇的朝向、附近建筑物的反射或阻挡、建筑方位、窗的排列以及室外地面与窗的距离。昼光控制通常用于办公建筑、机场、集市和大型廉价商场。

3）维持光通量控制　我国照明设计标准中规定的照度标准是指"维持照度"，即在维护周期末，还要能保持这个照度值。在维护周期的开始时，照明系统提供的照度比此值高。维持光通量控制策略指的是在初始阶段减少电力供应，而在维护周期末达到最大的电力供应，也就是说降低照明系统在初始阶段提供的照度（只要符合照度标准即可）。使用荧光灯的场所运用此策略可以节能10%～20%；使用HID灯时，由于其光通衰减曲线更加陡峭，故节约的能源更多。这一控制策略有两种控制方法：一种是采用预定的斜率，在整个使用维护过程中，电力供应呈线性增加。然而，这一方法要求所有的灯同时更换，而无法考虑有些灯的提前更换。另一种方法是使用类似于昼光探测器的光敏探测器,它可探测灯管老化过程中光输出的变化。这一方法也需成批地换灯,因为探测器只能瞄准几盏有代表性的灯。而且,还应选择探测器在室内空间的最佳位置,以免昼光变化带来的波动远大于灯管寿命期间光输出的正常下降,从而“蒙蔽”探测器产生不稳定的控制信号。

4)明暗适应补偿　这一策略利用了明暗适应现象,即在室外变暗时,减少室内光线;在室外变亮时,增加室内光线,这样便减少人眼的光适应范围。例如:当一位顾客在夜晚进入一家超市,如果该超市的照度同白天时的一样,他会感到太亮,视觉不舒适。相反,一位在明亮日光下开车的司机,在车进入昏暗的隧道时,会有视力障碍,影响交通安全。此策略所选用的设备类似于昼光控制系统,但控制逻辑正好相反。对于隧道,可采用开、关部分灯的方法进行补偿;对于高级的零售商店,要求更高的舒适度,则补偿应按波动的昼光变化进行。

5)局部光环境控制(按个人要求调整光照)　由于视觉的个人差异很显著,而照明标准的制定是依据一系列视觉实验中多数人满意的照度水平制定的,因此势必有一部分人是不太满意的。故可以让工作人员根据自己的作业要求、爱好等需要来调整照度。研究表明,照明条件的舒适与否对劳动生产率有一定影响,特别是现代办公室大量使用 VDT 装置(目视显示装置),顶棚灯具在屏幕上形成的反射眩光会引起许多视觉不舒适的症状。局部光环境控制可以解决这些问题。美国环保机构人员最近研究发现,人们能节约使用自己能控制的物体,包括照明。由于能量节约基于个人的使用,国家大气研究中心的一项调查表明,个人控制会比能量管理系统策略控制节约更多的能量。个人控制局部光环境的另一优点是它能给予工作人员控制自身周围环境的权力感,这有助于雇员心情舒畅,提高生产率。

6)平衡照明日负荷曲线控制　电力公司为了充分利用电力系统中设备的容量,提出了“实时电价”的概念:即电价随一天中不同的时间而变化。我国已推出“峰谷分时电价”,将电价分为峰时段、平时段、谷时段,即电能需求高峰时电价贵,低谷时电价廉,鼓励人们在电能需求低谷时段用电,以平衡日负荷曲线。作为用户就可以在电能需求高峰时卸掉一部分电力负荷,以降低电费支出。这一过程较为缓慢,因而使用者不会觉察到照度水平的变化。为达到此要求,需要一个连续能量管理系统,缓慢地渐变照明。通常,只要照度水平不发生突变,人们便可以接受。同时,用户也可关闭不必要的灯来进一步卸载。

(2)照明控制方式

适当的照明控制方式是实现舒适照明的有效手段,也是节能的有效措施。照明控制方式主要有两种:开关控制(静态控制)和调光控制(动态控制)。

1°开关控制

开关控制是灯具最简单、最根本的控制方式。采用这种方式可以根据灯具的使用情况以及不同的功能需求方便地开灯、关灯,从而实现控制目的。开关控制可分为以下几类。

1)跷板开关控制　该方式是以常见的跷板开关去控制一套或几套灯具。其优点在于控制灵活,可以根据设计者的需要随意布置灯具,在同一房间的不同出入口均可按需设置开关,但线路繁杂、维护量大、线路损耗多,很难达到照明的舒适性要求。

2)断路器控制　该方式是用安装在楼层配电箱里的断路器控制一组或几组灯具。此方式线路简单、控制方便、投资小,但因为控制的是一组灯具,造成大量灯具的同时开或关,容易在公共区产生照明突变,对工作人员产生心理影响,而且节能效果较差,难以满足特定环境下的照明要求。

3)定时控制　该方式是利用定时元件,根据时间表控制灯具的开和关。定时开关可以针对使用空间的工作内容和工作情况予以控制,但这种方式较死板,遇到天气变化或临时更改作息时间时,调节设定较为麻烦。不过,由于许多人通常只有开灯习惯而没有随手关灯习惯,定时控制对于节约能源仍有极为重要的意义。

4)光电感应开关控制　该方式是利用感光元件(光电池或光电管)来检测视觉环境的照度情况,根据预先设定的照度上限值和下限值,控制照明灯具的开和关。这种方式与建筑物的天然采光相配合,可以较好地节约能源,并且能根据照度设定值,提供相对恒定的视觉环境照明需求。

5)人员占用传感器控制　该方式利用人员占用传感器,感知人员是否进入或者离开该空间,从而灵活地控制灯具的开与关。根据空间的类型不同,可采用不同技术的人员占用传感器。电动传感器(如压力垫和微型开关)以及超声波、红外探测传感器对于探测人员通过门口或走廊很有用;摄像机对于室内空间是否有人具有很好的探测效果。人员占用传感器与调光技术并用,不仅可以控制灯的开关状态,而且还可以控制空间的照度水平。这将减少一个人走入完全黑暗空间时的不舒适感。

2° 动态控制

调光控制最早在舞台照明中采用,利用调光技术在舞台上营造不同场景时的光环境。公共建筑中有不同类型的多功能用房(如会议厅、演讲厅、宴会厅等),因而需要营造不同的光环境,调光控制是实现这一目的的有效方式。调光控制具有如下重要意义:

①可以提高工作效率,提供员工个人局部光环境的控制,降低计算机屏幕上产生的眩光。

②可以增强灵活性,对于不同的活动内容可相应地改变照度水平,营造适应会议室等及可分割空间多功能用途的不同光环境。

③可以增强美学效果,利用调光实现最佳气氛,强调需突出展示的物品,为所需营造的环境提供戏剧性的效果。

④可以节约能耗,降低能耗和延长光源使用寿命(特别是白炽灯),减少维护费用。

“调光”即要改变光源输出的光通量。最早采用的调光装置是电位器,用改变其两端的输出电压实现。由于电位器本身有能耗,这种调光方式节能效果不显著。随着电力电子技术的发展,通过控制可控硅的导通角来调节负载的输入电压,改变光源的输入功率,从而改变光源输出的光通量。这种方式适合白炽灯等热辐射光源的调光,且节能效果显著。荧光灯不同于白炽灯,若采用调压方式调光,调光范围有限,电压下降到一定程度,灯管壁上会出现光晕。目前采用可调光电子镇流器实现荧光灯调光的技术已较成熟,即采用调频或脉宽调制(PWM)的方式调节荧光灯管的输入功率,从而达到改变荧光灯输出光通量的目的。

由于传统的相控调光器(采用改变晶闸管可控硅导通角的方式)是对负载的输入电压波形进行斩波,这种斩波的方式会使负载电流包含有许多的高次谐波分量,同时电源的功率因数在调光时随着导通角的不同而改变。高次谐波和低功率因数对电源的质量和阻抗的要求很高,增加了投资费用。现在,有的照明控制系统制造厂商,例如 Helvar 公司和 Dynalite 公司等已研制开发出了新型的正弦波调光器。它是一种可变的变压装置,其输出与输入成比例,如输入是正弦波,输出也是正弦波。

(3)分区照明控制

1)办公室等工作区域　对这类区域采用调光控制照明系统。照明由辐射入室内的自然光和人工照明协调配合而成。不论室外光线如何变换,也不管房间的朝向进深,室内始终保持良好的照明环境,为工作人员创造舒适的视觉环境,减轻视疲劳。人工照明的照度与天然光照度动态补偿。当天然光较弱时,自动增强人工照明;当天然光较强时,自动减弱人工照明。实际工程中,应根据对照明空间的照明质量要求和实测的室内天然光照度分布曲线选择调光方式和控制方案,根据工作面上的照度标准和天然光传感器监测的天然光亮度变化信号自动控制照明灯具的发光强度,根据白天工作区和夜间工作区的特点,分别编制程序。

2)门厅、走道、楼梯等公共区域　根据不同建筑设计情况,对走廊楼梯公共区域的照明按时间程序控制。例如,在办公楼中,走道照明一般在清晨定时全部开启,整个工作时间维持正常工作的需要;到晚上,除特殊区域申请加班外,其他区域仅长明灯保持开启,以维持巡更人员的可视照度。不同回路的照明灯交替作为长明灯使用,以延缓灯泡老化。除此以外,有些楼宇采用照度自动调节、有/无人自动控制等方式对公共区域照明进行控制。

3)大堂、会议厅、接待厅、娱乐场所等区域　此类区域照明系统的灯具数量较多但使用时间不定,不同场合对照明需求差异较大,因此往往预先设定几种照明场景,使用时根据具体场合进行切换。以会议厅为例,在会议的不同进程中,对会议室的照明要求不同。会议尚未开始时,一般需要照明系统将整个会场照亮;主席发言时要求灯光集中在主席台,听众席照明相对较弱;会议休息时一般将听众席的照度提高,而主席台的照度减弱。在这类区域的照明控制系统中,预先设定好几种常用场景模式,在需要进行场景切换时只需按动相应按钮或在控制计算机上进行相应操作即可。

4)泛光照明系统　单个或单组泛光照明灯的照明效果一般由专用控制器进行控制,不受建筑设备监控系统的控制,但照明设备监控系统可以通过相应接口控制整个泛光照明系统的启、停和进行场景模式选择。泛光照明的启、停控制以往一般由时间表或人工远程控制,而现在许多区域都要求实现区域泛光照明的统一控制。

5)灾难及应急照明设备　灾难及应急照明设备的启动一般由故障或报警信号触发,属于系统间或系统内的联动控制。例如,火灾报警触发逃生诱导灯的启动,正常照明系统故障触发相应区域应急照明设备的启动等。

6)其他区域照明　除上述讨论的几个典型区域、用途照明外,建筑物照明系统还包括航空障碍灯、停车场照明等。这些照明系统大多均采用时间表控制方式或按照度自动调节控制方式进行控制。

2.5.2　照明系统监控

1. 照明系统监控原理

照明监控系统主要有两个任务:一是环境照度控制,即为保证建筑物内各区域的照度及视觉环境对灯光进行控制,通常采用定时控制、合成照度控制等方法实现;二是照明节能控制,即以节能为目的,对照明设备进行控制,通常有区域控制、定时控制、室内监测控制等。

智能建筑设计中要求根据建筑设备的情况选择配置下列相关的照明系统监控项目:大空间、门厅、楼梯间及走道等公共场所的照明按时间程序控制(值班照明除外);航空障碍灯、庭院照明、道路照明按时间程序或按亮度控制和故障报警;泛光照明的场景亮度按时间程序控制和故障报警;广场及停车场照明按时间程序控制。

2. 照明系统监控功能

图2-35为典型照明监控系统。照明系统监控点见表2-14。照明监控系统一般具有如下

功能：

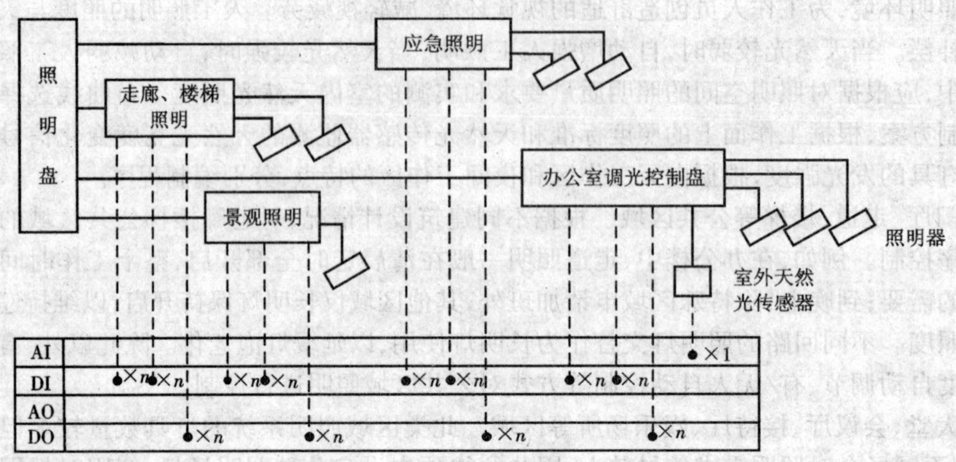

图 2-35 典型照明监控系统示意图

表 2-14 照明系统监控点表

监测控制点描述	AI	AO	DI	DO	接口位置
室外天然光照度	√				室外天然光传感器输出口
走廊、楼梯照明电源开/关控制				√	DDC 数字输出口
走廊、楼梯照明电源故障状态			√		走廊、楼梯照明电源配电盘接触器辅助触点
走廊、楼梯照明电源运行状态			√		走廊、楼梯照明电源配电盘接触器辅助触点
景观照明电源开/关控制				√	DDC 数字输出口
景观照明电源故障状态			√		景观照明电源配电盘接触器辅助触点
景观照明电源运行状态			√		景观照明电源配电盘接触器辅助触点
应急照明电源开/关控制				√	DDC 数字输出口
应急照明电源故障状态			√		应急照明电源配电盘接触器辅助触点
应急照明电源运行状态			√		应急照明电源配电盘接触器辅助触点
办公室照明电源开/关控制				√	DDC 数字输出口
办公室照明电源故障状态			√		办公室照明电源配电盘接触器辅助触点
办公室照明电源运行状态			√		办公室照明电源配电盘接触器辅助触点

①室外自然光照度测量；监控点取自自然光传感器；

②室内照明电源、公共照明电源、景观照明电源、事故照明电源运行状态和故障状态监控，监控点分别取自室内照明电源、公共照明电源、景观照明电源、应急照明电源接触器辅助触点；

③室内照明电源、公共照明电源、景观照明电源、应急照明电源手动/自动状态转换监控；监控点分别取自室内照明电源、公共照明电源、景观照明电源、应急照明电源箱控制回路；

④室内照明电源、公共照明电源、景观照明电源、应急照明电源开关控制，监控点分别从 DDC 数字输出接口到室内照明电源、公共照明电源、景观照明电源、应急照明电源控制回路。

习　题

1. 简述焓湿图中各条曲线的含义。
2. 空调系统的主要组成部分有哪些？
3. 空调冷源设备主要有哪些？
4. 简述压缩式制冷原理与吸收式制冷原理的区别。
5. 简述热泵的特点和种类。
6. 制冷系统的监控内容有哪些？
7. 换热设备的监控内容有哪些？
8. 试述新风机组的顺序控制步骤。
9. 简述定风量空调系统的监控原理。
10. 试述变风量空调系统的特点和分类。
11. 变风量空调系统中送风量和新风量控制方法有哪些？
12. 建筑给水主要有哪些方式,各自应用在哪些场合？
13. 简述变频恒压供水原理。
14. 电力网的电压等级有哪些？
15. 供电系统的主结线形式有哪些？
16. 建筑供配电监测的内容有哪些？
17. 简述照明的方式及种类。
18. 照明监控的内容有哪些？

第3章 楼宇自控系统技术基础

本章主要论述了微型计算机控制系统的组成及其使用的控制技术基础，并着重从集散控制系统的体系结构出发，分析了DCS体系结构的特点和功能，以便使读者了解和认识DCS。本章还引入了现场总线技术的概念，并对几种主流的现场总线作了简要的介绍。

3.1 微型计算机控制系统

3.1.1 微型计算机控制系统的组成

图3-1中给出了开环控制系统框图。它的控制器直接根据给定信号去控制被控对象工作。被控制量在整个控制过程中对控制量不产生影响，因此它的控制性能较差。

图3-1 开环控制系统原理框图

图3-2给出了按偏差进行控制的闭环控制系统框图。与开环系统相比，闭环系统将被控参数的值反馈给控制器，因此被控制量在整个控制过程中对控制量产生影响，从而得到理想的控制效果。

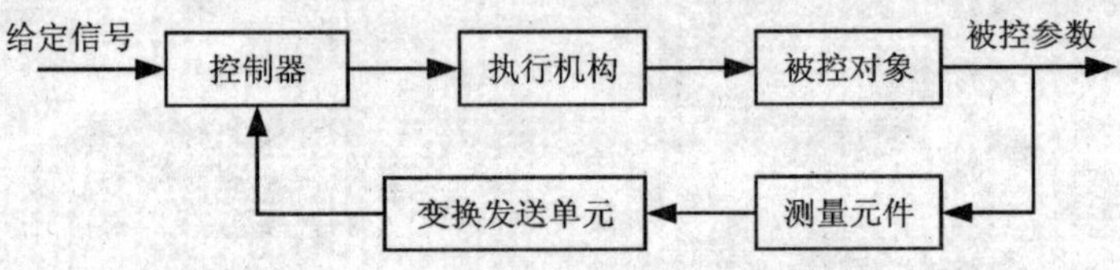

图3-2 闭环控制系统原理框图

在上述的两种系统中使用了控制器作为控制单元。如果把图3-2中的控制器用微型计算机代替，就可以构成微型计算机控制系统，基本框图如图3-3所示。在微型计算机控制系统中，只要运用各种指令，就能编出符合某种控制规律的程序。微处理器执行这样的程序，就能实现对被控参数的控制。

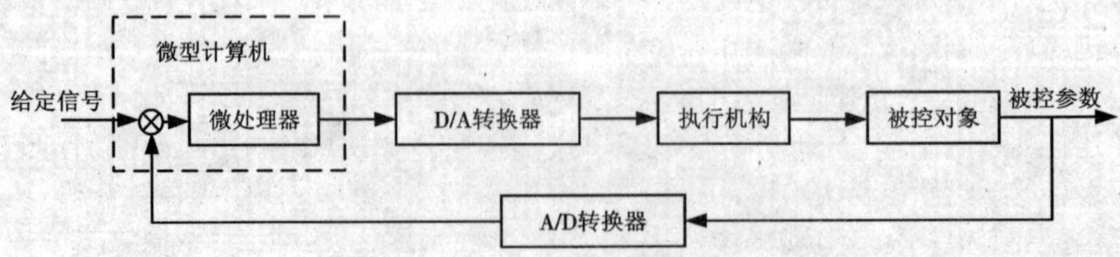

图3-3 计算机控制系统基本框图

1.硬件组成

微型计算机控制系统的硬件一般是由微型计算机、外部设备、输入输出通道和操作台等组成，如图3-4所示。

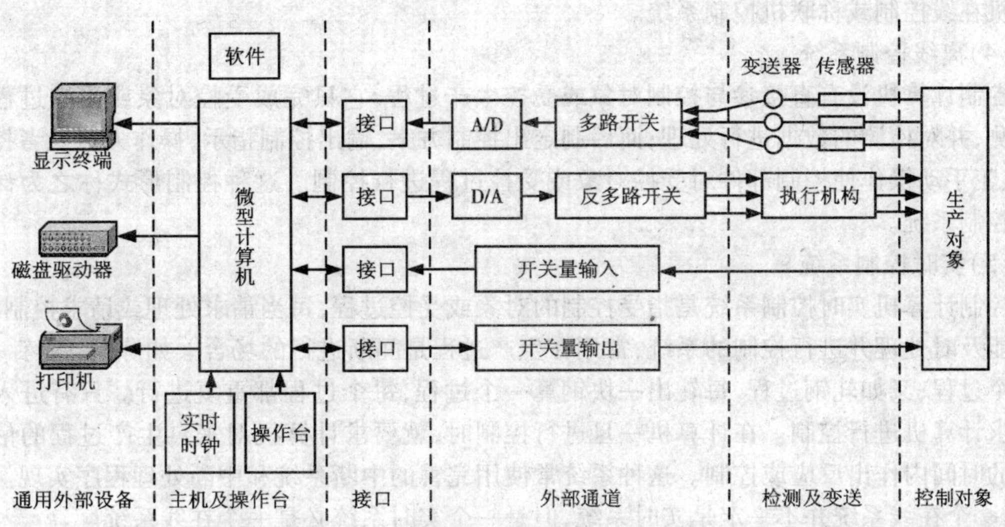

图3-4 微型计算机控制系统原理图

2.计算机控制系统的软件

软件是指能完成各种功能的计算机程序的总和。它是微型计算机控制系统的神经中枢，整个系统的工作都是在程序的指挥下进行协调工作的。软件通常分为两大类：一类是系统软件，另一类是应用软件。

3.1.2 微型计算机控制系统分类

计算机控制系统可以自动控制方式、参与控制方式和调节规律分类。

1.以自动控制方式分类

以自动控制方式可以分成如下几类。

(1)计算机开环控制(Computer Open Loop Control)系统

若计算机开环控制系统的输出对生产过程能行使控制，但控制结果——生产过程的状态没有影响计算机控制的系统，计算机/控制器/生产过程等环节没有构成闭合环路，则称之为计算机开环控制系统。

(2)计算机闭环控制系统

计算机对生产对象或过程进行控制时，生产过程状态能直接影响计算机控制的系统，称之为计算机闭环控制系统。控制计算机在操作人员监视下，自动接受生产过程状态检测结果，计算并确定控制方案，直接指挥控制部件(器)的动作，行使控制生产过程作用。

在这样的系统中，一方面控制部件按控制机发来的控制信息对运行设备进行控制，另一方面运行设备的运行状态作为输出，由检测部件测出后，作为输入反馈给控制计算机，从而使控制计算机、控制部件、生产过程、检测部件构成一个闭合回路。这种控制形式称之为控制计算机闭环控制。

计算机闭环控制系统利用数学模型设置生产过程最佳值与检测结果反馈值之间的偏差，

控制生产过程运行在最佳状态。

(3)在线控制系统

只要计算机对受控对象或受控生产过程能够直接控制,不需要人工干预的都称之为控制计算机在线控制或称联机控制系统。

(4)离线控制系统

控制计算机没有直接参与控制对象或受控生产过程,它只完成受控对象或受控过程的状态检测,并对检测的数据进行处理;而后制定出控制方案,输出控制指示,操作人员参考控制指示,人工手动操作使控制部件对受控对象或受控过程进行控制。这种控制形式称之为计算机离线控制系统。

(5)实时控制系统

控制计算机实时控制系统是指受控制的对象或受控过程,每当请求处理或请求控制时,控制机能及时处理并进行控制的系统,常用在生产过程是间断进行的场合。如炼钢,每炼一炉钢是一个过程;又如轧钢过程,每轧出一块钢算一个过程,每个过程都重复进行。只有进入过程才要求计算机进行控制。在计算机一旦进行控制时,就要求计算机对来自生产过程的信息在规定的时间内作出反应或控制。这种系统常使用完善的中断系统和中断处理程序实现。综上所述,一个在线系统并不一定是实时系统,但是一个实时系统必是一个在线系统。

2. 以参与控制方式分类

按控制机参与控制方式来分类,可分成如下几种。

(1)操作指导控制系统

如果控制系统中的计算机将来自被控对象的信息处理后,只向操作人员提供操作指导信息,然后由人工去影响被控对象,则这样的系统为典型的操作指导控制系统。操作指导控制系统的组成原理如图 3-5 所示。

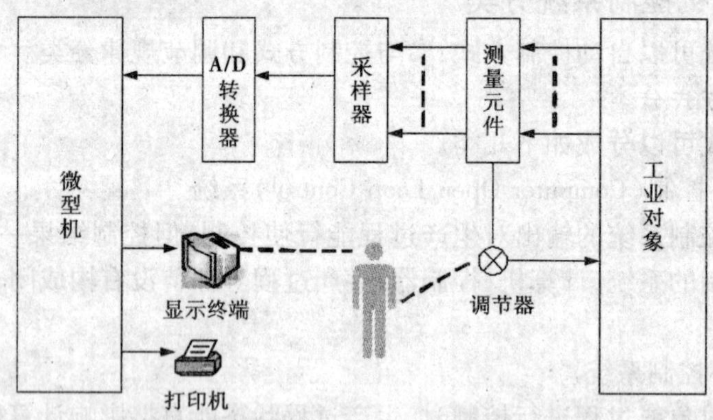

图 3-5 操作指导控制系统组成框图

(2)直接数字控制系统(DDC)

图 3-6 为 DDC 控制系统原理图。这是由控制计算机取代常规的模拟调节仪表而直接对生产过程进行控制。由于计算机发出的信号为数字量,因此得名 DDC 控制。实际上,受控生产过程控制部件接受的控制信号可以通过控制机的过程输入/输出通道中的数/模(D/A)转换器将计算机输出的数字控制量转换成模拟量;输入的模拟量也要经控制机的过程输入/输出

通道的模/数(A/D)转换器转换成数字量进入计算机。

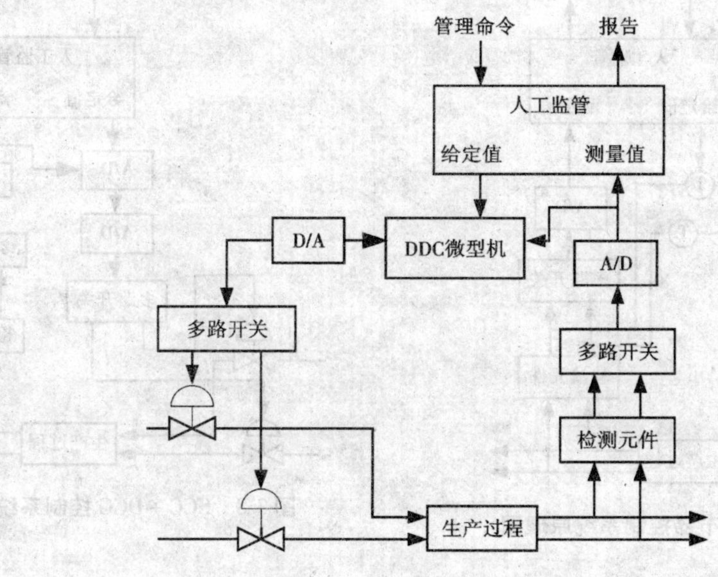

图 3-6　DDC 控制系统原理图

DDC 控制系统中常使用小型计算机或微型机的分时系统实现多个点的控制功能。实际上是属于用控制机离散采样,实现离散多点控制。这种 DDC 计算机控制系统已成为当前计算机控制系统中主要控制形式之一。

DDC 控制的优点是灵活性大、可靠性高和价格便宜。能用数字运算形式对若干个回路甚至数十个回路的生产过程进行比例—积分—微分(PID)控制,使工业受控对象的状态保持在给定值上,偏差小且稳定。而且只要改变控制算法和应用程序便可实现较复杂的控制,如前馈控制和最佳控制等。一般情况下,DDC 级控制常作为更复杂的高级控制的执行级。

(3)计算机监督系统(SCC)

计算机监督系统(Supervisory Computer Control)简称 SCC 系统。计算机监督控制系统是针对某一种生产过程,依据生产过程的各种状态,按生产过程的数学模型计算出生产设备应运行的最佳给定值,并将最佳值自动地或人工对 DDC 执行级的计算机或对模拟调节仪表进行调整或设定控制的目标值。由 DDC 或调节仪表对生产过程各个点(运行设备)行使控制。

SCC 系统的特点是能保证受控的生产过程始终处于最佳状态情况下运行,因而获得最大效益。直接影响 SCC 效果优劣的首先是它的数学模型,为此要经常在运行过程中改进数学模型,并相应修改控制算法和应用控制程序。

SCC 系统有如下两种不同的结构形式。

①SCC + 模拟调节器控制系统,原理图如图 3-7 所示;

②SCC + DDC 控制系统,原理图如图 3-8 所示。

(4)分级计算机控制系统

分级计算机控制系统是一个四级系统,各级计算机的功能如图 3-9 所示。四级系统如下:

①装置控制级(DDC 级);

②车间监督级(SCC 级);

③工厂集中控制级(MIS);

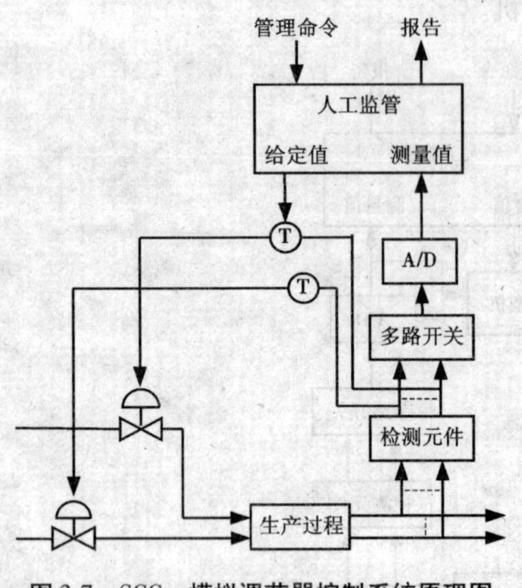

图 3-7 SCC + 模拟调节器控制系统原理图

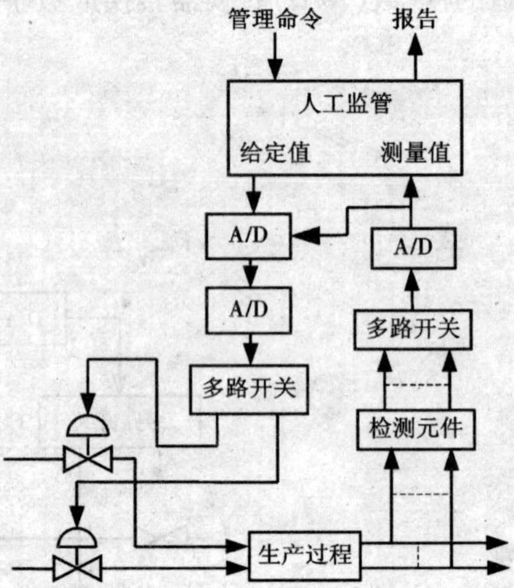

图 3-8 SCC + DCC 控制系统原理图

④企业管理级(MIS)。

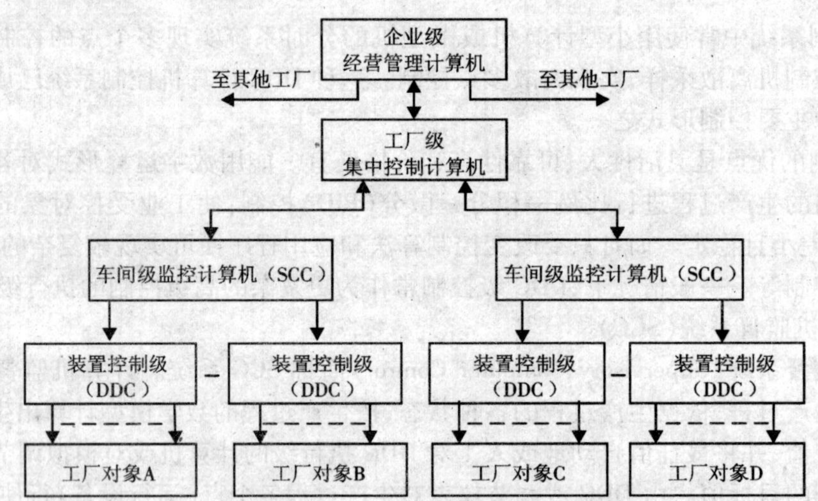

图 3-9 分级计算机控制系统

在现代生产企业中,不仅需要解决生产过程的在线控制问题,而且还要求解决生产管理问题,如每日生产品种、数量的计划调度,月季计划安排,长远规划制定,销售前景预报等,于是出现了多级控制系统。

DDC 级主要用于直接控制生产过程,进行 PID 或前馈控制;SCC 级主要用于进行最佳控制或自适应控制或自学习控制计算,并指挥 DDC 级控制同时向 MIS 级汇报情况。DDC 级通常用微型计算机,SCC 级一般用小型计算机或高档微型计算机。

车间管理级的 MIS 主要功能是根据工厂级下达的生产品种、数量命令和搜集上来的生产过程的状态的信息,随时进行合理调度,实现最优控制,指挥 SCC 级监督控制。

工厂管理级的 MIS 主要功能是接受公司下达的生产任务和本厂的实际情况,进行最优化计算,制定本厂生产计划和短期(旬或周或日)安排,然后给车间级下达生产任务。

公司管理级的MIS主要功能是对市场需求预测计算,制定战略上的长期发展规划,并对订货合同、原料供应情况和企业的生产状况,确定最优生产方案,制定出整个公司较长时间(月或旬)的生产计划、销售计划,并向各工厂管理级下达任务。

MIS级主要功能是实现信息实时处理,为各级决策者提供有用的信息,作出关于生产计划及调度和管理方案,使计划协调和经营管理处于最优状态。这一级可根据企业的规模和管理范围的大小分成若干级。每级又依据要处理的信息量大小确定采用的计算机的类型。一般情况车间级MIS用小型计算机或高档微型计算机,工厂管理级的MIS用中型计算机,而公司管理级的MIS则用大型计算机或者超大型计算机。

(5)分布式控制或分散式控制系统

分散控制或分布控制,是将控制系统分成若干个独立的局部控制子系统,用于完成受控生产过程自动控制任务。微型计算机为实现分散控制提供了物质和技术基础。近年来,分散控制异乎寻常地发展,且已成为计算机控制发展的重要趋势。

自20世纪70年代起,又出现集中分散式的控制系统,简称集散系统。它是采用分散局部控制的新型计算机控制系统。

3. 按调节规律分类

如果按调节规律分类,计算机对工业生产过程进行控制的系统可分成如下几种。

(1)程序控制

如果计算机控制系统是按着预先规定的时间函数进行控制,这种控制称之为程序控制,如炉温按照一定的时间曲线进行控制就为程序控制。这里的程序是指随时间变化就有确定对应变化值,而不是计算机所运行的程序。

(2)顺序控制

在程序控制的基础上产生了顺序控制。如果计算机能根据时间推移所确定的对应值和此刻以前的控制结果两方面情况行使对生产过程控制,称之为计算机的顺序控制。

(3)比例—积分—微分PID控制

常规的模拟调节仪表可以完成PID控制,用微型计算机也可以实现PID控制。

(4)前馈控制

通常的反馈控制系统是当对象受到干扰后,被控参数出现偏差时,利用偏差来消除干扰对被控参数的影响,因而产生滞后控制的不良后果。为了克服这种滞后控制,用计算机接受干扰信号后,在还没有产生后果之前插入一个前馈控制作用,使其刚好在干扰点上完全抵消干扰对控制变量的影响,因而又得名为扰动补偿控制。

(5)最优控制(最佳控制)系统

控制计算机使受控对象处于最佳状态运行的控制系统称为最佳控制系统。例如,用计算机控制系统就是在现有的限定条件下,恰当选择控制规律(数学模型),使受控对象运行指标处于最优状态,如产量最大、消耗最低、质量合格率最高、废品率最少等。最佳状态是由预先给定的数学模型确定的,有时是在限定的某几种范围内追求单项最好指标,有时是要求综合性最优指标。

(6)自适应控制系统

当工作条件或限定条件改变时,上述的控制就不能获得最佳的控制效果了。如果在工作条件改变的情况下，仍然能使控制系统对受控对象的控制处于最佳状态，这样的控制系统称为自适应控制系统。这就要求数学模型体现出在条件改变的情况下，如何达到最佳状态。控制计算机检测到条件改变的信息，按数学模型给出的规律进行计算，用以改变控制变量，使受控对象仍能处在最好状态。

(7)自学习控制系统

如果用计算机能够不断地根据受控对象运行结果积累经验，自行改变和完善控制规律，使控制效果愈来愈好，这样的控制系统被称为自学习控制系统。

最优控制、自适应控制和自学习控制都是涉及多参数、多变量的复杂控制系统，都属于近代控制理论研究的问题。系统稳定性的判断，多种因素影响控制的复杂数学模型研究等，都必须有生产管理、生产工艺、自动控制、检测仪表、程序设计、计算机硬件各方面人员相互配合。由受控对象要求反应时间的长短、控制点数多少和数学模型复杂程度来决定选用计算机的规模。一般来说需要功能很强(速度与计算功能)的计算机才能实现。

上述诸种控制，可以是单一种也可不是单一的，可以几种形式结合对生产过程实现控制。这要针对受控对象的实际情况，在系统分析、系统设计时确定。

3.1.3 微型计算机控制系统的发展趋势

1. 可编程控制器(PLC)

近年来，随着大规模集成电路的发展，以微处理机为核心组成的可编程控制器得到了迅速发展，在电动机的运行控制、电磁阀的开闭、产品的计数、温度压力等的设定和控制等方面发挥着越来越大的作用。

可编程控制器(Programmable Logical Controller)简称为PC或PLC，是20世纪60年代末发明的工业控制器件。日本电气控制学会曾对可编程控制器作了一个定义：可编程控制器是将逻辑运算、顺序控制、时序和计数以及算术运算等控制程序，用一串指令的形式存放到存储器中，然后根据存储的控制内容，经过模拟、数字等输入输出部件，对生产设备和生产过程进行控制的装置。

PLC是基于计算机技术和自动控制理论发展而来的，它既不同于普通的计算机，又不同于一般的计算机控制系统。作为一种特殊形式的计算机控制装置，它在系统结构、硬件组成、软件结构以及I/O通道、用户界面诸多方面都有特殊性。

从原理上说，可编程控制器和计算机是一样的为了和工业控制相适应，PLC采用扫描原理工作，也就是对整个程序进行一遍又一遍的扫描，直到停机为止。采用这样的工作方式，是因为PLC是由继电器控制发展而来的，而CPU扫描用户程序的时间远远短于继电器的动作时间，只要采用循环扫描的办法就可以解决其中的矛盾。循环扫描的工作方式是PLC区别于普通的计算机控制系统的一个重要方面。

虽然各种PLC的组成不同，但是结构是基本相同的，一般由CPU、存储器、输入输出设备(I/O)和其他可选部件组成。其他的可选部件包括编程器、外存储器、模拟I/O盘、通信接口、扩展接口等。CPU是PLC的核心，它用于输入各种指令，完成预定的任务，起到了大脑的作用，自整定、预测控制和模糊控制等先进的控制算法也已经在PLC中得到了应用。存储器包括随机存储器RAM和只读存储器ROM，通常将程序以及所有的固定参数固化在ROM中，RAM则为程序运行提供了存储实时数据与计算中间变量的空间。输入输出系统(I/O)使过程状态和参数输入到PLC的通道以及实时控制信号输出的通道，这些通道可以有模拟量输入、模拟量输出、开关量输入、开关量输出、脉冲量输入等。

早期的PLC主要用于顺序控制上。所谓顺序控制，就是在控制信号的作用下，使得生产工艺过程的各个执行机构自动地顺序动作。PLC的应用大大促进了流水线技术的发展。

今天，PLC已经开始用于闭环控制。不仅如此，随着通信水平的提高，它也越来越多地应用到了复杂的分布式控制系统中。自1969年问世以来，PLC按照成熟而有效的继电器控制概念和设计思想，不断利用新科技、新器件，尤其和现在飞速发展的计算机技术相联系，逐步形成一门较为独立的新兴技术和具有特色的各种系列产品，同时也逐步发展成为一类解决自动化问题的有效而且便捷的工具。PLC自身具有的完善功能和模块化结构以及开发容易、操作方便、性能稳定、可靠性高的特点和较高的性价比，使其在工业生产中的应用前景越发看好。而且，随着集成电路的发展和网络时代的到来，PLC必将能够有更大的用武之地。

现在，主要的PLC的厂商都集中在日本和美国等发达国家，国内生产和制造PLC的工艺技术还比较落后。作为实现工业自动化的不可缺少的部分，大力发展PLC对于我国是很重要的，具有深远意义。

PLC与传统的继电器控制相比，具有如下一些特点：

①抗干扰能力强；

②适应性好；

③编程直观、简单；

④功能完善，接口功能强。

2. 采用新型的控制系统(集散控制系统)

集散控制系统是分散型综合控制系统(Total Distributed Control Systems)或分散型微处理器控制系统(Distributed Microprocessor Control Systems)的简称。

图3-10是集散控制系统的组成框图。它以微型计算机为核心，把微型机、工业控制计算机、数据通信系统、显示操作装置、输入/输出通道、模拟仪表等有机地结合起来，采用组合组装式结构组成系统，为实现工程大系统的综合自动化创造了条件。

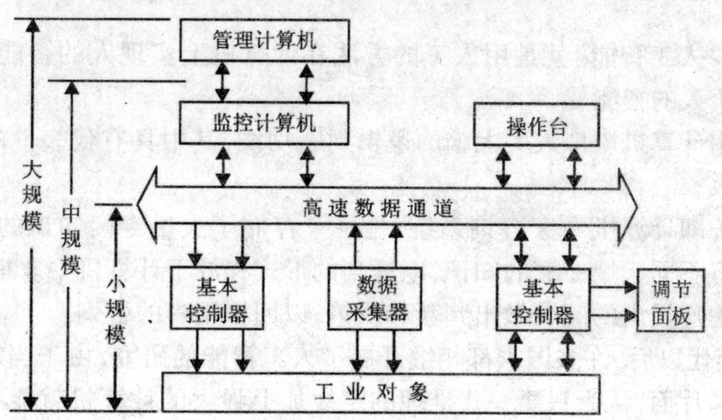

图3-10 集散系统组成框图

3. 人工智能

著名的美国斯坦福大学人工智能研究中心尼尔逊教授对人工智能下了这样一个定义：

"人工智能是关于知识的学科——怎样表示知识以及怎样获得知识并使用知识的科学。"而美国麻省理工学院的温斯顿教授认为:"人工智能就是研究如何使计算机去做过去只有人才能做的智能工作。"这些说法反映了人工智能学科的基本思想和基本内容,即人工智能是研究人类智能活动的规律,构造具有一定智能的人工系统,研究如何让计算机去完成以往需要人的智力才能胜任的工作,也就是研究如何应用计算机的软硬件来模拟人类某些智能行为的基本理论、方法和技术。

人工智能(Artificial Intelligence,简称 AI)是计算机学科的一个分支,20 世纪 70 年代以来被称为世界三大尖端技术(空间技术、能源技术、人工智能)之一,也被认为是 21 世纪三大尖端技术(基因工程、纳米科学、人工智能)之一。这是因为近三十年来它获得迅速发展,在很多学科领域都获得了广泛应用,并取得了丰硕的成果。人工智能已逐步成为一个独立的分支,无论在理论和实践上都已自成一个系统。

人工智能是研究使计算机模拟人的某些思维过程和智能行为(如学习、推理、思考、规划等)的学科,主要包括计算机实现智能的原理、制造类似于人脑智能的计算机,使计算机能实现更高层次的应用。人工智能将涉及计算机科学、心理学、哲学和语言学等学科。可以说几乎涵盖自然科学和社会科学的所有学科,其范围已远远超出了计算机科学的范畴。人工智能与思维科学的关系是实践和理论的关系。从思维观点看,人工智能不仅限于逻辑思维,要考虑形象思维、灵感思维才能促进人工智能的突破性的发展。数学常被认为是多种学科的基础科学,数学也进入语言、思维领域,人工智能学科也必须借用数学工具。数学不仅在标准逻辑、模糊数学等范围发挥作用,数学进入人工智能学科,它们将互相促进而更快地发展。

从实用观点来看,人工智能是一门知识工程学,以知识为对象,研究知识的获取、知识的表示方法和知识的使用。

通常使用计算机时,不仅要告诉计算机要做什么,还必须详细地、正确地告诉计算机怎么做。也就是说,人们要根据任务的要求,以适当的计算机语言,编制针对该任务的应用程序,才能应用计算机完成此项任务。这样实际上是在人完全控制计算机完成的,是谈不上计算机有"智能"。

从字面上看,"人工智能"就是用人工的方法在计算机上实现人的智能,或者说是人们使计算机具有类似于人的智能。

人工智能是用计算机模拟人类大脑的逻辑判断功能,其中具有代表性的两个尖端领域是专家系统和机器人。

所谓专家系统即计算机专家咨询系统,是一个存储了大量专门知识的计算机程序系统。不同的专家系统将不同领域专家的知识,以适当的形式存放于计算机中。根据这些专家知识,专家系统可以对用户提出的问题做出判断和决策,以回答用户的咨询。

20 世纪 70 年代以后,许多国家都相继开展了人工智能的研究,由于当时对实现机器智能理解得过于容易和片面,认为只要一些推理的定律加上强大的计算机就能有专家的水平和超人的能力。这样,虽然也获得一定成果,但问题也随之出现了,如当时人们认为只要用一部双向词典及词法知识,就能用机器实现两种语言文字的互译,其实完全不是这么一回事。例如,把英语句子"Time flies like an arrow"(光阴似箭)翻译成日语,然后再译回英语,竟然成为"苍蝇喜欢箭";当把英语"The spirit is willing but the flesh is weak"(心有余而力不足)译成俄语后,再译回来竟变成"The wine is good but the meat is spoiled"(酒是好的但肉已变质)。在其他方面也都遇到这样或者那样的困难。这时,本来对人工智能抱怀疑态度的人提出指责,甚至把人工智能说成是“骗局”、“庸人自扰”,有些国家还削减人工智能的研究经费,一时人工智能的研究进入了低潮。

然而,人工智能研究的先驱者们没有放弃,而是经过认真、总结经验和教训,认识到人的智能表现在人能学习知识,有了知识,能了解、运用已有的知识。正像思维科学所说:“智能的核心是思维,人的一切智慧或智能都来自大脑思维活动,人类的一切知识都是人们思维的产物。”“一个系统之所以有智能是因为它具有可运用的知识。”要让计算机“聪明”起来,首先要解决计算机如何学会一些必要知识以及如何运用学到的知识问题。只是对一般事物的思维规律进行探索是不可能解决较高层次问题的。人工智能研究应当转变为以知识为中心进行研究。

自从人工智能转向以知识为中心进行研究以来,以专家知识为基础开发的专家系统在许多领域里获得成功,例如地矿勘探专家系统(PROSPECTOR)拥有15种矿藏知识,能根据岩石标本及地质勘探数据对矿产资源进行估计和预测,能对矿床分布、储藏量、品位、开采价值等进行推断,制定合理的开采方案,成功地找到了超亿美元的钼矿。又如专家系统(MYCIN)能识别51种病菌,正确使用23种抗菌素,可协助医生诊断、治疗细菌感染性血液病,为患者提供最佳处方,成功地处理了数百个病例。它还在互相隔离的情况下,用MYCIN系统和9位斯坦福大学医学院医生,分别对10名不清楚感染源的患者进行诊断,由8位专家进行评判,结果是MYCIN和三位医生所开出的处方对症并有效;而在是否对其他可能的病原体也有效而且用药又不过量方面,MYCIN则胜过了9位医生,显示出较高的水平。

专家系统的成功,充分表明知识是智能的基础,人工智能的研究必须以知识为中心来进行。由于知识的表示、利用、获取等的研究都取得较大的进展,因而,人工智能的研究解决了许多理论和技术问题。

机器人是一种能模拟人类智能和肢体动作的装置,从上世纪70年代微处理机问世以来,机器人便逐渐涉足于各工业生产领域和科学研究领域。目前已出现的机器人可以分为两类,工业机器人和智能机器人。

机器人是一种能模拟人的行为的机械,对它的研究经历了三代的发展过程。

第一代(程序控制)机器人一般是按以下两种方式“学会”工作的:一种是由设计师预先按工作流程编写好程序存储在机器人的内部存储器,在程序控制下工作;另一种是被称为“示教—再现”方式,这种方式是在机器人第一次执行任务之前,由技术人员引导机器人操作,机器人将整个操作过程一步一步地记录下来,每一步操作都表示为指令。示教结束后,机器人按指令顺序完成工作(即再现)。如任务或环境有了改变,要重新进行程序设计。这种机器人能尽心尽责地在机床、熔炉、焊机、生产线上工作。目前商品化、实用化的机器人大都属于这一类。这种机器人最大的缺点是它只能刻板地按程序完成工作,环境稍有变化(如加工物品略有倾斜)就会出问题,甚至发生危险。这是由于它没有感觉功能,在日本曾发生过机器人把现场的一个工人抓起来塞到刀具下面的情况。

第二代(自适应)机器人配备有相应的感觉传感器(如视觉、听觉、触觉传感器等),能取得作业环境、操作对象等简单的信息,并由机器人体内的计算机进行分析、处理,控制机器人的动作。虽然第二代机器人具有一些初级的智能,但还需要技术人员协调工作。目前已经有了一些商品化的产品。

第三代(智能)机器人具有类似于人的智能,它装备了高灵敏度的传感器,因而具有超过一般人的视觉、听觉、嗅觉、触觉的能力,能对感知的信息进行分析,控制自己的行为,处理环境发生的变化,完成交给的各种复杂任务,而且有自我学习、归纳、总结、提高已掌握知识的能力。目前研制的智能机器人大都只具有部分的智能,和真正意义上的智能机器人相差很远。

人工智能研究的近期目标是使现有的计算机不仅能做一般的数值计算及非数值信息的数据处理,而且能运用知识处理问题,能模拟人类的部分智能行为。按照这一目标,根据现行的计算机的特点研究实现智能的有关理论、技术和方法,建立相应的智能系统。例如,目前研究开发的有专家系统、机器翻译系统、模式识别系统、机器学习系统、机器人等。

目前,人工智能的研究是与具体领域相结合进行的,有如下领域。

(1)专家系统

专家系统是依靠人类专家已有的知识建立起来的知识系统,目前专家系统是人工智能研究中开展较早、最活跃、成效最多的领域,广泛应用于医疗诊断、地质勘探、石油化工、军事、文化教育等各个方面。它是在特定的领域内具有相应的知识和经验的程序系统,它应用人工智能技术、模拟人类专家解决问题时的思维过程,来求解领域内的各种问题,达到或接近专家的水平。

(2)机器学习

要使计算机具有知识一般有两种方法:一种是由知识工程师将有关的知识归纳、整理,并且表示为计算机可以接受、处理的数据输入计算机;另一种是使计算机本身有获得知识的能力,可以学习人类已有的知识,并且在实践过程中不断总结、完善,这种方式称为机器学习。

机器学习的研究主要在以下三个方面进行:一是研究人类学习的机理、人脑思维的过程;二是学习的方法;三是建立针对具体任务的学习系统。

机器学习的研究是建立在信息科学、脑科学、神经心理学、逻辑学、模糊数学等多种学科基础上的,依赖于这些学科而共同发展。目前已经取得很大的进展,但还没有能完全解决问题。

(3)模式识别

模式识别是研究如何使机器具有感知能力,主要研究视觉模式和听觉模式的识别。如识别物体、地形、图像、字体(如签字)等。在日常生活各方面以及军事上都有广泛的用途。近年来迅速发展起来应用模糊数学模式、人工神经网络模式的方法逐渐取代传统的用统计模式和结构模式的识别方法。特别神经网络方法在模式识别中取得较大进展。

(4)理解自然语言

计算机如能“听懂”人的语言(如汉语、英语等),便可以直接用口语操作计算机,这将给人们带来极大的便利。计算机理解自然语言的研究有以下三个目标:一是计算机能正确理解人类的自然语言输入的信息,并能正确答复(或响应)输入的信息;二是计算机对输入的信息能产生相应的摘要,而且复述输入的内容;三是计算机能把输入的自然语言翻译成要求的另一种语言,如将汉语译成英语或将英语译成汉语等。目前,用计算机进行文字或语言的自动翻译,人们作了大量的尝试,还没有找到最佳的方法,有待于更进一步深入探索。

人类经过5 000年的发展进入了“知识经济”时代。知识是智能的基础,知识只有转化为智能才能发挥作用。知识无限的积累,智能也就将在人类社会起越来越大的作用。更有人提出:知识经济的进一步发展将是“智能经济”。“智能经济”是基于“广义智能”的经济。“广义智能”包含人的智能、人工智能以及人和智能机器相结合的“集成智能”。可以想象基于广义智能的“智能经济”将比基于知识的“知识经济”具有更高的智能水平和更快的发展速度。

4. 神经网络控制系统

国外在20世纪80年代掀起了神经网络(Neural Network)计算机的研究和应用热潮,我国在90年代也开始了这方面的研究。由于神经网络的特点(大规模的并行处理和分布式的信息存储,良好的自适应性、自组织性,很强的学习功能、联想功能及容错功能),使它的应用越来越广泛,其中一个重要的方面是智能控制,包含机器人控制。

由于神经网络是多学科交叉的产物,各个相关的学科领域对神经网络都有各自的看法,因此,关于神经网络的定义,在科学界存在许多不同的见解。目前使用得最广泛的是T. Koholen的定义,即“神经网络是由具有适应性的简单单元组成的广泛并行互联的网络,它的组织能够模拟生物神经系统对真实世界物体所作出的交互反应”。如果将人脑神经信息活动的特点与现行冯·诺依曼计算机的工作方式进行比较,就可以看出人脑具有以下鲜明特征。

(1)巨量并行性

在冯·诺依曼机中,信息处理的方式是集中、串行的,即所有的程序指令都必须调到CPU内一条一条地执行。而人在识别一幅图像或作出一项决策时,存在于脑中的多方面的知识和经验会同时并发作用以迅速作出解答。据研究,人脑中有多达10^{10}~10^{11}数量级的神经元,每一个神经元具有10^{3}数量级的连接,这就提供了巨大的存储容量,在需要时能以很高的反应速度作出判断。

(2)信息处理和存储单元结合在一起

在冯·诺依曼机中,存储内容和存储地址是分开的,必须先找出存储器的地址,然后才能查出所存储的内容。一旦存储器发生故障,存储的信息就将受到毁坏。而人脑神经元既有信息处理能力又有存储功能,所以它在进行回忆时不仅不用先找存储地址再调出所存内容,而且可以由一部分内容恢复全部内容。当发生“硬件”故障(例如头部受伤)时,并不是所有存储的信息都失效,而是仅有被损坏得最严重的那部分信息丢失。

(3)自组织自学习功能

冯·诺依曼机没有主动学习能力和自适应能力,它只能不折不扣地按照人们已经编制好的程序进行数值计算或逻辑计算。而人脑能够通过内部自组织、自学习的能力,不断地适应外界环境,从而可以有效地处理各种模拟的、模糊的或随机的问题。

神经网络研究的主要发展过程大致可分为四个阶段。

第一阶段是在20世纪50年代中期之前。西班牙解剖学家Cajal于19世纪末创立了神经元学说,该学说认为神经元的形状呈两极,其细胞体和树突从其他神经元接受冲动,而轴突则将信号向远离细胞体的方向传递。在他之后发明的各种染色技术和微电机技术不断提供了有关神经元的主要特征及其电学性质。1943年,美国的心理学家W. S. McCulloch和数学家W. A. Pitts在论文《神经活动中所蕴含思想的逻辑活动》中,提出了一个非常简单的神经元模型,即M-P模型。该模型将神经元当做一个功能逻辑器件对待,从而开创了神经网络模型的理论研究。1949年,心理学家D. O. Hebb写了一本题为《行为的组织》的书,在这本书中他提出了神经元之间连接强度变化的规则,即后来所谓的Hebb学习法则。Hebb写道:“当神经细胞A的轴突足够靠近细胞B并能使之兴奋时,如果A重复或持续地激发B,那么这两个细胞或其中一个细胞上必然有某种生长或代谢过程上的变化,这种变化使A激活B的效率有所增加。”简单地说,就是如果两个神经元都处于兴奋状态,那么它们之间的突出连接强度将会得到增强。20 世纪 50 年代初,生理学家 Hodykin 和数学家 Huxley 在研究神经细胞膜等效电路时,将膜上离子的迁移变化分别等效为可变的钠离子电阻和钾离子电阻,从而,建立了著名的 Hodykin-Huxley 方程。这些先驱者的工作激发了许多学者从事这一领域的研究,从而,为神经计算的出现打下了基础。

第二阶段从 20 世纪 50 年代中期到 60 年代末。1958 年,F. Rosenblatt 等人研制出了历史上第一个具有学习型神经网络特点的模式识别装置,即代号为 MarkI 的感知机(Perceptron)。这一重大事件是神经网络研究进入第二阶段的标志。对于最简单的没有中间层的感知机,Rosenblatt 证明了一种学习算法的收敛性,这种学习算法通过迭代改变连接权来使网络执行预期的计算。稍后于 Rosenblatt,B. Widrow 等人创造出了一种不同类型的会学习的神经网络处理单元,即自适应线性元件 Adaline,并且还为 Adaline 找出了一种有力的学习规则,这个规则至今仍被广泛应用。Widrow 还建立了第一家神经计算机硬件公司,并在 60 年代中期实际生产商用神经计算机和神经计算机软件。除 Rosenblatt 和 Widrow 外,在这个阶段还有许多人在神经计算的结构和实现思想方面做出了很大贡献。例如,K. Steinbuch 研究了称为学习矩阵的一种二进制联想网络结构及其硬件实现。N. Nilsson 于 1965 年出版的《机器学习》一书对这一时期的活动作了总结。

第三阶段从 20 世纪 60 年代末到 80 年代初。第三阶段开始的标志是 1969 年 M. Minsky 和 S. Papert 所著的《感知机》一书的出版。该书对单层神经网络进行了深入分析,并且从数学上证明了这种网络功能有限,甚至不能解决像“异或”这样的简单逻辑运算问题。同时,他们还发现有许多模式是不能用单层网络训练的,而多层网络是否可行还很值得怀疑。由于 M. Minsky 在人工智能领域中的巨大威望,他在论著中作出的悲观结论给当时神经网络沿感知机方向的研究泼了一盆冷水。在《感知机》一书出版后,美国联邦基金有 15 年之久没有资助神经网络方面的研究工作,苏联也取消了几项有前途的研究计划。但是,即使在这个低潮期里,仍有一些研究者继续从事神经网络的研究工作,如美国波士顿大学的 S. Grossberg、芬兰赫尔辛基技术大学的 T. Kohonen 以及日本东京大学的甘利俊一等人。他们坚持不懈地工作为神经网络研究的复兴开辟了道路。

第四阶段从 20 世纪 80 年代初至今。1982 年,美国加州理工学院的生物物理学家 J. J. Hopfield 采用全互联型神经网络模型,利用所定义的计算能量函数,成功地求解了计算复杂度为 NP 完全型的旅行商问题(Travelling Salesman Problem,简称 TSP)。这项突破性进展标志着神经网络方面的研究进入了第四阶段,也是蓬勃发展的阶段。Hopfield 模型提出后,许多研究者力图扩展该模型,使之更接近人脑的功能特性。1983 年,T. Sejnowski 和 G. Hinton 提出了“隐单元”的概念,并且研制出了 Boltzmann 机。日本的福岛邦房在 Rosenblatt 的感知机的基础上增加隐层单元,构造出了可以实现联想学习的“认知机”。Kohonen 应用 3 000 个阈器件构造神经网络实现了二维网络的联想式学习功能。1986 年,D. Rumelhart 和 J. McClelland 出版了具有轰动性的著作《并行分布处理——认知微结构的探索》。该书的问世宣告神经网络的研究进入了高潮。1987 年,首届国际神经网络大会在圣地亚哥召开,国际神经网络联合会(INNS)成立。随后 INNS 创办了刊物《Journal Neural Networks》,其他专业杂志如《Neural Computation》、《IEEE Transactions on NeuralNetworks》、《International Journal of Neural Systems》等也纷纷问世。世界上许多著名大学相继宣布成立神经计算研究所并制定有关教育计划,许多国家也陆续成立了神经网络学会,并召开了多种地区性、国际性会议,优秀论著、重大成果不断涌现。今天,在经过多年的准备与探索之后,神经网络的研究工作已进入了决定性的阶段。日本、美国及西欧各国均制定了研究规划。日本制定了一个“人类前沿科学计划”。这项计划为期15~20年,仅初期投资就超过了1万亿日元。在该计划中,神经网络和脑功能的研究占有重要地位,因为所谓“人类前沿科学”首先指的就是有关人类大脑以及通过借鉴人脑而研制新一代计算机的科学领域。在美国,神经网络的研究得到了军方的强有力的支持。美国国防部投资4亿美元,由国防部高级研究计划局(DAPRA)制定了一个8年研究计划,并成立了相应的组织和指导委员会。同时,海军研究办公室(ONR)、空军科研办公室(AFOSR)等也纷纷投入巨额资金进行神经网络的研究。DARPA认为神经网络“看来是解决机器智能的唯一希望”,并认为“这是一项比原子弹工程更重要的技术”。美国国家科学基金会(NSF)、国家航空航天局(NASA)等政府机构对神经网络的发展也都非常重视,它们以不同的形式支持了众多的研究课题。欧共体也制定了相应的研究计划。在其ESPRIT计划中,就有一个项目是“神经网络在欧洲工业中的应用”,除了英、德两国的原子能机构外,还有多个欧洲大公司卷进这个研究项目,如英国航天航空公司、德国西门子公司等。此外,西欧一些国家还有自己的研究计划,如德国从1988年就开始进行一个叫做“神经信息论”的研究计划。

我国从1986年开始,先后召开了多次非正式的神经网络研讨会。1990年12月,由中国计算机学会、电子学会、人工智能学会、自动化学会、通信学会、物理学会、生物物理学会和心理学会8个学会联合在北京召开了“中国神经网络首届学术会议”,从而开创了我国神经网络研究的新纪元。

3.2　专家系统

在科学技术和生产力高速发展的今天,人们对于大规模、复杂、不确定性系统实行自动控制的要求不断提高。因此,传统的基于精确数学模型的控制理论的局限性日益明显。而人工智能的引入促使自动控制向智能控制方向发展,最终实现智能化控制。可以说,智能控制是自动控制理论、人工智能和计算机科学相结合的产物,最终使得在控制论、信息论、人工智能、仿生学及计算机科学发展的基础上,逐渐形成的一类高级信息与控制系统。各种专家智能控制系统正在发挥巨大的经济和社会效益。尤其是专家系统和自动控制的产生与发展有着深刻的理论渊源、社会背景和坚实的技术基础,它的形成既蕴涵着控制科学自身的发展规律,也是生产发展的实际需要。并且,正随着计算机技术的不断发展而日臻完善和成熟。

传统控制面临如下难题:

①传统控制方法的设计和分析是建立在系统的精确模型基础上的,而实际的系统由于存在复杂性、时变性、不确定性和不完全性等,一般无法获得精确的数学模型;

②采用传统控制理论进行系统设计时,必须提出并遵循一些理论上的假设,而这些假设往往与实际情况不符,使得所设计的系统性能与实际情况相差很远;

③对某些复杂的带有时变性与不确定性的系统,即使获得了良好的控制性能,当环境条件发生变化时,性能也会显著发生变化;

④为了提高控制性能,传统的控制理论可能变得相当复杂,从而增加了设备投资,提高了成本,却没有改善系统可靠性。

传统控制的缺陷与不足如下:

①对环境的干扰和不确定性缺乏有效的调节；

②处理突发事件需要人工的干预；

③无法处理非数字和不精确的信息；

④实时监测不够细致和完善。

正是由于传统控制技术有以上缺陷，于是，专家控制的基本思想就应运而生了。

1. 专家系统和自动控制的概况和发展基础

一般认为，专家系统就是应用于某一专门领域，由知识工程师通过知识获取手段，将领域专家解决特定领域的知识，采用某种知识表示方法编辑或自动生成某种特定表示形式存放在知识库中，然后用户通过人机接口输入信息、数据或命令，运用推理机构控制知识库及整个系统，能像专家一样解决困难的和复杂的实际问题的计算机（软件）系统。

专家系统有如下三个特点。

①启发性，能运用专家的知识和经验进行推理和判断；

②透明性，能解决本身的推理过程，回答用户提出的问题；

③灵活性，能不断地增长知识，修改原有的知识。

自动控制是指在没有人直接参与的情况下，利用外加的设备或装置，使机器、设备或生产过程的某个工作状态或参数自动地按照预定的规律运行。自动控制是相对人工控制概念而言的，指的是在没有人参与的情况下，利用控制装置使被控对象或过程自动地按预定规律运行。自动控制技术的研究有利于将人类从复杂、危险、繁琐的劳动环境中解放出来，并大大提高控制效率。自动控制是工程科学的一个分支。它利用反馈原理的对动态系统的自动影响，以使得输出值接近希望值。从方法的角度看，它以数学的系统理论为基础。自动控制是20世纪中叶产生的控制论的一个分支。

到20世纪70年代中期，专家系统已逐步成熟起来，其观点逐渐被人们接受，并先后出现了一批卓有成效的专家系统。同时，随着半导体制造技术的飞速发展、微处理器的普遍使用、人工智能的发展、计算机技术可靠性的大幅度增加，自动控制系统也实现了新的飞跃。

2. 专家系统在自动控制中的应用类型

专家系统在自动控制中的应用类型主要有以下几种。

1）诊断专家系统　诊断专家系统的任务是根据观察到的情况推断出某个对象机能故障的原因。

2）设计专家系统　设计专家系统的任务是根据设计要求，求出满足设计问题约束的目标配置。

3）监视专家系统　监视专家系统的任务是对系统、对象或过程的行为进行不断的观察，并把观察到的行为与其应当具有的行为进行比较，以发现异常情况，发出警报。

4）控制专家系统　控制专家系统的任务是适当地管理一个受控对象或客体的全面行为，使之满足预期要求。

5）调试专家系统　调试专家系统的任务是对故障的对象给出处理意见和方法。调试专家系统也可用于新产品或新系统的调试、测量。

3. 专家系统的结构及其在控制系统中的作用

专家系统的结构是指专家系统各组成部分的构造方法和组织形式。一般来说，专家系统由五个部分组成，即知识获取、知识库、推理机、解释器、接口。知识获取为修改知识库中原有的知识和扩充知识提供手段;知识库为存储领域内的原理性知识、专家的经验知识以及以推理机提供求解问题所需的知识;推理机根据当前的输入数据或信息,再利用知识库中的知识,按一定的推理策略去处理、解决当前的问题;解释器根据知识的语义,对找到的知识进行解释,向用户提供一个认识系统的窗口;接口又称为界面,它能够使系统和用户进行对话,使用户能够输入必要的数据、提出问题和了解推理过程及推理结果等。其结构如图 3-11 所示,

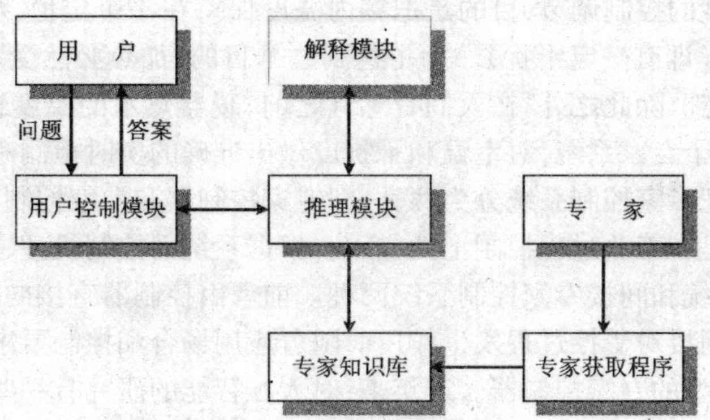

图 3-11　专家系统结构图

人工智能中专家系统技术可以在控制系统中应用,形成一个典型的和广泛应用的基于知识的控制系统。它主要面向各种非结构化问题,尤其是处理定性的、启发式或不确定的知识信息,经过各种推理过程达到系统的任务目标。这种控制技术能够适用于模型不充分、不精确甚至不存在的复杂过程。专家控制系统可以看成是对一个"控制专家"在解决控制问题或进行控制操作时的思路、方法、经验和策略的模拟,主要优点是在层次结构上、控制方法上和知识表达上有灵活性、启发性和透明性。虽然专家控制系统是基于专家系统建立起来的,但由于专家控制系统不需要被控对象的数学模型,因此它是目前对不确定性系统进行研究的一种有效方法,应用较为广泛。但其具有灵活性的同时也带来了设计上的随意性和不规范性,而且知识的获取、表达和学习以及推理的有效性和实时性也难以保证。

4. 专家系统在自动控制中的基本思想

专家控制是把专家系统的思想和方法引入控制系统及其工程应用。就实质而言,专家控制是基于控制对象和控制规律的各种知识的总和,而且要以智能的方式使用这些知识,使得受控系统更可能优化和实用化,它反映出智能控制的许多重要特征和功能。

专家控制 = 自动控制理论和方法 + 人工智能专家系统技术

实际系统中存在的启发式逻辑本质上是实现控制目标的各种规律性的经验知识,这些经验知识难以用一般性的数值形式表达,而适合用符号形式加以描述;再者,这些经验知识既不能简单地罗列,又难以用解析的方法综合,因而必须给予恰当的组织,并能自动地进行推理,人工智能中的专家技术恰恰为这种经验知识的表示和处理提供了有效办法。

5. 专家系统在自动控制领域的实际应用

在实际应用中,通过大型指挥控制系统进行操作控制。作为对各大独立系统进行控制的指挥控制系统,其硬件系统的主体是大量电子元器件组成的错综复杂的电路。在实际的操作训练中,由于面临着各种复杂的环境,电路可能出现很多故障。通过对电路图的分析,可以比较方便地发现可能出现故障的原因。但由于电路系统的庞大及内部连接的复杂,对电路图进

行分析是一件十分费时的艰巨任务。只有及时地找到并解决设备故障才能保证任务的圆满完成。借助于对电路分析的结果,构造一个专家系统进行快速检测是合理和有效的。所以,需要对整个控制过程做一个有效的实时监测。由此,统计以往各节点发生故障的概率,确定专家系统检测的顺序,有助于提高检测效率,对实时控制是十分有必要的。其中,实时专家智能控制系统是专家系统、模糊集合和控制理论相结合的产物,是智能控制很有希望的发展方向之一。例如,做一个室内温度的控制调节,目的是把室内温度保持在一个定值,尽管开窗等因素使得室内热量散发出室外(即有一定干扰)。为了达到这个目的,加热必然受影响。通过阀门的调节,温度就会保持恒定。除此之外,在人们有感觉之前,暖器热水的温度也会受外界温度的干扰。可以通过建立一个专家系统,对室温和干扰度做出准确的实时检测和调整。同时,根据系统的时间复杂性,可把专家控制系统分为两类,即专家控制器和专家控制系统。专家控制器的应用更为广泛,尤其是在工业过程控制上的应用。根据系统的控制机理,又可把专家控制系统分为直接专家控制系统和间接专家控制系统两种。前者由控制器直接向受控过程提供控制信号;而后者由控制器间接对受控过程发生作用。随着应用场合和控制要求的不同,工程师们可以设计和应用不同类型的专家控制器。近年来,对人工智能的研究有一些新的看法,还出现了很多具有新概念和新技术的新型专家系统。

6. 专家系统在自动控制领域的发展趋势

至今,自动检测技术中所采用的人工智能大多指基于规则的专家系统。专家系统利用专家知识和推理规则进行推理,求解各类问题(如预测、诊断、查找故障、命令及控制等)。由于专家系统能简便地将各种理论与通过经验获得的知识相结合,因而专家系统所作的诸方面工作增强了其性能。展望未来,以知识密集为特征、以知识处理为手段的人工智能专家系统技术将在自控中起关键作用。目前用于自动控制中的各种技术,预计最有发展前途的仍是人工智能。而将来的发展方向旨在将人工智能融入制造过程的各个环节,借助模拟专家的智能活动,取代或延伸制造环境中人的部分脑力劳动。在控制过程,系统能自动监测运行状态,在受到外界或内部激励时能自动调节参数,以达到最佳工作状态,具备自组织能力。

专家系统的理想目标如下:

①满足复杂动态过程的控制需要,例如任何时变的、非线性的、受到各种干扰的控制过程;

②有关受控过程的知识可以不断地增加、积累,据以改进控制性能;

③用户可以访问系统的内部信息,进行交互,例如受控过程的动态特性和控制性能的统计分析、限制控制性能等因素以及对当前采用的控制作用的解释等。

专家控制的上述目标可以看做是一种比较含糊的功能定义,它们覆盖了传统控制在一定程度上可以达到的功能,但又超过了传统控制技术。作一个形象的比喻,专家控制是试图在控制闭环中加入一个有经验的工程师,使得系统对控制、辨识、测量、监视等各种算法调节自如。因此,专家控制实质上是对一个“控制专家”的思路、经验、策略的模拟、延伸、扩展,实现总体的智能控制。

专家系统与自动控制技术的融合和发展,和其他新技术一样,需要进一步完善,才能够全面实现,但现在已经渗透到工业、交通、军事、社会经济等领域,并取得了良好的效果。近年来已在继电保护、综合自动化系统、制造业等很多专家控制方面发挥着重要作用。同时,可以看到,具有专家控制系统的开发环境,有着灵活的知识表示和正向、反向的推理方法,与常规控制相结合,构成实时专家控制系统,更有效地提高了原有自动化控制装置的性能,值得进一步学习和发展。

3.3　自动控制系统PID调节及控制知识

3.3.1　PID控制简介

目前工业自动化水平已成为衡量各行各业现代化水平的一个重要标志。同时,控制理论的发展也经历了古典控制理论、现代控制理论和智能控制理论三个阶段。智能控制的典型实例是模糊全自动洗衣机等。自动控制系统可分为开环控制系统和闭环控制系统。一个控制系统包括控制器、传感器、变送器、执行机构、输入输出接口。控制器的输出经过输出接口、执行机构,加到被控系统上;控制系统的被控量,经过传感器、变送器,通过输入接口送到控制器。不同控制系统的传感器、变送器、执行机构是不一样的。比如,压力控制系统要采用压力传感器,电加热控制系统采用温度传感器。目前,PID控制及其控制器或智能PID控制器(仪表)已经很多,产品已在工程实际中得到了广泛的应用。各大公司均开发了具有PID参数自整定功能的智能调节器(intelligent regulator),其中PID控制器参数的自动调整是通过智能化调整或自校正、自适应算法实现。有利用PID控制实现的压力、温度、流量、液位控制器,能实现PID控制功能的可编程控制器(PLC),还有可实现PID控制的PC系统等。可编程控制器(PLC)利用闭环控制模块实现PID控制。它可以直接与ControlNet相连,如Rockwell的PLC—5等。还有可以实现PID控制功能的控制器,如Rockwell的Logix产品系列,它可以直接与ControlNet相连,利用网络来实现远程控制功能。

3.3.2　PID控制原理和特点

图3-12所示为带有PID调节控制器的负反馈控制系统。在工程实际中,应用最为广泛的调节器控制规律为比例、积分、微分控制,简称PID控制,又称PID调节。PID控制器问世至今已有近七十年历史,它以结构简单、稳定性好、工作可靠、调整方便而成为工业控制的主要技术之一。当被控对象的结构和参数不能完全掌握或得不到精确的数学模型或控制理论的其他技术难以采用时,系统控制器的结构和参数必须依靠经验和现场调试确定,这时应用PID控制技术最为方便。即当不完全了解一个系统和被控对象时或不能通过有效的测量手段获得系统参数时,最适合用PID控制技术。PID控制,实际中也有PI和PD控制。PID控制器就是根据系统的误差,利用比例、积分、微分计算出控制量进行控制的。

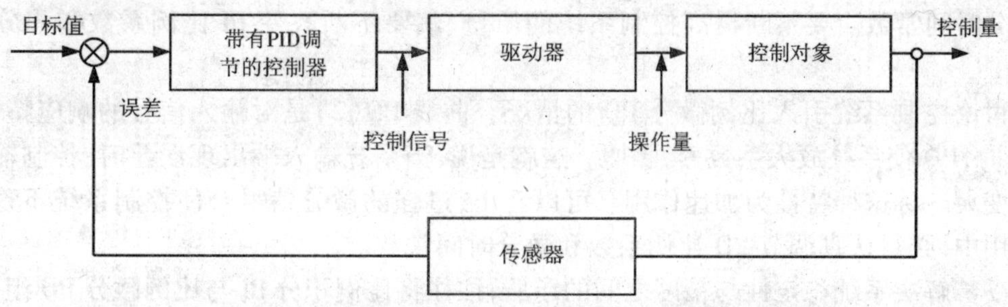

图3-12　带有PID调节控制器的负反馈控制原理图

一个自动控制系统要能很好地完成任务,首先必须工作稳定,同时还必须满足调节过程的质量指标要求，如系统的响应快慢、稳定性、最大偏差等。很明显，自动控制系统总希望在稳定工作状态下，具有较高的控制质量，并要求持续时间短、超调量小、摆动次数少。为了保证系统的精度，就要求系统有很高的放大系数，然而放大系数一高，又会造成系统不稳定，甚至产生振荡。反之，只考虑调节过程的稳定性，又无法满足精度要求。因此，调节过程中，系统稳定性与精度之间产生了矛盾。

为了解决这个矛盾，可以根据控制系统设计要求和实际情况，在控制系统中插入"校正网络"，矛盾就可以得到较好解决。这种"校正网络"，有很多方法完成，其中就有 PID 方法。

简单地讲，PID"校正网络"是由比例积分 PI 和比例微分 PD"元件"组成的。为了说明问题，这里简单介绍一下比例积分 PI 和比例微分 PD。

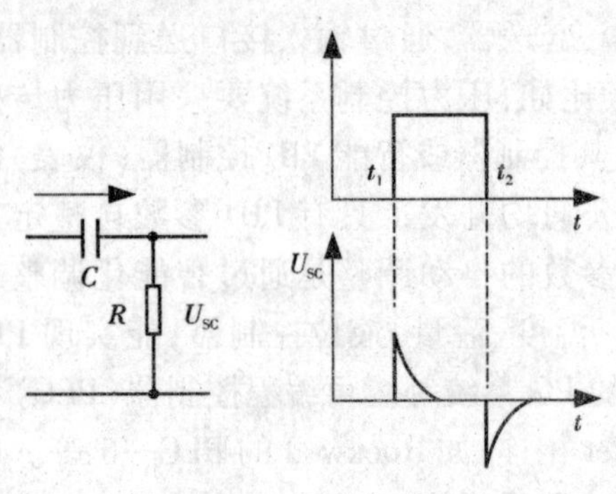

图 3-13 微分作用

从电学原理可以知道，见图 3-13，当脉冲信号通过 RC 电路时，电容两端电压不能突变，电流超前电压 90°，输入电压通过电阻 R 向电容充电，电流在 t_1 时刻瞬间达到最大值，电阻两端电压 U_{sc} 此刻也达到最大值。随着电容两端电压不断升高，充电电流逐渐减小，电阻两端电压 U_{sc} 也逐渐降低，最后为 0，形成一个锯齿波电压。这种电路称为微分电路。由于它对阶跃输入信号前沿"反应"激烈，其性质有加速作用。

如图 3-14 所示，脉冲信号出现时，通过电阻 R 向电容充电，电容两端电压不能突变，电流在 t_1 时刻瞬间达到最大值，电阻两端电压此刻也达到最大值。电容两端电压 U_{sc} 随着时间 t 不断升高，充电电流逐渐减小，最后为 0，电容两端电压 U_{sc} 也达到最大值，形成一个对数曲线。这种电路称为积分电路。由于它对阶跃输入信号前沿"反应"迟缓，其性质是"阻尼"缓冲作用。

下面看一下插入校正网络的情况。

首先讨论自动控制系统引入比例积分 PI 的情况，见图 3-15。曲线 PI(1)是对阶跃信号的响应特性曲线。当 $t=0$ 时，PI 的输出电压很小（由比例系数决定）；当 $t>0$ 时，输出电压按积分特性线性上升，系统放大系数线性增大。这就是说，当系统输入端出现大的误差时，控制输出电压不会立即变得很大，而是随着时间的推移和系统误差不断地减小，PI 的输出电压不断增加，系统放大系数不断线性增大。称这种特性为系统阻尼。决定阻尼系数因素是 PI 比例系数和积分时间常数。要不断提高控制系统的质量，就要不断改变 PI 比例系数和积分时间常数。

再讨论控制系统引入比例微分 PD 的情况。曲线 PD(2)是对输入信号的响应特性曲线，当 $t=0$ 时，PD 使系统放大系数 U_e 骤增。这就是说，当系统输入端出现误差时，控制输出电压会立即变大。称这种特性为加速作用。可以看出，过强的微分信号会使控制系统不稳定。所以在使用中，必须认真调节 PD 比例系数和微分时间常数。

为妥善解决系统稳定性与精度之间的矛盾，往往将比例积分 PI 与比例微分 PD 组合使用，形成"校正网络"，也称 PID 调节。PID 调节特性曲线 PID(3)，是 PI、PD 特性曲线合成的。适当地调节 PI、PD 上述各系数，就能保证控制系统既快又稳地工作。

PID 调节器实际是一个放大系数可自动调节的放大器。动态时，放大系数较低，是为了防

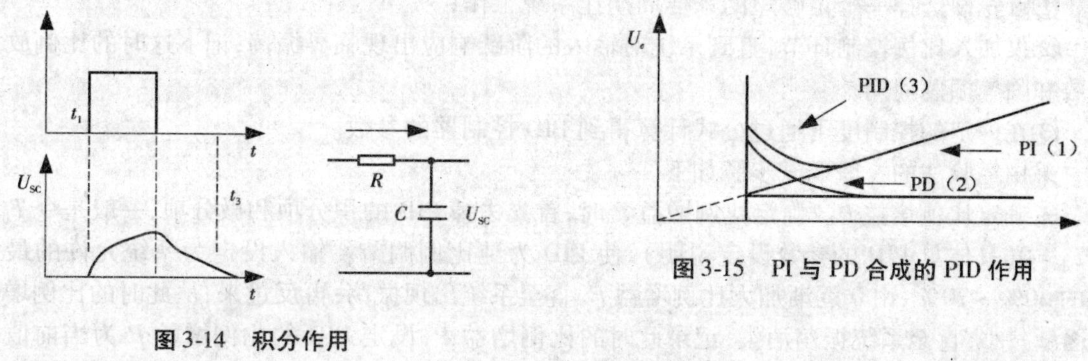

图 3-14　积分作用

图 3-15　PI 与 PD 合成的 PID 作用

止系统出现超调与振荡。静态时，放大系数较高，可以捕捉到小误差信号，提高控制精度。具体可以归纳如下。

1）比例(P)控制　比例控制是一种最简单的控制方式。其控制器的输出与输入误差信号成比例关系。当仅有比例控制时系统输出存在稳态误差(Steady-state error)。

2）积分(I)控制　在积分控制中，控制器的输出与输入误差信号的积分成正比关系。对一个自动控制系统，如果在进入稳态后存在稳态误差，则称这个控制系统是有稳态误差的或简称有差系统(System with Steady-state Error)。为了消除稳态误差，在控制器中必须引入"积分项"。积分项的误差取决于时间的积分，随着时间的增加，积分项会增大。这样，即便误差很小，积分项也会随着时间的增加而加大，它推动控制器的输出增大使稳态误差进一步减小，直到等于零。因此，比例 + 积分(PI)控制器，可以使系统在进入稳态后无稳态误差。

3）微分(D)控制　在微分控制中，控制器的输出与输入误差信号的微分(即误差的变化率)成正比关系。自动控制系统在克服误差的调节过程中可能会出现振荡甚至失稳。其原因是由于存在有较大惯性组件(环节)或有滞后(delay)组件，具有抑制误差的作用，其变化总是落后于误差的变化。解决的办法是使抑制误差作用的变化"超前"，即在误差接近零时，抑制误差的作用就应该是零。这就是说，在控制器中仅引入"比例"项往往是不够的，比例项的作用仅是放大误差的幅值，而目前需要增加的是"微分项"，它能预测误差变化的趋势。这样，具有比例 + 微分的控制器，就能够提前使抑制误差的控制作用等于零，甚至为负值，从而避免了被控量严重超调。所以，对有较大惯性或滞后的被控对象，比例 + 微分(PD)控制器能改善系统在调节过程中的动态特性。

3.3.3　PID 控制器的参数整定

PID 控制器的参数整定是控制系统设计的核心内容。它是根据被控过程的特性确定 PID 控制器的比例系数、积分时间和微分时间。PID 控制器参数整定的方法很多，概括起来有两大类。一是理论计算整定法。它主要是依据系统的数学模型，经过理论计算确定控制器参数。这种方法所得到的计算数据未必可以直接用，还必须通过工程实际进行调整和修改。二是工程整定方法。它主要依赖工程经验，直接在控制系统的试验中进行，且方法简单、易于掌握，在工程实际中被广泛采用。PID 控制器参数的工程整定方法，主要有临界比例法、反应曲线法和衰减法。两种方法各有特点，共同点都是通过试验，然后按照工程经验公式对控制器参数进行整定。但无论采用哪一种方法所得到的控制器参数，都需要在实际运行中进行最后调整与完善。现在一般采用的是临界比例法。利用该方法进行 PID 控制器参数的整定步骤如下：

①首先预选择一个足够短的采样周期让系统工作；

②仅加入比例控制环节，直到系统对输入的阶跃响应出现临界振荡，记下这时的比例放大系数和临界振荡周期；

③在一定的控制度下通过公式计算得到PID控制器的参数。

采用经验法的一般调试步骤如下

①确定比例增益P。确定比例增益P时，首先去掉PID的积分项和微分项，一般是令$T_i=0$、$T_d=0$（具体见PID的参数设定说明），使PID为纯比例调节。输入设定为系统允许的最大值的60%~70%，由0逐渐加大比例增益P，直至系统出现振荡；再反过来，从此时的比例增益P逐渐减小，直至系统振荡消失，记录此时的比例增益P，设定PID的比例增益P为当前值的60%~70%。比例增益P调试完成。

②确定积分时间常数T_i。比例增益P确定后，设定一个较大的积分时间常数T_i的初值，然后逐渐减小T_i，直至系统出现振荡，之后在反过来，逐渐加大T_i，直至系统振荡消失。记录此时的T_i，设定PID的积分时间常数T_i为当前值的150%~180%。积分时间常数T_i调试完成。

③确定微分时间常数T_d。积分时间常数T_d一般不用设定，为0即可。若要设定，与确定P和T_i的方法相同，取不振荡时的30%。

④系统空载、带载联调，再对PID参数进行微调，直至满足要求。

PID控制器参数的工程整定时，各种调节系统中PID参数可参照以下经验数据：

温度T：$P=20\%\sim60\%$，$T=180\sim600$ s，$T_d=3\sim180$ s

压力P：$P=30\%\sim70\%$，$T=24\sim180$ s

液位H：$P=20\%\sim80\%$，$T=60\sim300$ s

流量L：$P=40\%\sim100\%$，$T=6\sim60$ s

PID参数整定时常用的口诀：

参数整定找最佳，从小到大顺序查；先是比例后积分，最后再把微分加；

曲线振荡很频繁，比例度盘要放大；曲线漂浮绕大弯，比例度盘往小扳；

曲线偏离回复慢，积分时间往下降；曲线波动周期长，积分时间再加长；

曲线振荡频率快，先把微分降下来；动差大来波动慢，微分时间应加长；

理想曲线两个波，前高后低4比1；一看二调多分析，调节质量不会低。

3.4 集散控制系统

3.4.1 楼宇自动化系统的发展状况

半个多世纪以来，楼宇自动化控制发展经历了以下几个阶段。

1）PCS（Pneumatic Control System）气动控制系统阶段　PCS是基于5~13psi的气动信号标准，特点是简单就地操作模式，由于它的防爆特点，被广泛地应用于化工生产的过程控制中。控制理论初步形成。

2）ACS（Analog Control System）模拟控制系统阶段　ACS是基于0 mA~10 mA或4 mA~20 mA的电流模拟信号标准。其特点是以电气替代气动，奠定了现代控制论的理论基础，将被控对象进行功能分离。

3）CCS（Computer Control System）计算机控制系统阶段　20 世纪 70 年代开始了数字计算机在控制领域中的应用。其特点是在测量、模拟控制、逻辑控制过程中普遍实行集中控制，建立中央计算机系统。信号传输系统大部分沿用 4 mA ~ 20 mA 模拟信号。

4）DCS（DistributedC ontrolS ystem）集散控制系统阶段　针对 CCS 的可靠性较差问题，使用微处理器变集中控制为分散控制。其特点是由几台计算机和智能部件构成控制系统，形成集中管理分散控制的系统结构。信号传输有 4 mA ~ 20 mA 的模拟信号或数字信号。

5）FCS（FieldbusC ontrolS ystem）现场总线控制系统阶段　FCS 是 DCS 的进一步发展，采用现场总线控制系统，即从分散控制到现场控制。数据传输采用总线方式。其特点是数字化程度高，总线上传送的信号全部为数字信号，资源可共享。目前总线标准规范有多种，著名的如基金会现场。

当前在进行理论分析时，由于 FCS 中继续使用集散系统结构的概念，因此常常将 FCS 和 DCS 系统共同称为集散控制系统，其实也就是在 DCS 系统中引入现场总线进行数据的传输。

3.4.2　集中控制系统和集散控制系统的比较

1. 集中控制系统

集中控制系统是由中央计算机系统采用并行的方式进行设备的集中控制。它存在如下缺陷：

①整个系统的控制、管理依赖于中央控制站，一旦中央控制站出现故障，整个系统将陷入瘫痪；

②全部控制运算功能由中央控制站控制主机完成，对控制主机的中断优先级、分时多任务操作等控制都提出了极高的要求，主机的运算处理能力也限制了整个控制系统的规模和实时响应能力；

③所有现场采集的数据都要传送给控制主机进行处理，然后由控制主机发出命令指挥现场执行机构的动作，信息传输线路长、数据量大，当系统监控点数较多时，实时响应能力差。

2. 集散控制系统

集散式控制系统是采用集中管理、分散控制策略的计算机控制系统，它以分布在现场的数字化控制器或计算机装置完成对被控设备的实时控制、监测和保护任务，以具有强大的数据处理、显示、记录及丰富软件功能的上位计算机（中央计算机）完成优化管理、集中操作及显示报警等工作。集散控制系统 DCS 的结构如图 3-16 所示，从图中可见，DCS 是一种横向分散、纵向分层的体系结构，其功能分层可以分为现场控制级、监控级和管理级，级与级之间通过通信网络相连。

（1）现场控制级

现场控制级由现场直接数字控制器 DDC（Direct Digital Controller）及现场通信网络组成。主要功能是现场数据采样、处理采样数据（如滤波、放大和转换）、控制算法与运算、执行控制输出；与监控层及其他站点进行数据交互、实现对现场设备的实时检测与诊断。

（2）监控级

监控级由一台或多台通过局域网相连的计算机工作站构成，作为现场控制器的上位机，监控计算机可分为以操作为目的的操作站和以管理为目的及改进系统功能为目的的监控站。主要功能为：采集数据，进行数据的转换与处理；进行数据的监视和存储；实施连续控制、批量控制或顺序控制的运算和输出控制；进行数据和设备的自诊断；实施数据通信。

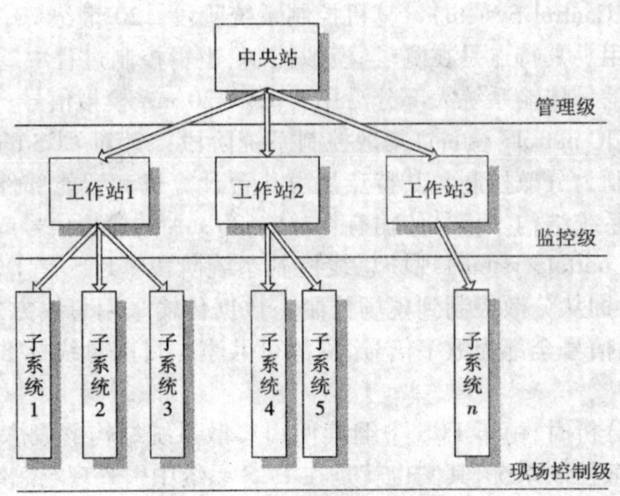

图 3-16 集散控制系统结构图

(3)中央管理级

中央管理级是以中央控制室操作站为中心,辅以打印机、报警装置等外设组成。它是集散式控制系统 DCS 的人机联系的主要界面。中央管理级的作用是对整个系统的集中操作和监视。中央管理级的主要功能是:实现数据记录、存储、显示和输出;优化控制和优化整个集散式控制系统的管理调度;实施故障报警、事件处理和诊断、实现数据通信。

针对于 CCS 系统,由于集中控制增加了系统失控的危险及潜伏着稍有不慎造成系统瘫痪而引起系统可靠性较差的问题,DCS 克服了集中控制带来的危险集中、系统可靠性差的问题,同时又避免了控制装置分散在现场各处,人机联系困难、无法统一管理的缺点,通过通信总线(现场总线或网络)使整个系统形成一个有机的整体,实现了信息和操作管理集中化、控制任务分散化的目标。

DCS 系统的集中管理分散控制的系统结构解决了如下问题。

①生产过程规模的不断扩大使得中央控制室的仪表数量越来越多,操作人员对过程的监视和操作的要求也越来越高,过程控制应用中的许多控制问题采用模拟电动仪表控制系统已难以解决。

②计算机应用于工业控制领域,数字控制算法使控制系统的实施变得方便,采用了直接数字控制 DDC(Direct Digital Control)把所有的监控功能全部集中在一台计算机中,系统的可靠性与安全性存在极大的问题。

③集中和综合的控制、操作和管理要求对全厂、各车间和各工段的控制都有相应的通信联系。集中控制系统要求所有数据全部传送到中控站,对处理信号传输能力提出较高的要求,同时也限制了系统的实时响应能力。

3.4.3 集散控制的基本组成与系统结构

1. 集散控制系统的基本组成

集散控制系统主要由分散过程控制部分、集中操作与管理部分和数据通信部分组成。其中集中操作与管理部分的接口和外部的显示打印等设备连接构成了人机对话的界面,而分散过程控制部分和被控对象构成过程界面。集散控制系统层次结构如图 3-17 所示。

(1)分散过程控制部分的特点

1)能适应恶劣的工业生产过程环境　分散过程控制装置的大部分设备安装在控制现场,所处的现场环境恶劣,因此要求这些设备能够适应现场环境温度湿度的变化,电网电压的波动以及工业环境中的电磁干扰、环境介质等影响。

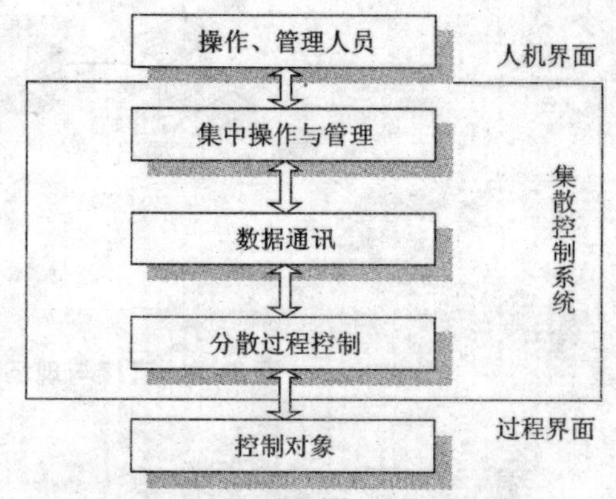

图3-17　集散控制系统层次结构图

2)实时性要求高　分散过程控制装置直接面向控制过程,为满足控制过程高精度、快速响应的需求,分散过程控制装置必须能够迅速地反映各种过程参数的变化,并进行实时处理与输出控制。

3)独立性　分散过程控制装置的独立性是整个集散控制系统可靠性的保证。控制装置在上一级设备或上一级网络通信出现故障的情况下应能保持正常工作,能脱离对上级设备的依赖,实现分散控制。

(2)集中操作与管理部分的特点

1)数据处理量大　虽然对集中操作与管理装置的实时性要求没有在现场的分散过程控制装置那么高,但它需要与各分散过程控制装置保持数据通信、下达指令并汇总信息,还需要对收集的数据进行处理。这就对集中操作与管理设备的数据处理能力提出了较高的要求。

2)易操作性　集中操作与管理装置面向工作人员,界面的友好性、功能的易用性直接影响到集散控制系统的工作效率和推广应用。

3)安全性要求高　集中操作与管理装置作为集散控制系统的中枢,在集中操作与管理级的误操作可能影响整个系统的正常工作。因此,必须在集中操作与管理装置中采取分级分权限管理、防止非法接入控制等措施。

(3)数据通信部分

数据通信是通过网络系统实现的。楼宇自控系统的典型网络结构可以根据系统的规模采用不同的结构,如采用图3-18的工作站通过相应接口直接与现场控制设备相连的结构或图3-19中的两层网络结构等等。

网络结构应该具有如下特性:

①系统的网络配置、集中操作、管理及决策等全部由工作站承担;

②控制功能分散在各类现场控制器及智能传感器、智能执行机构中;

③如果现场设备的数量超出了一条现场控制总线的最大设备接入数,可以在工作站上再增加一个通信适配器以增加一条总线;

④同一条现场控制总线上所挂接的现场控制设备之间可以通过点对点或主从的方式直接通信,而不同总线的设备直接通信必须经过工作站中转。

在两层网络结构的楼宇自控系统中,上层网络与现场控制总线两层网络满足不同的设备通信需求,两层网络之间通过网络控制器连接。相对于直接与现场控制设备相连的楼宇自控系统,两层网络结构的楼宇自控系统具有以下特性。

①底层控制总线具有实时性、抗干扰能力强等特点,一般通信速率不高,但能够满足底层现场控制设备之间通信的需求。

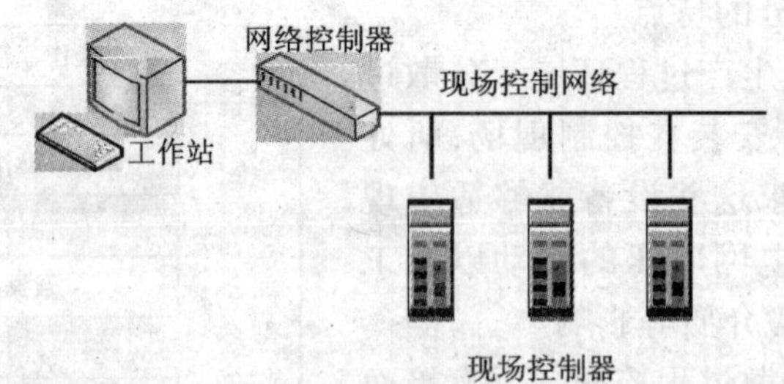

图 3-18 直接与现场控制设备相连的楼宇自控系统

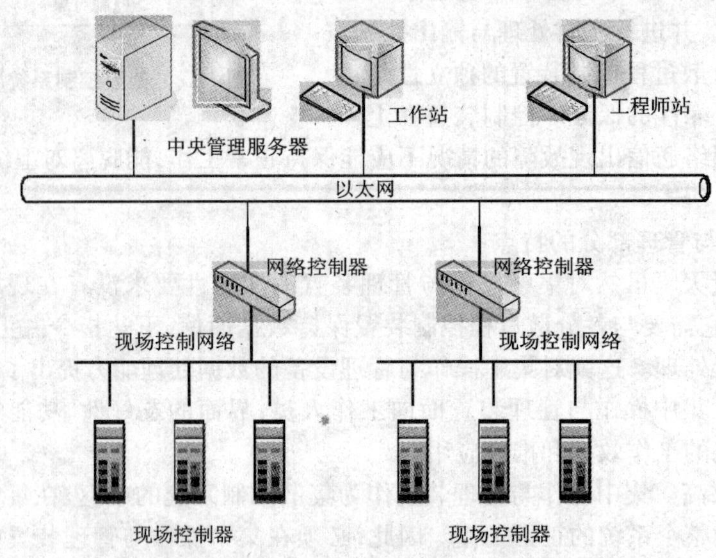

图 3-19 两层网络结构的楼宇自控系统

②操作员站、工作站、服务器之间由于需要进行大量的数据、图形交互,对通信带宽要求较高,而实时性要求和抗干扰要求不如现场网络那么严格,因此上层网络多采用局域较成熟的以太网等技术构建。

③两层网络之间进行通信需要经过通信控制器实现协议转换、路由选择等功能。通信控制器的功能可以由专用的网桥、网关设备或工控机实现,是连接两层网络的纽带。

④功能复杂的通信控制器可以实现路由选择、数据存储、程序处理等功能,甚至可以直接控制输入输出模块,起到 DDC 的作用,而成为一个区域控制器,如网络控制器 NCU 就是这样一种设备。在采用后一种产品的网络中,实现了控制功能的彻底分散,成为一种全分布式控制系统。

⑤绝大多数楼宇自控产品厂商在底层控制总线上都有一些支持某种开放式现场总线技术。这样两层网络都可以构成开放式的网络结构,不同厂商的产品之间能够方便地实现互联。

2. 集散控制系统的系统结构

(1)集散控制系统的结构特征

集散控制系统的功能分层充分反映了分散控制、集中管理的特点。信息一方面自下而上逐渐集中,同时,它又自上而下逐渐分散,这就形成了系统的基本结构。作为一个由多层功能子系统构成的复杂系统，集散控制系统具有递阶控制结构、分散控制结构和冗余化结构的特征。

1° 递阶控制结构

多级递阶控制结构是将组成大系统的各子系统及其控制器按递阶的方式分级排列而形成的层次结构。这种结构的特点如下。

①上、下级是隶属关系，上级对下级有协调权，故上级控制器又称协调器。如图 3-20 多级递阶控制结构示意图所示。它的决策直接影响下级控制器的动作。

②信息在上下级间垂直传递，向下的信息（命令）有优先权。同级控制器并行工作，也可以有信息交换，但不是命令。

③上级控制决策的功能水平高于下级，解决的问题涉及面更广、影响更大、时间更长、作用更重要。级别越往上，决策周期越长，更关心系统的长期目标。

④级别越往上，涉及的问题不确定性越多，越难作出确切的定量描述和决策。

多级递阶结构是大系统的主要结构形式，具有普遍意义。如国家行政系统有中央、省、地、县等层次；军队系统有军、师、团、营、连、排等层次；生产系统有公司、工厂、车间、工段等层次。多级递阶结构的优点如下。

①简化系统的分析和综合，能把维数高、求解难的复杂问题分解为若干维数低、较为简单的子问题，有利于建立数学模型和求解，也便于使用各种静态和动态最优化技术。

②减少计算量，节省运算时间，下级控制器就地控制，反应快速，有利于实现在线实时控制。

③信息系统可采用小型、微型计算机网实现，通过合理选点布站和网络设计，可降低设备投资费用。

④由于系统是递阶排列的，因而系统的安装、运行和改建都很方便灵活。

⑤可靠性较高，局部故障不致引起全局瘫痪，便于使用冗余技术，易于维修和更新。

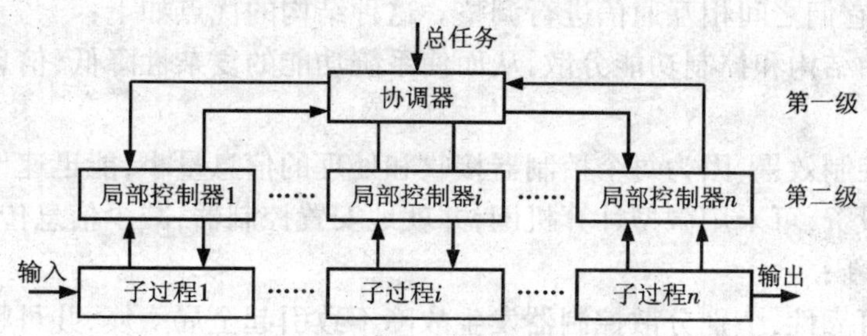

图 3-20　多级递阶控制结构示意图

递阶控制结构一般应用于大系统，但是在集散控制系统中，由于它是由相互关联的子系统组成，它们各自的特性以及它们之间功能关联的特性决定了集散控制系统的特性。集散控制系统需要处理复杂的控制过程，各组成子系统之间既有横向的多级结构又有纵向的多层结构，它的控制策略不仅需要各子系统的决策，还需要上级系统的协调优化。各子系统之间总体上形成金字塔式的结构。某一级决策子系统可同时对下级施加作用，同时又受上级的干预。这就构成了集散控制系统的递阶控制结构。递阶控制结构具有经典控制结构所不具备的如下优点：

①系统的结构容易改变，系统容量可以任意扩大或缩小；

②控制功能增强，除了直接控制外，还能实现优化控制等功能；

③降低信息存储量、计算量，减少计算时间；

④可设置备用子系统，以提高系统的整体可靠性；

⑤各级的智能化进一步提高系统的整体性能。

2° 分散控制结构

大系统中每个子系统分别用独立作出决策的控制器进行控制以完成优化任务的控制结构如图 3-21 所示。

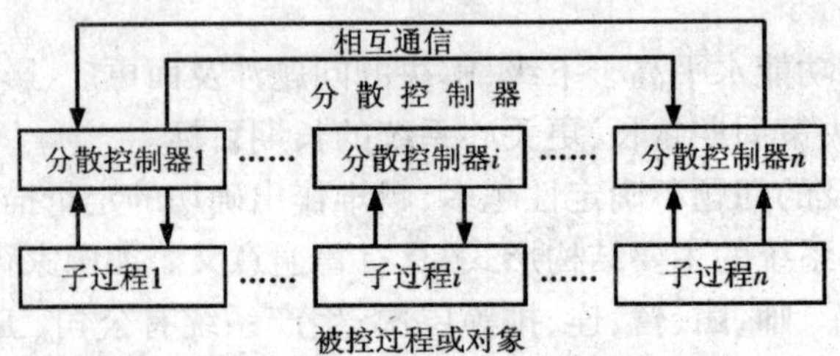

图 3-21 分散控制结构示意图

分散控制结构中大系统优化的总任务由各分散的控制器共同完成。每个分散控制器只能获得大系统的部分信息（信息分散），也只能对大系统进行局部控制（控制分散）。在空间上分散的大系统，或在空间上较集中但各个控制通道的动态响应时间（或时间常数）差别较大的大系统，均可采用分散控制。当大系统的各分散控制器间没有任何信息交换时，称为完全分散控制结构，如电力网、交通管制网、数字通信系统、宏观经济系统等。如果各分散控制器间有部分（主要的和关键的）信息交换，称为局部分散控制结构。

分散控制与多级递阶控制不同，它没有上一级的协调器。大系统优化的总任务分配给各分散控制器，依靠它们之间相互通信进行调整。这种结构的优点如下：

①使大系统的结构和控制功能分散，从而使系统功能的复杂性降低，信息传输串行处理的时间缩短；

②提高局部控制效果，因为每个控制器接收和处理的信息量小，能迅速作出决策和反应；

③降低设备投资，可采用微型计算机网，并就地安置控制器，减少信息传输通道，设备维修简单，便于技术更新；

④提高系统可靠性，个别分散控制器发生故障不致引起全局瘫痪，并可将其功能自动转移给别的控制器，从而可以减少系统冗余。

分散控制结构是针对集中控制可靠性与安全性差的缺点而提出的，是一个自治的闭环结构，它的结构可以是垂直型、水平型以及两者混合的复合型。垂直型又称阶层型，是以上下关系为基础的结构，下位向左右方向扩大，形成金字塔形，系统的通信发生在上下位间，主导权由上位掌握，对下位设备的动作有监视和进行调控的权限；水平型是对等的分散子系统以自我管理为基础的系统结构，在通信系统中，这些子系统具有平等的地位；复合型把水平型和垂直型结合起来，各子系统各自管理的同时，形成上下阶层关系，各子系统有较强的独立性，上位系统的故障不影响下位子系统间的数据交换和各自的功能，正常工作时，上位监视和支持下位的工作。集散控制系统大多采用复合型分散控制结构。

3° 冗余化结构

为了提高系统运行的安全和可靠性,集散控制系统的设计中还常常采用几种不同的冗余化设计方式,其中常用的有同步运行方式、待机运行方式、后退运转方式、多级操作方式4种。

(2)集散控制系统的典型结构

典型结构如下:

①分散过程控制站+网络通信控制器+操作站+操作管理;

②分散过程控制站+局域网+信息管理系统;

③模件化控制站+局域网+信息综合管理系统;

④模件化控制站+网络通信控制器+操作管理站;

⑤数字控制器+网络通信控制器+操作管理站;

⑥数字控制器+网络通信控制器+工业控制微机+操作管理机。

3.5 现场总线的概念及特点

3.5.1 控制系统的发展以及现场总线的产生

随着科学技术的快速发展,过程控制领域在过去的两个世纪里发生了巨大的变革。150多年前出现的基于5~13psi的气动信号标准(Pneumatic Control System,PCS,气动控制系统)标志着控制理论初步形成,但此时尚未有控制室的概念;20世纪50年代,随着基于0~10 mA或4~20 mA的电流模拟信号的模拟过程控制体系被提出并得到广泛的应用,标志了电气自动控制时代的到来,三大控制论的确立奠定了现代控制的基础,设立控制室、控制功能分离的模式也一直沿用至今;20世纪70年代,随着数字计算机的介入,产生了"集中控制"的中央控制计算机系统,而信号传输系统大部分是依然沿用4~20 mA的模拟信号,不久人们也发现了伴随着"集中控制",该系统存在着易失控、可靠性低的缺点,并很快将其发展为分布式控制系统(Distributed Control System,DCS)。微处理器的普遍应用和计算机可靠性的提高,使分布式控制系统得到了广泛的应用,由多台计算机和一些智能仪表以及智能部件实现的分布式控制是其最主要的特征,而数字传输信号也在逐步取代模拟传输信号。随着微处理器的快速发展和广泛的应用,数字通信网络延伸到工业过程现场成为可能,产生了以微处理器为核心,使用集成电路代替常规电子线路,实施信息采集、显示、处理、传输以及优化控制等功能的智能设备。设备之间彼此通信、控制,对精度、可操作性以及可靠性、可维护性等都有更高的要求。由此,导致了现场总线的产生。

现场总线的特点可以归纳为以下几点:

①用数字化通讯取代4~20 mA模拟信号传输;

②控制功能下移,实现彻底的分散控制;

③具有互操作性;

④集现场设备的远程控制、参数化及故障诊断为一体;

⑤真正的开放系统。

3.5.2 现场总线的概念

不同的机构和不同的人可能对现场总线有着不同的定义,不过大家公认现场总线的本质体现在以下六个方面。

1）现场通信网络　用于过程自动化和制造自动化的现场设备或现场仪表互连的现场通信网络。

2）现场设备互联　依据实际需要使用不同的传输介质把不同的现场设备或者现场仪表相互关联。

3）互操作性　用户可以根据自身的需求选择不同厂家或不同型号的产品构成所需的控制回路，从而可以自由地集成 FCS。

4）分散功能块　FCS 废弃了 DCS 的输入/输出单元和控制站，把 DCS 控制站的功能块分散地分配给现场仪表，从而构成虚拟控制站，彻底地实现了分散控制。

5）通信线供电　通信线供电方式允许现场仪表直接从通信线上摄取能量，这种方式提供用于本质安全环境的低功耗现场仪表，与其配套的还有安全栅。

6）开放式互联网络　现场总线为开放式互联网络，既可以与同层网络互联，也可与不同层网络互联，还可以实现网络数据库的共享。

从以上内容可以看到，现场总线体现了分布、开放、互联、高可靠性的特点，而这些正是 DCS 系统的缺点。DCS 通常是一对一单独传送信号，采用的模拟信号精度低、易受干扰，位于操作室的操作员对模拟仪表往往难以调整参数和预测故障，处于“失控”状态；很多的仪表厂商自定标准，互换性差，仪表的功能也较单一，难以满足现代的要求，而且几乎所有的控制功能都位于控制站中。FCS 则采取一对多双向传输信号，采用的数字信号精度高、可靠性强，设备也始终处于操作员的远程监控和可控状态，用户可以自由按需选择不同品牌种类的设备相互联接，智能仪表具有通信、控制和运算等功能，而且控制功能分散到各个智能仪表中去。由此可以看到 FCS 相对于 DCS 的巨大进步。

也正是由于 FCS 的以上特点使得其在设计、安装、投运到正常生产都具有很大的优越性：由于分散在前端的智能设备能执行较为复杂的任务，不再需要单独的控制器、计算单元等，节省了硬件投资和使用面积；FCS 的接线较为简单，而且一条传输线可以挂接多个设备，大大节约了安装费用；由于现场控制设备往往具有自诊断功能，并能将故障信息发送至控制室，减轻了维护工作；同时，由于用户拥有高度的系统集成自主权，可以比较灵活选择合适的厂家产品；整体系统的可靠性和准确性也大为提高。这一切都帮助用户实现了降低安装、使用、维护的成本，最终达到增加利润的目的。

现场总线是当前自动化技术的一种新事物。根据 IEC1158 定义，现场总线是“安装在生产过程区域的现场设备、仪表与控制室内的自动控制装置、系统之间的一种串行、数字式、双向传输、多分支结构的通信网络”。或者说，现场总线是以单个分散的、数字化与智能化的测量和控制设备作为网络节点，用总线连接实现信息互换，共同完成自动控制功能的网络系统与控制系统，是计算机控制系统与通讯技术结合的产物，是新一代全数字、全分散和全开放的现场控制系统。其中，“生产过程”包括连续生产过程和断续生产过程两种；现场设备、仪表是指位于生产现场的各种传感器、驱动器和执行器等设备；现场是指工作环境处于生产设备的一侧；总线是指传送信息的公共路径，这些遵守相同连接规范的设备通过“公共路径”连接为系统，并实现相互操作。因此，现场总线是面向工厂底层自动化及信息集成的数字化网络技术。人们把基于这项技术的自动化系统称为基于现场总线的控制系统 FCS。现场总线技术的核心是它的通信协议，它必须根据国际标准化组织 ISO 的计算机网络开放系统互联基本参考模型

OSI(Open System Interconnection)制定。它是一种开放的7层网络协议标准,多数现场总线技术只使用其中的1、2和7层协议。

3.5.3 主流现场总线简介

下面就几种主流的现场总线做一简单介绍。

1. 基金会现场总线(Foundation Fieldbus 简称 FF)

FF是以美国Fisher-Rousemount公司为首联合了横河、ABB、西门子、英维斯等80家公司制定的ISP协议和以Honeywell公司为首联合欧洲等地150余家公司制定的WorldFIP协议于1994年9月合并的。该总线在过程自动化领域得到了广泛的应用,具有良好的发展前景。

基金会现场总线采用国际标准化组织ISO的开放性系统互联OSI的简化模型(1、2、7层),即物理层、数据链路层、应用层,另外增加了用户层。FF分低速H1和高速H2两种通信速率。前者传输速率为31.25 kbit/s,通信距离可达1 900 m,可支持总线供电和本质安全防爆环境。后者传输速率为1 Mbit/s和2.5 Mbit/s,通信距离为750 m和500 m,支持双绞线、光缆和无线发射,协议符合IEC1158—2标准。FF的物理媒介的传输信号采用曼切斯特编码。

2. CAN(Controller Area Network,控制器局域网)

CAN最早由德国BOSCH公司推出,它广泛用于离散控制领域,其总线规范已被ISO国际标准组织制定为国际标准,得到了Intel、Motorola、NEC等公司的支持。CAN协议分为两层:物理层和数据链路层。CAN的信号传输采用短帧结构,传输时间短,具有自动关闭功能和较强的抗干扰能力。CAN支持多主工作方式,并采用了非破坏性总线仲裁技术,通过设置优先级避免冲突,通信距离最远可达10 km/5 kbps/s,通信速率最高可达40 m/1 Mbp/s,网络节点数实际可达110个。目前已有多家公司开发了符合CAN协议的通信芯片。

3. LONWORKS

LONWORKS由美国Echelon公司推出,并由Motorola、Toshiba公司共同倡导。它采用ISO/OSI模型的全部7层通信协议,采用面向对象的设计方法,通过网络变量把网络通信设计简化为参数设置,支持双绞线、同轴电缆、光缆和红外线等多种通信介质,通信速率从300 bit/s至1.5 Mb/s不等,直接通信距离可达2 700 m(78 kbit/s),被誉为通用控制网络。LonWorks技术采用的LonTalk协议被封装到Neuron(神经元)的芯片中,并得以实现。采用LonWorks技术和神经元芯片的产品,被广泛应用在楼宇自动化、家庭自动化、保安系统、办公设备、交通运输、工业过程控制等行业。

4. DEVICENET

DeviceNet是一种低成本的通信连接,也是一种简单的网络解决方案,有着开放的网络标准。DeviceNet具有的直接互联性不仅改善了设备间的通信而且提供了相当重要的设备级阵地功能。DebiceNet基于CAN技术,传输率为125 kbit/s至500 kbit/s,每个网络的最大节点为64个。其通信模式为:生产者/客户(Producer/Consumer),采用多信道广播信息发送方式。位于DeviceNet网络上的设备可以自由连接或断开,不影响网上的其他设备,而且其设备的安装布线成本也较低。DeviceNet总线的组织结构是Open DeviceNet Vendor Association(开放式设备网络供应商协会,简称“ODVA”)。

5. PROFIBUS

PROFIBUS是德国标准(DIN19245)和欧洲标准(EN50170)的现场总线标准,由PROFIBUS—DP、PROFIBUS—FMS、PROFIBUS—PA系列组成。DP用于分散外设间高速数据传输,适用于加工自动化领域。FMS 适用于纺织、楼宇自动化、可编程控制器、低压开关等。PA 用于过程自动化的总线类型,服从 IEC1158—2 标准。PROFIBUS 支持主 - 从系统、纯主站系统、多主多从混合系统等几种传输方式。PROFIBUS 的传输速率为 9.6 Kbit/s 至 12 Mbit/s,最大传输距离在 9.6 Kbit/s 下为 1 200 m,在 12 Mbit/s 下为 200 m,可采用中继器延长至 10 km,传输介质为双绞线或者光缆,最多可挂接 127 个站点。

6. HART

HART 是 Highway Addressable Remote Transducer 的缩写,最早由 Rosemount 公司开发。其特点是在现有模拟信号传输线上实现数字信号通信,属于模拟系统向数字系统转变的过渡产品。其通信模型采用物理层、数据链路层和应用层三层,支持点对点主从应答方式和多点广播方式。由于它采用模拟数字信号混和,难以开发通用的通信接口芯片。HART 能利用总线供电,可满足本质安全防爆的要求,并且可用于由手持编程器与管理系统主机作为主设备的双主设备系统。

7. CC-Link

CC-Link 是 Control&Communication Link(控制与通信链路系统)的缩写,在 1996 年 11 月,由三菱电机为主导的多家公司推出,其增长势头迅猛,在亚洲占有较大份额。在其系统中,可以将控制和信息数据同时以 10 Mbit/s 高速传送至现场网络,具有性能卓越、使用简单、应用广泛、节省成本等优点。它不仅解决了工业现场配线复杂的问题,同时具有优异的抗噪性能和兼容性。CC-Link 是一个以设备层为主的网络,同时也可覆盖较高层次的控制层和较低层次的传感层。2005 年 7 月 CC-Link 被中国国家标准委员会批准为中国国家标准指导性技术文件。

8. WorldFIP

WorkdFIP 的北美部分与 ISP 合并为 FF 以后,WorldFIP 的欧洲部分仍保持独立,总部设在法国。其在欧洲市场占有重要地位,特别是在法国占有率大约为 60%。WorldFIP 的特点是具有单一的总线结构来适应不同的应用领域的需求,而且没有任何网关或网桥,用软件的办法来解决高速和低速的衔接。WorldFIP 与 FFHSE 可以实现"透明连接",并对 FF 的 H1 进行了技术拓展,如速率等。在与 IEC61158 第一类型的连接方面,WorldFIP 做得最好,走在世界前列。

9. INTERBUS

INTERBUS 是德国 Phoenix 公司推出的较早的现场总线,2000 年 2 月成为国际标准 IEC61158。INTERBUS 采用国际标准化组织 ISO 的开放性系统互联 OSI 的简化模型(1、2、7 层),即物理层、数据链路层、应用层,具有很好的可靠性、可诊断性和易维护性。其采用集总帧型的数据环通信,具有低速度、高效率的特点,并严格保证了数据传输的同步性和周期性。该总线的实时性、抗干扰性和可维护性也非常出色。INTERBUS 广泛地应用到汽车、烟草、仓储、造纸、包装、食品等工业,成为国际现场总线的领先者。

此外较有影响的现场总线还有丹麦公司 Process-Data A/S 提出的 P-Net。该总线主要应用于农业、林业、水利、食品等行业。SwiftNet 现场总线主要使用在航空航天等领域。

智能建筑自动控制系统中常用的现场总线在下一章中介绍。

习　题

1. 微型计算机控制系统由哪些部分组成?

2. 计算机控制系统的分类有哪几种方法？按各分类方法将计算机控制系统分类。
3. 简述微型计算机控制系统的发展趋势。
4. 简述 PID 控制原理和特点。
5. 集中控制系统和集散控制系统有何区别？
6. 简述集散控制的基本组成与系统结构。
7. 什么是现场总线？现场总线的本质和特点分别是什么？
8. 分级计算机控制系统的功能是什么？

第4章 楼宇自控系统中的电气接口与现场总线

本章主要介绍了智能建筑自动控制系统中使用最广泛的RS—232、RS—485电气接口标准和ModBus通讯协议，并重点论述了智能建筑中应用的CAN、LonWorks、BACnet现场总线技术。

4.1 RS—232—C电气接口标准

4.1.1 串行通信基础

1. 什么是串行通信

串行通信的方式是将二进制数据用一条信号线、一位一位顺序传送的方式。串行通信的优势在于它用于通信的线路少，因而在远距离通信时可以极大地降低成本。串行通信适合于远距离数据传送，也常用于速度要求不高的近距离数据传送，例如，PC系列机上有两个串行异步通信接口，键盘、鼠标器与主机间采用的就是串行传送方式。

2. 串行通信类型

(1)串行异步通信

异步串行通信的特点是以字符为信息单位传送的，每个字符作为一个独立的信息单位(1帧数据)，可以随机出现在数据流中，即发送端发送的每个字符在数据流中出现的时间是任意的，接收端预先并不知道。就是说，异步通信方式的“异步”主要体现在字符与字符之间通信没有严格的定时要求。

(2)串行同步通信

同步串行通信的基本特点是以数据块(字符块)为信息单位传送，每帧信息包括成百上千个字符，因此传送一旦开始，要求每帧信息内部的每一位都要同步，也就是说同步通信不仅字符内部的传送是同步的，字符与字符之间的传送也应该是同步，这样才能保证收/发双方对每一位都同步。

3. 串行数据传输方式

(1)单工方式

数据信息在通信线上始终向一个方向传输，通信双方的发送和接收必须交替进行，即任一方在发送时不能同时接收，接收时也不能同时发送。这就是单工方式。

(2)半双工方式

若使用同一根传输线既作接收又作发送，虽然数据可以在两个方向上传送，但通信双方不能同时收发数据，这样的传送方式就是半双工制。采用半双工方式时，通信系统每一端的发送器和接收器，通过收/发开关转接到通信线上，进行方向切换，因此，会产生时间延迟。收/发开关实际上是由软件控制的电子开关。

当计算机主机用串行接口连接显示终端时，在半双工方式中，输入过程和输出过程使用同一通路。有些计算机和显示终端之间采用半双工方式工作，这时，从键盘打入的字符在发送到主机的同时就被送到终端上显示出来，而不是用回送的办法，所以避免了接收过程和发送过程同时进行的情况。

目前多数终端和串行接口都为半双工方式提供了换向能力，也为全双工方式提供了两条独立的引脚。在实际使用时，一般并不需要通信双方同时既发送又接收，像打印机这类的单向传送设备，半双工甚至单工就能胜任，无需切换方向。

(3)全双工方式

当数据的发送和接收分别由两根不同的传输线传送时，通信双方都能在同一时刻进行发送和接收操作，这样的传送方式就是全双工制。在全双工方式下，通信系统的每一端都设置了发送器和接收器，因此，能控制数据同时在两个方向上传送。全双工方式无需进行方向的切换，因此，没有切换操作所产生的时间延迟，这对那些不能有时间延误的交互式应用(例如远程监测和控制系统)十分有利。这种方式要求通信双方均有发送器和接收器，同时，需要二根数据线传送数据信号，可能还需要控制线和状态线以及地线。

比如，计算机主机用串行接口连接显示终端，而显示终端带有键盘。这样，一方面键盘上输入的字符送到主机内存；另一方面，主机内存的信息可以送到屏幕显示。通常，往键盘上打入一个字符以后，先不显示，计算机主机收到字符后，立即回送到终端，然后终端再把这个字符显示出来。这样，前一个字符的回送过程和后一个字符的输入过程是同时进行的，即工作于全双工方式。

4. 串行通信协议

串行通信时的数据、控制和状态信息都使用同一根信号线传送，因此，收发双方必须遵守共同的通信协议(通信规程)，才能够解决传送速率、信息格式、位同步、字符同步、数据校验等问题。

5. 数据传输速率

数据传输速率一般用比特率和波特率来表示。

(1)比特率(Bit Rate)

在数字信道中，比特率是数字信号的传输速率，它用单位时间内传输的二进制代码的有效位(bit)数表示，单位为每秒比特数 bit/s(bps)、每秒千比特数(kbps)或每秒兆比特数(Mbps)表示(此处 k 和 M 分别为 1 000 和 1 000 000，而不是涉及计算机存储器容量时的 1 024 和 1 048 576)。

(2)波特率(Baud Rate)

波特率指数据信号对载波的调制速率，用单位时间内载波调制状态改变次数来表示，其单位为波特(Baud)。波特率与比特率的关系为：比特率 = 波特率 × 单个调制状态对应的二进制位数。

显然，两相调制(单个调制状态对应 1 个二进制位)的比特率等于波特率；四相调制(单个调制状态对应 2 个二进制位)的比特率为波特率的 2 倍；八相调制(单个调制状态对应 3 个二进制位)的比特率为波特率的 3 倍。依次类推。

4.1.2　RS—232C

串行通信接口标准经过使用和发展，目前已经有几种。但都是在 RS—232 标准的基础上经过改进而形成的。所以,以 RS—232C 来讨论。RS—232C 标准是美国 EIA(电子工业联合会)与 BELL 等公司一起开发的通信协议。它适合于数据传输速率在 0 ~ 20 000 b/s 范围内的通信。这个标准对串行通信接口的有关问题,如信号线功能、电器特性都作了明确规定。由于通信设备厂商都生产与 RS—232C 式兼容的通信设备,因此,它作为一种标准,目前在微机通信接口和很多电子类设备中被广泛采用。

RS—232C 标准最初是为远程通信连接数据终端设备 DTE(Data Terminal Equipment)与数据通信设备 DCE(Data Communication Equipment)制定的。因此这个标准的制定,当时并未考虑计算机系统的应用要求。但目前它又广泛地被借来用于计算机(更准确地说,是计算机接口)与终端或外设之间的近端连接标准。因此 RS—232C 标准中所提到的"发送"和"接收",都是站在 DTE 立场上,而不是站在 DCE 的立场定义的。由于在计算机系统中,往往是 CPU 和 I/O 设备之间传送信息,两者都是 DTE,因此双方都能发送和接收。

RS—232C 标准(协议)的全称是 EIA—RS—232 标准,其中 EIA(Electronic Industry Association)代表美国电子工业协会,RS(ecommeded standard)代表推荐标准,232 是标识号。它规定连接电缆和机械与电气特性、信号功能及传送过程。例如,目前在 PC 机上的 COM1、COM2 接口,就是 RS—232C 口。

图 4-1 是两台计算机利用 MODEM、电话线进行远距离串行通信的示意图。DTE 为计算机,DCE 的典型代表是 MODEM。

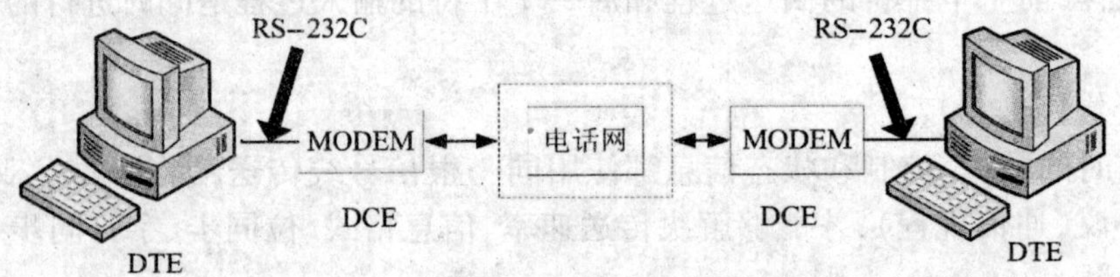

图 4-1　RS—232C 串行通讯

1. RS—232C 口引脚定义

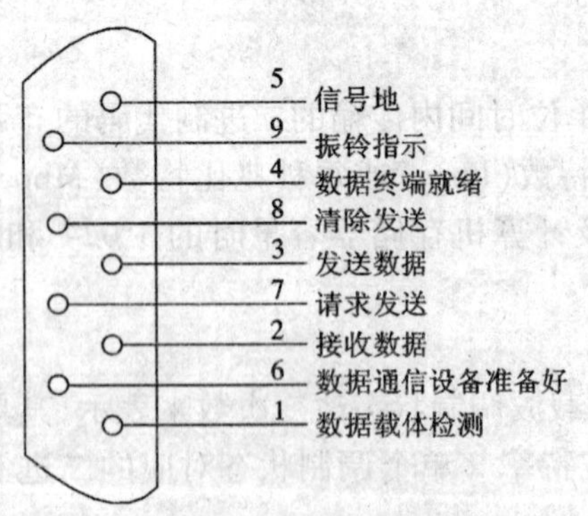

图 4-2　DB-25 和 DB-9 连接器接口图

由于 RS—232C 未定义连接器的物理特性,因此,出现了 DB—25、DB—15 和 DB—9 各种类型的连接器,其引脚的定义也各不相同。图 4-2 是常用的 DB—25 和 DB—9 连接器接口图,表 4-1 是其常用信号引脚说明。

RS—232C 规定标准接口有 25 条线,即 4 条数据线、11 条控制线、3 条定时线、7 条备用和未定义线,常用的只有以下 9 根。

(1)状态线

数据准备就绪(Data set ready-DSR)——有效时(ON)状态,表明数据通信设备可以使用。(DCE→DTE)

数据终端就绪(Data set ready-DTR)——有效时(ON)状态,表明数据终端设备可以使用。(DTE→DCE)

这两个信号有时连到电源上,上电就立即有效。

这两个设备状态信号有效，只表示设备本身可用，并不说明通信链路可以开始进行通信了，能否开始进行通信要由下面的控制信号决定。

(2)联络线

请求发送(Request to send-RTS)——DTE 准备向 DCE 发送数据，DTE 使该信号有效(ON 状态)，通知 DCE 要发送数据给 DCE 了。(DTE→DCE)

允许发送(Clear to send-CTS)——是对 RTS 的响应信号。当 DCE 已准备好接收 DTE 传来的数据时，使该信号有效，通知 DTE 开始发送数据。(DCE→DTE)

RTS/CTS 请求应答联络信号是用于半双工 MODEM 系统中发送方式和接收方式之间的切换。在全双工系统中，因配置双向通道，故不需要 RTS/CTS 联络信号，使其变高。

(3)数据线

发送数据(Transmitted data-TxD)——DTE 发送数据到 DCE。(DTE→DCE)

接收数据(Received data-RxD)——DCE 发送数据到 DTE。(DCE→DTE)

(4)地线

有两根线 SG、PG——信号地和保护地信号线。

(5)其余

载波检测(Carrier Detection—CD)——用来表示 DCE 已接通通信链路，告知 DTE 准备接收数据。(DCE→DTE)

振铃指示(Ringing-RI)——当 DCE 收到交换台送来的振铃呼叫信号时，使该信号有效(ON 状态)，通知 DTE，已被呼叫。(DCE→DTE)

通常的应用系统中，往往是 CPU 和 I/O 设备之间传送信息，两者都是 DTE，比如 PC 和色温计之间、PC 和单片机之间的通信，双方都能发送和接收，它们的连接只需要使用三根线即可，即 RXD、TXD 和 GND。

表 4-1 DB—9 和 DB—25 的常用信号引脚说明

9 针串口(DB—9)			25 针串口(DB—25)		
针号	功能说明	缩写	针号	功能说明	缩写
1	数据载波检测	DCD	8	数据载波检测	DCD
2	接收数据	RXD	3	接收数据	RXD
3	发送数据	TXD	2	发送数据	TXD
4	数据终端准备	DTR	20	数据终端准备	DTR
5	信号地	GND	7	信号地	GND
6	数据设备准备好	DSR	6	数据设备准备好	DSR
7	请求发送	RTS	4	请求发送	RTS
8	清除发送	CTS	5	清除发送	CTS
9	振铃指示	DELL	22	振铃指示	DELL

2. RS232C 串口通信接线方法(三线制)

表 4-2 是串口通信接线方法表，如采用三线制时应按此表的对应脚进行连接。但它是对

微机标准串行口而言的，还有许多非标准设备，如接收 GPS 数据或电子罗盘数据，只要记住一个原则：接收数据针脚（或线）与发送数据针脚（或线）相连，彼此交叉，信号地对应相接，就能完成通信的连接。

表 4-2　串口通信接线方法表

9 针—9 针		25 针—25 针		9 针—25 针	
2	3	3	2	2	2
3	2	2	3	3	3
5	5	7	7	5	7

3. RS—232C 的电气特性

1）逻辑电平

（1）在 TXD 和 RXD 上：逻辑 1（MARK）= -3 V ~ -15 V，逻辑 0（SPACE）= +3 V ~ +15 V。

（2）在 RTS、CTS、DSR、DTR 和 DCD 等控制线上。

（3）信号有效（接通、ON 状态、正电压）= +3 V ~ +15 V。

（4）信号无效（断开、OFF 状态、负电压）= -3 V ~ -15 V。

由以上定义可以看出，信号无效的电平低于 -3 V，也就是当传输电平的绝对值大于 3 V 时，电路可以有效地检查出来，介于 -3 V ~ +3 V 之间的电压无意义，低于 -15 V 或高于 +15 V 的电压也认为无意义。因此，实际工作时，应保证电平的绝对值在 3 V ~ 15 V 之间。

当计算机和 TTL 电平的设备通信时，如计算机和单片机通信，需要使用 RS - 232C/TTL 电平转换器件，常用的有 MAX232。

（2）传输距离

由 RS—232C 标准规定在码元畸变小于 4% 的情况下，传输电缆长度应为 15 m，其实这个 4% 的码元畸变是很保守的，在实际应用中，约有 99% 的用户是按码元畸变 10% ~20% 的范围工作的，所以实际使用中最大距离会远超过 15 m。

4. RS—232C 和 TTL 电平的转换

在实际应用中经常使用单片机构成某些控制或数据采集设备，这些设备的串行接口具有 0 ~ 5 V 的 TTL 电平。为了使这样的设备和具有 RS—232 接口的设备（如计算机）进行接口，常常需要进行 RS—232C 和 TTL 电平的转换，如图 4-3 所示。在完成这样一个转换设备中常常使用的是 MAXIUM 公司生产的 MAX232 电平转换集成芯片和公司新推出的一款兼容 RS—232 标准的芯片。该器件包含两个驱动器、两个接收器和一个电压发生器电路，提供 TIA/EIA—232—F 电平。

该器件符合 TIA/EIA—232—F 标准，每一个接收器将 TIA/EIA—232—F 电平转换成 5 V TTL/CMOS 电平。每一个发送器将 TTL/CMOS 电平转换成 TIA/EIA—232—F 电平。

图 4-4 为 MAX232 集成电路的管脚示意图。

MAX232 集成电路的主要特点：

①单 5 V 电源工作；

②LinBiCMOSTM 工艺技术；

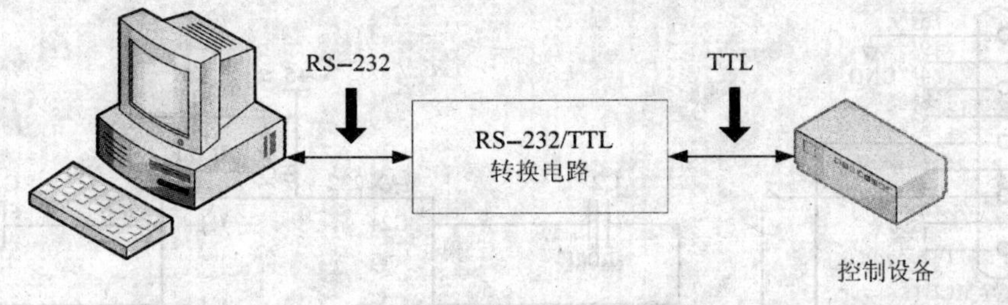

图 4-3　RS-232 与 TTL 接口示意图

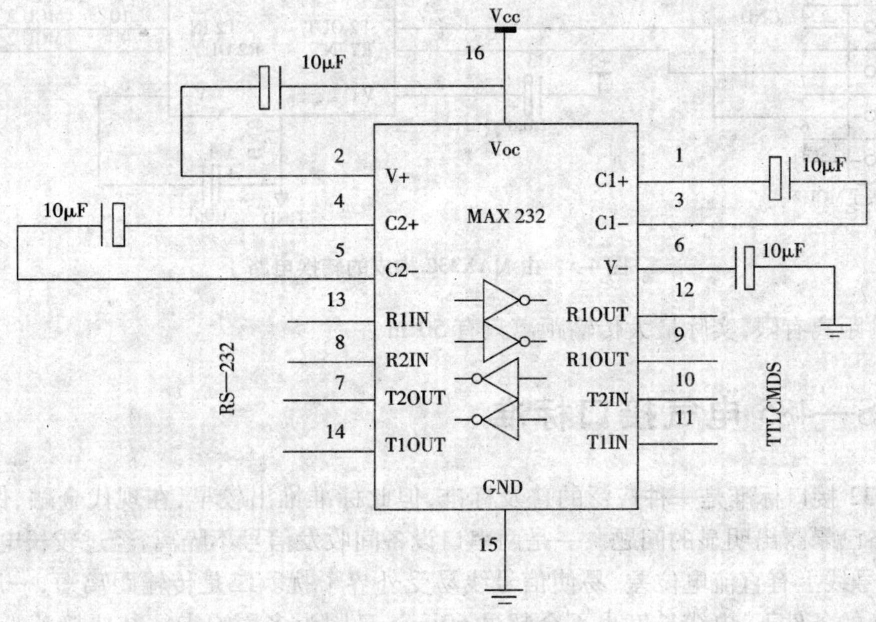

图 4-4　MAX232 集成电路

③个驱动器及两个接收器；

④ ±30 V 输入电平；

⑤低电源电流，典型值是 8 mA；

⑥符合甚至优于 ANSI 标准 EIA/TIA—232—E 及 ITU，推荐标准 V. 28；

⑦ESD 保护大于 MIL—STD—883（方法 3015）标准的 2 000 V。

图 4-5 为 MAX232 双串口的连接图，可以分别连接单片机的串行通信口或者其他串行通信接口。

5．RS—232C 的不足之处

由于 RS—232C 接口标准出现较早，难免有不足之处，主要有以下四点：

①接口的信号电平值较高，易损坏接口电路的芯片，又因为与 TTL 电平不兼容故需使用电平转换电路方能与 TTL 电路连接；

②传输速率较低，在异步传输时，波特率最大为 19 200 bps；

③接口使用一根信号线和一根信号返回线而构成共地的传输形式，这种共地传输容易产生共模干扰，所以抗噪声干扰性弱；

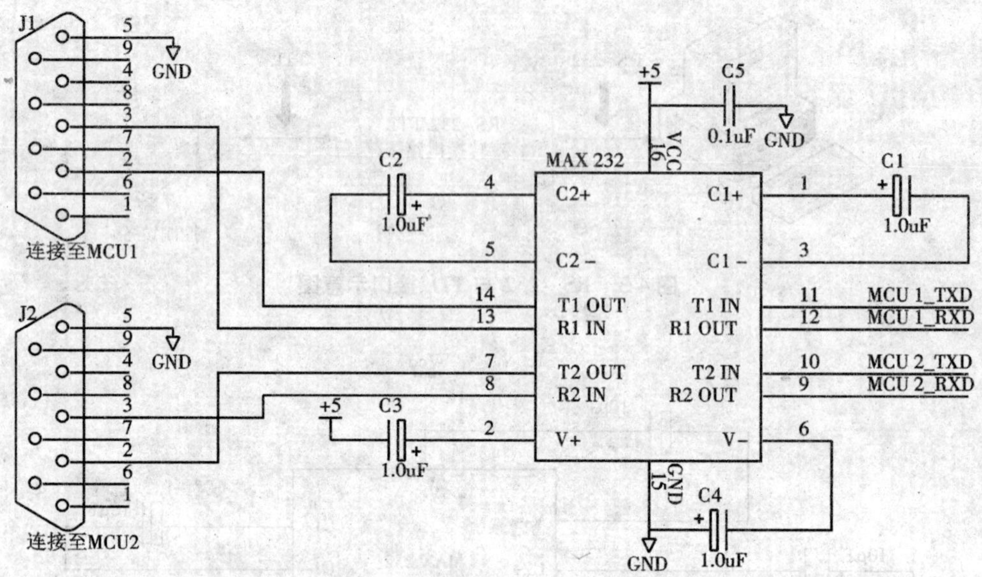

图 4-5　由 MAX232 构成的转换电路

④传输距离有限,实际最大传输距离只有 50 m 左右。

4.2　RS—485 电气接口标准

RS—232 接口标准是一种广泛的普及标准,但此标准推出较早,在现代金融、保险、电信,电子化网络已暴露出明显的问题。一是两串口设备间收发信号不隔离,经过较长电缆,且直接连一起,信号线上有直流电位差,易使信号线易受外界干扰。二是传输距离短,一般为 15 m,即使在理想的条件下,电缆长度也不会超过 60 m。又因为多用户卡往往要接若干个终端,且串口数据线通过多用户卡都彼此相连,形成一个极易吸收干扰信号的网状天线。由于上述问题的存在,导致 RS—232 串口数据线对电压浪涌特别敏感。目前,非交流电源线路的浪涌所引起的损害占据全部浪涌损害的一大部分。仅仅几十伏的小幅度瞬变过程就可以通过串行端口毁坏计算机的主板、终端的 RS—232 的接口,其后果是硬件损坏、数据丢失、通信中断以及由此引起停机,导致很大的损失。

针对 RS—232—C 的不足,出现了一些新的接口标准,RS—485 就是其中之一。它具有以下特点。

①RS—485 的电气特性:逻辑“1”以两线间的电压差为 +(2 ~6)V 表示;逻辑“0”以两线间的电压差为 -(2 ~6)V 表示。接口信号电平比 RS - 232 - C 降低了,这样就不易损坏接口电路芯片,且该电平与 TTL 电平兼容,可方便与 TTL 电路连接。

②RS—485 的数据最高传输速率为 10 Mbps。

③RS—485 接口是采用平衡驱动器和差分接收器的组合,抗共模干扰能力增强,即抗噪声干扰性好。

④RS—485 接口的最大传输距离实际上可达 3 000 m,另外 RS—232—C 接口在总线上只允许连接一个收发器,即单站能力。而 RS—485 接口在总线上是允许连接多达 128 个收发器,

即具有多站能力。这样用户可以利用单一的RS—485接口方便地建立起设备网络。

⑤因RS—485接口具有良好的抗噪声干扰性、长的传输距离和多站能力等优点，就使其成为首选的串行接口。因为RS—485接口组成的半双工网络，一般只需二根连线，所以RS—485接口均采用屏蔽双绞线传输。

1. RS—485的相关标准

RS—485是在RS—422基础上发展而来的。在RS—422中定义了一种平衡通信接口，将传输速率提高到10 Mbps，传输距离延长到1 219 m(速率低于100 kbps时)，并允许在一条平衡总线上连接最多10个接收器。RS—422是一种单机发送、多机接收的单向、平衡传输规范标准。为扩展应用范围，又于1983年在RS—422基础上制定了RS—485标准，为其增加了多点、双向通信能力，即允许多个发送器连接到同一条总线上。同时，增加了发送器的驱动能力和冲突保护特性，扩展了总线共模范围。

RS—422与RS—485一样，其数据信号采用差分传输方式，也称作平衡传输。它使用一对双绞线，将其中一线定义为A，另一线定义为B，如图4-6所示。

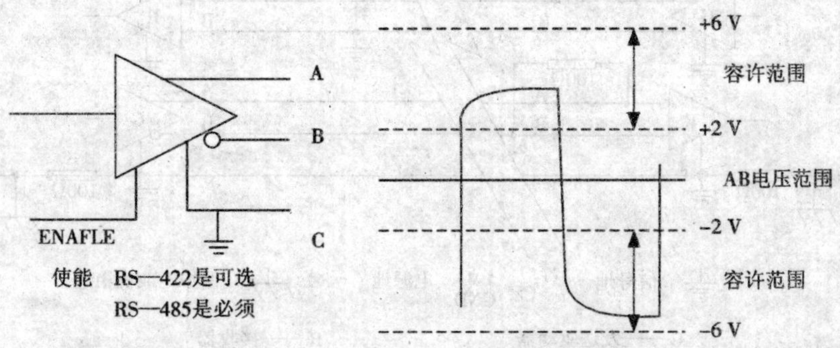

图4-6　RS—422与RS—485的发送方式

在通常情况下RS—422发送驱动器A、B之间的正电平在+2 V至+6 V之间，是一个逻辑状态，负电平在−2 V至−6 V之间，是另一个逻辑状态。另有一个信号地C，在RS—485中还有一“使能”端，而在RS—422中这是可选用的。“使能”端是用于控制发送驱动器与传输线的切断与连接。当“使能”端起作用时，发送驱动器处于高阻状态，称作“第三态”，即它是有别于逻辑1与0的第三态。

接收器也有与发送端相仿的规定，收、发端通过平衡双绞线将AA与BB对应相连。当在收端AB之间有大于+200 mV的电平时，输出正逻辑电平，小于−200 mV时，输出负逻辑电平。接收器接收平衡线上的电平范围通常在200 mV至6 V之间，参见图4-7。

RS—422采用四线进行双向通信。其典型四线接口电路参见图4-8。

实际上还可以根据需要(如应用环境存在较大干扰，或连线较长时)接一根信号地线，共五根线。由于接收器采用高输入阻抗的发送驱动器，具有很强的驱动能力，故允许在相同传输线上连接多个接收节点，最多可接10个节点。即一个为主设备，其余为从设备。从设备之间不能互相通信，所以RS—422支持点对多点的双向通信。接收器输入阻抗为4 kΩ，故发送端最大负载能力是10×4 kΩ+100 kΩ(终端电阻)。RS—422四线接口由于采用单独的发送和接收通道，因此不必控制数据方向，各装置之间任何必需的信号交换均可以按软件方式或硬件方式(一对单独的双绞线)实现。

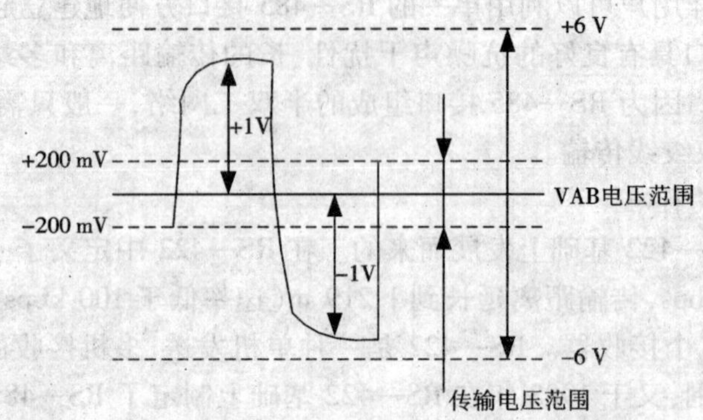

图 4-7 RS—422 与 RS—485 的接收方式

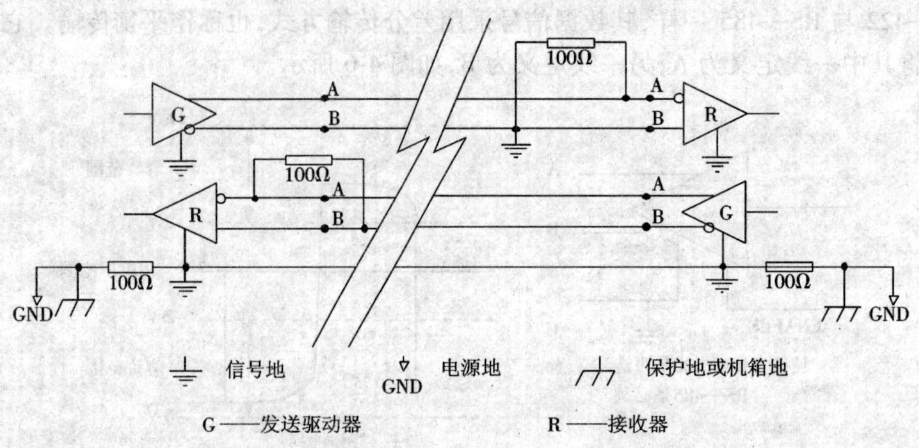

图 4-8 RS－422 四线双向通信

RS—485 的许多电气规定与 RS—422 相仿。如都采用平衡传输方式,都需要在传输线上接终接电阻等。RS—485 可以采用二线与四线方式。二线制可实现真正的多点双向通信,参见图 4-9。

采用图 4-10 所示的四线连接时,与 RS—422 一样只能实现点对多点的通信,即只能有一个主设备,其余为从设备,但它比 RS—422 有改进,无论四线还是二线连接方式均可接到 32 个设备。

RS—485 与 RS—422 的不同还在于其共模输出电压是不同的,RS—485 是 －7 V 至 ＋12 V 之间,而 RS—422 在 －7 V 至 ＋7 V 之间,RS—485 接收器最小输入阻抗为 12 kΩ,而 RS—422 是 4 kΩ。基本上可以说 RS—485 满足所有 RS—422 的规范,所以 RS—485 的驱动器可在 RS—422 网络中应用。

RS—485 的电气参数见表 4-3。

RS—485 与 RS—422 一样,其最大传输距离为 1 219 m,最大传输速率为 10 Mbps。平衡双绞线的长度与传输速率成反比,在 100 kbps 速率以下,才可能使用规定最长的电缆长度。只有在很短的距离下才能获得最高速率传输。一般 100 m 长双绞线最大传输速率仅为 1 Mbps。

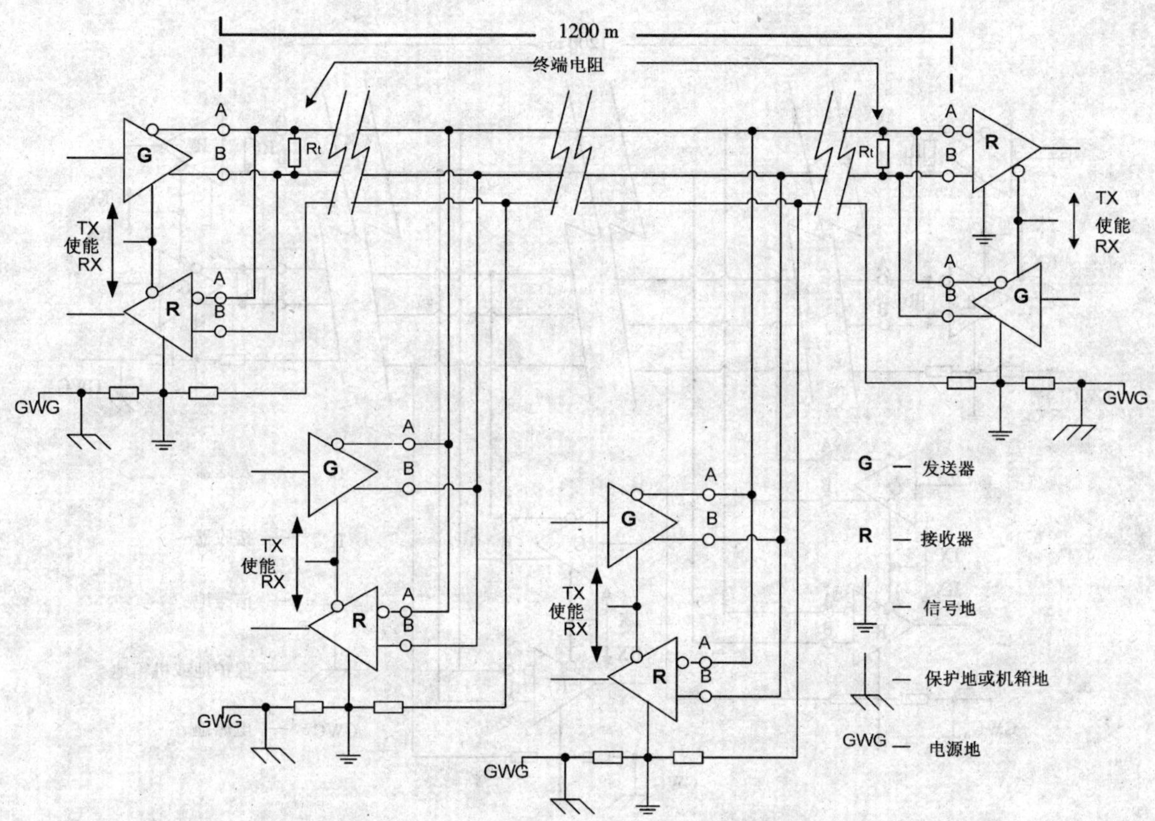

图 4-9　RS—485 采用二线制实现多点双向通信

2. RS—485 的应用原则

RS—485 支持半双工或全双工模式。网络拓扑一般采用终端匹配的总线结构，不支持环形或星形网络。在构建网络时，应注意如下两点。

①采用一条双绞线电缆作总线，将各个节点串接起来，从总线到每个节点的引出线长度应尽量短，以便使引出线中的反射信号对总线信号的影响最低。图 4-11 为实际应用中常见的一些错误连接方式和正确连接方式。图(a)、(b)、(c)这三种网络连接尽管不正确，在短距离、低速率仍可能正常工作，但随着通信距离的延长或通信速率的提高，不良影响会越来越严重，主要原因是信号在各支路末端反射后与原信号叠加，会造成信号质量下降。

②应注意总线特性阻抗的连续性，在阻抗不连续点会发生信号的反射。下列几种情况容易产生这种不连续性：总线的不同区段采用了不同电缆，或某一段总线上有过多收发器紧靠在一起安装，再者是过长的分支线引出到总线。总之，应该提供一条单一、连续的信号通道作为总线，如图 4-12 所示。

RS—485 需要两个终接电阻，其阻值要求等于传输电缆的特性阻抗。终接电阻接在传输总线的两端。

在实际应用中，是否对 RS—485 总线进行终端匹配取决于数据传输速率、电缆长度及信号转换速率。接收器是在每个数据位的中点进行数据采样的，只要反射信号在开始采样时衰减到足够低，在短距离传输时就可以不需加接终接电阻，即一般在 300 m 以下不需终接电阻。

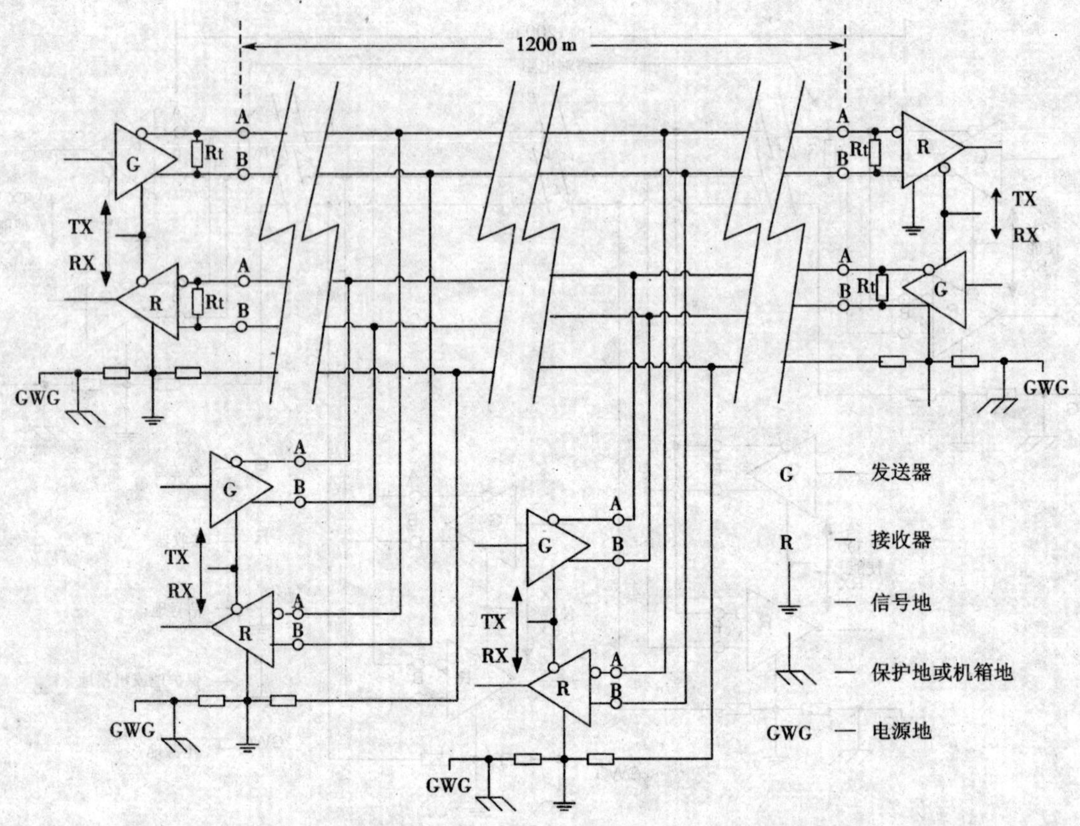

图 4-10 RS—485 采用四线制实现多点双向通信

表 4-3 RS—485 电气参数

规定		RS—485
工作方式		差分
节点数		1 发 32 收
最大传输电缆长度		1 200 m
最大传输速率		10 Mbps
最大驱动输出电压		−7 V ~ +12 V
驱动器输出信号电平(负载最小值)	负载	1.5V
驱动器输出信号电平(空载最大值)	空载	±6V
驱动器负载阻抗		54
摆率(最大值)		N/A
接收器输入电压范围		−7 V ~ +12 V
接收器输入门限		200 mV
接收器输入电阻		多 12 k
驱动器共模电压		−1 V ~ +3 V
接收器共模电压		−7 V ~ +12 V

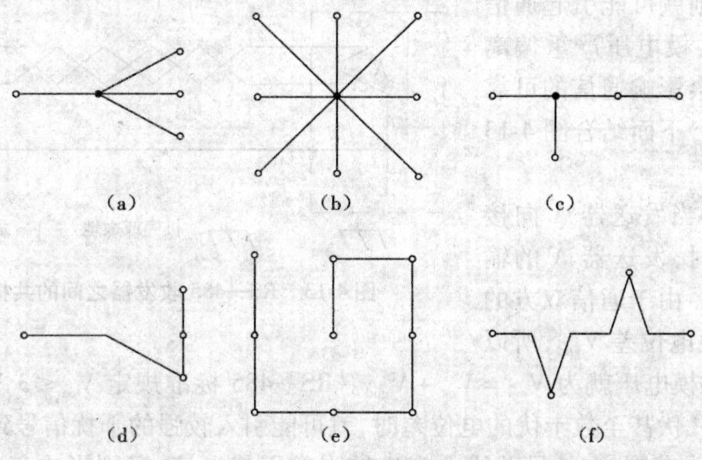

图4-11　RS－422与RS－485网络拓扑

(s)、(b)、(c)错误连接;(d)、(e)、(f)正错连接

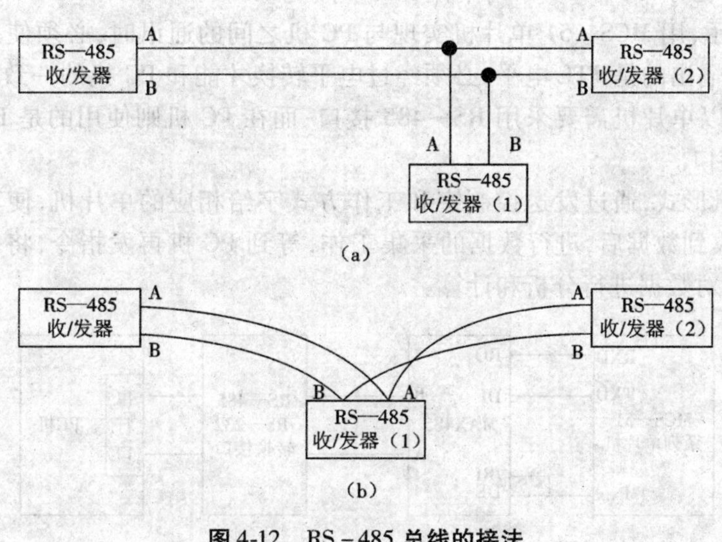

图4-12　RS－485总线的接法

(a)不正确;(b)正确

有资料说明,当信号的转换时间(上升或下降时间)超过电信号沿总线单向传输所需时间的3倍时就可以不加匹配。

RS—485总线上的每个收发器通过一段引出线接入总线。引出线过长时,就会由于信号在引出线中的反射而影响总线上的信号质量。

减缓信号的前后沿斜率有利于降低对于总线匹配、引出线长度的要求,并能显著改善信号质量,同时,还可使信号中的高频成分降低,减少电磁辐射。因此,有些接口器件中增加摆率限制电路来减缓信号前后沿,但这种做法也限制了数据传输速率。

仅仅用一对双绞线将各个接口的A、B端连接起来,而不对RS—485通信链路的信号接地,在某些情况下也可以工作,但会给系统留下隐患。因为虽然RS—485接口采用差分方式传输信号,它并不需要相对于某个参照点来检测电信号,只需检测两线之间的电位差就可以了。但是,收发器之间的共模电压不能超出一定的范围,即不能越出正常标准条件下的－7V

至 +12V 范围，否则就可能引起通信可靠性下降。当共模电压严重偏离此范围时，不仅仅会影响通信的可靠性，甚至损坏接口。下面结合图 4-13 分析原因。

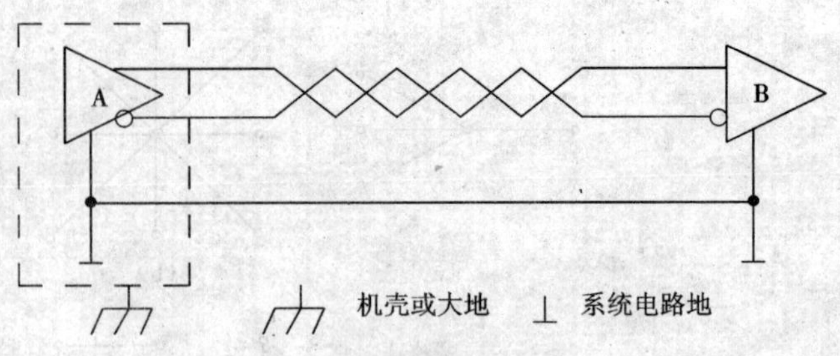

图 4-13 RS—485 收发器之间的共模电压分析

在图 4-13 中，当发送器 A 向接收器 B 发送数据时，发送器 A 的输出共模电压为 V_{os}。由于通信双方的接地系统存在着地电位差 V_{gpd}，所以接收器输入端的共模电压就为 $V_{cm}=V_{os}+V_{gpd}$。RS—485 标准规定 $V_{os}\leq 3$ V。当 V_{gpd} 的幅度很大时，如存在十几伏甚至数十伏的电位差时，就可能引入较强的干扰信号致使接收器共模输入电压 V_{cm} 超出正常范围，在信号总线上产生较强的干扰电流，轻则影响正常通信，重则损坏设备接口。

3. 用 PC 机实现与 MCS—51 系列单片机的多点通讯

如图 4-14 所示，用 MCS—51 单片机实现与 PC 机之间的通讯时，必须使用电平转换接口芯片，因为单片机输出的是 TTL 电平，必须经过电平转换才能和 PC 机的一致。图中采用的是 RS—485 协议，所以单片机需要采用 RS—485 接口；而在 PC 机则使用的是 RS—232 与 RS—485 的电平转换接口。

采用多点通讯形式，通过发送控制字和工作方式字给相应的单片机，使其进行相应的操作。单片机在接收到数据后，进行数据的采集工作，等到 PC 机再发指令，将采集到的数据反馈给 PC 机，PC 机对数据进行分析和计算。

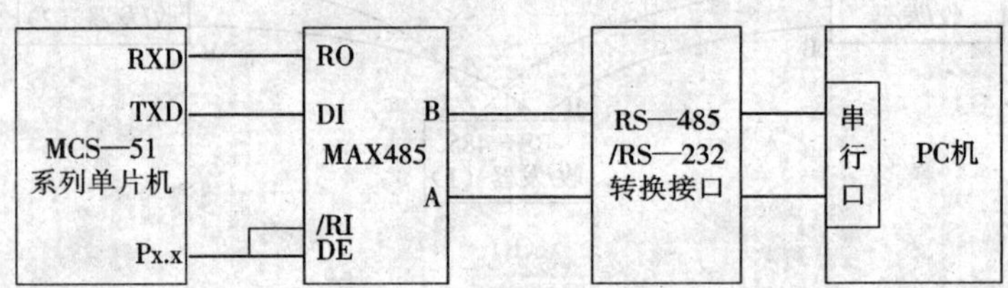

图 4-14 PC 机与单片机串行通讯连接图

PC 机的程序可以采用 Windows 下任何一种面向对象的高级语言编写，如 VB 或 VC 等，可以直接使用标准的类或标准控件。它利用串口中断的方式进行接收和发送，减轻了编写过程中的很多麻烦。

图 4-15 是 MAX485 芯片与 MCU 的接口电路图。在实际应用中为了避免串行通信时的干扰还常常使用如图 4-16 所示的具有光电隔离的接口电路。

4. 应用层通信协议

RS—485 收发器仅能够用于实现 RS—485 网络的物理层。在一个实际运行的 RS—485 网络中，还需要编制基于应用层的通信协议，以完成预定功能的目标间数据通信。由 RS—485 网络的传输特性决定，任一时刻在同一物理连接网络中只能够存在一个发送节点，多节点同时发送可能会导致 RS—485 总线出现竞争“锁定”。因此，只可以选择单主多从通信协议作为 RS—485 网络的应用层通信协议，比如 ModBus 协议，或者其他“单主/多从”模式的通信协议。

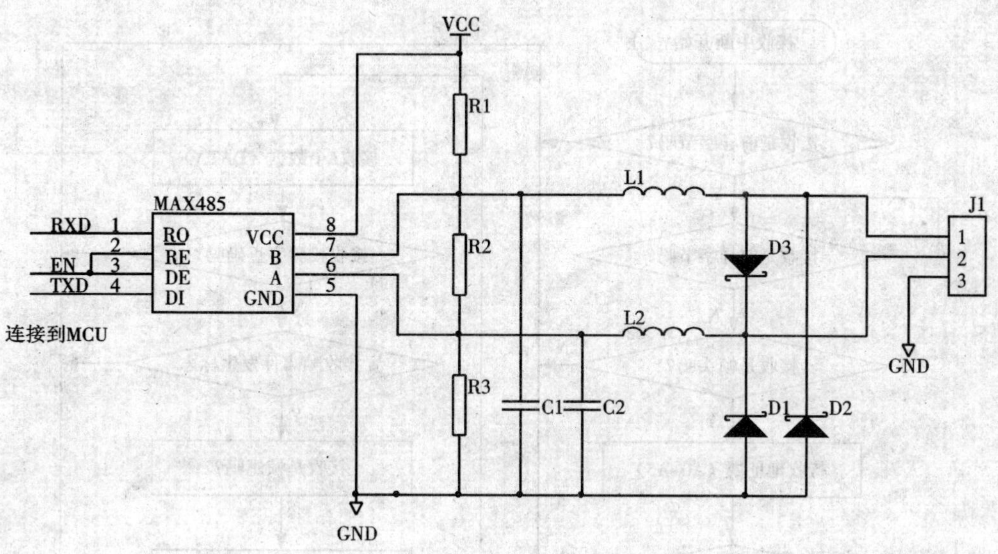

图 4-15　MAX485 与 MCU 接口电路

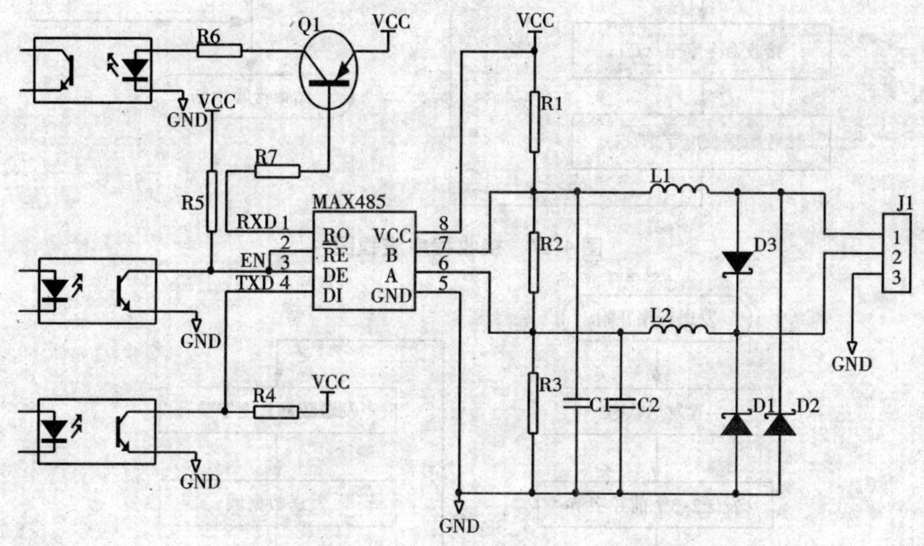

图 4-16　带光电隔离的 MAX485 与 MCU 接口电路

一般来说，通信协议中规定的数据包格式由引导码、长度码、地址码、命令码、数据、校验码、尾码组成。

在 RS—485 的程序设计中整个通信程序分为三个部分：数据接收部分、命令执行部分、数据发送部分。数据接收程序主要接收一帧正确的数据，数据帧错误的判断符合以下原则：

①有一个字节偶校验错误，数据帧错误；

②数据帧格式不正确，数据帧错误；

③数据帧校验码不正确，数据帧错误。

图 4-17 是接收程序部分的流程图，整个程序是在接收中断服务程序中执行的。

发送部分的程序可以采用中断方式，也可以采用图 4-18 查询方式完成。

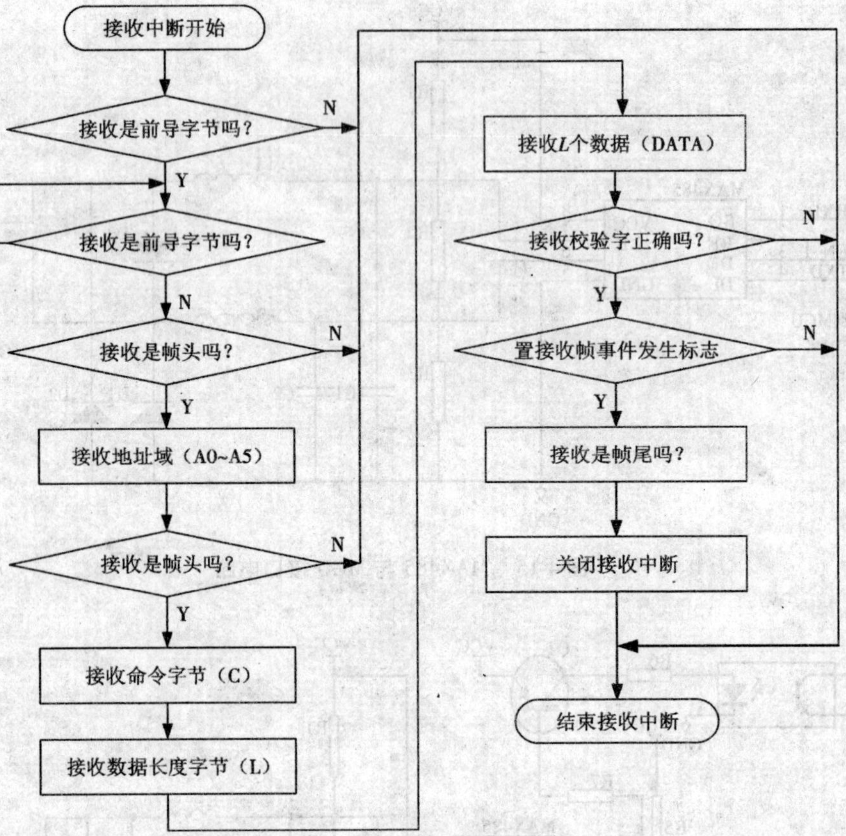

接收中断开始
接收是前导字节吗？
N
Y
接收是前导字节吗？
N
接收是帧头吗？
N
Y
接收地址域（A0~A5）
接收是帧头吗？
N
Y
接收命令字节（C）
接收数据长度字节（L）
接收L个数据（DATA）
接收校验字正确吗？
N
Y
置接收帧事件发生标志
N
Y
接收是帧尾吗？
关闭接收中断
结束接收中断

图 4-17 接收程序流程图

发送程序开始
置发送状态
发送2~3个前导字节
发送帧头
发送地址域（A0~A5）
发送帧头
发送命令字节
发送数据长度字节
发送数据域
发送校验字节
发送帧尾
打开接收中断置接收状态
发送程序结束

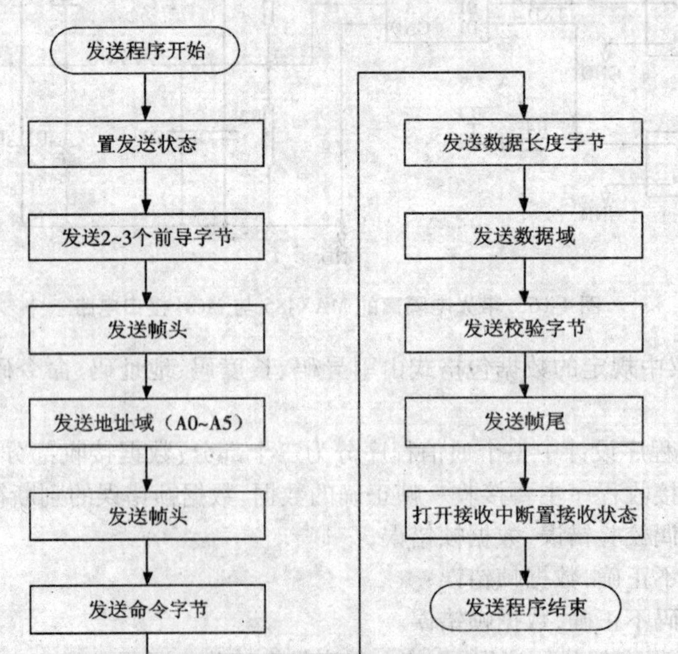

图 4-18 发送程序流程图

4.3 Modbus 协议

4.3.1 Modbus 协议简介

Modbus 协议是应用于电子控制器上的一种通用语言。通过此协议,控制器相互之间、控制器经网络(例如以太网)和其他设备之间可以通信。它已经成为一通用工业标准。有了它,不同厂商生产的控制设备可以连成工业网络,进行集中监控。

此协议定义了一个控制器能识别使用的消息结构,而且不管它们是经过何种网络进行通信的。它描述了一控制器请求访问其他设备的过程和回应来自其他设备的请求以及怎样侦测错误并记录。它制定了消息域格局和内容的公共格式。

当在一 Modbus 网络上通信时,此协议决定了每个控制器需要知道的设备地址,并识别按地址发来的消息,决定要产生的行动。如果需要回应,控制器将生成反馈信息并用 Modbus 协议发出。在其他网络上,包含了 Modbus 协议的消息转换及在此网络上使用的帧或包结构。这种转换也扩展了根据具体的网络解决节地址、路由路径及错误检测的方法。

1. 在 Modbus 网络上转输

标准的 Modbus 口是使用一 RS—232C 兼容串行接口,它定义了连接口的针脚、电缆、信号位、传输波特率、奇偶校验。控制器能直接或经由 Modem 组网。

控制器通信使用主—从技术,即仅设备(主设备)能初始化传输(查询)。其他设备(从设备)根据主设备查询提供的数据作出反应。典型的主设备是主机和可编程仪表。典型的从设备是可编程控制器。

主设备可单独和从设备通信,也能以广播方式和所有从设备通信。如果单独通信,从设备返回消息作为回应,如果是以广播方式查询的,则不作任何回应。Modbus 协议建立了主设备查询的格式:设备(或广播)地址、功能代码、所有要发送的数据、错误检测域。

从设备回应消息也由 Modbus 协议构成,包括确认要行动的域、任何要返回的数据和错误检测域。如果在消息接收过程中发生错误,或从设备不能执行其命令,从设备将建立错误消息并把它作为回应发送出去。

2. 在其他类型网络上转输

在其他网络上,控制器使用对等技术通信,故任何控制都能和其他控制器的通信。这样在单独的通信过程中,控制器既可作为主设备,也可作为从设备。它提供的多个内部通道可允许同时发生传输进程。

在消息位,Modbus 协议仍提供了主—从原则,尽管网络通信方法是“对等”。如果控制器发送消息,它只是作为主设备,并期望从从设备得到回应。同样,当控制器接收到消息,它将建立从设备回应格式并返回给发送的控制器。

3. 查询、回应周期

(1)查询

查询消息中的功能代码告之被选中的从设备要执行何种功能。数据段包含了从设备要执行功能的任何附加信息。例如,功能代码 03 是要求从设备读保持寄存器并返回它们的内容。数据段必须包含要告之从设备的信息:从何寄存器开始读及要读的寄存器数量。错误检测域为从设备提供了一种验证消息内容是否正确的方法。

(2)回应

如果从设备产生正常的回应,在回应消息中的功能代码是对查询消息中的功能代码的回应。数据段包括了从设备收集的数据:如寄存器值或状态。如果有错误发生,功能代码将被修改以用于指出回应消息是错误的,同时数据段包含了描述此错误信息的代码。错误检测域允许主设备确认消息内容是否可用。

4.3.2 两种传输方式

控制器能设置为两种传输模式(ASCII 或 RTU)中的任何一种,并在标准的 Modbus 网络中通信。用户选择想要的模式,包括串口通信参数(波特率、校验方式等),在配置每个控制器的时候,在一个 Modbus 网络上的所有设备都必须选择相同的传输模式和串口参数。

ASCII 模式如下:

:	地址	功能代码	数据数量	数据 1	...	数据 n	LRC 高字节	LRC 低字节	回车	换行

RTU 模式如下:

地址	功能代码	数据数量	数据 1	...	数据 n	CRC 高字	CRC 低字

所选的 ASCII 或 RTU 模式仅适用于标准的 Modbus 网络。它定义了在这些网络上连续传输的消息段的每一位以及决定怎样将信息打包成消息域和如何解码。

在其他网络上(如 MAP 和 Modbus Plus)Modbus 消息被转成与串行传输无关的帧。

1. ASCII 模式

当控制器设为在 Modbus 网络上以 ASCII(美国标准信息交换代码)模式通信,在消息中的每个 8bit 字节都作为两个 ASCII 字符发送。这种方式的主要优点是字符发送的时间间隔可达到 1 秒而不产生错误。

代码系统:

①十六进制,ASCII 字符 0 ~ 9 和 A ~ F;

②消息中的每个 ASCII 字符都是一个十六进制字符组成。

每个字节的位:

①1 个起始位;

②7 个数据位,最小的有效位先发送;

③1 个奇偶校验位,无校验则无;

④1 个停止位(有校验时),2 个 bit(无校验时)。

错误检测域:

LRC(纵向冗长检测)。

2. RTU 模式

当控制器在 Modbus 网络上以 RTU(远程终端单元)模式通信时,消息中的每个 8 bit 字节包含两个 4 bit 的十六进制字符。这种方式的主要优点是:在同样的波特率下可比 ASCII 方式传送更多的数据。

代码系统:

①8 位二进制,十六进制数 0 ~ 9 和 A ~ F;

②消息中的每个 8 位域都是一个或两个十六进制字符组成。

每个字节的位：

①1 个起始位；

②8 个数据位，最小的有效位先发送；

③1 个奇偶校验位，无校验则无；

④1 个停止位（有校验时），2 个 bit（无校验时）。

错误检测域：

CRC（循环冗长检测）。

4.3.3　Modbus 消息帧

两种传输模式中（ASCII 和 RTU），传输设备将 Modbus 消息转为有起点和终点的帧，这就允许接收设备在消息起始处开始工作，读地址分配信息，判断哪一个设备被选中（广播方式则传给所有设备），判知何时信息传送完成。部分消息也能侦测到错误，且能设置为返回结果。

1. ASCII 帧

使用 ASCII 模式，消息以冒号（:）字符（ASCII 码 3AH）开始，以回车换行符结束（ASCII 码 0DH，0AH）。

其他域可以使用的传输字符是十六进制的 0～9 和 A～F。网络上的设备不断侦测“:”字符。当接收到一个冒号时，每个设备都解码下个域（地址域）来判断是否发给自己的。

消息中字符间发送的时间间隔最长不能超过 1 秒，否则接收的设备将认为是传输错误。一个典型消息帧如下所示：

起始位	设备地址	功能代码	数据	LRC 校验	结束符
1 个字符	2 个字符	2 个字符	*n* 个字符	2 个字符	2 个字符

2. RTU 帧

使用 RTU 模式，消息发送至少要以 3.5 个字符时间的停顿间隔开始。在网络波特率下多样的字符时间，这是最容易实现的（如下面的 T1-T2-T3-T4 所示）。传输的第一个域是设备地址。可以使用的传输字符是十六进制的 0～9 和 A～F。网络设备不断侦测网络总线，包括停顿间隔时间内。当第一个域（地址域）接收到，每个设备都进行解码以判断是否发给自己的。在最后一个传输字符之后，至少 3.5 个字符时间的停顿标定了消息的结束。一个新的消息可在此停顿后开始。

整个消息帧必须作为一连续的流传输。如果在帧完成之前有超过 1.5 个字符时间的停顿时间，接收设备将刷新不完整的消息并假定下一字节是一个新消息的地址域。同样，如果一个新消息在小于 3.5 个字符时间内接着前个消息开始，接收的设备将认为它是前一消息的延续。这将导致一个错误，因为在最后的 CRC 域的值不可能是正确的。一典型的消息帧如下所示：

起始位	设备地址	功能代码	数据	CRC 校验	结束符
T1-T2-T3-T4	8 Bit	8 Bit	*n* 个 8 Bit	16 Bit	T1-T2-T3-T4

3. 地址域

消息帧的地址域包含两个字符（ASCII）或 8bit（RTU）。可能的从设备地址是 0～247（十进制）。单个设备的地址范围是 1～247。主设备通过将要联络的从设备的地址放入消息中的地址域来选通从设备。当从设备发送回应消息时，把自己的地址放入回应的地址域中，以便主设备知道是哪一个设备作出回应。

地址0用作广播地址，以使所有的从设备都能认识。当Modbus协议用于更高水准的网络时，可能不允许广播或以其他方式代替。

4. 如何处理功能域

消息帧中的功能代码域包含两个字符（ASCII）或8 bits（RTU）。可能的代码范围是十进制的1～255。当然，有些代码适用于所有控制器，有些是应用于某种控制器，还有些保留以备后用。

当消息从主设备发往从设备时，功能代码域将告之从设备需要执行哪些行为。例如去读取输入的开关状态，读一组寄存器的内容，读从设备的诊断状态，允许调入、记录、校验从设备中的程序等。

当从设备回应时，它使用功能代码域指示是正常回应（无误）还是有某种错误发生（称作异议回应）。对正常回应，从设备仅回应相应的功能代码。对异议回应，从设备返回一等同于正常代码的代码，但最重要的位置为逻辑1。

例如，从主设备发往从设备的消息要求读一组保持寄存器，将产生如下功能代码：

0 0 0 0 0 0 1 1（十六进制03H）

对正常回应，从设备仅回应同样的功能代码。对异议回应，它返回：

1 0 0 0 0 0 1 1（十六进制83H）

除功能代码因异议错误作了修改外，从设备将一独特的代码放到回应消息的数据域中，这能告诉主设备发生了什么错误。

主设备应用程序得到异议的回应后，典型的处理过程是重发消息或者诊断发给从设备的消息并报告给操作员。

5. 数据域

数据域是由两个十六进制数集合构成的，范围00～FF。根据网络传输模式，这可以是由一对ASCII字符组成或由一RTU字符组成。

主设备发给从设备消息的数据域包含附加的信息，从设备只能执行，由功能代码所定义。这包括对不连续的寄存器地址、要处理项的数目、域中实际数据字节数等的定义。

例如，如果主设备需要从设备读取一组保持寄存器（功能代码03），数据域指定了起始寄存器以及要读的寄存器数量。如果主设备写一组从设备的寄存器（功能代码10，十六进制），数据域则指明要写的起始寄存器以及要写的寄存器数量、数据域的数据字节数、要写入寄存器的数据。

如果没有错误发生，由从设备返回的数据域包含请求的数据。如果有错误发生，此域包含一异议代码，主设备应用程序可以用来判断采取下一步行动。

在某种消息中数据域可以是不存在的（0长度）。例如，主设备要求从设备回应通信事件记录（功能代码0B，十六进制），从设备不需任何附加的信息。

6. 错误检测域

标准的Modbus网络有两种错误检测方法。错误检测域的内容视所选的检测方法而定。

1）ASCII模式　当选用ASCII模式作字符帧时，错误检测域包含两个ASCII字符。这是使用LRC（纵向冗长检测）方法对消息内容计算得出的，不包括开始的冒号符及回车换行符。LRC字符则附加在回车换行符前面。

2) RTU 模式　当选用 RTU 模式作字符帧，错误检测域包含一 16 bits 值（用两个 8 位的字符来实现）。错误检测域的内容是通过对消息内容进行循环冗长检测方法得出的。CRC 域附加在消息的最后，添加时先是低字节然后是高字节，故 CRC 的高位字节是发送消息的最后一个字节。

7. 字符的连续传输

当消息在标准的 Modbus 系列网络传输时，每个字符或字节以最低有效位到最高有效位方式发送（从左到右）。

使用 ASCII 字符帧时，有奇偶校验时位的序列是：

起始位	1	2	3	4	5	6	7	奇偶位	停止位

使用 ASCII 字符帧时，无奇偶校验时位的序列是：

起始位	1	2	3	4	5	6	7	停止位	停止位

使用 RTU 字符帧时，有奇偶校验时位的序列是：

起始位	1	2	3	4	5	6	7	8	奇偶位	停止位

使用 RTU 字符帧时，无奇偶校验时位的序列是：

起始位	1	2	3	4	5	6	7	8	停止位	停止位

4.3.4　错误检测方法

标准的 Modbus 串行网络采用两种检测错误的方法。奇偶校验对每个字符都可用，帧检测（LRC 或 CRC）应用于整个消息。它们都是在消息发送前由主设备产生的，从设备在接收过程中检测每个字符和整个消息帧。

用户要给主设备配置一预先定义的超时时间间隔，这个时间间隔要足够长，以使任何从设备都能作为正常反应。如果从设备测到传输错误，消息将不会接收，也不会向主设备作出回应。这样超时事件将触发主设备来处理错误，但发往不存在的从设备的地址也会产生超时。

1. 奇偶校验

用户可以配置控制器是奇或偶校验，或无校验。这将决定了每个字符中的奇偶校验位是如何设置的。

如果指定了奇或偶校验，“1”的位数将算到每个字符的位数中（ASCII 模式 7 个数据位，RTU 中 8 个数据位）。例如 RTU 字符帧中包含以下 8 个数据位：

　　1 1 0 0 0 1 0 1

整个“1”的数目是 4 个。如果使用了偶校验，帧的奇偶校验位将是 0，使得整个“1”的个数仍是 4 个。如果使用了奇校验，帧的奇偶校验位将是 1，使得整个“1”的个数是 5 个。

如果没有指定奇偶校验位，传输时就没有校验位，也不进行校验检测。代替附加的停止位填充至要传输的字符帧中。

2. LRC 检测

使用 ASCII 模式，消息包括了基于 LRC 方法的错误检测域。LRC 域检测了消息域中除开始的冒号及结束的回车换行号外的内容。

LRC 域是一个包含一个 8 位二进制值的字节。LRC 值由传输设备计算并放到消息帧中，接收设备在接收消息的过程中计算 LRC，并将它和接收到消息中 LRC 域中的值比较，如果两值不等，说明有错误。

LRC 方法是将消息中的 8 bit 的字节连续累加，丢弃了进位。

LRC 简单函数如下：

```
static unsigned char LRC( auchMsg, usDataLen)
unsigned char * auchMsg ;      /* 要进行计算的消息 */
unsigned short usDataLen ;      /* LRC 要处理的字节的数量 */
{
    unsigned char uchLRC = 0 ; /* LRC 字节初始化 */
    while (usDataLen - - )          /* 传送消息 */
        uchLRC + = * auchMsg + + ; /* 累加 */
    return ((unsigned char)( - ((char _ uchLRC))) ;
}
```

3. CRC 检测

使用 RTU 模式，消息包括了基于 CRC 方法的错误检测域。CRC 域检测了整个消息的内容。

CRC 域是两个字节，包含 16 位的二进制值。它由传输设备计算后加入到消息中。接收设备重新计算收到消息的 CRC，并与接收到的 CRC 域中的值比较，如果两值不同，则有误。

CRC 是先调入值是全“1”的 16 位寄存器，然后调用过程将消息中连续的 8 位字节由当前寄存器中的值进行处理。仅每个字符中的 8 bit 数据对 CRC 有效，起始位和停止位以及奇偶校验位均无效。

CRC 产生过程中，每个 8 位字符都单独和寄存器内容相或（OR），结果向最低有效位方向移动，最高有效位以 0 填充。LSB 被提取出来检测，如果 LSB 为 1，寄存器单独和预置的值相“或”，如果 LSB 为 0，则不进行。整个过程要重复 8 次。在最后一位（第 8 位）完成后，下一个 8 位字节又单独和寄存器的当前值相“或”。最终寄存器中的值，是消息中所有的字节都执行之后的 CRC 值。

CRC 添加到消息中时，低字节先加入，然后高字节加入。

ModBus 网络是一个工业通信系统，由带智能终端的可编程序控制器和计算机通过公用线路或局部专用线路连接而成。其系统结构既包括硬件，亦包括软件。它可应用于各种数据采集和过程监控。表 4-4 是 ModBus 的功能码定义。

表 4-4 ModBus 功能码

功能码	名 称	作 用
01	读取线圈状态	取得一组逻辑线圈的当前状态（ON/OFF）
02	读取输入状态	取得一组开关输入的当前状态（ON/OFF）
03	读取保持寄存器	在一个或多个保持寄存器中取得当前的二进制值
04	读取输入寄存器	在一个或多个输入寄存器中取得当前的二进制值

续表

功能码	名　称	作　用
05	强置单线圈	强置一个逻辑线圈的通断状态
06	预置单寄存器	把具体二进值装入一个保持寄存器
07	读取异常状态	取得 8 个内部线圈的通断状态，这 8 个线圈的地址由控制器决定，用户逻辑可以将这些线圈定义，以说明从机状态，短报文适宜于迅速读取状态
08	回送诊断校验	把诊断校验报文送从机，以对通信处理进行评鉴
09	编程（只用于 484）	使主机模拟编程器作用，修改 PC 从机逻辑
10	探询（只用于 484）	可使主机与一台正在执行长程序任务从机通信，探询该从机是否已完成其操作任务，仅在含有功能码 9 的报文发送后，本功能码才发送
11	读取事件计数	可使主机发出单询问，并随即判定操作是否成功，尤其是该命令或其他应答产生通信错误时
12	读取通信事件记录	可使主机检索每台从机的 ModBus 事务处理通信事件记录。如果某项事务处理完成，记录会给出有关错误
13	编程（184/384 484 584）	可使主机模拟编程器功能修改 PC 从机逻辑
14	探询（184/384 484 584）	可使主机与正在执行任务的从机通信，定期探询该从机是否已完成其程序操作，仅在含有功能 13 的报文发送后，本功能码才得发送
15	强置多线圈	强置一串连续逻辑线圈的通断
16	预置多寄存器	把具体的二进制值装入一串连续的保持寄存器
17	报告从机标识	可使主机判断编址从机的类型及该从机运行指示灯的状态
18	（884 和 MICRO 84）	可使主机模拟编程功能，修改 PC 状态逻辑
19	重置通信链路	发生非可修改错误后，使从机复位于已知状态，可重置顺序字节
20	读取通用参数（584L）	显示扩展存储器文件中的数据信息
21	写入通用参数（584L）	把通用参数写入扩展存储文件，或修改之
22 ~ 64	保留作扩展功能备用	
65 ~ 72	保留以备用户功能所用	留作用户功能的扩展编码
73 ~ 119	非法功能	
120 ~ 127	保留	留作内部使用
128 ~ 255	保留	用于异常应答

ModBus 网络只是一个主机，所有通信都由它发出。网络可支持 247 个远程从属控制器，但实际所支持的从机数要由所用通信设备决定。采用这个系统，各 PC 可以和中心主机交换信息而不影响各 PC 执行本身的控制任务。表 4-5 是 ModBus 各功能码对应的数据类型。

表 4-5　ModBus 功能码与数据类型对应表

代码	功能	数据类型
01	读	位
02	读	位
03	读	整型、字符型、状态字、浮点型
04	读	整型、状态字、浮点型

续表

代码	功能	数据类型
05	写	位
06	写	整型、字符型、状态字、浮点型
08	N/A	重复“回路反馈”信息
15	写	位
16	写	整型、字符型、状态字、浮点型
17	读	字符型

1)ModBus 的传输方式

在 ModBus 系统中有两种传输模式。这两种传输模式与从机 PC 通信的能力是同等的。选择时应视所用 ModBus 主机而定,每个 ModBus 系统只能使用一种模式,不允许两种模式混用。一种模式是 ASCII(美国信息交换码),另一种模式是 RTU(远程终端设备)。这两种模式的定义见表 4-6。

表 4-6 ASCII 和 RTU 传输模式的特性

特性	ASCII(7 位)		RTU(8 位)
编码系统	十六进制(使用 ASCII 可打印字符:0~9,A~F)		二进制
每一个字符的位数	开始位	1 位	1 位
	数据位(最低有效位第一位)	7 位	8 位
	奇偶校验(任选)	1 位(此位用于奇偶校验,无校验则无该位)	1 位(此位用于奇偶校验,无校验则无该位)
	停止位	1 或 2 位	1 或 2 位
	错误校验	LRC(即纵向冗余校验)	CRC(即循环冗余校验)

ASCII 可打印字符便于故障检测,而且对于用高级语言(如 Fortran)编程的主计算机及主 PC 很适宜。RTU 则适用于机器语言编程的计算机和 PC 主机。

用 RTU 模式传输的数据是 8 位二进制字符。如欲转换为 ASCII 模式,则每个 RTU 字符首先应分为高位和低位两部分,这两部分各含 4 位,然后转换成十六进制等量值。用于构成报文的 ASCII 字符都是十六进制字符。ASCII 模式使用的字符虽是 RTU 模式的两倍,但 ASCII 数据的译玛和处理更为容易一些,此外,用 RTU 模式时报文字符必须以连续数据流的形式传送。用 ASCII 模式,字符之间可产生长达 1 s 的间隔,以适应速度较快的机器。

表 4-7 给出了以 RTU 方式读取整数据的例子。

表 4-7 以 RTU 方式读取整数据的例子(1)

主机请求						
地址	功能码	第一个寄存器的高位地址	第一个寄存器的低位地址	寄存器的数量的高位	寄存器的数量的底位	错误校验
01	03	00	38	00	01	XX

表 4-7　以 RTU 方式读取整数据的例子(2)

从机应答					
地址	功能码	字节数	数据高字节	数据低字节	错误校验
01	03	2	41	24	XX
十六进制数 4124 表示的十进制整数为 16676,错误校验值要根据传输方式而定					

(2)ModBus 的数据校验方式

1° CRC-16(循环冗余错误校验)

CRC-16 错误校验程序如下:报文(此处只涉及数据位,不指起始位、停止位和任选的奇偶校验位)被看做是一个连续的二进制,其最高有效位(MSB)首先发送。报文先与 X^{16} 相乘(左移 16 位),然后被 $X^{16}+X^{15}+X^2+1$ 除,$X^{16}+X^{15}+X^2+1$ 可以表示为二进制数 11000000000000101。整数商位忽略不记,16 位余数加入该报文(MSB 先发送),成为 2 个 CRC 校验字节。余数中的 1 全部初始化,以免所有的零成为一条报文被接收。经上述处理而含有 CRC 字节的报文,若无错误,到接收设备后再被同一多项式($X^{16}+X^{15}+X^2+1$)除,会得到一个零余数(接收设备核验这个 CRC 字节,并将其与被传送的 CRC 比较)。全部运算以 2 为模(无进位)。习惯于成串发送数据的设备会首先送出字符的最右位(LSB - 最低有效位)。而在生成 CRC 情况下,发送首位应是被除数的最高有效位 MSB。由于在运算中不用进位,为便于操作起见,计算 CRC 时设 MSB 在最右位。生成多项式的位序也必须反过来,以保持一致。多项式的 MSB 略去不记,因其只对商有影响而不影响余数。生成 CRC-16 校验字节的步骤如下:

①装入一个 16 位寄存器,所有数位均为 1;

②该 16 位寄存器的高位字节与开始 8 位字节进行"异或"运算,运算结果放入这个 16 位寄存器;

③把这个 16 位寄存器向右移一位;

④若向右(标记位)移出的数位是 1,则生成多项式 1010000000000001 和这个寄存器进行"异或"运算,若向右移出的数位是 0 则返回③;

⑤重复③和④,直至移出 8 位;

⑥另外 8 位与该 16 位寄存器进行"异或"运算;

⑦重复③~⑥,直至该报文所有字节均与 16 位寄存器进行"异或"运算,并移位 8 次;

⑧这个 16 位寄存器的内容即 2 字节 CRC 错误校验,被加到报文的最高有效位。

另外,在某些非 ModBus 通信协议中也经常使用 CRC-16 作为校验手段,而且产生了一些 CRC-16 的变种,它们是使用 CRC-16 多项式 $X^{16}+X^{15}+X^2+1$,但首次装入的 16 位寄存器为 0000;使用 CRC-16 的反序 $X^{16}+X^{14}+X+1$,首次装入寄存器值为 0000 或 FFFFH。

2° LRC(纵向冗余错误校验)

LRC 错误校验用于 ASCII 模式。这个错误校验是一个 8 位二进制数,可以作为 2 个 ASCII 十六进制字节传送。把十六进制字符转换成二进制,加上无循环进位的二进制字符和二进制补码结果生成 LRC 错误校验。这个 LRC 在接收设备进行核验,并与被传送的 LRC 进行比较,冒号(:)、回车符号(CR)、换行字符(LF)和置入的其他任何非 ASCII 十六进制字符在运算时忽略不计。

4.3.5 ModBus 应用举例

PD194E 是斯菲尔公司生产的多功能电表,该产品是具有可编程测量、显示、数字通讯和电能脉冲输出功能,能够完成电量测量、电能计量、数据显示和采集及传输,可广泛应用于变电站自动化、配电自动化、智能建筑、电能测量、管理、考核。测量精度为 0.5 级,实现 LED 现场显示和远程 RS—485 数字接口通讯、采用 MODBUS—RTU 通讯协议。下面以该电表为例对其采用的 MODBUS—RTU 通讯协议做一简要说明。

数字通讯数据帧的结构(即报文格式)如下:

地址码	功能码	数据码	校验码
1 个 BYTE	1 个 BYTE	*n* 个 BYTE	2 个 BYTE

功能码告诉被寻址到的终端执行何种功能。PD194E 只支持 03/04 的功能码如下:

代 码	意 义	行 为
03/04	读数据寄存器	获得一个或多个寄存器的当前二进制值

例如,读数据(功能码:03/04)时,此功能允许用户获得设备采集与记录的数据及系统参数。主机一次请求的数据个数没有限制,但不能超出定义的地址范围。

下面的例子是读地址为 12 的从机中读 6 个采集到的基本数据 UA、UB、UC、IA、IB、IC(数据帧中数据每个地址占用 2 个字节,UA 的开始地址为 00:00H 开始,数据长度为 6:06H 个字)。

查询数据帧(主机)如下:

地址	命令	起始寄存器地址(高位)	起始寄存器地址(低位)	寄存器个数(高位)	寄存器个数(低位)	CRC-16 低位	CRC-16 高位
0CH	03H	00H	00H	00H	06H	C4H	D5H

响应数据帧(从机)(表明 UA = 3E8H(100.0) IB = 3E9H(100.1) IC = 3E7H(99.9) IA = 1380H(4.992) IB = 1390H(5.008) IC = 1370H(4.976))如下:

地址	命令	数据长度	数据 12 个字节	CRC16 低位	CRC16 高位
0CH	03H	0CH	03H E8H 03H E9H 03H E7H 13H 80H 13H 90H 13H 70H	XXH	YYH

MODBUS 地址信息(电量信息)如下:

<table>
<tr><td>0</td><td>UA/UAB</td><td>A 相电压</td><td>0,1</td><td rowspan="10">数据格式描述：
采用 2 字节电量寄存器(0 ~ 9 999)和 1 字节小数点寄存器(0 ~ 15)描述电量数据。其中电量寄存器表示电量的 BCD 部分，小数点寄存器表示电量的指数部分。例如：电压 Ua 就是采用 DPT 和 Ua 两个寄存器来表示。如寄存器 Ua = 0DACH(3 500)，寄存器 DPT = 5，则 Ua = 0.3500 × 105 = 35.00kV。电流 Ia 就是采用 DCT 和 Ia 两个寄存器来表示。如寄存器 Ia = 0FA0H(4 000)，寄存器 DCT = 3，Ia = 0.4 000 * 103 = 400.0A，功率小数点为 DPQ，对于频率和功率因数由于具有固定的显示方式，XX.XXHz(DHZ = 2)，0.XXX(DPF = 0)。例如，当 PFs = 03A4(932)，表示功率因数 PF = 0.932。计算公式：
实际电量 = 电量寄存器/10000 × 10^相应的小数点寄存器。SIGN 的 0 ~7 位分别表示 Pa、Pb、Pc、Ps、Qa、Qb、Qc、Qs 的符号，1 为负，0 为正。</td></tr>
<tr><td>1</td><td>UB/UBC</td><td>B 相电压</td><td>2,3</td></tr>
<tr><td>2</td><td>UC/UCA</td><td>C 相电压</td><td>4,5</td></tr>
<tr><td>3</td><td>IA</td><td>A 相电流</td><td>6,7</td></tr>
<tr><td>4</td><td>IB</td><td>B 相电流</td><td>8,9</td></tr>
<tr><td>5</td><td>IC</td><td>C 相电流</td><td>10,11</td></tr>
<tr><td>6</td><td>PS</td><td>总有功</td><td>12,13</td></tr>
<tr><td>7</td><td>QS</td><td>总无功</td><td>14,15</td></tr>
<tr><td>8</td><td>PFS</td><td>总功率因数</td><td>16,17</td></tr>
<tr><td>9</td><td>FR</td><td>频率</td><td>18,19</td></tr>
</table>

4.4　CANBus

4.4.1　CANBus 简介

CAN 全称为 Controller Area Network，即控制器局域网，由德国 Bosch 公司最先提出，是国际上应用最广泛的现场总线之一。最初 CAN 被设计作为汽车环境中的通讯，在车载电子控制装置之间交换信息形成汽车电子控制网络。由于其卓越的性能、极高的可靠性和低廉的价格，现已广泛应用于工业现场控制、医疗仪器等众多领域。

CAN 诞生于 1986 年 2 月。在底特律的汽车工程协会大会上，由 Bosch 公司研究的新总线系统被称为“汽车串行控制器局域网”。Uwe Kiencke、Siegfried Dais 和 Martin Litschel 分别介绍了这种多主网络方案。此方案基于非破坏性的仲裁机制，能够确保高优先级报文的无延迟传输，并且，不需要在总线上设置主控制器。此外，CAN 之父——上述几位教授和 Bosch 公司的 Wolfgang Borst、Wolfgang Botzenhard、Otto Karl、Helmut Schelling、Jan Unruh 已经实现了数种在 CAN 中的错误检测机制。该错误检测也包括自动断开故障节点功能，以确保能继续进行剩余节点之间的通讯。传输的报文并非根据报文发送器/接收器的节点地址识别(几乎其他的总线都是如此)，而是根据报文的内容识别。同时，用于识别报文的标识符也规定了该报文在系统中的优先级。

当关于这种革新的通讯方案的大部分文字内容制定之后，于 1987 年中期，Intel 提前计划 2 个月交付了首枚 CAN 控制器 82526，这是 CAN 方案首次通过硬件实现。仅仅用了 4 年的时间，设想就变成了现实。不久之后，Philips 半导体推出了 82C200。这两枚最先的 CAN 控制器在验收滤波和报文控制方面有许多不同。一方面，由 Intel 主推的 FullCAN 比由 Philips 主推的 BasicCAN 占用较少的 CPU 载荷；另一方面，FullCAN 器件所能接收的报文数目相对受到限制，BasicCAN 控制器仅需较少的硅晶体。今天的 CAN 控制器中，两种不同的 CAN 在同一模块中的验收滤波和报文控制方面仍有不同，制造出 BasicCAN 和 FullCAN 两大阵营。

从 1992 年起，Mercedes-Benz(奔驰)开始在它们的高级客车中使用 CAN 技术。第一步使用电子控制器通过 CAN 对发动机进行管理；第二步使用控制器接收人们的操作信号。这就使用了 2 个物理上独立的 CAN 总线系统，它们通过网关连接。其他的客车厂商也纷纷赶来斯图加特学习，在它们的客车上也使用 2 套 CAN 总线系统。现在，继 Volvo、Saab、Volkswagen、BMW 之后，Renault 和 Fiat 也开始在他们的汽车上使用 CAN 总线。

尽管当初研究 CAN 的起点是应用于客车系统，但 CAN 的第一个市场应用却来自于其他领域。特别是在北欧，CAN 早已得到非常普遍的应用。在荷兰，电梯厂商 Kone 使用 CAN 总线。

控制器局域网(CAN)为串行通讯协议，能有效地支持具有很高安全等级的分布实时控制。CAN 的应用范围很广，从高速的网络到低价位的多路接线都可以使用。在汽车电子行业里，使用 CAN 连接发动机控制单元、传感器、防刹车系统等，传输速度可达 1 Mbit/s。同时，可以将 CAN 安装在卡车本体的电子控制系统里，诸如车灯组、电气车窗等，用以代替接线配线装置。

CAN 协议是建立在 OSI 7 层开放互连参考模型基础之上的。但 CAN 协议只定义了模型的最下面两层，即数据链路层和物理层，因此它仅保证了节点间无差错的数据传输。CAN 的应用层协议必须由 CAN 用户自行定义或采用一些国际组织制定的标准协议。应用最为广泛的是 DeviceNet 和 CANopen，分别广泛应用于过程控制和机电控制领域。但此类协议一般结构比较复杂，更适合复杂大型系统的应用。

为了达到设计透明度以及实现柔韧性，CAN 被细分为以下不同的层次：

①CAN 对象层(the object layer)；

②CAN 传输层(the transfer layer)；

③物理层(the physical layer)。

对象层和传输层包括所有由 ISO/OSI 模型定义的数据链路层的服务和功能。对象层的作用范围包括：

①查找被发送的报文；

②确定由实际要使用的传输层接收哪一个报文；

③为应用层相关硬件提供接口。

在这里，定义对象处理较为灵活。传输层的作用主要是传送规则，也就是控制帧结构、执行仲裁、错误检测、出错标定、故障界定。总线上什么时候开始发送新报文及什么时候开始接收报文，均在传输层里确定。位定时的一些普通功能也可以看做是传输层的一部分。理所当然，传输层的修改是受到限制的。

物理层的作用是在不同节点之间根据所有的电气属性进行位信息的实际传输。当然，同一网络内，物理层对于所有的节点必须是相同的。尽管如此，在选择物理层方面还是很自由的。

4.4.2 CANBus 基本概念

CAN 具有以下的属性：

①报文的优先权；

②保证延迟时间；

③设置灵活；

④时间同步的多点接收；

⑤系统宽数据的连贯性；

⑥多主机；

⑦错误检测和标定；

⑧只要总线一处于空闲，就自动将破坏的报文重新传输；

⑨将节点的暂时性错误和永久性错误区分开来，并且可以自动关闭错误的节点。

1. CAN 节点的层结构(Layered Structure od a CAN node)

CAN 节点的层结构如表 4-8 所示。

表 4-8　CAN 节点的层结构

应用层
对象层 —报文滤波 —报文和状态的处理
传输层 —故障界定 —错误检测和标定 —报文校验 —应答 —仲裁 —报文分帧 —传输速率和定时
物理层 —信号电平和位表示 —传输媒体

物理层定义实际信号的传输方法。本技术规范没有定义物理层，以便允许根据它们的应用，对发送媒体和信号电平进行优化。

传输层是 CAN 协议的核心。它把接收到的报文提供给对象层以及接收来自对象层的报文。传输层负责位定时及同步、报文分帧、仲裁、应答、错误检测和标定、故障界定。

对象层的功能是报文滤波以及状态和报文的处理。

2. 报文(Messages)

总线上的信息以不同的固定报文格式发送，但长度受限(见第 4.4.3 节的报文传输)。当总线空闲时任何连接的单元都可以开始发送新的报文。

3. 信息路由(Information Routing)

在 CAN 系统里，节点不使用任何关于系统配置的信息(比如，站地址等)。以下是几个重要的概念。

1)系统灵活性　不需要改变任何节点的应用层及相关的软件或硬件，就可以在 CAN 网络中直接添加节点。

2)报文路由　报文的内容由识别符命名。识别符不指出报文的目的地，但解释数据的含义。因此，网络上所有的节点可以通过报文滤波确定是否应对该数据做出反应。

3)多播　由于引入了报文滤波的概念，任何数目的节点都可以接收报文，并同时对此报文做出反应。

4)数据连贯性　在 CAN 网络内，可以确保报文同时被所有的节点接收(或同时不被接收)。因此，系统的数据连贯性是通过多播和错误处理的原理实现的。

4. 位速率(Bit rate)

不同的系统，CAN 的速度不同。可是，在一给定的系统里，位速率是唯一的，也是固定的。

5. 优先权(Priorities)

在总线访问期间，识别符定义一静态的报文优先权。

6. 远程数据请求(Remote Data Request)

通过发送远程帧，需要数据的节点可以请求另一节点发送相应的数据帧。数据帧和相应的远程帧是由相同的识别符(IDENTIFIER)命名的。

7. 多主机(Multimaster)

总线空闲时，任何单元都可以开始传送报文。具有较高优先权报文的单元可以获得总线访问权。

8. 仲裁(Arbitration)

只要总线空闲，任何单元都可以开始发送报文。如果两个或两个以上的单元同时开始传送报文,那么就会有总线访问冲突。通过使用识别符的位形式仲裁可以解决这个冲突。仲裁的机制确保信息和时间均不会损失。当具有相同识别符的数据帧和远程帧同时初始化时,数据帧优先于远程帧。仲裁期间,每一个发送器都对发送位的电平与被监控的总线电平进行比较。如果电平相同,则这个单元可以继续发送。如果发送的是一"隐性"电平而监控到一"显性"电平(见总线值),那么该单元就失去了仲裁,必须退出发送状态。

9. 安全性(Safety)

为了获得最安全的数据发送,CAN 的每一个节点均采取了强有力的措施以进行错误检测、错误标定及错误自检。

10. 错误检测(Error Detection)

为了检测错误,必须采取以下措施:

①监视(发送器对发送位的电平与被监控的总线电平进行比较);

②循环冗余检查;

③位填充;

④报文格式检查。

11. 错误检测的执行(Performance of Error Detection)

错误检测的机制要具有以下的属性:

①检测到所有的全局错误;

②检测到发送器所有的局部错误;

③可以检测到一报文里多达 5 个任意分布的错误;

④检测到一报文里长度低于 15(位)的突发性错误;

⑤检测到一报文里任一奇数个的错误。

对于没有被检测到的错误报文,其残余的错误可能性概率低于报文错误率 $* 4.7 * 10^{-11}$。

12. 错误标定和恢复时间(Error Sinalling and Recovery Time)

任何检测到错误的节点会标志出已损坏的报文。此报文会失效并将自动开始重新传送。如果不再出现新错误的话,从检测到错误到下一报文的传送开始为止,恢复时间最多为 29 个位的时间。

13. 故障界定(Fault Confinement)

CAN 节点能够把永久故障和短暂扰动区分开来。永久故障的节点会被关闭。

14. 连接(Connections)

CAN 串行通讯链路是可以连接许多单元总线。理论上,可连接无数单元。但由于实际上受延迟时间以及总线线路上电气负载的影响,连接单元的数量是有限的。

15. 单通道(Single Channel)

总线是由单一进行双向位信号传送的通道组成。通过此通道可以获得数据的再同步信息。要使此通道实现通讯,有许多方法可以采用,如使用单芯线(加上接地)、二条差分线、光缆等等。

16. 总线值(Bus value)

总线可以具有"显性"或"隐性"两种互补的逻辑值之一。"显性"位和"隐性"位同时传送时,总线的结果值为"显性"。比如,在执行总线的"线与"时,逻辑 0 代表"显性"等级,逻辑 1

代表"隐性"等级。

CAN 总线上用"显性"(Dominant)和"隐性"(Recessive)两个互补的逻辑值表示"0"和"1"。当在总线上出现同时发送显性和隐性位时,其结果是总线数值为显性(即"0"与"1"的结果为"0")。如图 4-19 所示,V_{CAN-H}和 V_{CAN-L}为 CAN 总线收发器与总线之间的两接口引脚。信号是以两线之间的"差分"电压形式出现。在隐性状态,V_{CAN-H}和 V_{CAN-L}被固定在平均电压电平附近,Vdiff 近似于 0。在总线空闲或隐性位期间,发送隐性位。显性位以大于最小阈值的差分电压表示。

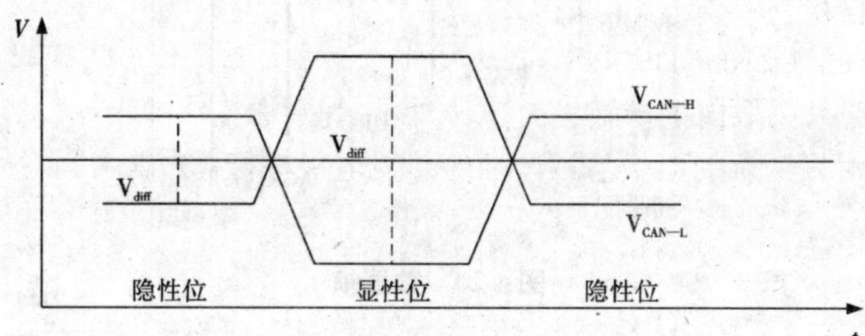

图 4-19　CAN 总线逻辑示意图

17. 应答(Acknowledgment)

所有的接收器检查报文的连贯性。对于连贯的报文,接收器应答;对于不连贯的报文,接收器作出标志。

18. 睡眠模式/唤醒(Sleep Mode/Wake-up)

为了减少系统电源的功率消耗,可以将 CAN 器件设为睡眠模式以便停止内部活动及断开与总线驱动器的连接。CAN 器件可由总线激活,或系统内部状态而被唤醒。唤醒时,虽然传输层要等待一段时间使系统振荡器稳定,然后还要等待一段时间直到与总线活动同步(通过检查 11 个连续的"隐性"的位),但在总线驱动器被重新设置为"总线在线"之前,内部运行已重新开始。为了唤醒系统上正处于睡眠模式的其他节点,可以使用一特殊的唤醒报文,此报文具有专门的、最低等级的识别符(rrr rrrd rrrr;r ='隐性',d ='显性')。

4.4.3　报文传输

1. 帧类型

报文传输由以下 4 个不同的帧类型所表示和控制:

①数据帧,数据帧携带数据从发送器至接收器;

②远程帧,总线单元发出远程帧,请求发送具有同一识别符的数据帧;

③错误帧,任何单元检测到一总线错误就发出错误帧;

④过载帧,过载帧用以在先行的和后续的数据帧(或远程帧)之间提供一附加的延时。

数据帧(或远程帧)通过帧间空间与前述的各帧分开。

(1)数据帧

数据帧由 7 个不同的位场组成:帧起始、仲裁场、控制场、数据场、CRC 场、应答场、帧结尾。数据场的长度可以为 0。

1)帧起始　它标志数据帧和远程帧的起始,由一个单独的"显性"位组成。只在总线空闲(参见"总线空闲")时,才允许站开始发送(信号)。所有的站必须同步于首先开始发送信息的站的帧起始前沿(参见“硬同步”),参见图4-20。

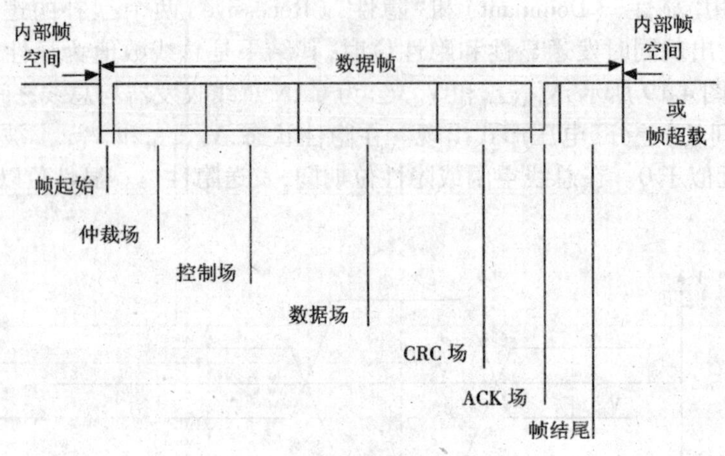

图 4-20 数据帧

2)仲裁场 标准格式帧与扩展格式帧的仲裁场格式不同,如图 4-21 所示。标准格式里,仲裁场由 11 位识别符和 RTR 位组成。标准格式识别符的长度为 11 位,相当于扩展格式的基本 ID(Base ID)。这些位按 ID—28 到 ID—18 的顺序发送。最低位 ID—18。7 个最高位(ID—28 ~ ID—22)必须不能全是“隐性”。为了区别标准格式和扩展格式,前版本 CAN 规范 1.0—1.2 的保留位 r1 现表示为 IDE Bit。扩展格式里,仲裁场包括 29 位识别符、SRR 位、IDE 位、RTR 位。扩展格式识别符和标准格式形成对比,扩展格式由 29 位组成。其格式包含两个部分:11 位基本 ID、18 位扩展 ID。基本 ID 包括 11 位。它按 ID—28 到 ID—18 的顺序发送。它相当于标准识别符的格式。基本 ID 定义扩展帧的基本优先权。扩展 ID 包括 18 位。它按 ID—17 到 ID—0 顺序发送。标准帧里,识别符其后是 RTR 位。RTR 的全称为“远程发送请求位(Remote Transmission Request BIT)”。RTR 位在数据帧里必须为“显性”,而在远程帧里必须为“隐性”。扩展格式里,基本 ID 首先发送,其次是 IDE 位和 SRR 位。扩展 ID 的发送位于 SRR 位之后。扩展格式中的 SRR 位全称是“替代远程请求位(Substitute Remote Request BIT)”。SRR 是一隐性位。它在扩展格式的标准帧 RTR 位位置,所以代替标准帧的 RTR 位。因此,标准帧与扩展帧的冲突是通过标准帧优先于扩展帧这一途径得以解决的,扩展帧的基本 ID 如同标准帧的识别符。IDE 的全称是“识别符扩展位(Identifier Extension Bit)”。IDE 位属于扩展格式的仲裁场和标准格式的控制场。标准格式里的 IDE 位为“显性”,而扩展格式里的 IDE 位为“隐性”。

3)控制场 如图 4-22 所示,控制场由 6 个位组成,包括数据长度代码和两个将来作为扩展用的保留位。所发送的保留位必须为“显性”。接收器接收所有由“显性”和“隐性”组合在一起的位。数据长度代码指示了数据场中字节数量。数据长度代码为 4 个位,在控制场里被发送。

4)数据场 数据场由数据帧中的发送数据组成。它可以为 0 ~ 8 个字节,每字节包含了 8 个位,首先发送 MSB。

5) CRC 场 图 4-23 所示的 CRC 场包括 CRC 序列(CRC SEQUENCE),其后是 CRC 界定符(CRC DELIMITER)。由循环冗余码求得的帧检查序列最适用于位数低于 127 位(BCH 码)

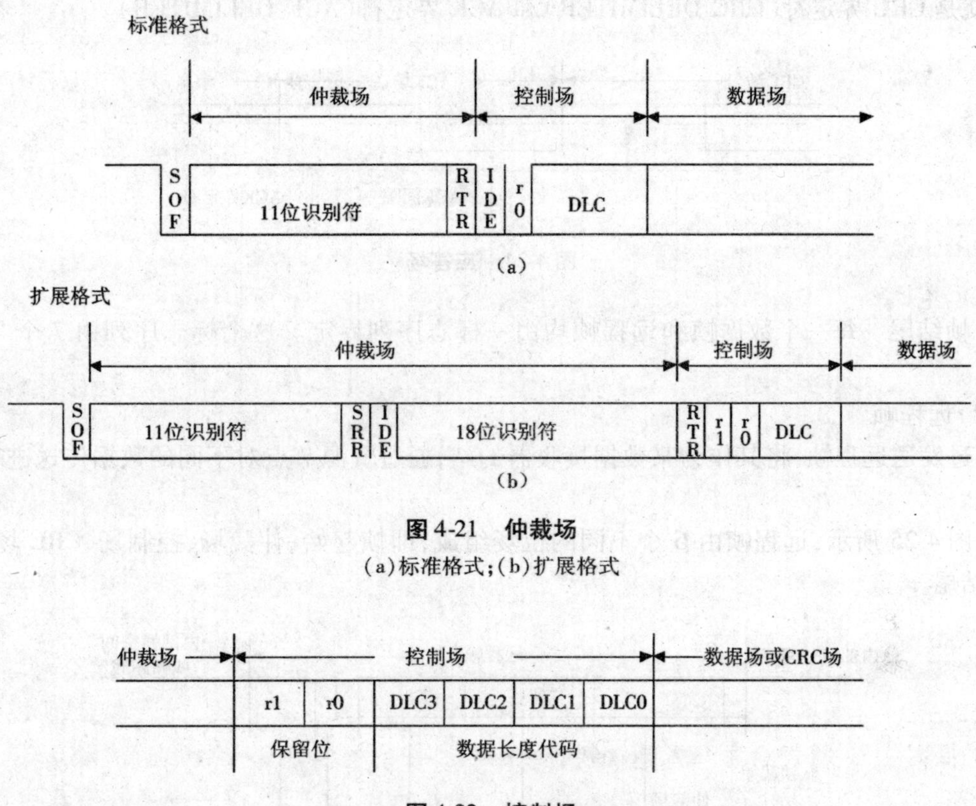

图 4-21　仲裁场

(a)标准格式;(b)扩展格式

图 4-22　控制场

的帧。为进行 CRC 计算,被除的多项式系数由无填充位流给定,组成这些位流的成分是帧起始、仲裁场、控制场、数据场(假如有),而 15 个最低位的系数是 0。将此多项式被下面的多项式发生器除(其系数以 2 为模):

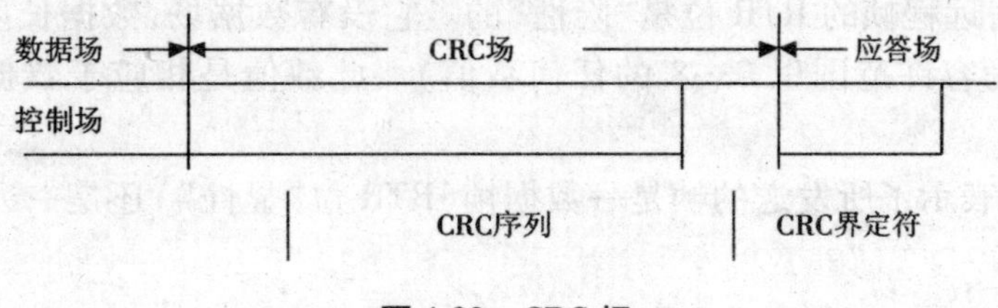

图 4-23　CRC 场

$$X^{15} + X^{14} + X^{10} + X^{8} + X^{7} + X^{4} + X^{3} + 1$$

这个多项式除法的余数就是发送到总线上的 CRC 序列。CRC 序列之后是 CRC 界定符,它包含一个单独的“隐性”位。

6)应答场　如图 4-24 所示,应答场长度为 2 个位,包含应答间隙(ACK SLOT)和应答界定符(ACK DELIMITER)。在应答场里,发送站发送两个“隐性”位。当接收器正确地接收到有效的报文,接收器就会在应答间隙(ACK SLOT)期间(发送 ACK 信号),向发送器发送一“显性”位以示应答。所有接收到匹配 CRC 序列(CRC SEQUENCE)的站会在应答间隙(ACK SLOT)期间用一“显性”的位写入发送器的“隐性”位来作出回答。ACK 界定符是 ACK 场的第二个位,并且是一个必须为“隐性”的位。因此,应答间隙(ACK SLOT)被两个“隐性”的位所包围,也就是 CRC 界定符(CRC DELIMITER)和 ACK 界定符(ACK DELIMITER)。

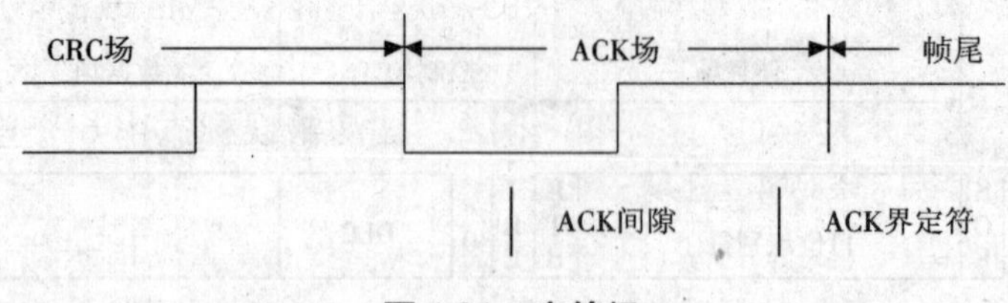

图 4-24 应答场

7)帧结尾 每一个数据帧和远程帧均由一标志序列界定。这个标志序列由 7 个“隐性”位组成。

(2)远程帧

通过发送远程帧,将其作为某数据接收器的站,通过资源节点对不同的数据传送进行初始化设置。

如图 4-25 所示,远程帧由 6 个不同的位场组成,即帧起始、仲裁场、控制场、CRC 场、应答场、帧结尾。

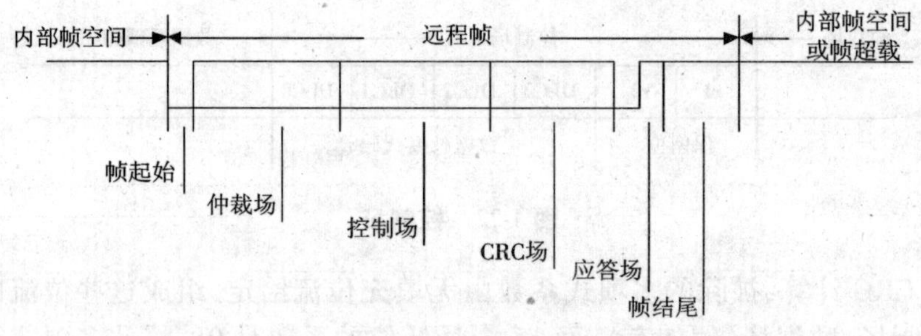

图 4-25 远程帧

与数据帧相反,远程帧的 RTR 位是“隐性”的。它没有数据场,数据长度代码的数值也不受制约(可以标注为容许范围里 0…8 的任何数值)。此数值是相应于数据帧的数据长度代码。

RTR 位的极性表示了所发送的帧是一数据帧(RTR 位“显性”)还是一远程帧(RTR 位“隐性”)。

(3)错误帧

如图 4-26 所示,错误帧由两个不同的场组成。第一个场用作不同站提供的错误标志(ERROR FLAG)的叠加。第二个场是错误界定符。

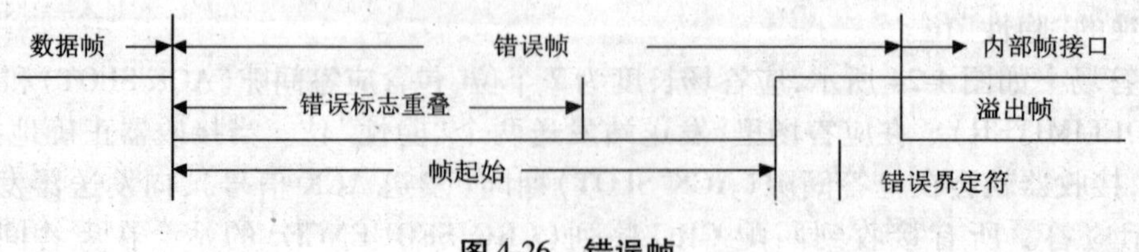

图 4-26 错误帧

为了能正确地终止错误帧,一"错误被动"的节点要求总线至少有长度为3个位时间的总线空闲(如果"错误被动"的接收器有本地错误的话)。因此,总线的载荷不应为100%。

有两种形式的错误标志:主动错误标志(Active error flag)和被动错误标志(Passive error flag)。主动错误标志由6个连续的"显性"位组成。被动错误标志由6个连续的"隐性"位组成,除非被其他节点的"显性"位重写。

检测到错误条件"错误主动"的站,通过发送主动错误标志,以指示错误。错误标志的形式破坏了从帧起始到CRC界定符的位填充规则(参见"编码"),或者破坏了应答场或帧结尾场的固定形式。所有其他的站由此检测到错误条件并与此同时开始发送错误标志。因此,"显性"位(此"显性"位可以在总线上监视)的序列导致一个结果,这个结果就是把各个单独站发送的不同的错误标志叠加在一起。这个顺序的总长度最小为6个位,最大为12个位。

检测到错误条件"错误被动"的站,试图通过发送被动错误标志,以指示错误。"错误被动"的站等待6个相同极性的连续位(这6个位处于被动错误标志的开始)。当这6个相同的位被检测到时,被动错误标志的发送就完成了。

错误界定符包括8个"隐性"的位。错误标志传送了以后,每一站就发送"隐性"的位并一直监视总线直到检测出一个"隐性"的位为止。然后就开始发送7位以上的"隐性"位。

(4)过载帧

过载帧包括两个位场:过载标志和过载界定符,如图4-27所示。

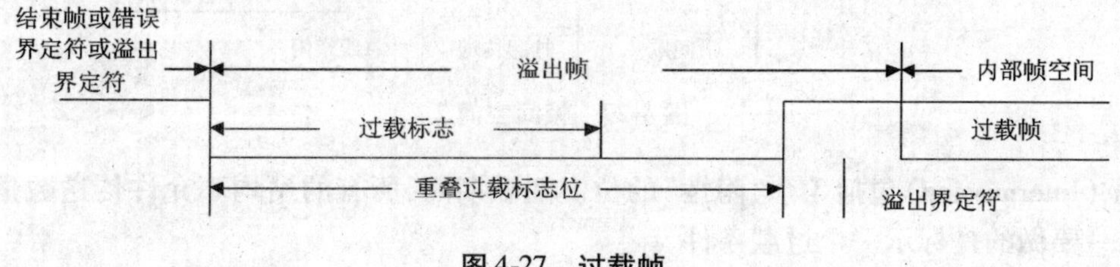

图4-27　过载帧

以下两种过载条件都会导致过载标志的传送:

①接收器的内部条件(此接收器对于下一数据帧或远程帧需要有一延时);

②间歇场期间检测到一"显性"位。

由过载条件①而引发的过载帧只允许起始于所期望的间歇场的第一个位时间。而由过载条件②引发的过载帧应起始于所检测到"显性"位之后的位。

通常为了延时下一个数据帧或远程帧,两个过载帧都会产生。

过载标志(Overload Flag)由6个"显性"的位组成。过载标志的所有形式和主动错误标志的一样。过载标志的形式破坏了间歇场的固定形式。因此,所有其他的站都检测到一过载条件并与此同时发出过载标志。(万一有的节点在间歇的第3个位期间于本地检测到"显性"位,则其他的节点将不能正确地解释过载标志,而是将这6个"显性"位中的第一个位解释为帧的起始。这第6个"显性"的位破坏了产生错误条件的位填充的规则。)

过载界定符(Overload Delimeter)包括8个"隐性"的位。过载界定符的形式和错误界定符的形式一样。过载标志被传送后,站就一直监视总线,直到检测到一个从"显性"位到"隐性"位的发送(过渡形式)。此时,总线上的每一个站完成了过载标志的发送,并开始同时发送7个以上的"隐性"位。

(5)帧间空间(INTERFRAME SPACING)

数据帧(或远程帧)与其前面帧的隔离是通过帧间空间实现的,无论前面的帧为何类型(数据帧、远程帧、错误帧、过载帧)。不同的是,过载帧与错误帧之前没有帧间空间,多个过载帧之间也不是由帧间空间隔离的。

帧间空间(Interframe Space)包括间歇场、总线空闲的位场。如果"错误被动"的站已作为前一报文的发送器时,则其帧空间除了间歇、总线空闲外,还包括称作挂起传送(Suspend Transmission)的位场。对于不是"错误被动"的站,或者此站已作为前一报文的接收器,其帧间空间如图 4-28 所示。

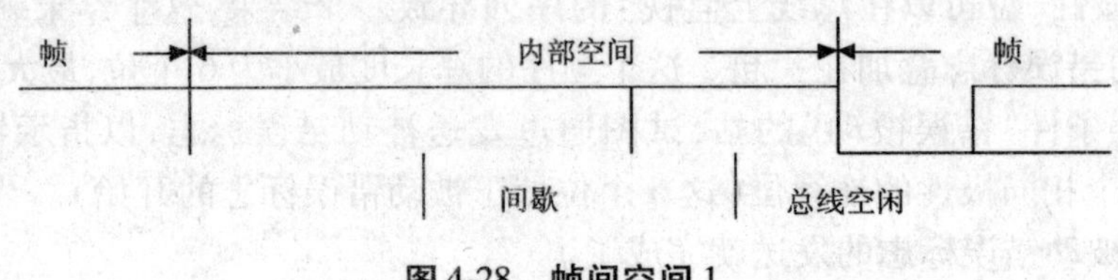

图 4-28 帧间空间 1

对于已作为前一报文发送器的"错误主动"的站,其帧间空间如图 4-29 所示。

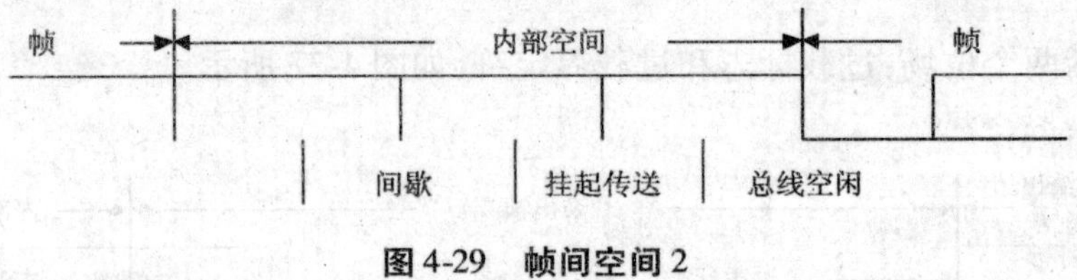

图 4-29 帧间空间 2

间歇(Intermission)包括 3 个"隐性"的位。间歇期间,所有的站均不允许传送数据帧或远程帧,唯一要做的是标示一个过载条件。

总线空闲(Bus IDLE)的时间是任意的。只要总线被认定为空闲,任何等待发送报文的站就会访问总线。在发送其他报文期间,有报文被挂起。对于这样的报文,其传送起始于间歇之后的第一个位。总线上检测到的"显性"的位可被解释为帧的起始。

挂起传送(Suspend Transmission)是当"错误被动"的站发送报文后,站就在下一报文开始传送之前或总线空闲之前发出 8 个"隐性"的位跟随在间歇的后面。如果与此同时另一站开始发送报文(由另一站引起),则此站就作为这个报文的接收器。

2. 报文滤波

报文滤波取决于整个识别符。允许在报文滤波中将任何的识别符位设置为"不考虑"的可选屏蔽寄存器,可以选择多组的识别符,使之被映射到隶属的接收缓冲器里。

如果使用屏蔽寄存器,它的每一个位必须是可编程的,即它们能够被允许或禁止报文滤波。屏蔽寄存器的长度可以包含整个识别符,也可以包含部分的识别符。

3. 报文校验

发送器与接收器的校验报文有效时间点各不相同。

1)发送器(Transmitter) 如果直到帧的末尾位均没有错误,则此报文对于发送器有效。如果报文破损,则报文会根据优先权自动重发。为了能够和其他报文竞争总线,重新传输必须在总线空闲时启动。

2)接收器(Receiver)　如果直到最后一位(除了帧结尾位)均没有错误,则报文对于接收器有效。帧结尾最后的位被置于"不重要"状态,如果是一个"显性"电平也不会引起格式错误。

4. 编码

位流编码(Bit Stream Coding)帧的部分,诸如帧起始、仲裁场、控制场、数据场以及CRC序列,均通过位填充的方法编码。无论何时,发送器只要检测到位流里有5个连续相同值的位,便自动在位流里插入一补充位。数据帧或远程帧(CRC界定符、应答场和帧结尾)的剩余位场形式固定,不填充。错误帧和过载帧的形式也固定,但并不通过位填充的方法进行编码。其报文里的位流根据"不返回到零"(NRZ)之方法编码。这就是说,在整个位时间里,位的电平要么为"显性",要么为"隐性"。

5. 错误处理

(1)错误检测

有以下5种不同的错误类型(这5种错误不会相互排斥)。

1)位错误(Bit Error)　单元在发送位的同时也对总线进行监视。如果所发送的位值与所监视的位值不相符合,则在此位时间里检测到一个位错误。但是在仲裁场(Arbitration Field)的填充位流期间或应答间隙(Ack Slot)发送一"隐性"位的情况是例外的——此时,当监视到一"显性"位时,不会发出位错误。当发送器发送一个被动错误标志但检测到"显性"位时,也不视为位错误。

2)填充错误(Struff Error)　如果在使用位填充法进行编码的信息中,出现了第6个连续相同的位电平时,将检测到一个填充错误。

3)CRC错误(CRC Error)　CRC序列包括发送器的CRC计算结果。接收器计算CRC的方法与发送器相同。如果计算结果与接收到CRC序列的结果不相符,则检测到一个CRC错误。

4)形式错误(Form Error)　当一个固定形式的位场含有1个或多个非法位,则检测到一个形式错误。(注:接收器的帧结尾最后一位期间的显性位不被当作帧错误。)

5)应答错误(Acknowledgment Error)　只要在应答间隙(ACK SLOT)期间所监视的位不为"显性",则发送器会检测到一个应答错误。

(2)错误标定

检测到错误条件的站通过发送错误标志指示错误。对于"错误主动"的节点,错误信息为"主动错误标志";对于"错误被动"的节点,错误信息为"被动错误标志"。站检测到无论是位错误、填充错误、形式错误,还是应答错误,这个站会在下一位时发出错误标志信息。

只要检测到的错误的条件是CRC错误,错误标志的发送开始于ACK界定符之后的位(其他的错误条件除外)。

(3)故障界定

至于故障界定,单元的状态可能为错误主动、错误被动、总线关闭三种之一。

"错误主动"的单元可以正常地参与总线通讯并在错误被检测到时发出主动错误标志。

"错误被动"的单元不允许发送主动错误标志。"错误被动"的单元参与总线通讯,在错误被检测到时只发出被动错误标志。而且,发送以后,"错误被动"单元将在初始化下一个发送之前处于等待状态。

"总线关闭"的单元不允许在总线上有任何的影响(比如,关闭输出驱动器)。

在每一总线单元里使用发送错误计数与接收错误计数两种计数以便界定故障。这些计数按以下规则改变(注意,在给定的报文发送期间,可能要用到的规则不只一个)。

①当接收器检测到一个错误,接收错误计数就加1;在发送主动错误标志或过载标志期间所检测到的错误为位错误时,接收错误计数器值不加1。

②当错误标志发送以后,接收器检测到的第一个位为"显性"时,接收错误计数值加8。

③当发送器发送一错误标志时,发送错误计数器值加8。例外情况1:发送器为"错误被动",并检测到一应答错误(注:此应答错误由检测不到一"显性"ACK以及当发送被动错误标志时检测不到一"显性"位而引起)。例外情况2:发送器因为填充错误而发送错误标志(注:此填充错误发生于仲裁期间。引起填充错误是由于填充位位于RTR位之前,并已作为"隐性"发送,但是却被监视为"显性")。例外情况1和例外情况2时,发送错误计数器值不改变。

④发送主动错误标志或过载标志时,如果发送器检测到位错误,则发送错误计数器值加8。

⑤当发送主动错误标志或过载标志时,如果接收器检测到位错误,则接收错误计数器值加8。

⑥在发送主动错误标志、被动错误标志或过载标志后,任何节点最多容许7个连续的"显性"位。有以下几种情况,每一发送器将它们的发送错误计数值加8,每一接收器的接收错误计数值加8:当检测到第14个连续的"显性"位后;在检测到第8个跟随着被动错误标志的连续的"显性"位以后;在每一附加的8个连续"显性"位顺序之后。

⑦报文成功传送后(得到ACK及直到帧结尾结束没有错误),发送错误计数器值减1,除非已经是0。

⑧如果接收错误计数值介于1和127之间,在成功地接收到报文后(直到应答间隙接收没有错误及成功地发送了ACK位),接收错误计数器值减1。如果接收错误计数器值是0,则它保持0,如果大于127,则它会设置一个介于119到127之间值。

⑨当发送错误计数器值等于或超过128时,或当接收错误计数器值等于或超过128时,节点为"错误被动"。让节点成为"错误被动"的错误条件致使节点发出主动错误标志。

⑩当发送错误计数器值大于或等于256时,节点为"总线关闭"。

⑪当发送错误计数器值和接收错误计数器值都小于或等于127时,"错误被动"的节点重新变为"错误主动"。

⑫在总线监视到128次出现11个连续"隐性"位之后,"总线关闭"的节点可以变成"错误主动"(不再是"总线关闭"),它的错误计数值也被设置为0。

需要注意的是,一个大约大于96的错误计数值显示总线被严重干扰。最好能够预先采取措施测试这个条件。另外启动/睡眠时,如果启动期间内只有1个节点在线以及如果这个节点发送一些报文,则将不会有应答,并检测到错误和重复报文。由此,节点会变为"错误被动",而不是"总线关闭"。

4.4.4 CAN控制器SJA1000

SJA1000是一个独立的CAN控制器,它在汽车和普通的工业应用上有先进的特征。由于它和PCA82C200在硬件和软件都兼容,因此它会替代PCA82C200。SJA1000有一系列先进的功能,适合于多种应用,特别在系统优化诊断和维护方面非常重要。

SJA1000 独立的 CAN 控制器有以下两个不同的操作模式：

①BasicCAN 模式，和 PCA82C200 兼容；

②PeliCAN 模式。

BasicCAN 模式是上电后默认的操作模式，因此用 PCA82C200 开发的已有硬件和软件可以直接在 SJA1000 上使用，而不用作任何修改。PeliCAN 模式是新的操作模式，它能够处理所有 CAN2.0B 规范的帧类型，而且它还提供一些增强功能，使 SJA1000 能应用于更宽的领域。

1. SJA1000 的功能描述

SJA1000 的功能可分成以下几种情况。

(1)已建立的 PCA82C200 功能

这组功能已经在 PCA82C200 里实现。

①灵活的微处理器接口，允许与大多数微型处理器或微型控制器接口。

②可编程的 CAN 输出驱动器，对各种物理层的分界面。

③CAN 位频率高达 1Mbit/s，SJA1000 覆盖了位频率的所有范围，包括高速应用。

(2)改良的 PCA82C200 功能

这组功能的一部分已经在 PCA82C200 里实现，但是在 SJA1000 里这些功能在速度大小和性能方面得到了改良。

①CAN2.0B(passive)：SJA1000 的 CAN2.0Bpassive 特征，允许 CAN 控制器接收有 29 位标识符的报文。

②64 个字节接收 FIFO：接收 FIFO 可以存储高达 21 个报文，这延长了最大中断服务时间，避免了数据超载。

③24MHz 时钟频率：微处理器的访问更快和 CAN 的位定时选择更多。

④接收比较器旁路减少内部延迟，由于改进的位定时编程使 CAN 总线长度更长。

(3)PeliCAN 模式的增强功能在 PeliCAN 模式里

SJA1000 支持一些错误分析功能，支持系统诊断、系统维护、系统优化，而且这个模式里，也加入了对一般 CPU 的支持和系统自身测试的功能。

①CAN2.0B active：支持带有 29 位标识符的网络扩展应用。

②发送缓冲器：有 11 位或 29 位标识符的单报文发送缓冲器。

③增强验收滤波器：两个验收滤波器模式支持 11 位和 29 位标识符的滤波。

④可读的错误计数器和可编程的出错警告界限：支持错误分析在原型阶段和在正常操作期间，可用于系统诊断、系统维护、系统优化。

⑤代码捕捉寄存器。

⑥出错中断。

⑦仲裁丢失捕捉中断：支持系统优化，包括报文延迟时间的分析。

⑧单次发送：使软件命令最小化和允许快速重载发送缓冲器。

⑨仅听模式：SJA1000 能够作为一个认可的 CAN 监控器操作，可以分析 CAN 总线通信或进行自动位速率检测。

⑩自测试模式 L 支持全部 CAN 节点的功能自测试或在一个系统内的自接收。

2. 由 SJA1000 构成的 CAN 节点

(1)CAN 节点结构

通常每个 CAN 模块能够被分成不同的功能块。SJA1000 用优化的 CAN 收发器连接到

CAN 总线,控制从 CAN 控制器到总线物理层或相反的逻辑电平信号。上面一层是一个 CAN 控制器,它通常用于报文缓冲和验收滤波,而所有这些 CAN 功能都由一个模块控制器控制它负责执行应用的功能,例如控制执行器读传感器和处理人机接口 MMI。如图 4-31 所示,SJA1000 独立的 CAN 控制器通常位于微型控制器和收发器之间,大多数情况下这个控制器是一个集成电路。图 4-32 所示为 SJA1000 与 80C51 单片机的接口电路。

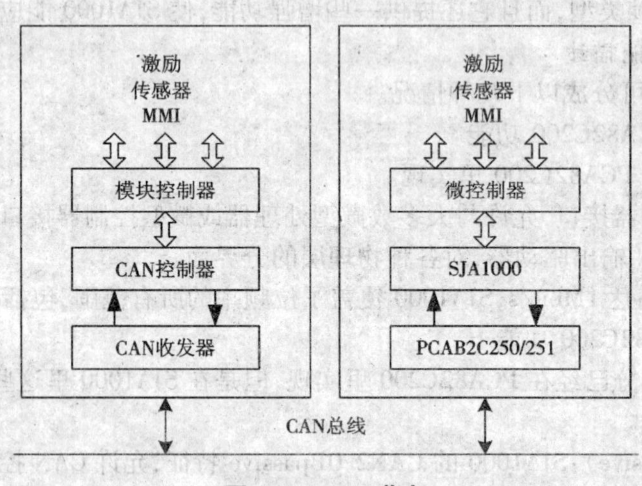

图 4-30 CAN 节点

2)CAN 节点

图 4-31 为 SJA1000 的结构图。

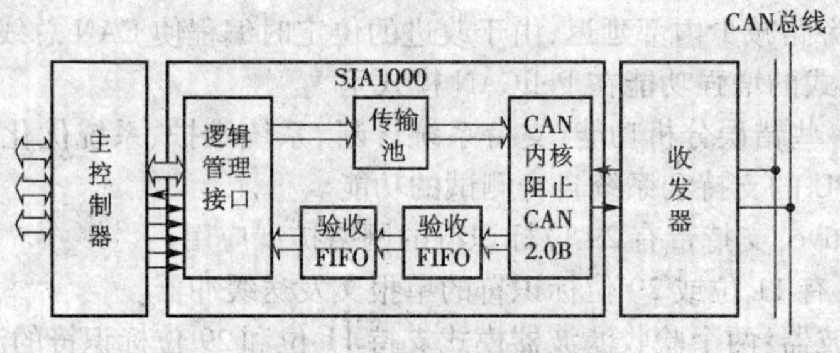

图 4-31 SJA1000 结构图

根据 CAN 规范,CAN 核心模块控制 CAN 帧的发送和接收,接口管理逻辑负责连接外部主控制器。该控制器可以是微型控制器或任何其他器件。SJA1000 经过复用的地址/数据总线访问寄存器和控制读/写选通信号,然后由它处理。另外除了 PCA82C200 已有的 BasicCAN 功能,还加入了一个新的 PeliCAN 功能,因此附加的寄存器和逻辑电路主要在这里生效。

SJA1000 的发送缓冲器能够存储一个完整的报文(扩展的或标准的)。主控制器初始化发送,接口管理逻辑会使 CAN 核心模块从发送缓冲器读 CAN 报文。

当收到一个报文时,CAN 核心模块将串行位流转换成用于验收滤波器的并行数据。通过这个可编程的滤波器,SJA1000 能确定主控制器要接收哪些报文。

所有收到的报文由验收滤波器验收并存储在接收 FIFO。储存报文的多少由工作模式决定,而最多能存储 32 个报文。因为数据超载可能性被大大降低,这使用户能更灵活地指定中断服务和中断优先级。

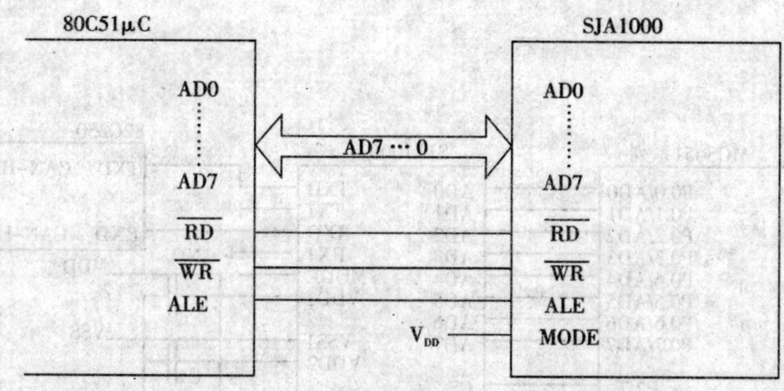

图 4-32 SJA1000 与 80C51 单片机的接口电路

图 4-32 是 SJA1000 与 80C51 单片机的接口电路。由图可以看出，SJA1000 可以很简单地和 MCS－51 类型的单片机进行接口。

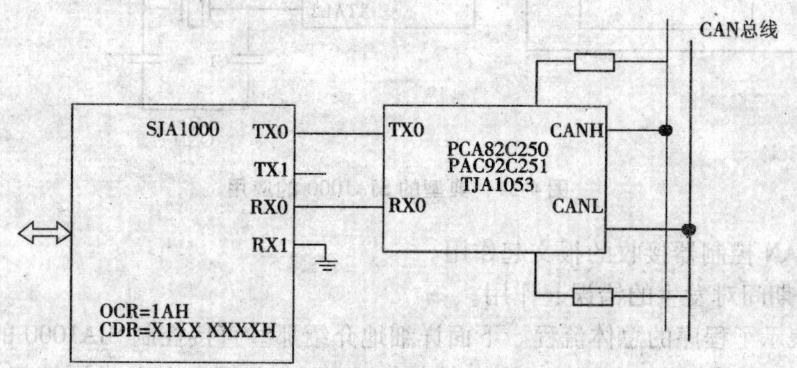

图 4-33 与 CAN 收发器接口

SJA1000 的寄存器和管脚配置使它可以使用各种集成或分立的 CAN 收发器，如图 4-33 所示。

由于有不同的微控制器接口，可以使用不同的微控制器。图 4-34 是一个包括 80C51 微型控制器和 PCA82C251 收发器的典型 SJA1000 应用。CAN 控制器像一个时钟源，复位信号由外部复位电路产生。在这个例子里 SJA1000 的片选由微控制器的 P2.7 口控制，否则，这个片选输入必须接到 VSS。它也可以通过地址译码器控制，例如当地址/数据总线用于其他外围器件的时候。

3. CAN 通讯的功能

通过 CAN 总线建立通讯的步骤如下。

(1)系统上电后

①根据 SJA1000 的硬件和软件连接设置主控制器。

②根据选择的模式验收滤波位定时等设置 CAN 控制器的通讯，这也是在 SJA1000 硬件复位后进行。

(2)在应用的主过程中

①准备要发送的报文并激活 SJA1000 发送它们。

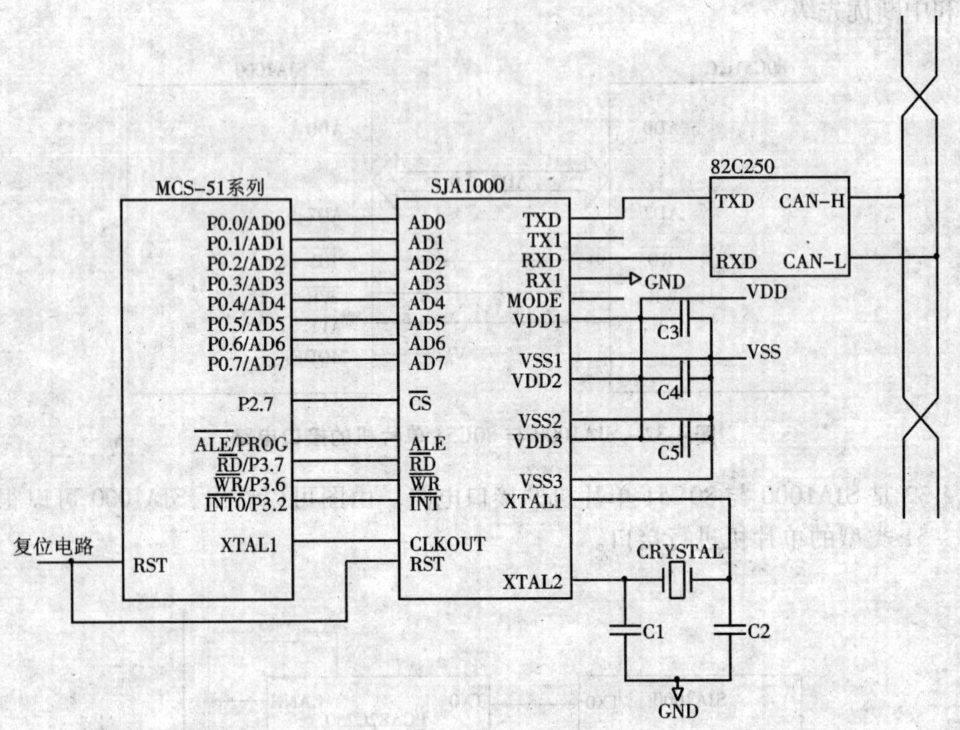

图 4-34 典型的 SJA1000 的应用

②对被 CAN 控制器接收的报文起作用。

③在通讯期间对发生的错误起作用。

图 4-35 表示了程序的总体流程。下面详细地介绍那些直接控制 SJA1000 的流程。

1)初始化 如前所述,独立的 CAN 控制器 SJA1000 必须在上电或硬件复位后设置 CAN 通讯。在由主控制器操作期间,它可能会发送一个(软件)复位请求,SJA1000 会被重新配置(再次初始化)。

上电后主控制器在运行完自已的特殊复位程序后进入 SJA1000 的设置程序。假设上电后独立 CAN 控制器在管脚 17 得到一个复位脉冲(低电平),使它进入复位模式,在设置 SJA1000 的寄存器前,主控制器通过读复位模式/请求标志来检查 SJA1000 是否已达到复位模式,因为要得到配置信息的寄存器仅在复位模式可写。在复位模式中主控制器必须配置下面的 SJA1000 控制段寄存器。

(1)模式寄存器仅在 PeliCAN 模式下应用,可选择下面的工作模式:

①验收滤波器模式;

②自我测试模式;

③仅听模式。

(2)时钟分频寄存器定义:

①使用 BasicCAN 模式还是 PeliCAN 模式;

②是否使能 CLKOUT 管脚;

③是否旁路 CAN 输入比较器;

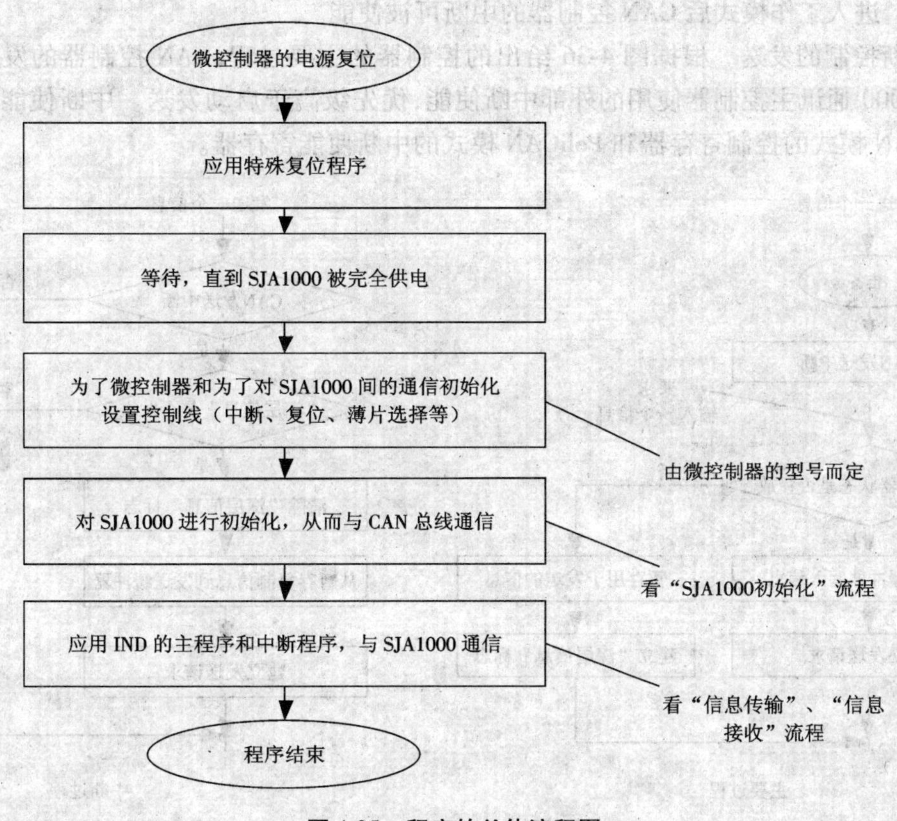

图 4-35　程序的总体流程图

④TX1 输出是否用作专门的接收中断输出。

(3)验收码寄存器和验收屏蔽寄存器：

①定义接收报文的验收码；

②对报文和验收码进行比较的相关位定义验收屏蔽码。

(4)总线定时寄存器：

①定义总线的位速率；

②定义位周期内的采样点位采样点；

③定义在一个位周期里采样的数量。

(5)输出控制寄存器：

①定义 CAN 总线输出管脚 TX0 和 TX1 的输出模式、正常输出模式、时钟输出模式、双相输出模式或测试输出模式；

②定义 TX0 和 TX1 输出管脚配置、悬空、下拉、上拉或推挽以及极性。

在将这个信息发送到 SJA1000 的控制段后，SJA1000 会清除复位模式/请求标志，进入工作模式。必须要先检查标志是否确实被清除、是否进入了工作模式，才能进行下一步操作，这通过循环读标志实现。

在硬件复位等待期间(管脚 17 是低电平)，不能清除复位模式/请求标志，因为这将迫使复位模式/请求标志变成复位/存在。因此这个循环是不断尝试清除标志和检查是否成功离开复位模式。进入工作模式后 CAN 控制器的中断可被使能。

2)中断控制的发送　根据图 4-36 给出的控制器的主要过程,CAN 控制器的发送中断以及和 SJA1000 通讯主控制器使用的外部中断使能,优先级高于启动发送。中断使能标志是位于 BasicCAN 模式的控制寄存器和 PeliCAN 模式的中断使能寄存器。

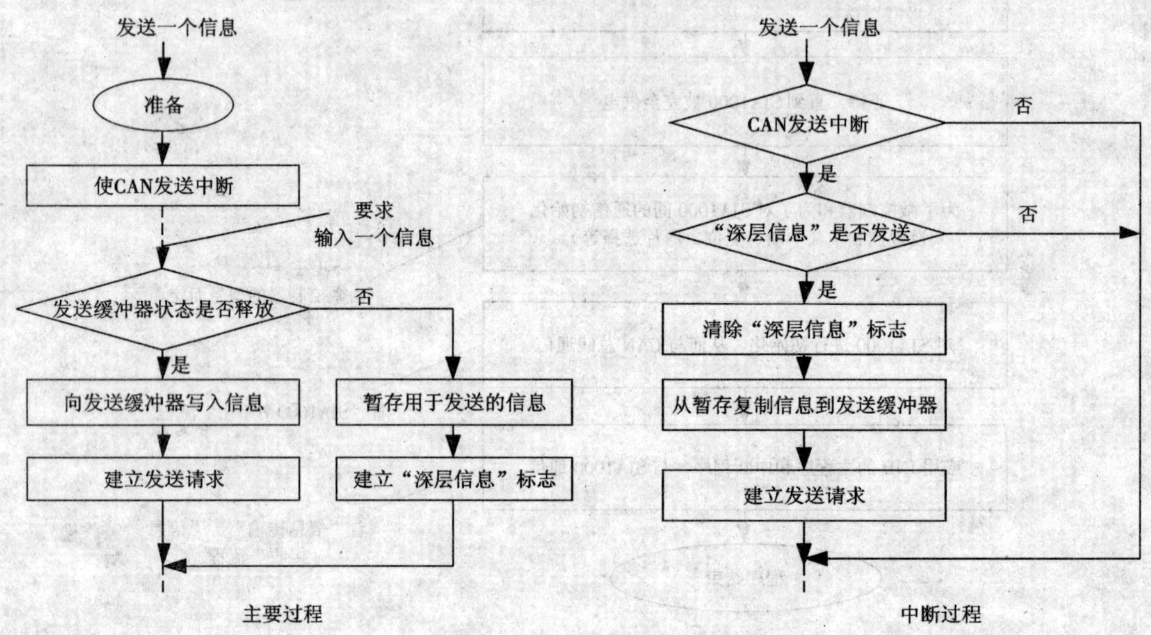

图 4-36　发送一个报文的流程图中断控制

当 SJA1000 正在发送报文时,发送缓冲器被写锁定,所以在放置一个新报文到发送缓冲器之前,主控制器必须检查状态寄存器的发送缓冲器状态标志 TBS。

3)中断控制接收　根据图 4-37 给出的控制器的主要过程,CAN 控制器的接收中断以及和 SJA1000 通信主控制器的外部中断使能,而且优先级高于中断控制报文。中断使能标志位于控制寄存器里(对于 BasicCAN 模式)或位于中断使能寄存器里(对于 PeliCAN 模式)。

如果 SJA1000 已接收一个报文,而且报文已通过验收滤波器并放在接收 FIFO,那么会产生一个接收中断。因此主控制器能立刻作用,将收到的报文发送到自己的报文存储器,然后通过置位命令寄存器的相应标志 RRB 发送一个释放接收缓冲器命令。接收 FIFO 里的更多报文将产生一个新的接收中断,因此不可能将所有在接收 FIFO 中的有效信息在一个中断周期内读出。

如图 4-37 所示,整个接收过程在一个中断程序中完成,而且和主程序没有相互作用。如果可行的话,报文的处理甚至也可以在中断程序里完成。

4.4.5　集成 CAN 的微控制器 P87C591

P87C591 是一个单片 8 位高性能微控制器,具有片内 CAN 控制器,是 MCS—51 微控制器家族中非常优秀的一员。它采用了 MCS—51 指令集,并成功地包含了 PHILIPS 半导体 SJA1000 CAN 控制器强大的 PeliCAN 功能。P87C591 全静态内核提供了扩展的节电方式,振荡器可停止和恢复而不会丢失数据。改进的 1:1 内部时钟预分频器在 12 MHz 外部时钟频率

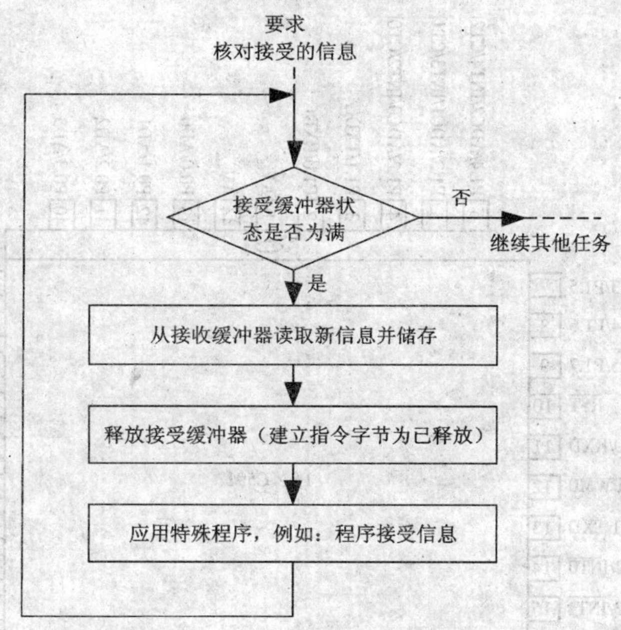

图 4-37　中断控制下接收报文的流程图

时,实现 500 ns 指令周期即 6CLK 工作模式,P87C591 微控制器以先进的 CMOS 制造工艺,用于汽车和通用的工业中。除了 MCS—51 系列单片机的标准特性之外,器件还为这些应用提供许多专用的硬件功能,如图 4-38 所示。P87C591 特性如下:

①16 K 字节内部 OTP 程序存储器,512 字节片内数据 RAM;

②3 个 16 位定时/计数器 T0、T1 和 T2(捕获和比较),1 个片内看门狗定时器 T3;

③带 6 路模拟输入的 10 位 ADC 可选择快速 8 位 ADC;

④增强性能的 6CLK 加速指令周期 500ns(12MHz 时钟);

⑤2 个 8 位分辨率的脉宽调制输出(PWM);

⑥具有 32 个可编程 I/O 口(准双向推挽高阻和开漏);

⑦带硬件 I2C 总线接口;

⑧全双工增强型 UART 带有可编程波特率发生器;

⑨双 DPTR;

⑩可禁止 ALE 实现降低 EMI;

⑪低电平复位信号;

⑫增强型 PeliCAN 内核;

⑬增强的温度范围 −40 ~ +85 ℃;

⑭提供 PLCC44QFP44 封装。

图 4-39 为 P87C591 的方框图。P87C591 除了包含标准的外围功能以外,还包含了一个强大的 CAN 控制器模块。该嵌入式 CAN 控制器包括了下列功能模块:

①CAN 内核模块根据 CAN2. 0B 规范控制 CAN 帧的发送和接收;

②CAN 接口包含 5 个实现 CPU 与 CAN 控制器连接的特殊功能寄存器。对重要 CAN 寄

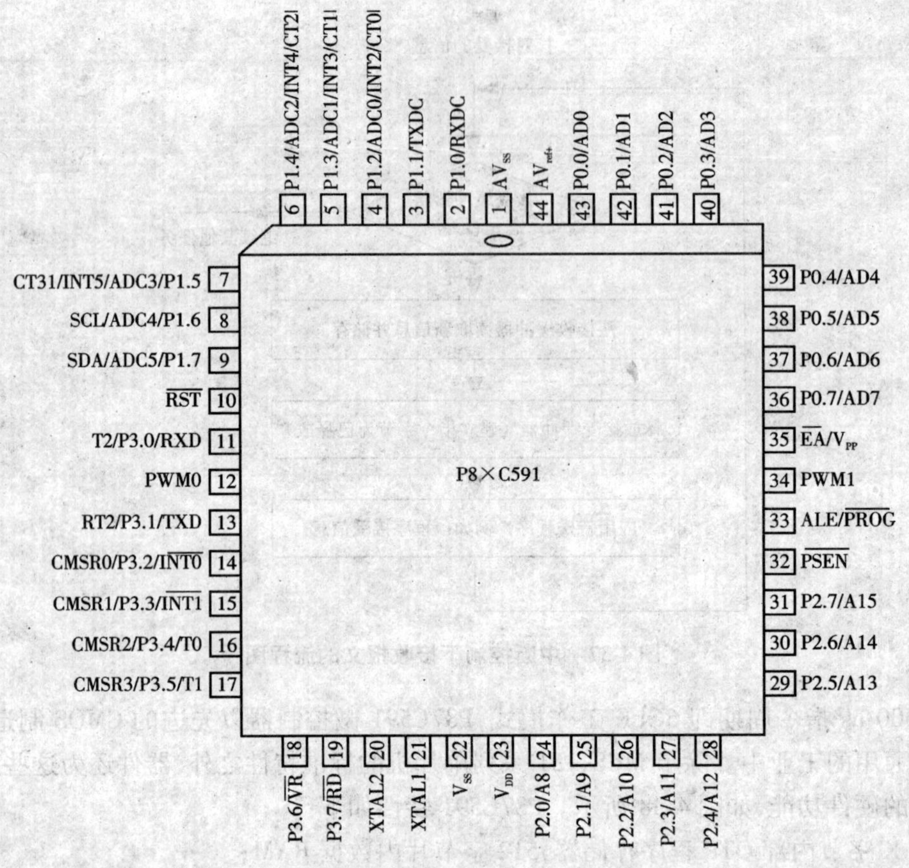

图 4-38 P87C591 管脚图

存器的访问通过快速自动增加的寻址特性和对特殊功能寄存器的位寻址实现；

③CAN 控制器的发送缓冲区能够保存一个完整的 CAN 信息(扩展或标准帧格式)，只要通过 CPU 启动发送，信息字节就从发送缓冲区传输到 CAN 内核模块。

当接收一个信息时，CAN 内核模块将串行位流转换成并行数据输入到验收滤波器，通过该可编程滤波器 P87C591 确定实际接收到的信息。

所有由验收滤波器验收的接收数据都保存在接收 FIFO 中。根据操作模式和数据长度的不同，最多可保存 21 个 CAN 信息。这使用户在指定系统的中断服务和中断优先级时有更多的灵活性，因为数据溢出的可能性大大降低了。

将 P87C591 设计成在最少数量的外部元件下工作，如图 4-40 所示。如使用 ROM 或 OTP EPROM 的 P87C591 的 CAN 节点电路所需要的外部元件，仅仅是一个晶振加两个电容驱动片内振荡器，一个连接到复位脚的电容(使用片内复位电路)，一个收发器用于将 P87C591 连接到 CAN 总线。

特殊功能寄存器CAN接口
CANCON
CANSTA
CANMOD
CANADR
CMDDAT
RXDC
TXDC
CAN
核心块
CAN2.0B
接收滤波器
信息缓存器
接收FIFO
发送缓冲器
16K
ROM
CPU
80C51
256字节
RAM
UART
PWM
ADC
I²C
Timer2
Timer0/1
Watchdog
PWM
Port0
Port1
Port2
Port3
V5S

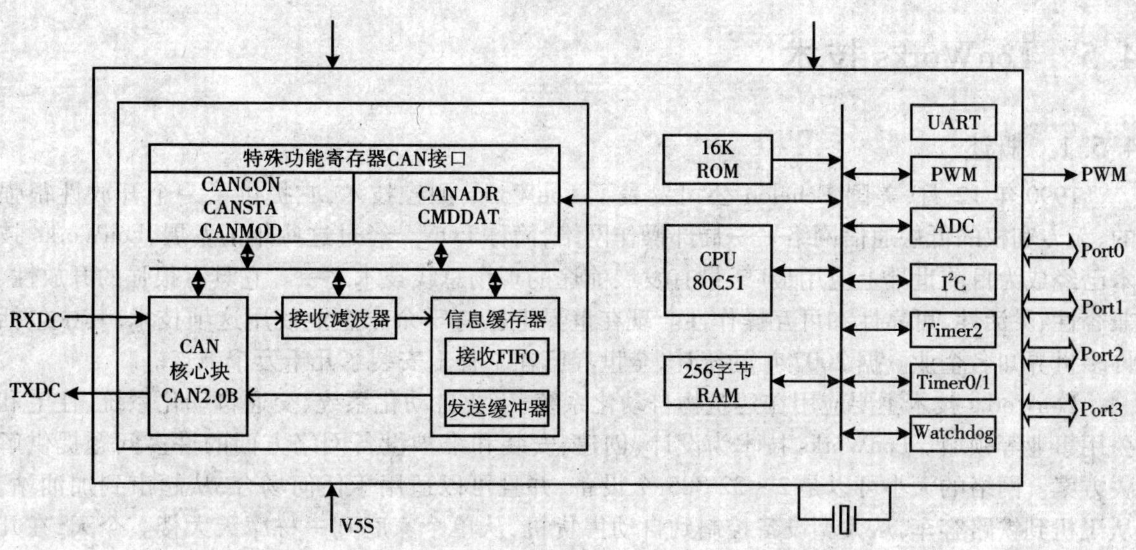

图 4-39　P87C591 方框图

3.5..12MHz
PSEN
ALE
XTAL1
XTAL2
+5V
EA
RST
2.2μF
启动Reset
AVref
AVss
PWM输出
数字I/O Port3
数字I/O或低命
令地址/数据总线
Port0
RXDC
TXDC
数字I/O
Port1
RXD
CANH
TXD
CANL
+5V
Vcc
Gnd
Vdd
+5V
Vss
数字I/O或高命
令地址/数据总线
Port2
CAN总线

图 4-40　P87C591 应用原理图

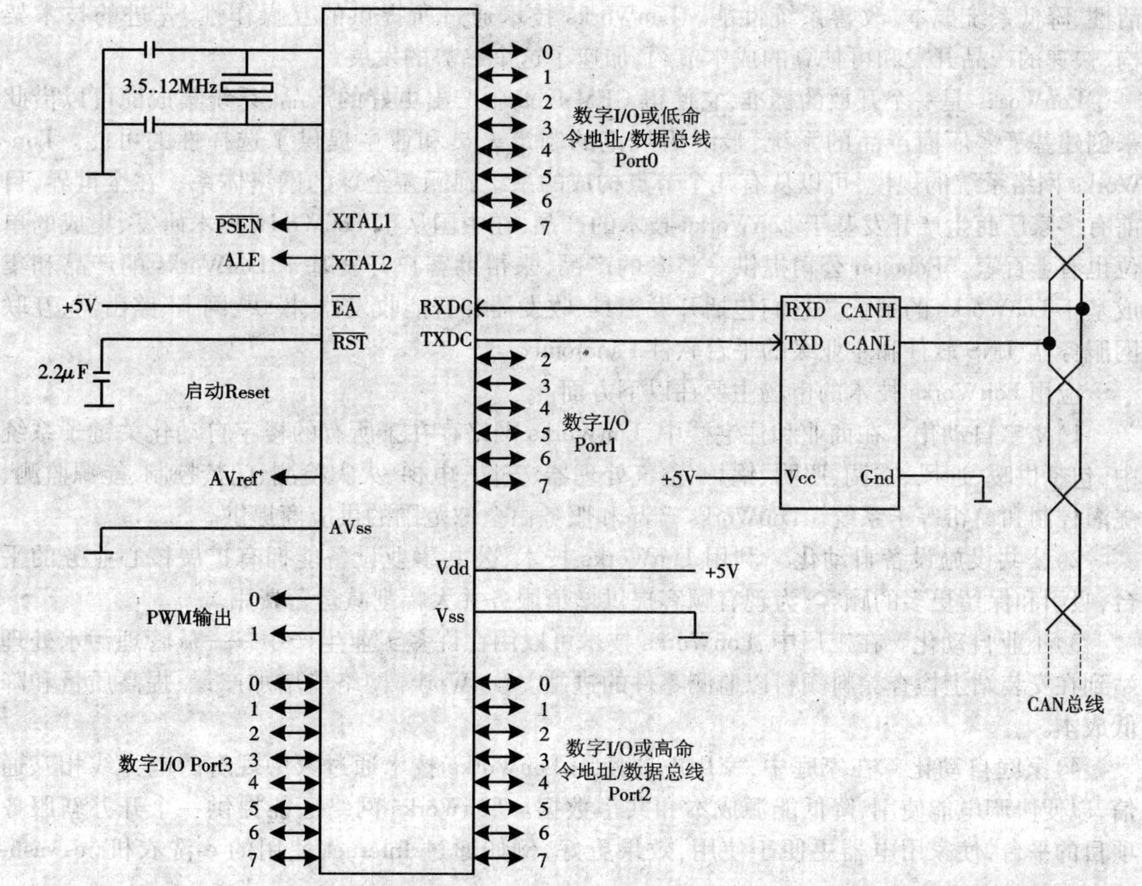

4.5　LonWorks 技术

4.5.1　概述

1990 年 12 月,美国 Echelon 公司发表了 LonWorks 测控技术,它提供了一个开放性很强的、无专利权的低层通信网络——局部操作网络,简称 LON。经过这些年的发展,LonWorks 技术已经成为目前世界上应用最广、最有发展前途的现场总线技术之一。它具有很强的开放性、兼容性、灵活性、可靠性和可互操作性。现在世界上已有千余家企业使用这项技术,其中包括许多世界知名企业。据 2007 年的统计,全世界已在工程上安装了几千万个节点。

LonWorks 技术主要应用在建筑物自动化系统、工业自动化系统、交通自动化系统、住宅和公用事业等领域。LonWorks 技术为设计、创建、安装和维护设备网络方面的许多问题提供解决方案。网络的大小可以是 2 ~ 32 385 个设备,并且可以适用于任何场合,从超市到加油站,从飞机到铁路客车,从大型设备控制到自动售货机,从单个家庭到一栋摩天大楼。今天,在几乎每种工业应用中,有一种趋势就是远离专用控制方案和集中系统。制造商正在使用基于开放技术的产品,如现成的芯片、操作系统和功能模块产品。这些特性可以改进可靠性、提高灵活性、降低系统成本、改善系统性能。LonWorks 技术通过所提供的互操作性、先进的技术架构、快速的产品开发和可估算的成本节约,加速了这个趋势的发展。

LonWorks 是一个开放的标准,它使得 OEM 厂商生产出更好的产品,系统集成商可以借此来创建基于多厂商产品的系统,最终为规范的制定人员和业主提供了选择性的可能。LonWorks 网络系统的规模,可以从有几个节点构成的系统到涵盖全球的网络体系。在全世界,目前有多家厂商生产开发基于 LonWorks 技术的产品,在中国从事 LonWorks 技术研发、集成的单位也有上百家。Echelon 公司提供一整套的产品,来帮助客户开发基于 LonWorks 的产品和集成基于 LonWorks 的系统。它们包括开发工具、收发器和智能收发器、模块、网卡、路由器、互联网服务器、LNS 软件和企业级的平台软件 Panaromix。

应用 LonWorks 技术的市场主要在以下方面。

1)楼宇自动化　在商业和住宅楼中,LonWorks 网络存在于所有的楼宇自动化关键子系统中,包括供暖、通风、空调、照明、锅炉、空气处理器、安防、电梯、火灾检测、门禁控制、能源监测、浇灌控制和窗帘等子系统。LonWorks 产品和服务由全球范围的供应商提供。

2)公共设施设备自动化　利用 LonWorks 技术,公共事业设备能拥有扩展核心业务的平台,吸引和保留更多的顾客,为现有顾客提供增值服务并大幅削减运营费用。

3)工业自动化　在工厂中,LonWorks 技术可以用在许多工业生产中——从管理污水处理站到在安装站上检查涂料颜料以监测零件的进站。LonWorks 网络能增加产量、提高质量和降低成本。

4)家庭自动化　在家庭中,家用电器使用 LonWorks 技术通过家中现有的电力线相互通信,以便协调电能使用,降低能源成本和共享数据。LonWorks 网络还能提供一个开办新服务项目的平台,使家用电器更便于使用,效果更好,例如通过 Internet 使用的 e-洗衣机(e-washing)。

5)交通运输自动化　交通运输公司已采用 LonWorks 技术检测制动、照明、发动机等装置,还能在系统失效前加以修理或在失效后更快修复。LonWorks 解决方案能降低维护成本,保证旅客安全。

LonWorks 网络中设备的通信是采用一种称为 LonTalk 的网络标准语言实现的。LonTalk 协议提供一整套通信服务，这使得设备中的应用程序能够在网络上同其他设备发送和接收报文，而无需知道网络的拓扑结构、名称、地址或其他设备的功能。LonWorks 协议能够有选择地提供端到端的报文确认、报文证实和优先级发送，以提供规定受限制的事务处理次数。对网络管理服务的支持，使得远程网络管理工具能够通过网络和其他设备相互作用，这包括网络地址和参数的重新配置、下载应用程序、报告网络问题和启动、停止、复位设备的应用程序。LonTalk（也就是 LonWorks 系统）可以在任何物理媒介上通信，这包括电力线、双绞线、无线（RF）、红外（IR）、同轴电缆和光纤。

虽然组建控制网络的方法有很多，但是对于自动化控制而言，平坦、对等式（P2P）的体系结构是最好的。P2P 体系结构和其他任何一种分级的体系结构相比，不再具有分级体系结构与生俱来的单点故障。在传统的体系结构中，来自某一个设备的信息要传递给目标设备，必须先传送到中央设备或者网关。因此，每两个非中央设备之间的通信包括了一个额外的步骤，或者说增加了故障的可能性。相比之下，P2P 体系结构允许两个设备之间直接通信，这避免了中央控制器发生故障时影响可能性，并且排除了瓶颈效应。此外，在 P2P 设计中，设备的故障更多的可能是只影响到一个设备，而不像非平坦的、非对等式体系结构中潜在地影响到许多设备。

LonWorks 网络的特性如下：

①可靠性；

②实时性；

③支持多种传输介质和网络拓扑结构；

④本征安全。

自从 LonTalk 协议成为美国国家控制网络标准后，其他公司也开发出了基于 ANSI709.1 的芯片。在 Echelon 公司，ANSI709.1 协议称为 LonTalk 协议。运行 Lontalk 协议的芯片称为神经元芯片（Neuron Chip）。1991 年，第一代神经元芯片由日本东芝公司投入生产。

目前有两家公司生产神经元芯片，分别是美国的 Cypress 公司和日本的东芝公司。神经元芯片（Neuron Chip）主要有 3120 和 3135 两大系列。3120 根据片上存储器空间的大小分为不同的型号。各个公司生产的神经元芯片具有一些共同的特点，例如每一个芯片均带有一个 48 位的序列号，芯片的工作温度均为工业温度，芯片中均有三个 8 位的处理器，分别是介质处理器、网络处理器和应用处理器。

4.5.2 LonWorks 控制网络结构

LonWorks 控制网络结构主要是由网络协议（LonTalk）、网络传输介质、网络设备、执行机构和管理软件四部分组成。

1. LonTalk 协议

1997 年 8 月 LonTalk 协议被美国电子工业协会（EIA）的集成家庭系统技术委员会确定为家庭网络的标准，编号为 EIA/IS—7099。欧洲标准 CENTC247 中，建筑物自动化系统的现场层就采用了 LonTalk 协议。美国国家标准 BACnet 共分四层，其中物理层和数据链路层也采用了 LonTalk 协议。1999 年，美国 ANSI/EIA 将 LonTalk 协议定义为 EIA709.1—A—1999 公开标准后，过去 LonTalk 协议只是嵌入在 Echelon 公司的神经元芯片（Neuron Chip）中的状况有了改变。Echelon 公司公布了 LonTalk 协议,任何公司都可以获得 LonTalk 协议的标准,在自己的产品中使用。这样,LonTalk 协议在控制领域开放标准中占有了主流地位,也使得 LonWorks 技术在控制领域的地位迅速提升。LonTalk 协议由各种允许网络上不同设备彼此间智能通信的底层协议组成。

LonWorks 协议是一个分层的以数据包为基础的对等通信协议。像相关的以太网和因特网协议一样,它是一个遵守国际标准化组织(ISO)开放系统互联(OSI)参考模型的分层体系结构准则的、公开的标准。但是,LonWorks 协议设计用于控制系统而不是数据处理系统的特殊要求。为了用一个可靠和稳固的通信标准满足这些要求,LonWorks 协议按照国际标准化组织的建议分层。通过使协议配合 OSI 各层的每一层的控制要求,LonWorks 协议为每一个不同的控制对象提供了特定的解决方案,具有控制应用软件所需的可靠性、稳固性。

2. ISO/OSI 模型

ISO/OSI 模型的 7 层和 LonWorks 协议提供的相应服务见表 4-9。该模型常常用于比较通信协议的特点和功能,并不要求任何给定协议实施该模型的每一层,甚至也不要求如模型那样分层。像 LonWorks 协议这样完整、充分可变规模的协议能提供该模型中的所有服务。

表 4-9 ISO/OSI 参考模型

	OSI 层	目 的	服 务
7	应用层	应用程序	标准对象和类型,配置属性,文件传输,网络服务
6	显示层	数据解释	网络变量,应用报文,外部帧
5	会话层	远程行动	对话,远程程序调用,连接恢复
4	传输层	端到端可靠性	端到端确认,业务类型,数据包排序,双重检测
3	网络层	目的地寻址	单播和多播寻址,数据包路由选择
2	数据链路层	介质访问和组帧	组帧,数据编码,CRC 错误检测,介质访问,冲突检测,优先级
1	物理层	电互联	特定的介质接口和调制方式(双绞线、电力线、无线、同轴电缆、红外和光纤)

以下介绍各层提供的服务。

①物理层定义在通信信道上原始数据的传输。物理层确保由源设备发送的 1 比特被所有的目的设备以 1 比特接收。LonWorks 协议不依赖于介质,所以有多个物理层协议受到支持,随通信介质而定。

②数据链路层定义介质访问和数据编码方法,以确保有效使用单一的通信信道。物理层的原始比特分解为数据帧。物理层定义何时源设备可以发送一个数据帧,目的设备怎样接收该数据帧并检测传输误差。物理层还定义了确保重要报文发送的优先级机制。

③网络层定义报文数据包怎样选择从源设备到一个或多个目的设备的路由。此层定义设备的命名和寻址以确保数据包的正确发送。还定义了设备在不同的通信信道时,怎样在源设备和目的设备间选择路由。

④传输层确保报文数据包的可靠发送。报文可以使用确认服务交换。发送设备等待来自接收设备的确认,假如确认未能收到就重发报文。传输层还定义了重复报文怎样检测,假如一个报文由于确认丢失而重发,则将其拒绝。

⑤会话层在较低层交换的数据上增加控制。它支持远程操作,使用户可以向远地服务器提出请求并获得对此请求的响应。它还定义了一个鉴别协议,使报文接收者能确定发送者是否有权发送该报文。

⑥显示层通过定义报文数据的编码,在较低层交换的数据上增加结构。报文可以像网络变量应用报文或外部帧那样编码。网络变量的可互操作编码由标准网络变量类型(SNVT)提供。

⑦应用层在较低层交换的数据上增加应用程序兼容性。标准对象确保应用软件对在较低层交换的数据使用共同的语义解释,从而促进可互操作性。共同语义解释确保不同的应用软件对网络变量的更新显示共同的行为。

所有通信都由一个或多个在设备间交换的数据包组成。每个数据包的长度由不同数量的字节组成,包含对 7 层中每一层所要求的数据的压缩表示。压缩表示使 LonWorks 数据包非常短,最大限度降低了每个 LonWorks 设备的实施成本。

LonTalk 是 LonWorks 的通信协议,固化在神经元芯片内。LonTalk 局部操作网协议是为 LonWorks 中通信所设的框架,支持 ISO 组织制定的 OSI 参考模型的 7 层协议,并可使简短的控制信息在各种介质中非常可靠地传输。LonTalk 协议是直接面向对象的网络协议,具体实现即采用网络变量的形式。又由于硬件芯片的支持,使它实现了实时性和接口的直观、简洁等现场总线的应用要求。

3. LonTalk MAC 的特点

介质访问控制(MAC)子层是 OSI 参考模型的数据链路层的一部分。目前在不同的网络中存在多种介质访问控制协议,其中之一就是大家熟悉的 CSMA(载波信号多路侦听)。LonTalk 正是使用该协议,但具有自己的特色。

CSMA 协议要求一个节点在发送数据前侦听网络是否空闲。一旦监测到线路空闲后,不同的协议动作不同。这样在重负载的情况下,不同协议的执行结果不同。例如,Ethernet 采用 CSMA/CD 协议,一旦检测到碰撞,采用避让算法。在重负载时,这种方法导致网络介质传输率降得极低。另一些 CSMA 协议使用时间片规则去访问介质,使节点在限制的时间片访问介质,这样可以大大减少两个数据包发生碰撞的可能性。P—坚持 CSMA 和 LonTalk 的 CSMA 就是使用时间片去访问介质。

LonTalk 协议使用一个改进的 CSMA 介质访问控制协议,称为预测的 P—坚持 CSMA。LonTalk 协议在保留 CSMA 协议优点的同时,注意克服它在控制中的不足。目前存在的 MAC 协议(如 IEEE 802.2、802.3、802.4、802.5)都不能在重负载下很好地保持网络高效率、支持大网络系统和多通信介质。下面对 CSMA 作具体分析。

CSMA 是一种常用竞争的方法来决定对媒体访问权的协议。在网络中,每个站点都能独立地决定帧的发送。若两个或多个站同时发送帧,就会产生冲突,导致所发送的帧出错。因此,一个用户发送信息成功与否,在很大程度上取决于监测总线是否空闲的算法是否有效,以及当两个不同节点同时发送的分组发生冲突后所使用的处理方法。

采用 CSMA 的技术要传输数据的站点,首先对媒体上有无载波进行监听,以确定是否有别的站点在传输数据。如果媒体空闲,该站点便可传输数据;否则,该站点将避让一段时间后再做尝试。这就需要有一种退避算法决定避让的时间,常用的退避算法有以下三种。

1)非坚持 CSMA　一旦监听到信道空闲,立即发送;一旦发现信道忙,不再坚持监听,延时一段时间后再监听。缺点是不能将信道刚一变成空闲的时刻找出。

2)1—坚持 CSMA　监听到信道闲立即发送,监听到信道忙继续监听,直至出现信道空闲。缺点是若有两个或更多的节点同时在监听信道,则发送的帧相互冲突,反而不利于吞吐量的提高。

3)P—坚持 CSMA　当监听到信道闲时,就以概率 P 发送数据,而以概率(1-P)延迟一段时间(端到端的传播时延),重新监听信道。缺点是即使有几个节点要发送数据,因为 P 值小于 1,信道仍然有可能处于空闲状态。

分析网络负荷可知,当网络负荷较低时信道的利用率 S 较高。当网络的负荷较高时,有两种情况出现:一是 P 取值较大时(例如 1 和 0.5),信道上会产生大量数据包碰撞,许多数据包必须延时重发,从而导致信道的利用率急剧降低,信道的通信能力也会大大降低。二是 P 取值较低时或为 0 时,表面上信道的利用率 S 不会急剧下降,实际上由 P 取值很小可知,数据包立即发出的概率非常小(例如 P=0.01),数据包很大可能会延时重发。综合上述两种情况可知,采用普通的 P—Persistent CSMA 算法,不管 P 的取值大小或为 0,当网络负荷较重时,都会造成大量数据包延时重发,这对实时性要求高的网络尤其是工业控制网是不能忍受的。这就要求采用新的 MAC 层算法。

但现有的 MAC 层算法,如 IEEE802.2、802.3、802.4 和 802.5 不能满足工业控制网使用多种通信介质以及对实时性的要求、在负荷繁重情况下维持性能的要求以及支持大型网络的需要。因此,Echelon 公司的 LonTalk 协议采用了可预测 P—坚持 CSMA(Predictive P—Persistent CSMA)算法。

如图 4-41 所示,如果一个节点需要发送数据而试图占用信道时,首先在 t_1 周期中检测信道上有没有信息发送,以确定网络空闲。然后产生一个随机的传送延时 t,当延时时间到,且信道仍空闲时,此节点开始传送报文,否则节点接收发送来的数据包,然后重复访问信道。概率 P 给定一个随机时间段 t_2。在 LonTalk 协议中,对 P—Persistent CSMA 算法作了相应的改善。P—坚持 CSMA 通过对网络负载的预测,实现了对 P 值的动态调整。当网络空闲或轻载时,所有节点被随机分布在最小 16 个不同延时的随机时隙上发送消息。这样,在空闲或轻载的网络中,访问的平均延时为 8 个时隙,等同于 P=0.0625(1/16)的 P-坚持 CSMA。当预测到网络负载要增加时,增加随机时隙的数目,将节点随机地分配在数目增多了的某个随机时隙上。发送概率 P=1/R,R 增加,P 值降低,因此可预测 P-坚持 CSMA 在保留 P-坚持 CSMA 优点的前提下,通过对网络负载的事先预测,在网络轻载时,给网上节点分配数目较少的随机时隙,使节点对介质访问的时延最小;网络重载时,通过给网上节点分配数目较多的随机时隙,从而使节点同时发送数据带来的冲突最少,避免了重载下系统处于不稳定状态,保证信道仍能以最大的吞吐量工作,不会因过多的冲突而造成阻塞。

在 MAC 层中,为提高紧急事件的响应时间,提供一个可选择优先级机制。该机制允许用户为每个需要优先级的节点分配一个特定的优先级时隙,在发送过程中,优先级数据报文将在那个时间间隙里将报文发送出去。优先时间间隙从 0~127,0 表示不需要等待立即发送,1 表示等待一个时间间隙……低优先级的节点需要等待较多的时间间隙,而高优先级的节点需要等待较少的时间间隙。这个时间间隙加在 P—概率随机间隙之前(即节点的随机等待时间的随机间隙之前)。非优先级的节点必须等待优先级时隙都完成后,再等待 P—概率时间间隙后发送。这样,加入优先级的节点具有更快的响应时间。

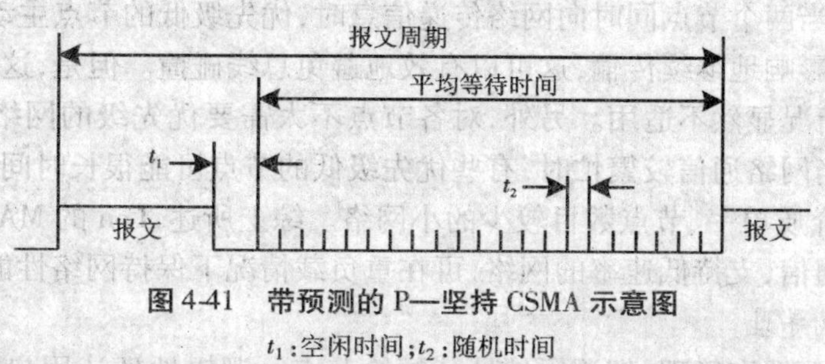

图 4-41　带预测的 P—坚持 CSMA 示意图

t_1:空闲时间;t_2:随机时间

如果有很多网络节点等待网络空闲,一旦网络空闲,这些节点都会马上发送报文而产生碰撞。它们产生碰撞后会后退一段时间,假如这段时间相同,就会发生重复碰撞,这将使网络效率大大降低。在预测的 P—坚持 CSMA 中,所有 LonWorks 节点等待随机时间片间隔访问介质,这就避免了以上情况的发生。在 LonWorks 中,每个节点发送前随机插入 1～16 个很小的随机时间片。在空闲网络中,每个节点发送前平均插入 8 个随机时间片。

在 P—坚持 CSMA 中,当一个节点有信息需要发送时,并不立即发送,而是等待一个概率为 P 的随机时间片。而 LonTalk 协议可根据网络负载动态调整 P 值。时间片的增加通过一个 N 值,插入的随机时间片为 $N\times16$。这个 N 值的取值范围是 1～63。LonTalk 称 N 为网络积压的估计值,是对当前发送周期有多少个节点有报文需要发送的估计。LonTalk 协议根据网络积压动态地调整介质访问,允许网络在轻负载情况下用较短的时间片,在重负载情况下用较长的响应时间片。

LonWorks 网络结构见图 4-42。

LonWorks 采用令牌环网进行信息的传输。LonTalk 具有对多介质的支持,但这些介质必须在总线上具有环的结构,令牌在这个环线上轮巡。这对使用电力线和无线电作为介质的网络显然不可行,因为网上所有节点几乎能同时收到令牌。同时,令牌环网络还需增加令牌丢失时的恢复机制、令牌快速应答机制,这些都增加了硬件上的开销,使网络成本增加。

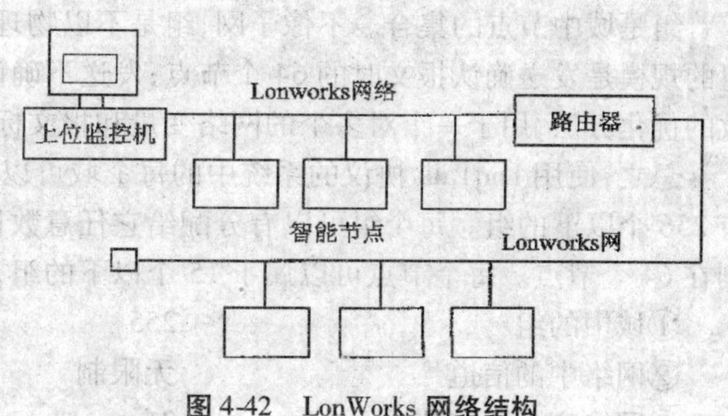

图 4-42　LonWorks 网络结构

对令牌总线网络,LonTalk 在令牌中加入网络地址,从而在物理总线上建立一个逻辑环的结构,使令牌在这个逻辑环上轮巡。但是,在低速网络中令牌轮巡时间变得很长。另外,令牌总线在有节点上网或下网时都会发生网络重构。在电池供电的系统中,会因经常休眠和唤醒而导致网络上下网时频繁重构;在恶劣的环境中,常会发生令牌丢失而导致网络重构。这些网络重构会大大降低网络的效率。同时,由于网络地址的限制,每个网络至多只有 255 个节点。

常用的 CSMA/CD(如 Ethernet)在轻负载情况下具有很好的性能;在重负载情况下,过多的碰撞使网络效率变得极低。

在 CANbus 中采用无主结构,其 MAC 层上的管理很有特色。它也采用 CSMA 方式,但将网络上的节点分成不同的优先级,采用支配位(0)和避让位(1)以及总线回读的方法实现非破坏性总线仲裁。即当两个节点同时向网络传递信息时,优先级低的节点主动停止发送,而优先级高的节点可不受影响地继续传输,这可以有效地避免总线碰撞。但是,这要求网络一定要同步,这对多介质的情况显然不适用。另外,对各节点不太需要优先级的网络,由于不得不定义一个优先级,因而当网络通信较繁忙时,有些优先级低的节点可能很长时间不能发送信息。因此,Canbus 较适合介质单一、节点数目较少的小网络。综上所述,Lon 的 MAC 子层具有以下优点:支持多介质的通信,支持低速率的网络,可在重负载情况下保持网络性能,支持大型网络。

4. LonTalk 协议寻址

为了简化网络配置和管理,把逻辑地址分配给节点。逻辑地址让用户把一个名字和物理装置或节点配合,在控制网中配置时定义。所有的逻辑地址包括两个部分。第一部分是指定域的域 ID(Domain ID)。所谓域就是节点的集合,常常是整个系统,它们可以互操作。逻辑地址的第二部分以独特的 15 位节点地址规定域中的一个单一节点,或者以它独特的 8 位组地址规定一个预先定义的节点组。每个在网上传输的包包含传输节点(源地址)的逻辑地址和接收节点地址(目的地址),它们可能是物理神经元地址、逻辑节点地址、组地址或广播地址。

假如节点数目超过允许的域限值或者想把节点分开使它们不能相互操作,那么就使用多重域。有可能让两个以上的独立的 LonWorks 系统共享同一个物理网络,只要每个系统有专用的域 ID。每个系统中的装置只响应相应于它们的域 ID 的包,并不知道或关心其他域 ID 寻址的包。装置也对以它们自己的物理 ID 寻址的包作出响应,物理 ID 只有相应的网络管理工具知道。当然,在一个物理网被共享时,整个网络响应时间由于数目增加而受到影响,所以需要协调一致的整体网络设计。

组是域中节点的集合。不像子网,组是不以物理信道位置组合起来的节点的集合。最大组的规模是发送确认报文时的 64 个节点;发送不确认报文的组规模是无限制的。组是一个有效的优化方法,用于一个对多个的网络变量和报文标签连接。

总之,使用 LonTalk 协议的系统中的每个域可以有 32 385 个以下的装置。一个域中可以有 256 个以下的组。每个组可以有分配给它任意数目的节点,只是在端到端的确认时,组被限制在 64 个节点。每个节点可以属于 15 个以下的组,例如:

①域中的组	255
②网络中的信道	无限制
③网络变量的字节	31
④显示报文中的字节	228
⑤数据文档中的字节	2^{32}
⑥子网中的节点	127
⑦域中的子网	225
⑧域中的节点	32385
⑨系统中最多的节点	$32K \times 2^{48}$
⑩网络中的域	2^{48}
⑪组中的成员	
确认或要求响应的	63
未确认或重复的	无限制

5. LonTalk 网络变量

LonTalk 协议体现网络变量(NV)的革新观念。NV 使多个销售商产品可互操作的 LonWorks 应用程序的设计工作大大简化,并方便了以信息为基础而不是以指令为基础的控制系统的设计。所谓网络变量是任何数据项(温度、开关值或执行器位置设定),它们是一个特定装置应用程序期望从网上其他装置得到的(输入 NV)或期望提供给网上其他装置的(输出 NV)。

装置中的应用程序根本不需要知道输入 NV 来自何处或输出 NV 走向何处。应用程序的输出 NV 的值变化时,它就只是把这个新值写入一个特定的存储单元。在网络设计和安装期间会发生一个叫做“捆绑”的过程,通过这个过程配置 LonTalk 固件,以确定网上要求 NV 的装置组或其他装置的逻辑地址,汇集和发送适当的包到这些装置。类似地,当 LonTalk 固件收到它的应用程序所需的输入 NV 的更新数值时,就把它放在一个特定的存储单元。应用程序知道在这个单元总是能找到最新数据。这样,捆绑过程就在一个装置中的输出 NV 和另一装置或装置组的输入 NV 之间建立了逻辑连接。连接可想象为“虚拟线路”。假如一个节点有一个物理开关和相应地称为“开关 on/off”的输出 NV,而另一节点驱动称为“灯 on/off”输入 NV 的一个灯泡,这两个 NV 建立一个逻辑连接,其功能效应就如同从开关到灯泡连接一条物理线路。

6. LonTalk 报文类型

LonTalk 协议提供三种基本报文服务并且支持鉴别的报文。最优化的网络会经常使用这些业务。第一类报文服务提供端到端的确认,称为确认的报文发送。在使用确认的报文发送时,一个报文发送给一个节点或节点组,并期望从每个接收者得到个别的确认。假如未受到确认,发送者做超时安排并重试事务处理。重试和超时安排的次数都是可选择的。第二类报文是不确认的重复报文。使用这类报文可把一个报文发送到节点或节点组许多次。这个业务通常在向一个大的节点组广播信息时使用,因为确认报文会造成所有的接收节点同时尝试发出一个响应。第三类报文简单地说就是不确认报文,发送节点或节点组一次,并且不期望响应。报文鉴别服务使报文接收者能确定发送者是否有权发送这个报文。这样,鉴别就能防止对节点的未经授权的访问。鉴别功能是在安装时分布 48 位密钥到节点而设立的。

7. LonTalk 信道类型

LonTalk 协议在设计上是独立于介质的,这使 LonWorks 系统可以在任何物理传输介质上通信。这一点使网络设计者能充分利用提供给控制网的各种信道。协议还提供可改变的配置参数,以便折衷某一特殊应用的性能、安全和可靠性。

信道是个特殊的物理通信介质(诸如双绞线或电力线)。LonWorks 装置通过专用于此信道的收发器与其连接。每类信道在最多可连接的节点数、通信位速率和物理距离限值方面都有不同的特征。表 4-10 总结出几类广泛应用的信道的特征。

表 4-10　信道特征表

信道类型	介质	数据速率	最多节点数	最大距离
TP/XF-1250	双绞线,总型	1.25 Mbps	64	125 m(总线长度)
TP/XF-78	双绞线,总型	78 kbps	64	1 330 m(总线长度)

续表

信道类型	介质	数据速率	最多节点数	最大距离
TP/FT-10	双绞线,灵活拓扑	78 kbps	64(假如通过链路供电可达128)	500 m(节点到节点)
PL-2X	电力线	5 kbps	~500	视环境而定

特别重要的是灵活拓扑双绞线信道TP/FT10,它使装置可用单双绞线的线段在任何配置中连接,没有对短截线长度、装置间距或分线的限制。

8. LonTalk的特征和优点

总而言之,LonTalk协议可从事的多种服务提高了可靠性、安全性和网络资源的优化。这些服务的特征和优点包括如下几点:

①支持广泛范围的通信介质,包括双绞线和电力线;

②支持可靠通信,包括防范未经授权使用系统;

③不论网络规模,提供可预测的响应时间;

④支持混合介质和不同通信速度构成的网络;

⑤提供对节点透明的接口;

⑥支持几万节点——但在只有几个节点的网络中同样有效;

⑦允许节点间的任意联通;

⑧允许对等通信,这样就使它可用于分布式控制系统中;

⑨为产品的可互操作性提供有效机制,使来自一个制造商的产品能和其他制造商的产品共享标准物理量的信息;

⑩实施协议内网络管理问题的解决方案。

4.5.3 神经元芯片

LonWorks技术是一种现场总线技术,是用于开发监控网络系统的一个完整的技术平台,并具有现场总线技术的一切特点,如数字化的信号传输、分散的系统结构、方便的系统互操作性、开放的互联网络、多种传输媒介和拓朴结构等,提供Neuron芯片、LonTalk协议、LonMark互操作标准、LonWorks电力线收发器、LonBuilder开发工具、LonWorks网络服务体系架构LNS和Neuron C编程语言等完整平台,为设计和生产现场总线控制网络提供了保障。LonWorks现场总线技术,提供了一个开放性的低层通信网络——局部操作网络(LON),其通信协议称为LonTalk协议,遵循OSI网络参考模型的全部7层协议,是直接面向对象的协议。LonTalk协议提出了网络变量这一概念,通过网络变量的定义及节点安装时需要进行相互通信的网络变量作一次捆绑,就可实现网络上的数据通信。

LonWorks协议是公开的,被固化在神经元芯片内。LonWorks现场总线的核心是Neuron芯片,它是一种超大规模集成电路。对于开发商来说,神经芯片的特征在于它的完整性。神经芯片内的处理器和内嵌的通信协议简化了系统编程。准确地说,神经芯片已提供了ISO/OSI通信协议模型的前6层,仅需要开发商进行应用层编程和参数配置。因此,基于神经芯片的系统开发相当简便。神经元芯片的基本结构如图4-43所示。

大部分LonWorks装置利用神经元芯片的功能,并将其用于控制处理器。神经元芯片是一种半导体装置,专门为低价控制装置提供智能的联网能力。神经元芯片包括使用用户编码和

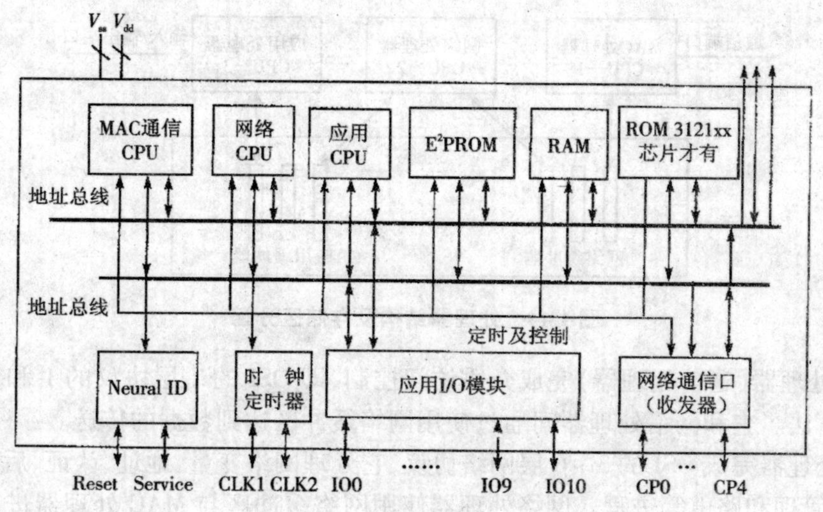

图4-43　神经元芯片结构图

开发商装置的通信及应用处理能力。埃施朗公司设计了最初的神经元，但是神经元派产品通常都由埃施朗的合作伙伴设计和制造。Cypress半导体公司、摩托罗拉、东芝等是这些芯片的当前生产者。众多供应商为神经元芯片营造一个竞争环境，这样有助于促使价格下降。

神经元基本上是一个“芯片上的系统”，由多个微处理器、读写存储器和只读存储器（RAM和ROM）、通信和I/O接口组成。只读存储器包含操作系统、LonTalk通信协议和I/O功能数据库系统。芯片有用于装置数据和应用程序的非易失性RAM，两者都可从通信网络上下载。在制造时，每个神经元芯片被赋予一个永久的全世界唯一的名为神经元ID的48位码。现在有不同速度、不同存储器类型和容量、不同接口的许多系列的神经元芯片。

LonTalk协议的程序包含在每个神经元芯片的ROM中。这使得神经元能保证在每个装置中公共协议的应用以完全相同的方式实施。大部分LonWorks装置包括一个具有完全相同的嵌入式LonTalk协议实施工具的神经元芯片。这个方法解决了“99%兼容性”问题，并保证LonWorks装置在同一网络上的连接只需要很少甚至于不需要额外的硬件。神经元芯片实际上是结合成一体的三个8位的连机处理器。其中两个优化以执行协议，第三个供节点应用。所以，芯片既是网络通信处理器又是应用处理器。这保证了不论控制装置/网络来自哪个制造商，但使这些装置能相互通信的内在协议是相同的。

每个神经元芯片，或任何其他实施已公布的LonTalk协议处理器，都有一个被保证是唯一的48位的ID。这样，每个LonWorks装置就有唯一的可由LonTalk协议使用的物理地址。但是，ID通常只用于初始安装和诊断。为了简化正常网络运行，使用了逻辑寻址。

Neuron神经元芯片的第一代产品为PL3150和PL3120芯片，片上集成了介质访问处理器、网络处理器与应用处理器等三个CPU、存储器、I/O接口等部件。它有效集成了通信、控制、调度和I/O等功能。该芯片固化了LonTalk协议。控制网络的每个远程装置均可使用这种芯片，由其提供的I/O接口来实现与传感器、执行器或外部设备之间的数据输入输出，实现各种现场所需要的数据处理和控制算法，并通过嵌入的LonTalk协议固件和收发器模块在网络上实现数据通信。

神经元芯片内部装有三个微处理器，如图4-44所示。它们的功能如下。

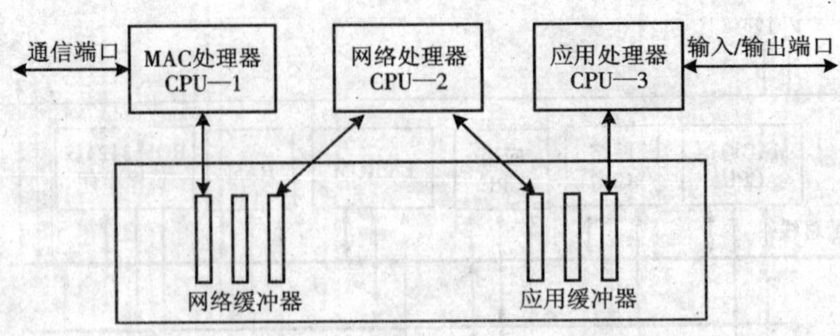

图4-44 处理器结构及存储区分配

①MAC处理器(通信处理器)完成介质访问控制,即OSI的7层协议的1和2层,其中包括碰撞回避算法。它和网络处理器间通过使用网络缓冲区达到数据的传送。

②网络处理器完成OSI的3~6层网络协议,它处理网络变量、地址、认证、后台诊断、软件定时器、网络管理和路由等进程。网络处理器使用网络缓冲区与MAC处理器进行通信,使用应用缓冲区和应用处理器进行通信。

③应用处理器完成用户的编程。其中包括用户程序对操作系统的服务调用。

神经元芯片通信支持多种通信介质。使用最广泛的是双绞线,其次是电力线,还包括无线、红外、光纤和同轴电缆等。为了适应不同的通信介质,可以将神经元芯片的5个通信引脚CPO~CP4配置5种不同的接口模式,以适应不同的编码方案和不同的波特率。这三种模式分别介绍如下。

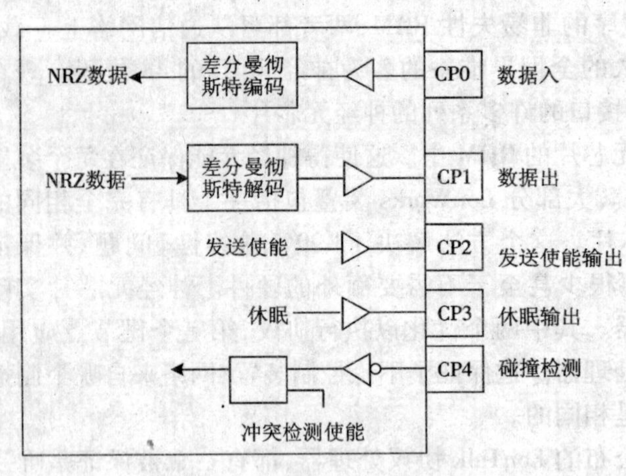

图4-45 单端模式的通信端口

1)单端模式(Single-ended) 单端模式是在Lon总线中使用最广泛的一种模式,数据通信通过单端输入引脚CP0和输出引脚CPl。该模式还包含低有效的睡眠输出(CP3),它使神经元芯片进入睡眠状态时收发器进入掉电状态。在单端模式下,数据编码和解码采用差分曼彻斯特编码。在开始发送报文之前,神经元芯片在正式发送报文之前,发送端发送一个同步头以确保接收节点的接收时钟同步。报文结束时神经元芯片通信端口强制差分曼彻斯特编码为一个线路空码(line-code-violation),并保持到接收端确认发送的报文结束;而发送允许引脚一直保持到线路空码结束,然后释放。单端模式的通信端口如图4-45所示。

2)差分模式(differentialmode) 在差分模式下,神经元芯片支持内部的差分驱动。差分模式与单端模式的区别是包含一个内部差分驱动,同时不再包含睡眠输出。其数据格式与单端方式相同。差分模式的通信口配置如图4-46所示。

3)专用模式(Specialpurposemode) 在一些专用场合,需要神经元芯片直接提供没有编码和不加同步头的原始报文。在这种情况下,需要一个智能的收发器处理从网络上或神经元芯

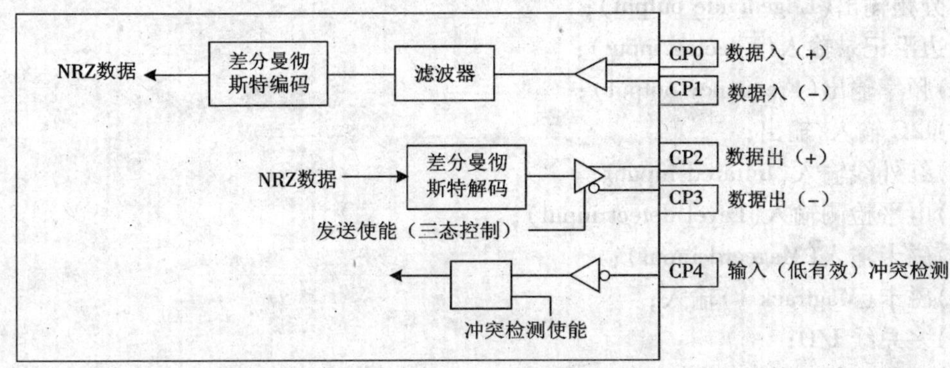

图4-46　差分模式的通信口配置

片上来的数据。发送的过程是:从神经元芯片接收到原始报文,重新编码,并插入同步头。接收过程是:从网络上收到数据,去掉同步头,重新解码,然后送到神经元芯片。

三种模式下通信口引脚的功能如表4-11所示。

表4-11　三种通信方式下引脚功能的比较

引脚	驱动电流(mA)	单端模式	差分模式	专用模式
CP0	1.4	数据输入	数据输入(+)	数据输入
CP1	1.4	数据输出	数据输入(-)	数据输出
CP2	40	发送端使能	数据输出(+)	位时钟输出
CP3	40	休眠状态输出	数据输出(-)	休眠输出或唤醒输入
CP4	1.4	冲突检测输入	冲突检测输入	帧时钟输出

神经元芯片通过它的11个I/O口——IO0~IO10与其他设备互联。这些引脚可以根据不同外部设备I/O的要求,灵活地配置输入输出方式。采用NeuronC语言,编程人员可以定义一个或多个引脚作为输入/输出对象,用户程序可通过io _ in()和io _ out()系统调用来访问这些I/O对象,并在程序执行期间完成输入/输出操作。IO4~IO7均有上拉电流源供选择并用做上拉电阻,应用程序中若使用编译器指令(Pragmaenable _ io _ pullups)则上拉电阻有效。引脚IO0~IO3均有20 mA(0.8 V)的电流吸收能力。其他引脚电流吸收能力为标准值1.4 mA(0.4 V)。

神经元芯片的11个可编程I/O引脚具有34种可选的工作方式,每种模式对应特定的数据传输方式,称为输入/输出对象。34种可选的工作方式如下:

(1)位输入(bit input);

(2)位输出(bit output);

(3)位移输入(Bitshift input);

(4)位移输出(Bitshift output);

(5)字节输入(Byteinput);

(6)字节输出(Byteoutput);

(7)双斜率输入(Dualslope input);

(8)分频输出(Edgedivide output);
(9)边沿记录输入(Edgelog input);
(10)频率输出(Frequency output);
(11)I2C 输入/输出;
(12)红外线输入(Infrared input);
(13)电平检测输入(Level detect input);
(14)磁卡输入(Magcard input);
(15)磁卡(Magtrack 1)输入;
(16)多总线 I/O;
(17)串行全双工传输(Neurowire I/O);
(18)半字节输入(Nibble input);
(19)半字节输出(Nibble output);
(20)单稳输出(Oneshot output);
(21)定期输入(Ontime input);
(22)并行 I/O;
(23)周期输入(Period input);
(24)脉冲计数输入(Pulse count input);
(25)脉冲计数输出(Pulse count output);
(26)脉宽输出(Pulse width output);
(27)正交输入(Quadrature input);
(28)串行输入(Serial input);
(29)串行输出(Serial output);
(30)总计数输入(Total count input);
(31)触点 I/O (Touch I/O);
(32)触发(Trigger)输出;
(33)触发的计数输出(Triggered Count output);
(34)Wiegand 输入(Wiegand input)。

就开发者和集成员来说,神经元芯片之优越性在于它的完整性。内装协议和处理器免除了在这些方面的任何开发和编程。参照前文的通信协议的 ISO/OSI 模型,神经元芯片提供了前面的6层,只需要提供应用层编程和配置。这就使协议的实施标准化,并使开发和配置较为容易。

4.5.4 远程数据采集与数据通信的硬件接口

由电力线收发器 PLT—22、Neuron 芯片 PL3150 和 MAX186A/D8 路 A/D 转换器芯片组成的远程电力线采集与数据通信的基本硬件电路如图 4-47 所示。

由于 Neuron 神经元芯片的 I/O 对象是一个全双工的串行接口,它可在 IO8 脚输出的时钟信号作用下,由 IO9 和 IO10 两个引脚同步实现将 A/D 通道地址信息移出和把对应通道的变换数据移入的功能,而 MAX186 这种 12 位、多通道、全双工的串行 A/D 集成芯片正好与其兼容,它在 SCLK 时钟信号的作用下,可同步实现将通道地址信息移入芯片和将变换好的数据移出芯片的功能。

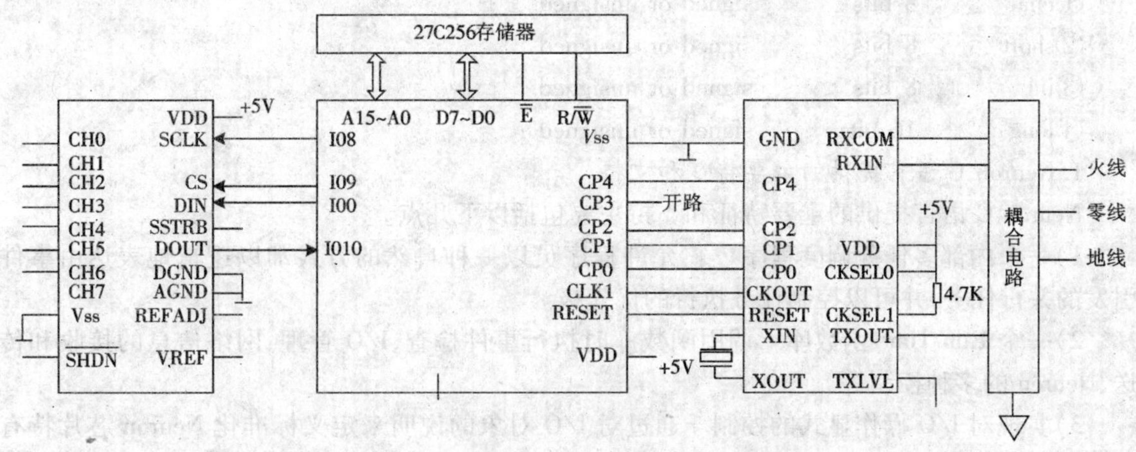

图4-47　远程电力线路采集与数据通信的基本硬件电路

IO9用于串行数据输出，IO10用于串行数据输入，Neurons神经元芯片通过与电力线收发器PLT—22相连完成远程数据通信功能，需要发送的信号通过耦合电路送到电力线上进行发送。电力线上的信号也可以通过耦合电路被PLT—22电力线收发器接收。经过PLT—22处理的信号由Neurons神经元芯片进行运算处理后，产生的控制信号可送至用户的应用电路以实现其控制功能。同时用IO8、IO9、IO10脚可与PC机进行串行数据通信，因此去掉A/D转换器，用IO8、IO9、IO10与PC机进行232串行数据通信，就是系统图中PC机与电力线之间控制器的结构。

4.5.5　神经C语言

LonWorks技术为产品开发者、系统集成商和最终用户提供了用于研制、构建、安装和维护控制网络需要的所有支持。这种一步到位的解决方案十分有利于用户将主要精力集中在擅长的应用层的开发工作上。而应用层的软件可在NodeBuilder或LonBuilder开发系统下，采用一种专门的编程语言Neuron C，针对具体控制系统的要求编写应用层的程序代码，然后经过编译再与通信协议代码连接并生成完整的目标代码，一起下载到智能节点的存储器中。

Neuron Chip（神经元芯片）是LonWorks技术的核心所在。它是一种内含多CPU、ROM、RAM、I/O接口和网络接口的大规模集成电路芯片。LonWorks系统是由神经元为核心的各种节点构成的。Neuron C是一种基于ANSI C而为神经芯元片设计的一种编程语言，它对ANSI C进行了扩展以直接支持Neuron芯片的固件例程。对开发LonWorks应用来说，它是一种强有力的工具。它增强了对I/O支持、时间处理、报文传递等功能，其扩充部分包括软件定时器、网络变量、显式报文、一个多任务调度、E2PROM变量和复杂函数等。

与ANSI C不同的是，Neuron C不支持文件I/O和浮点运算。但是，Neuron C有专用的实时库和语法扩展以支持Neuron芯片的智能分布式控制应用。其语法扩展包括软件定时器、网络变量、显式报文、多任务调度、EEPROM变量和附加功能等。其中，网络变量的使用为LON节点间的通讯及互操作提供了基础。通过不同节点的、相同类型的网络变量互联，即可实现节点之间的数据传递。也就是说，LON节点通过网络变量实现了数据的共享。神经元的数据类型如下：

①char	8 bits	signed or unsigned
②short	8 bits	signed or unsigned
③int	8 bits	signed or unsigned
④long	16 bits	signed or unsigned

1. Neuron C 语言提供的主要特征和支持

Neuron C 语言提供的主要特征和支持主要包括以下几点。

1)一个内部多任务调度程序　它允许程序员以一种自然的方式却以逻辑地表达由事件引发的并行任务,并可以控制任务执行的优先级。

2)一个 Run-Time 函数库　调用函数库时执行事件检查、I/O 管理、网络信息的接收和传送、Neuron 的多种控制等。

3)实现对 I/O 操作显式的控制　通过对 I/O 对象的说明来定义标准化 Neuron 芯片特有的多功能 I/O。

4)新一级对象"网络变量"的说明语句　网络变量作为 Neuron C 语言的对象,无论何时被赋值,它的值都可以自动传遍网络,网络变量的引入和使用简化了节点间的数据共享。

5)新语句 When　定义由事实驱动的任务。

6)支持显式报文传递　实现对基本 LonTalk 协议服务的直接访问。

7)一种对 ms 和 s 计时器对象说明的语句　它们在停止计数时将会激活用户定义的任务。

2. Neuron C 与 ANSI C 语言的区别

Neuron C 与 ANSI C 语言的主要区别如下。

①Neuron C 不支持浮点运算,但它提供了一个浮点库。

②ANSI C 定义 short int 为 16 位或多于 16 位,long int 为 32 位或多于 32 位;而 Neuron C 定义 short int 为 8 位,long int 为 16 位。在 Neuron C 中,int 缺省为 short int。如果需要使用 32 位的值,可以使用 32 位有符号整数库。

③Neuron C 不支持 register 或 volatile 类。

④Neuron C 在自动(auto)变量定义时不对其赋初值。

⑤Neuron C 不支持将结构体(structure)和共用体(union)作为过程参数或作为函数的返回值。

⑥Neuron C 的网络变量不能为指针类型。

⑦Neuron C 不支持指向定时器、消息标签(Message Tag)和 I/O 对象的指针。

⑧Neuron C 指向网络变量和 EEPROM 变量的指针被当做是指向常量(const)的指针,被这个指针引用的变量内容可读但不能被修改。

⑨Neuron C 的宏被扩展后,宏参数才能被重复扫描。宏操作符"#"和"##"在嵌套的宏表达式中出现时,不能像 ANSIC 定义的那样产生相应的结果。

⑩Neuron C 的网络变量名和报文标签被限定在 16 个字符以内。

⑪一些标准 C 库函数(如 memcpy ( )和 memset ( )等)被 Neuron C 保留。Neuron C 还提供有针对字符串和字节的操作库,从而允许用户使用定义在(string. h)头文件中的标准 C 函数的子集。其他的标准 C 库函数(如文件 I/O 和存储分配函数等)并不包括在 Neuron C 中。

⑫Neuron C 包括三个标准头文件〈stddef. h〉、〈stdlib. h〉和〈limits. h〉。

⑬如果出现函数调用先于函数定义的情况,Neuron C 要求首先声明函数原型。

⑭Neuron C 包含了一些补充的保留字和语法，这些保留字和语法并不包括在 ANSI C 中。

⑮Neuron C 支持二进制常数，作为对八进制和十六进制的补充。二进制常数以 OB <二进制数>的形式定义，例如，OB1101 等于十进制数 13。

⑯Neuron C 支持来自 C + + 的//...　注释格式，作为对传统户/ * ... * /注释格式的补充；在//...　格式中，两个斜杠(//)开始一个注释行。

⑰Neuron C 不再使用 main ( ) 函数结构，而是代之以由 when ( ) 语句和函数组成的 Neuron C 程序的可执行对象。

⑱Neuron C 不支持标准 C 的预处理指令#if、#elsif 和#line，但支持#ifdef、#e1se 和#endif。

3. Neuron C 语言编程技术

下面就神经 C 语言编程技术进行说明。

(1)定时器

一个应用程序可用到 15 个定时器，处理时间每秒或每毫秒并随意地重复。这些计时器应用在软件驱动的神经元处理器上，且独立于神经元芯片输入时钟频率。计时器的终止可能就是造成用户工作被破坏的时间，此事件叫做“计时器终止”。计时器变量的值是无正负的长度为(0 ~ 65 535)的数值。在 20 MHz 时钟频率上运行时，计时器变量的数值在 0 到 32 767 之间。计时器的变量值一般可设定在 0 到 65 535 之间，时钟可以由应用程序设定为这个范围内的任何值。

(2)网络变量

网络变量是节点中的一个对象，可以与一个或多个其他节点的网络变量相连接，用于在网络上互传信息。网络变量可以为输入，也可以为输出，允许在控制网络中共享数据。无论何时，如果一个程序更新了它的输出网络变量的值，则该值将会通过网络传给所有与该输出变量相连接的其他节点的输入网络变量。虽然网络变量通过 LonTalk 报文传播，但报文的传送是透明的，应用程序不需要任何显式指令接收或发送更新后的网络变量。

节点在通过 SERVICE 引脚安装在网络后，可以与网络上的其他节点通过网络变量进行逻辑连接，此时发送方节点的网络变量类型必须和接收方网络变量数据类型相匹配。LonTalk 协议提供有标准网络变量类型(SNVT)，是对互操作性的进一步支持，SNVT 是具有相应单位(如 V、℃、m 等)的预定义类型的集合，是由 Neuron C 内部定义的变量类型，用户可以根据实际需要选用，具体类型可参考 Echelon 公司提供的标准网络变量表。

(3)网络变量定义

网络变量定义语法为：

　　Network input|output[修饰字][存储类]网络变量类型

　　[连接信息]网络变量名[= 初始值]

①input|output 说明是输入网络变量，还是输出网络变量。

②网络变量修饰字(可选)：

d. sync|synchronized，定义网络变量为同步网络变量；

b. polled，定义网络变量为循环查询输出网络变量；

c. d _ string，用于设置网络变量的自编文件串，最长为 1 023 个字节。

③网络变量的存储类别(可选)：

a. const 指定应用程序不能修改的网络变量；

b. config 由输入网络变量使用,指定存放在 EEPROM 中的 const 类别的网络变量只能由另一个节点修改。

④网络变量连接信息:

a. offiine 用于告知网络管理器在对该网络变量修改之前,节点应离线(offline),该选项通常由 config 类别的网络变量选用;

b. Unackd|unackd _ rpt|ackd[(config|nonconfig)],指定网络变量采用的 LonTalk 协议报文服务类型,允许的报文服务类型有非应答、非应答重发以及应答服务(默认);

c. Authenticated|nonauthenticated[(config|nonconfig)],指定网络变量修改是否需要鉴别认证服务;

d. Priority|nonpriority[(config|nonconfig)],指定该网络变量的修改消息是否能优先传送。

(4)网络变量事件

Neuron C 中常用的网络变量事件有以下几种。

1)nv _ update _ occurs 事件 用来判断输入网络变量是否收到新值。当与该输入网络变量相连接的另一节点上的输出网络变量被赋予新值时,该输入网络变量的值自动更新。语法为

nv _ update _ occurs[(网络变量名)]

2)nv _ update _ succeeds 事件 当输出网络变量值成功发送时,或者循环查询输入网络变量后,所循环查询的值全都收到,该事件为真。语法为

nv _ update _ succeeds[(网络变量名)]

3)nv _ uodate _ fails 事件 当输出网络变量值发送失败,或循环查询输入网络失败时,该事件为真。语法为

nv _ update _ fails[(网络变量名)]

4)nv _ update _ completes 事件 在发送输出网络变量后(无论是否成功),或只要收到任意一个所循环查询的输入网络变量值,该事件为真。语法为

nv _ update _ completes[(网络变量名)]

(5)网络变量应用实例

下面是网络变量应用的实例,如图 44-8 所示。

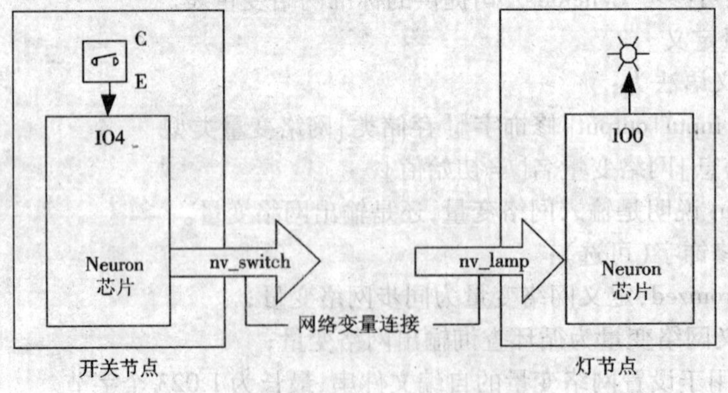

图 4-48 节点接线和网络变量连接图

```
IO _ 0 output bit ioLED = LED _ OFF;               //定义 Bit 类型输出 I/O 对象
Network input SNVY _ lev _ disc nv _ lamp = ST _ ON;//定义网络变量
when(nv _ update _ occurs(nv _ 1amp))            //当输入网络变量值更新时执行该任务
{
    //根据 nv _ lamp 的值控制电灯的开启或关闭
    io _ out(ioLED,(nv _ lamp!  = ST _ OFF)? LED _ ON:LED _ OFF);
}
```

(6)事件驱动(event driven)

Neuron 芯片的任务调度采用事件驱动方式,当一个给定的 when 语句中的条件变为真时,与该条件相关联的被称为任务(task)的应用程序代码被执行。调度程序允许自定义条件和任务,也可以指定某些任务作为具有优先级的任务,以便它们能得到优先服务。

when 语句的语法为

```
[priority]when(事件)
{
    …
}
```

例如,一个简单的 when 语句和与之相关联的定时关闭 LED 显示灯的任务为

```
when(timer _ expires(1ed _ timer))
{
    io _ out(io _ led, OFF); //turn off the LED
}
```

(7)When 语句的事件

可以将 When 语句事件分成以下几种。

1° 预定义事件

```
io _ changes                  //当输入 I/O 对象的输入值发生改变
io _ update _ occurs          //输入 IO 对象值改变,只对定时器/计数器 IO 对象有效
nv _ update _ occurs          //输入网络变量接收到新值
nv _ update _ completes       //输出网络变量发送完成
nv _ update _ fails           //输出网络变量发送失败
nv _ update _ succeeds        //瀚出网络变量发送成功
offline                       //接收到 offline(使节点离线)网络管理报文
online                        //接收到 online(使节点在线工作)网络管理报文
Reset                         //Neuron 芯片被复位
timer _ expires               //定时器定时间隔到
```

2° 用户定义(user _ defined)事件

用户定义事件可以包含赋值和函数调用,在用户定义的事件内,只能对全局变量赋值。如:

```
when(a = =O)//用户自定义 a = O 时间为真时,执行后面的程序代码
{
```

```
…
}
```

3° reset(复位)事件

在 Neuron 芯片由于某种原因被复位(如芯片刚上电、人为将 RESET 引脚接低电平等)后 reset 事件为真。芯片被复位后所执行的第一个任务为 reset 事件后的任务。

4° when 语句的调度

调度程序以由上到下循环的方式检测 when 语句,每个 when 语句都由调度程序检测。如果为真(TRUE),则与其相关联的任务就被执行;如果为假(FALSE),调度程序将继续检查后面的 when 语句。在检查完最后一个 when 语句后,调度又返回至队列首部重复执行上述过程。

4.5.6 LonWorks 应用开发过程

LonWorks 的应用开发过程如图 4-49 所示。

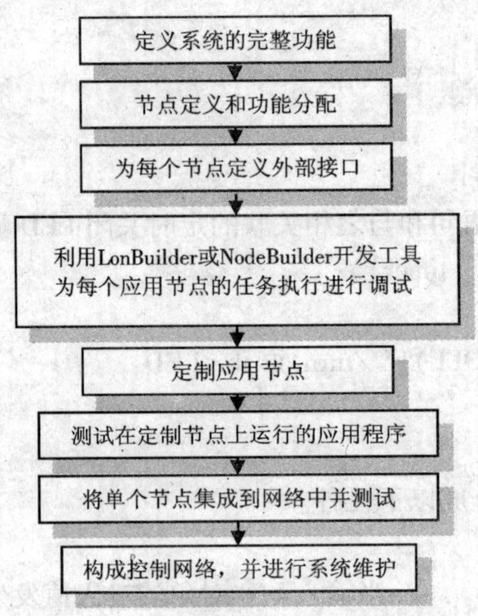

图 4-49 LonWorks 应用开发过程流程图

4.5.7 LonWorks 网络与 Internet 融合

Internet 已在世界范围内广泛成为信息变换和通信的工具。另一方面,现场总线越来越多地被广泛接受,并且为在不同领域进行自动控制展示了强大的功能。因此,如何利用现场总线和 Internet 的功能、建立二者之间的互联是现场总线应用的新课题。

现场总线系统中的 LonWorks 技术提供了最具发展前景的 LonWorks/IP(网际协议)网关应用。建立在 LonWorks 通信对象和 Internet 协议之间透明映射的网关,提供了远程网络访问和监视的新途径。这样,孤立的 Lonworks 网段可以通过以太网将进行 IP 通信的其他介质连接起来。LonWorks/IP 网关的关键功能包括节点文件操作,访问网络变量和应用报文以及连接层协议数据单元(PDU)处理。这些功能对于加载和存储节点配置文件、监视和控制节点应用以及通过 IP 连接 LonWorks 网络都是必需的。

表 4-12 给出了 LonWorks 通信对象与 Internet 协议之间最重要的区别(假设 IP 运行在以太网上)。

表 4-12　EIA—709.1 和 IP 的协议特征

访问层名称		EIA—709.1(lonworks)	IP over 10BaseT
应用层协议		LonMaker 文件传输	FTP,HTTP,SNMP
会话层服务		请求/应答	–
传输层	可靠服务	ACKD 服务	TCP
	不可靠服务	UnACKD,UnACKD 重发	UDP
网络层	地址格式	子网/节点,组节点 ID	network/host
	帧格式	LonTalk NPDU	IP 数据报
链路层 LLC 子层		LonTalk LPDU	IEEE 802.2LLC

如图 4-50 所示,通过 LonTalk/IP(LT/IP)通道可以建立 Lonwork 网络与 Internet 连接的解决方案。在这种方案中,EIA—709.1 连接层的协议数据单元(PDU)可以在 IP 网络上传输。按 OSI 标准术语来说,LonTalk 协议进入了 IP 网络。在这种方案中网关的两个主要功能是完成 LonWork 地址到对应的 IP 地址映射,以及将链路层协议数据单元(LPDU)嵌入 Internet 传输。由于 LonWork 自身提供一个可靠的传输服务,采用像 UDP 那样的不可靠的 Intemet 传输服务就足以实现传输链路层协议数据单元 LPDU。图中描述了 OSI 模型的结构。

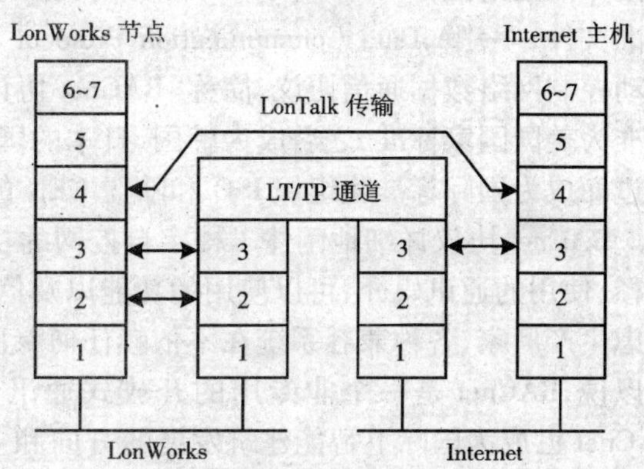

图 4-50　图 LT/IP 通道结构

网关中的地址映射由地址映射表完成,地址映射表是预先设置好的。网关从 LonTalk NPDU(网络协议数据单元)获取 LonTalk 目的地址并且在地址映射表中找到对应的 IP 地址。考虑到网络性能,具有三种与 Lonworks 不同寻址方式相关的地址映射表:节点 ID 寻址、子网/节点寻址和组寻址。域 ID 包括在所有这三种地址映射表中。

4.6 BACnet 协议

4.6.1 BACnet 协议产生的背景

智能建筑的主要特征之一是具有建筑设备自动化系统,即人们通常所说的"楼宇自动控制系统"。所谓楼宇自动控制系统,是由基于微处理器的设备组成的一个网络,该网络能实现能量管理和监控、暖通空调控制、防火控制、安保控制以及其他相应的楼宇自动控制功能。

智能建筑贵在集成,只有通过集成控制,才能最大限度地满足人们对现代建筑提出的节能、环保、安全、舒适和方便快捷的要求。如何将不同厂家的设备和系统组成为一个能够协同工作的自动控制集成系统,进而与广域网互联,最终实现远程监控和远程维护,这将是 21 世纪建筑智能化技术的主流方向。

由于建筑智能化技术发展历史和出于商务竞争的考虑,1995 年以前国外各厂商的技术和产品没有统一的标准,或自定标准,或依据对自己有利的标准进行开发和应用。这就造成了各系统互相封闭运行,技术和产品互不兼容、互不通用,无法实现产品互换和互操作。实现真正意义上的系统集成更是奢谈。

楼宇自控系统开始普及以来的许多年里,越来越多的用户要求改变各种专有系统统治市场的局面,因为专有系统的垄断妨碍了竞争性投标和服务质量,用户反对被锁定在单一专门的生产厂家,他们的一致呼声和业界的反应要求是:采用开放的、非专有的通信协议。顺应这方面的要求,美国采暖、制冷和空调工程师协会(ASHRAE)于 1987 年成立了由国际楼宇自控行业专家、学者组成的 135P 标准项目委员会(Standard Project Committee: SPC 135P),专门负责制定一个楼宇自控产品生产厂商和用户都能普遍接受的技术标准。经过 9 年时间认真细致和广泛严谨的论证,ASHRAE 于 1995 年 6 月正式制定和发布了世界上第一个楼宇自动控制技术标准文件——"A Data Communication Protocol for Building Automation Control Networks"(楼宇自动控制网络数据通信协议,简称"BACnet 协议")。当年 12 月,该文件被美国国家标准协会批准为美国国家标准,之后成为韩国、日本的国家标准,在 2003 年 1 月结束的投票中获得一致通过而成为国际标准化组织 ISO 和欧盟 CEN 的楼宇自动化通信协议的唯一国际标准。

BACnet 协议详细地阐述了楼宇自控网的功能,阐明了系统组成单元相互分享数据实现的途径、使用的通讯媒介、可以使用的功能以及信息如何翻译的全部规则。因此,它确立了不必考虑生产厂家、各种兼容系统在不依赖任何专用芯片组的情况下,相互开放通讯的基本规则。可以说,BACnet 是一个非专用的开放式通讯协议,集先进技术和容易实现于一身。目前,BACnet 已成为国际上智能建筑发展的方向和主流通信协议,是一项极具开拓性的技术,它使不同厂商生产的设备与系统在互联和互操作的基础上实现无缝集成成为可能。

目前国际上支持 BACnet 的生产厂家多达数百家,其中包括楼宇自动控制厂家、消防系统厂家、冷冻机厂家、配电照明系统厂家和安防系统厂家等,从而实现了能量管理和监控、暖通空调控制、防火控制、安保控制以及其他相应的楼宇自动控制功能。

4.6.2 BACnet 协议的体系结构

BACnet 协议最根本的目的是提供一种楼宇自动控制系统实现互操作的方法。所谓互操作性是指分散分布的控制设备相互交换和共享数字化信息,从而协调地工作,最终达到一个共同能力目标。BACnet 协议的核心是面向控制网络信息交换的数据通信解决方案。

BACnet 协议参照国际标准化组织(ISO)制定的开放系统互联参考模型(OSI/RM)的体系结构,采用了分层的思想,同时根据楼宇自控系统的具体特点进行了简化。OSI/RM 模型分为 7 层,每一层调用下一层的服务,实现各自功能,并向上一层提供服务,各层的服务调用是通过服务原语实现的。BACnet 协议在确定分层时主要考虑了下列两个因素。

①OSI/RM 模型的实现需要很高的费用,实际上在绝大部分楼宇自控系统应用中也并不需要这么多的层次。事实上 BACnet 只包含 OSI 模型中被选择的层次,其他各层则去掉。这样减少了报文长度,降低了通信处理开销,同时也节约了楼宇自控工业的生产成本。

②BACnet 应充分利用现有的广泛使用的局域网技术,如 Ethernet、ARCNET 和 LonTalk,因此成本进一步降低,同时也有利于技术的推广和性能的提高。

在考虑了楼宇设备监控网络的特征和要求以及尽可能少的协议开销原则后,BACnet 协议提出了一种简化的 4 层体系结构，相当于 OSI/RM 模型中的物理层、数据链路层、网络层和应用层，如图 4-51 所示。

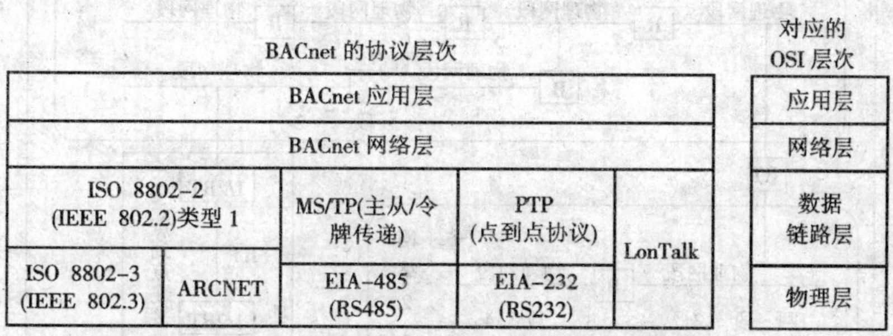

<table>
<tr><th colspan="5">BACnet 的协议层次</th><th>对应的 OSI 层次</th></tr>
<tr><td colspan="5">BACnet 应用层</td><td>应用层</td></tr>
<tr><td colspan="5">BACnet 网络层</td><td>网络层</td></tr>
<tr><td colspan="2">ISO 8802-2 (IEEE 802.2)类型 1</td><td>MS/TP(主从/令牌传递)</td><td>PTP (点到点协议)</td><td rowspan="2">LonTalk</td><td>数据链路层</td></tr>
<tr><td>ISO 8802-3 (IEEE 802.3)</td><td>ARCNET</td><td>EIA-485 (RS485)</td><td>EIA-232 (RS232)</td><td>物理层</td></tr>
</table>

图 4-51　BACnet 简化的体系结构层次图

一般楼宇自控设备从功能上讲分为两部分：一部分专门处理设备的控制功能；另一部分专门处理设备的数据通信功能。而 BACnet 协议就是要建立一种统一的数据通信标准，使得设备可以互操作。BACnet 协议只是规定了设备之间通信的规则，并不涉及实现细节。

BACnet 协议模型有以下特点：

①所有的网络设备，除基于 MS/TP 协议的以外，都是完全对等的（peer to peer）；

②每个设备都是一个“对象”的实体，每个对象用“属性”描述，并提供了在网络中识别和访问设备的方法，设备相互通信是通过读、写某些设备对象的属性以及利用协议提供的“服务”完成；

③设备的完善性（Sophistication）即其实现服务请求或理解对象类型种类的能力，由设备的“一致性类别”（Conformance Class）所反映。

4.6.3　BACnet 网络拓扑结构

为了在应用方面具有灵活性，BACnet 协议没有严格地定义网络拓扑结构，BACnet 设备是通过物理连接到 4 种局域网 LAN 其中一种网络上，或者经过专用拨号串行、异步通信线连接到局域网 LAN 上。这些网络可以由路由器或一对半路由器进一步互联。在 BACnet 网络中，如图 4-52 所示，定义了如下一些拓扑结构。

1）物理网段（Physical Segment）　直接连接一些 BACnet 设备的一段物理介质。

2）网段（Segment）　多个物理网段通过中继器（R）在物理层连接所形成的网络段。

3）网络（Network）　多个 BACnet 网段通过网桥（B）互联而成。每个 BACnet 都形成一个单一的 MAC 地址域。这些在物理层和数据链路层上连接各个网段的设备，可用 MAC 地址实现报文的过滤。

4）网际网（Internetwork）　将使用不同局域网（LAN）技术的多个网络用 BACnet 路由器（RT）互联起来便形成了一个 BACnet 网际网，在一个 BACnet 网际网中任意两个节点之间恰好存在着一条报文通路，如图 4-52 所示。

BACnet 是一种针对智能建筑的开放性的网络协议，遵循 OSI 模型体系结构，BACnet 协议从硬/软件实现、数据传输速率、系统兼容和网络应用等几方面考虑，目前支持 5 种组合类型的数据链路/物理层规范。其中主从/令牌传递（MS/TP）协议是专门针对楼宇自控设备设计的数据链路规范。BACnet 在物理介质上，支持双绞线、同轴电缆和光缆；在拓扑结构上，支持星

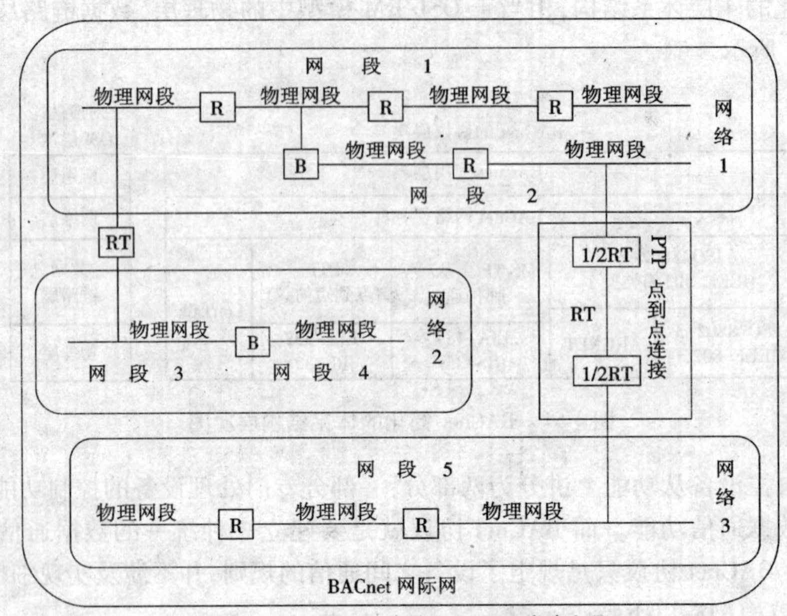

B=网桥 RT=路由器 R=中继器 1/2RT=半路由器

图 4-52 BACnet 网际网结构图

型和总线拓扑。

在 BACnet 拓扑中设备之间只存在一条逻辑通路，无需广域网的最优路由算法；其次，BACnet 协议具有单一的局部地址空间，所以 BACnet 参照 OSI 模型制定了简化的网络层协议，向应用层提供不确认无连接的数据单元传送服务。每个 BACnet 设备都被一个网络号码和一个 MAC 地址唯一确定。

网络层通过“路由器”实现两个或多个异类 BACnet 局域网（不同的数链层）的连接，并通过协议报文进行“路由器”的自动配置、路由表维护和拥塞控制。BACnet 路由器与每个网络的连接处称为一个“端口”。路由表中包含端口的下列项目：

①端口所连接网络的 MAC 地址和网络号。

②端口可到达网络的网络号列表及与这些网络的连接状态。

图 4-52 中，“1/2RT”是半路由器，由 PTP 连接形成一个完整的 BACnet 路由器，即 BACnet 协议网际网将广域网技术向应用层屏蔽。

BACnet 协议应用层即 BACnet 应用实体，通过 API（应用编程接口）为上层应用程序服务，并与对等应用层实体通信。应用实体由两部分组成：用户单元和应用服务单元（ASE）。ASE 是一组特定内容的应用服务。而用户单元支持本地 API、保存事务处理上下文信息、产生请求 ID、记录 ID 对应的应用服务响应、维护超时重传机制所需的计数器以及将设备行为要求映射为对象。

BACnet 协议应用层提供证实和非证实两种类型的服务。由于 BACnet 协议建立在无连接的通信模式上，所以 OSI 模型提供端到端服务的传输层部分简化功能也由应用层实现，分别为：可靠的端到端传输和差错校验、报文分段和流量控制、报文重组和序列控制。

4.6.4 BACnet 协议栈和数据流

在 BACnet 中，两个对等应用进程间的信息交换，按照 OSI 技术报告中关于 ISO 的服务惯例(ISO TR 8509)被表示成抽象的服务原语的交换。BACnet 定义了 4 种服务原语:请求、指示、响应和证实,用来传递某些特定的服务参数。而包含这些原语的信息,又是由 BACnet 标准中定义的各种协议数据单元(Protocol Data Unit)来传递的。

当应用程序需要同远地的应用进程通信时,它通过调用 API 访问本地的 BACnet(用户单元应用层中为用户应用程序提供服务的访问点)。API 的某些参数,如接收服务请求的设备的标志号(或地址)、协议控制信息等,将直接下传到网络层或数据链路层。而其余参数将组成一个应用层服务原语,通过 BACnet 的用户单元传到 BACnet 的应用服务单元(应用层中利用下层服务完成应用层服务的部分)。从概念上来讲,由应用层服务原语产生的应用层协议数据单元(APDU)构成了网络层服务原语的数据部分,并通过网络层服务访问点下传到网络层。

同样,这个请求将进一步下传到本地设备协议栈的以下各层。整个过程如图 4-53 所示。于是,报文就这样被传送到远地的设备,并在远地设备协议栈中逐级上传,最后指示原语看起来似乎是直接从远地的 BACnet 应用服务单元上传到远地的 BACnet 用户单元。任何从远地设备发回的响应也是以该方式回传给请求设备的。

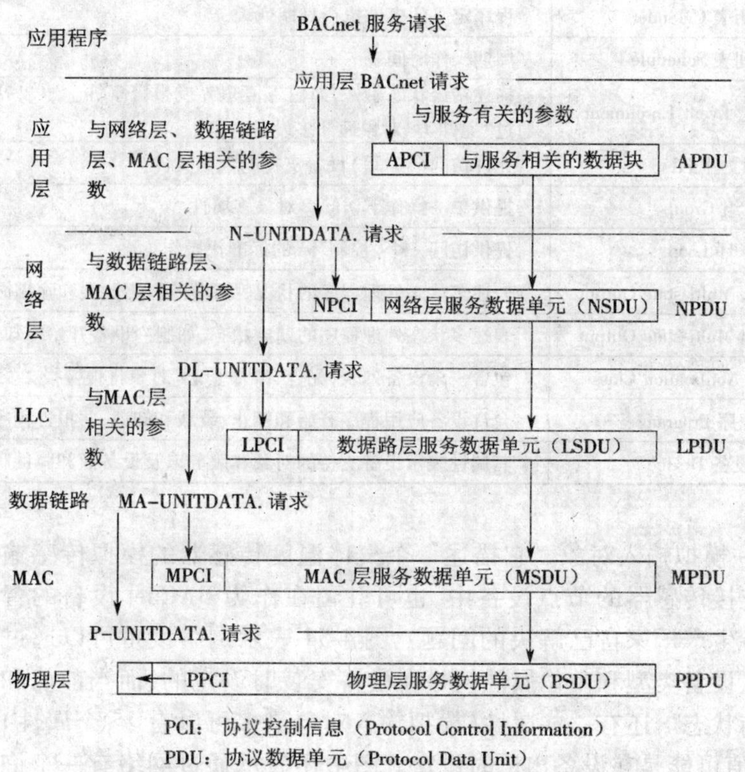

图 4-53 BACnet 协议栈及数据流

4.6.5 BACnet 协议的对象、服务和功能组

BACnet 协议采用面向对象技术,借此提供一种表示楼宇自控设备的标准。在 BACnet 协议中,对象就是在网络设备之间传输的一组数据结构,网络设备通过读取、修改封装在应用层协议数据单元 APDU 中的对象数据结构,实现互操作。BACnet 协议目前定义了 18 个对象,如表 4-13 所示,每个对象都必须有三个属性:对象标志符(Object_Identifier)、对象名称(Object_

Name)和对象类型(Object_Type)。其中,对象标志符用来唯一标识对象。BACnet 设备可以通过广播自身包含的某个对象的对象名称,与包含相关对象的设备建立联系。BACnet 协议要求每个设备都要包含“设备对象”,通过对其属性的读取可以让网络获得设备的全部信息。

表 4-13 BACnet 协议对象

	对象名称	应用举例
01	模拟输入 Analog Input	模拟传感器输入,如机械开关 On/Off 输入
02	模拟输出 Analog Output	模拟控制量输出
03	模拟值 Analog Value	模拟控制设备参数,如设备阈值
04	数字输入 Binary Input	数字传感器输入,如电子开关 On/Off 输入
05	数字输出 Binary Output	继电器输出
06	数字值 Binary Value	数字控制系统参数
07	命令 Command	向多设备多对象写多值,如日期设置
08	日历表 Calender	程序定义的事件执行日期列表
09	时间表 Schedule	周期操作时间表
10	事件登记 Event Enrollment	描述错误状态事件,如输入值超界或报警事件。通知一个设备对象,也可通过“通知类”对象通知多设备对象
11	文件 File	允许访问(读/写)设备支持的数据文件
12	组 Group	提供单一操作下访问多对象多属性
13	环 Loop	提供访问一个“控制环”的标准化操作
14	多态输入 Multi-state Output	表述多状态处理程序的状况,如制冷设备开、关和除霜循环
15	多态输出 Multi-state Output	表述多状态处理程序的期望状态,如制冷设备开始冷却、除霜的时间
16	通知类 Notification Class	包含一个设备列表,配合“事件登记”对象将报警报文发送给多设备
17	程序 Program	允许设备应用程序开始和停止、装载和卸载,并报告程序当前状态
18	设备 Device	其属性表示设备支持的对象和服务以及设备商和固件版本等信息

图 4-54 是一模拟输入对象。它描述一个气体温度传感器的模拟传感输入信号。这个对象可能驻留在连接传感器的节点设备中,也可驻留在作为 BACnet 设备的智能传感器中。如何实现这些是各生产厂家自己解决的问题。图 4-54 表示网络设备可以通过 5 个属性访问该对象,其中描述、设备类型和单位属性值是在设备安装时设定的,而当前值和脱离服务属性值表示设备的当前状态。还有一些属性(模拟输入对象最多可以有 25 个属性)没有在此图中显示出来,它们的值可能是在设备出厂时设定。图中还表示通过网络有一个询问此对象当前值的请求和此设备的应答,这些就是对属性的操作。

在 BACnet 协议中,把对象的方法称为服务。对象及其属性提供了对一个楼宇自控设备“网络可见信息”的抽象描述,而服务提供了如何访问和操作这些信息的命令和方法。BACnet 设备通过在网络中传递服务请求和服务应答报文实现服务。BACnet 定义了 35 种服务,并划分为 6 个类别。

①报警与事件服务(Alarm and Event Services)包含 8 种服务,用来处理环境状态的变化,提供了 BACnet 设备预设的请求值改变通告、请求报警或事件状态摘要、发送报警或事件通

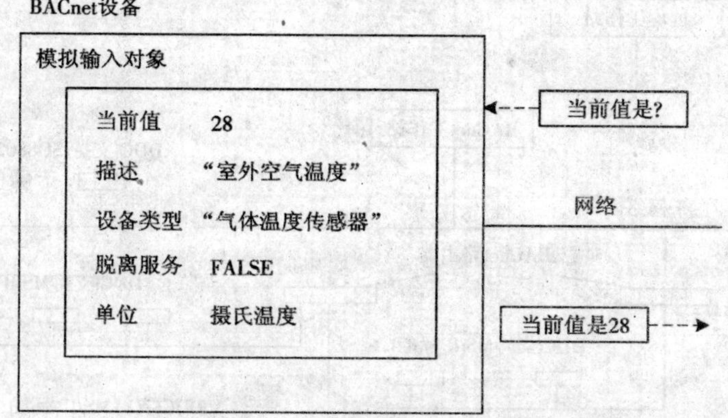

图4-54 模拟输入对象举例

知、收到报警通知确认等方法。

②文件访问服务（File Access Services）包含三种服务，提供读写文件的方法，包括上/下载控制程序和数据库的能力。

③对象访问服务（Object Access Services）包含9种服务，提供了读、修改和写属性值以及增删对象的方法。

④远程设备管理服务（Remote Device Management Services）包含11种服务，提供对BACnet设备进行维护和故障检测的工具、方法。

⑤虚拟终端服务（Virtual Terminal Services）包含三种服务，提供了一种面向字符的数据双向交换机制，使其他具有专有特性的楼宇自控设备成为一个BACnet虚拟终端并使BACnet网络能对其进行重构。

⑥网络安全服务（Network Security Services）包含两种服务，提供对等实体验证、数据源验证、操作者验证和数据加密等功能。

BACnet功能组规定了实现特定控制功能所需的对象和服务的组合。BACnet已定义了13个功能组，包括时钟功能组、事件响应功能组、文件功能组、虚拟终端功能组、设备通信功能组等。

4.6.6 BACnet路由器

将连接两个或者多个BACnet网络从而形成BACnet互联网的设备称为BACnet路由器。在BACnet路由器中可以有应用层功能，也可以没有此功能。BACnet路由器基本应用示意图见图4-55。BACnet路由器使用BACnet网络层协议报文来维护路由表。以下介绍BACnet路由器运行规程。

1. 路由表

路由器是连接至少两个BACnet网络设备，在路由器中将每个连接处称为一个“端口”。路由表中包含端口的下列项目：

①此端口所连接的网络的地址；

②2个字节的关于所连接网络的网络号；

③通过此端口可通达网络的网络号列表和每个网络的可通达状态。

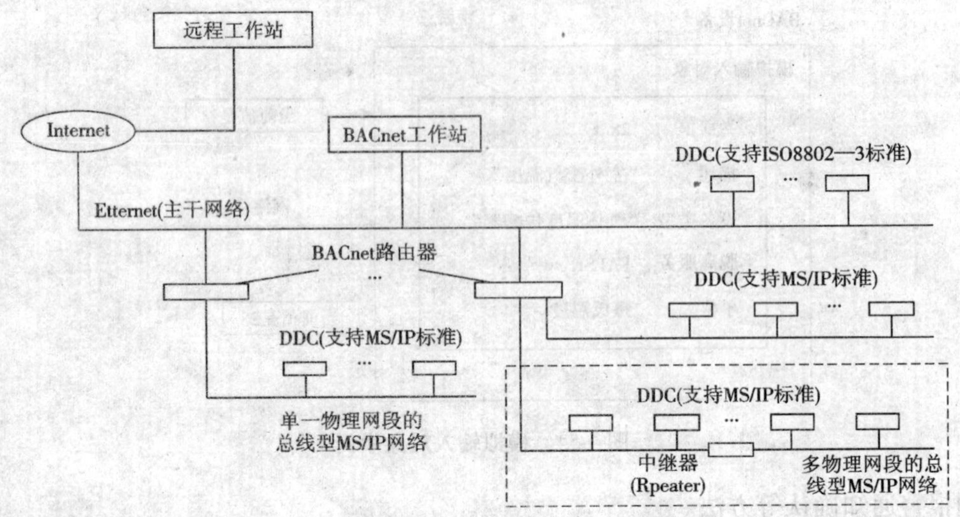

图 4-55　BACnet 路由器基本应用示意图

2. 启动规程

在启动时,路由器向每个端口广播一个 I—Am—Router—To—Network 报文,其中包含有每个可通达网络的网络号。这使其他路由器可以根据报文内容建立或更新其路由表中的条目。在路由器接收报文时,如果流量大于它的处理速度,其缓存器可能会溢出,这将造成数据的丢失。路由器要有一种功能,当它的缓存器将要溢出时,它能够通知源设备暂停发送数据或者放慢发送的速度。在 BACnet 网络中,路由器使用 Router—Busy—To—Network 报文和 Router—Available—To—Network 报文来实现流量控制的功能。

3. 点到点半路由器

在 BACnet 网络中,将两个网络通过广域网(例如公共电话网络)进行连接的设备是半路由器。半路由器创建路由和同步路由的规程与路由器的不相同。点到点连接总是需要在两个半路由器之间建立连接从而形成一个完整的路由器。图 4-56 表示点到点连接的示意图。在 BACnet 规范中,定义了 5 个网络层报文,用于点到点半路由器建立链路、中止链路和路由学习功能等。I—Could—Be—Router—To—Network 报文是半路由器用来通知网络。该设备能够建立到所请求的网络的连接,但是目前还没有建立此连接。Establish—Connection—To—Network 报文用来请求半路由器建立一个连接。Disconnect—Connection—To—Network 报文请求中止一个连接。Initialize—Router—Table 报文和 Initialize—Router—Table—ACK 报文用来进行路由器的初始化工作,然后,不论是否有活动的点到点连接存在,半路由器都使用与其他活动路由器相同的规程来维护其路由表。

4.6.7　BACnet 协议的互联网扩展

BACnet 标准使用两种技术实现与 Internet 的互联。第一种技术附件 H 中称之为"隧道"技术,并将其设备称之为分组封装/拆装设备,简称 PAD。其作用就像一个网关/路由器,这在图 4-56 中两个半路由器连接广域网形成一个完全的 BACnet 路由器有所体现。第二种技术附件 J 中称之为 BACnet/IP,设备直接封装 IP 帧/包在 BACnet 网络和 Internet 上传输。

PAD 将 BACnet 报文数据封装在 IP 协议数据包内传输,在目的 BACnet 网络解封。因此每

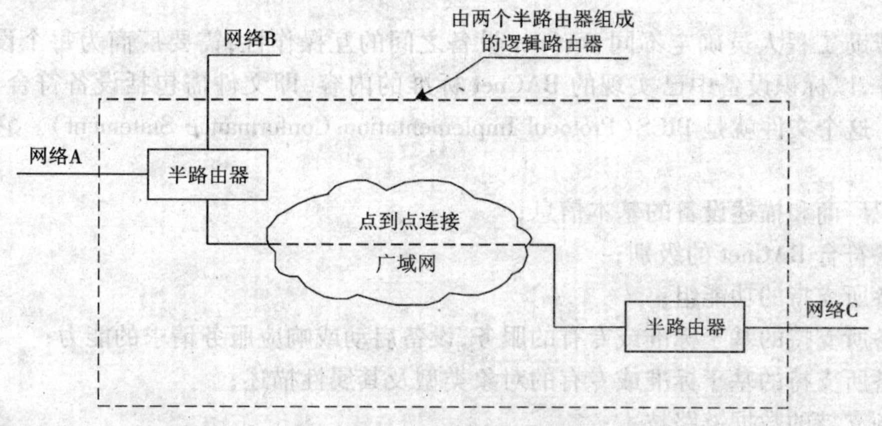

图4-56　由两个半路由器组成的点到点连接

个连接 Internet 的 BACnet 网络都要配置 PAD 网关/路由器。它可以是一个单独的设备,也可以是某种楼宇控制设备功能的一部分,如图4-57所示。

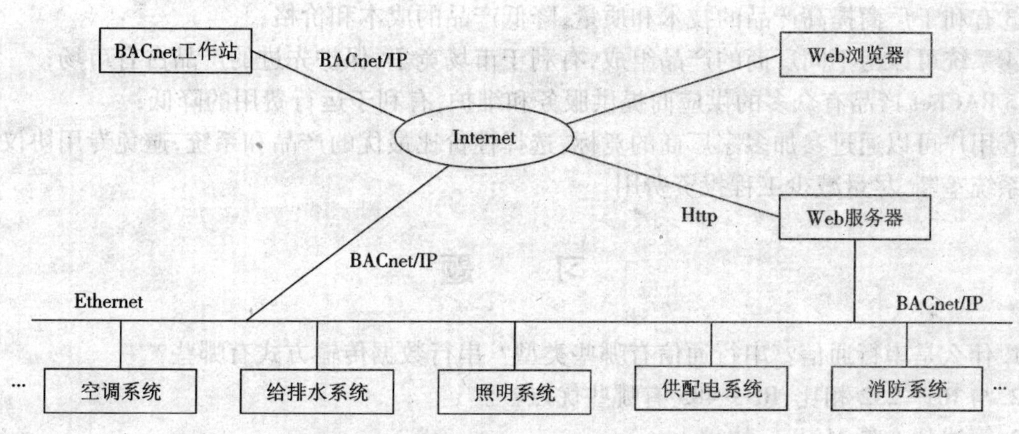

图4-57　Internet 与 BACnet/IP 网络结构示意图

ASHRAE 于1999年1月正式发布附件J并成为美国国家标准。它规范了支持 TCP/IP 的设备组建 BACnet 网络的技术,并称之为 BACnet/IP 网络,简称 B/IP,是一个或多个 IP 子网组成的集合,整体具有单独的 BACnet 网络号。BACnet/IP 网络报文在网络层是 IP 包,在传输层是 UDP 数据包,从而实现与 Internet 的 TCP/IP 协议的融合。开放、兼容、灵活、获得广泛支持并且专门针对智能建筑的通信协议或现场总线必将成为智能建筑领域的一个发展方向。而 BACnet 协议正是这样一种具有开拓性的技术,使不同厂商的设备能够互联、互换和互操作,打造无缝连接(Seamless linking)的楼宇自动化系统,充分满足用户和集成商的需求并提供了多种网络互联和接入 Internet 的方案,为智能建筑内部各系统之间的集成提供了便利条件。

4.6.8　BACnet 协议设备级别及技术特点

在实际的楼宇自动化系统中,没有必要也不可能所有的设备都支持、包含上述所有的对象和服务。因此,BACnet 协议定义了6个一致性类别(设备级别)。一致性类别的分级编号为1~6,最低级别是类别1。每个类别都规定了设备要实现的最小服务子集,且包含低级别的所有服务。

为了帮助工程人员确定不同 BACnet 设备之间的互操作性,需要厂商为每个设备提供标准格式文件,以标识设备中已实现的 BACnet 标准的内容,即文件需包括设备符合 BACnet 等级的说明。这个文件就是 PICS(Protocol Implementation Conformance Statement)。它包括如下内容:

①标识厂商和描述设备的基本信息;

②设备符合 BACnet 的级别;

③设备所支持的功能组;

④设备所支持的基于标准或专有的服务,设备启动或响应服务请求的能力;

⑤设备所支持的基于标准或专有的对象类型及其属性描述;

⑥设备支持的数据链路技术;

⑦设备支持的分段请求和响应。

同时,BACnet 协议有如下技术特点:

①独立于任何制造商,也不需要专门芯片,并得到众多制造商的支持;

②产品有良好的互操作性,有利于系统的扩展和集成;

③有利于厂商提高产品的技术和质量,降低产品的成本和价格;

④系统可以由不同厂商的产品组成,有利于市场竞争,保护先进的产品占有市场;

⑤BACnet 产品有众多的供应商提供服务和维护,有利于运行费用的降低;

⑥用户可以通过参加多家厂商的竞标,选择性价比最优的产品和系统,避免专用协议的设备与系统垄断,尽量减少工程投资费用。

习　题

1. 什么是串行通信?串行通信有哪些类型?串行数据传输方式有哪些?
2. 与 RS—232 相比,RS—485 有哪些优点?
3. 简述什么是 Modbus 协议。
4. 简述通过 CAN 总线建立通讯的步骤。
5. LonWorks 主要应用在哪些领域?LonWorks 控制网络结构由哪些部分组成?
6. LonTalk 协议主要有哪些优点?
7. 简述 BACnet 协议的体系结构。
8. 神经元芯片的处理单元内部的 3 个微处理器及其功能是什么?
9. 画图并说明 CAN 总线的两个互补的逻辑值是如何表示的。
10. 对照 ISO/OSI 参考模型画出 BACnet 的协议层次图。
11. CAN 总线是如何进行总线仲裁的?
12. 对照 ISO/OSI 参考模型画出 BACnet 的协议层次图。

第 5 章　楼宇自控系统设计实例

本章以实例讲述基本理论的应用，主要论述了楼宇自控系统设计方案的确定、设计依据、设计方法、设备的选型以及系统网络设计等内容。重点讲述了美国艾顿公司的 BACnet 系列产品和中国海湾公司的 LonWorks 系列产品及它们的应用实例，并介绍了英国卓灵公司的楼宇自控系统和美国江森自控有限公司的楼宇自控系统的产品。

楼宇自控系统的设计一般包括控制方案设计、控制设备选型、现场前端设备选型以及系统网络设计等内容。其中控制方案设计与采用哪个厂家的产品关系不大，设计时可参照《智能建筑弱电工程设计施工图集——楼宇设备自控系统》，一般需要根据用户实际需求进行调整。

现场前端设备的选型一般应按照各专业的要求选择合适参数的设备，但是由于产品种类繁多，变化较快，且不同品牌的产品价格往往有很大差异，应根据工程造价及用户应用需求选择。

由于采用的技术和设计方案不同，不同厂家的控制设备往往各有特点，在选型和系统网络设计时有所不同。设计人员一般会在控制方案确定后统计每个子系统涉及的 I/O 点数和类型、现场需要的各种电源种类和容量，以选择合适的 DDC 控制模块种类和数量以及 DDC 控制箱具体配置。如采用 LonWorks 技术的 BA—HW5200 系列楼宇控制模块的 I/O 点数为 18 点左右，单个模块可满足一般设备的常规控制，多个模块结合可以满足更为复杂的控制要求或对更多设备进行控制。设计师既可以根据现场设备分布情况，因地制宜地设计区域控制箱，简化现场布线设计，也可以按照不同的控制工艺要求，设计子系统控制箱，这样管理起来比较容易。

5.1　楼宇自动化系统设计方法

5.1.1　楼宇自动化系统设计依据

楼宇自动化系统设计主要依据下列标准和规范：

①《智能建筑设计标准》(GB/T50134—2000)；

②《智能建筑设计规范》(GB/T50314)；

③《建筑电气安装工程质量检验评定标准》(GBJ303—88)；

④《电气装置安装工程施工及验收规范》(GB50254—50259—96)；

⑤《建筑物防雷设计规范》(GB50057—95(2000 年版))；

⑥《建筑设计防火规范》(GBT16—870)；

⑦《民用建筑电气设计规范》(JGJ/T16—92)；

⑧《采暖、通风与空气调节设计规范》(GBJ19—87)；

⑨《高层建筑设计防火规范》(GB50045—95)；

⑩《信息技术互联国际标准》(ISO/IEC11801—95)；

⑪《分散型控制系统工程设计规定》(HG/T20573—95)；

⑫《工业自动化仪表工程施工及验收规范》(GBJ—93—86);

⑬《电磁兼容性标准》(IEC 801);

⑭《中国室内给水排水热水供设计规范》(15—74);

⑮《公共建筑节能设计标准》(GB50189—2005);

⑯《建筑照明设计标准》(GB50034—2004)。

5.1.2 BAS 设计步骤

BAS 的设计过程大概是:确定 BAS 规模;根据冷冻、空调、变配电、热力、给排水等相关专业提供的设计条件(资料)及投资情况 功能内容,确定需要监控的设备种类、数量、分布情况及标准;确定各子系统组成方案、功能及技术要求;确定各子系统之间的关联方式;确定 BAS 中各子系统与大厦其他部分间的接口;根据各专业的控制要求和控制内容确定并画出设备监控系统原理图;统计监控系统的监控点(AI、AO、DI、DO)的数量、分布情况并列表;根据监控点数和分布情况确定分站的监控区域、分站设置的位置,统计整个大楼所需分站的数量、类型及分布情况,选择现场设备的传感器和执行机构;确定楼宇监控的系统网络及中心站设备的选择,实施布线。BAS 设计过程如图 5-1 所示。

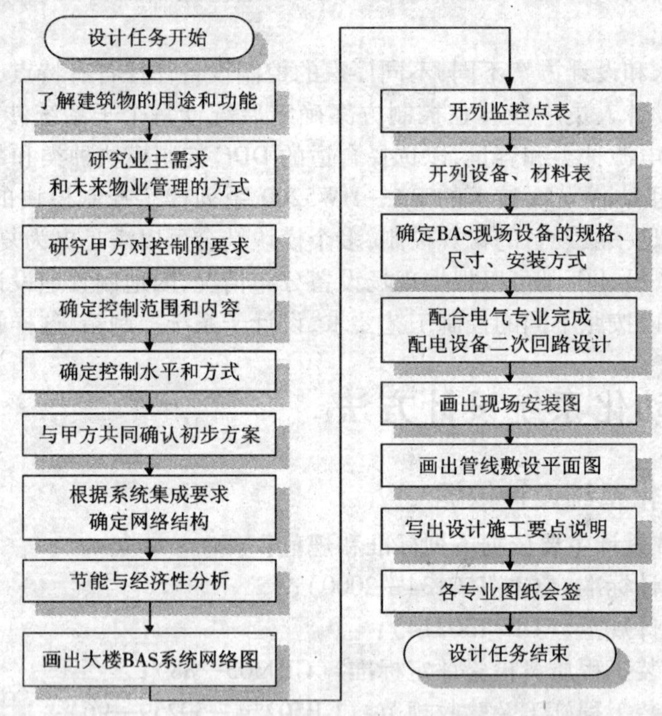

图 5-1 BAS 设计过程图

BAS 设计过程中的楼宇自动化控制系统的设计部分应按以下步骤进行。

①设计人员应根据建筑物的实际情况及业主的要求,确定建筑物内实施自动化控制及管理的各功能子系统。根据各功能子系统所包括的设备,制作出需纳入楼宇自控系统实施监控管理的被控设备一览表。

②确定各功能子系统的控制方案。对于需进行自动化控制的功能子系统,给出详细的控制功能说明,并说明各子系统的控制方案及达到的控制目的,以指导工程设备的安装、调试及

工程验收。

③确定系统监控点、前端设备及控制设备(智能控制器)清单。在确定出被控设备的数量及相应的控制方案后,需制作出每一被控设备需进行监控的点数及监控点的性质,由此选用相应的传感器、阀门及执行机构,并配出满足要求的智能控制模块及相应的楼宇自控箱。

④制作每一被控设备的控制原理图。

⑤制作整个楼宇自控系统施工平面图及系统图。

工程实施流程如下。

①根据对方要求,制定合理的控制方案,编制控制工艺,完成上述每个子系统的控制图。

②为每个子系统配置 DDC 控制模块。应从控制点数多的系统开始,尽可能将附近的小系统合并到一起,以充分利用剩余的 I/O 点,提高 DDC 模块的利用率。

③进一步明确每个 DDC 模块 I/O 点的分配和使用方法,填写《控制模块监控点一览表》,应能与前面的子系统控制图相对应。

④根据上述图表确定现场控制箱安装的 DDC 模块的数量、电源类型和容量、是否需要额外的驱动扩展模块和信号调理模块等内容,确定每个 DDC 控制箱的内部接线图、所有对外接线端子的编号和标示,交由厂家定制生产。

⑤现场安装和设备调试、网络调试。

⑥根据控制工艺设计 DDC 参数配置方案和网络变量绑定关系,下载软件并调试控制工艺。

⑦系统组态。

5.1.3　BAS 的设计要求

1. 现场控制器 DDC 的设置要求

设置现场控制器 DDC 时,应主要考虑系统管理方式、安装调试维护方便和经济性。机电系统一般按平面布置进行划分,如布置在冷冻站、热交换站、空调机房、新风机房等控制参数较为集中之处,可根据要求布置在弱电竖井中,箱体一般挂墙明装;每台 DDC 的输入输出接口数量与种类应与所控制的设备要求相适应,并留有 10% ~15% 的余量。

2. 对 BAS 中央控制室的要求

对 BAS 中央控制室主要的要求如下。

(1)BAS 中央控制的位置

BAS 中控室的位置应尽量靠近控制负荷中心,注意远离变配电室等电磁干扰源,并注意防潮、防震。BAS 中控室可与消防中心、保安监控中心等合并组成楼宇控制中心,位置应满足消防中心的要求。

(2)对 BAS 中央的控制室设备布置的要求

BAS 中央控制室室内设备布置时应满足以下要求:

①控制台前应留大于 3 m 的操作距离,控制台离墙布置时台后应留有大于 1 m 的检修距离,并注意避免阳光直射;

②当控制台横向排列总长度大于 7 m 时应在两端各留有足够的安装和观察面积;

③当 BAS 系统单独设置不间断电源并采用集中供电方式时,应考虑放置电源设备的面积和位置;

④应适当考虑工作人员值班、维修及休息所需的面积。

(3)BAS 中央控制室其他要求

其他要求如下：

①控制室内宜采用抗静电活动地板；

②当控制室内长度大于 7 m 时，宜设两个外开门的出口，门宽不小于 1 m；

③控制室内土建及装修等要求，可参考计算机房设计标准。

3. BAS 系统的电源要求

要求如下：

①应由变配电所引出专用回路向中央控制室供电，供电回路应采用保安电源供电。

②中央操作站供电应设不间断电源(UPS)装置，其容量包括系统内用电设备的总和并考虑预计的扩展容量，UPS 供电时间不低于 20 min。

③DDC 电源宜采用中央控制室集中供电方式，以放射式供给各 DDC，如采用就地供电方式，可由就近的保安电源供给。

4. BAS 系统的接地要求

BAS 系统一般采用建筑物总体接地方式，要求总体接地电阻不大于 1 Ω。如 BAS 系统单独设置接地极，应采用一点接地方式，要求接地电阻不大于 4 Ω，并与建筑物防雷接地系统接地极间距离不小于 20 m。

BAS 系统设计中采用的仪表量程选择、调节阀计算方法等参见自控设计手册；现场仪表安装方法参见自动化仪表标准安装图册及设备生产厂家使用说明书。

5.2 BACtalk 系统应用举例

BACtalk 是美国艾顿公司(ALERTON)在 1997 年推出并在全部各层通讯网络均符合 BACnet 协议的系列产品。

美国艾顿科技公司是暖通空调 DDC 控制系统(Direct Digital Control system)的专业生产厂家并处于领先地位。艾顿公司是美国采暖、制冷和空调工程师协会(ASHRAE)的主要成员，也是美国 BACnet 产品制造商联合会的创办者之一。它是世界上第一个开发并生产全系列 BACnet 楼宇自控产品的制造商。公司总部设于美国西雅图，与著名的波音、微软公司等高科技公司总部相邻。全球现有超过 5 000 个工程应用实例项目。

艾顿公司具有世界先进水平的楼宇自控系统，使业主和物业管理人员能通过简易的 Windows 界面完成一切设备的监控管理及操作，并进行能量管理及租户计账，满足从办公楼、大学、饭店、展览馆、工厂、博物馆以至军事设施等任何规模的楼宇设备的控制及管理要求。

BACtalk 楼宇自控系统是一个完全的“集散式”系统，控制软件及数据库存放在整个网络——从中央控制台到 Lsi 网络控制器——的每一个装置上，中央控制台实际上起到一个人机对话的作用，通过中央控制台，管理人员可以对系统进行编程、数据库管理、监视和控制操作。

5.2.1 BACtalk 系统的网络结构

BACtalk 系统的网络结构如图 5-2 所示。

5.2.2 BACtalk 系统的组成要素

BACtalk 系统的组成要素如下。

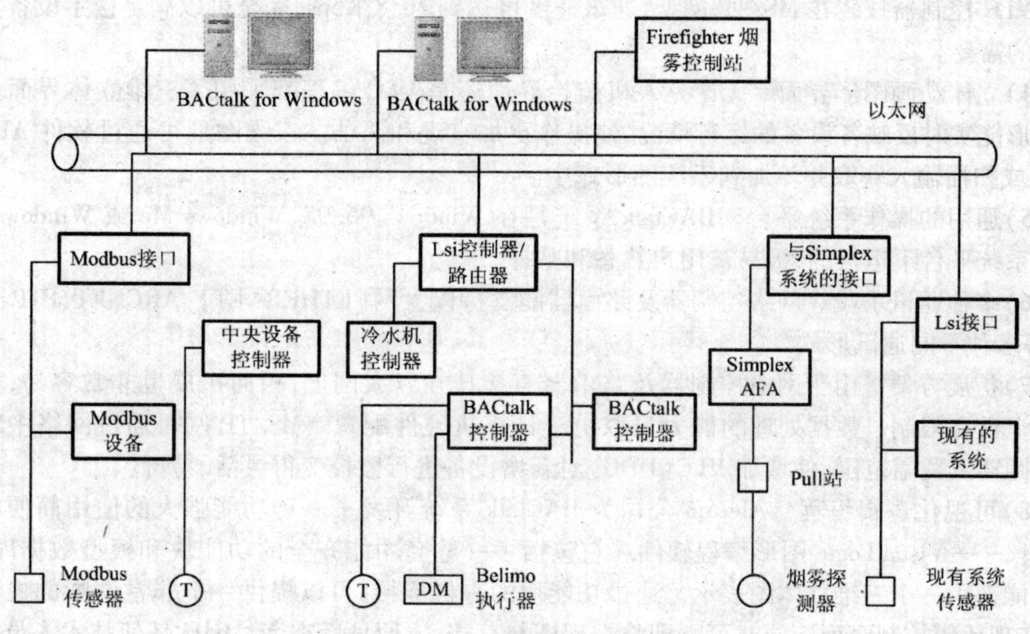

图 5-2　BACtalk 系统的网络结构图

1）BACtalk 中央操作站　采用汉化的人机监控界面，是图形编程、时间表控制、趋势记录以及其他自动控制功能的设置工具。

2）网络集成控制器和路由器　它们执行全局控制策略，通过 VLC 控制器协调设备的运行，管理自动控制功能的执行，传递网络信息。

3）现场数字控制器　它是在线完全可编程控制器，通过 MS/TP 网络 DDC 参数值的变化和发生的事件（如报警）、浮点运算和模拟输出，使它们功能强大、应用灵活。

4）传感器与执行器　现场操作单元（如 Microset）和执行器（如风门、水阀）是控制器的附件（耳目），有时兼有现场服务模式设置和修改 VLC 控制器参数的功能。

5）专用系统网关　针对不符合 BACnet 协议的专用系统，BACtalk 备有相应的网关接口产品（如 BtP ModBus），其提供的网关可将原专用网上的数据格式“翻译”成 BACnet 兼容设备能识别的格式，从而将其产品集成到 BACtalk 系统中。

5.2.3　BACtalk 系统的技术特点

BACtalk 系统的技术特点如下。

①完全符合 BACnet 协议，从中央操作站、网络控制器、路由器到 DDC 控制器，均符合美国 ANSI/ASHRAE：135—1995 标准之有关规定。从应用层、网络层、数据链路层到物理层均采用 BACnet 协议技术。

②简洁的两层网络结构。在 BACnet 协议规定的 5 种局域技术中选用了 Ethernet 和 MS/TP，上层（监督管理层）采用 Ethernet 网，下层（实时控制层）采用 MS/TP 网。上下两层通过路由器或网络控制器相通。网络控制器及路由器直接挂装在以太网上，与计算机工作站同层。网络控制器及路由器通过 MS/TP 总线网连接各 DDC 控制器。因此，上层只是计算机和网络控制器及路由器，而下层则是 DDC 控制器。

③高速的网络通讯，网络控制器及路由器直接挂装在以太网上，通讯速度可达 10 MB 以

上。VLC 控制器挂装在 MS/TP 网上,通讯速度可达到 76.8 Kbps,完全可以满足楼宇设备实时控制的需要。

4)立体动画图形界面　无论是人机监控界面还是 VLC 编程都采用了三维立体界面。动态图形能实时反映各设备的运行情况,使操作更加直观和简洁。三维图形可通过软件 AUTO-CAD 或扫描输入获取并填加到系统图形库中。

5)通用的操作系统平台　BACtalk 系统是在 Windows 95/98、Windows Me 或 Windows NT 操作系统平台下运行的,极易被用户熟悉和掌握。

6)多种通讯手段。网络控制器及路由器能支持以太网(ETHERNET)、ARCNET、PTP、MS/TP 等多种不同通讯形式。

7)扩展方便　由于网络控制器及路由器直接挂在以太网上,因而扩展也非常容易,数量基本上没有限制。数据处理的能力只取决于计算机硬件配置。MS/TP 网可通过网络中继器扩展距离及覆盖范围,使增加 VLC(DDC)对新增设备进行监控变得灵活、易行。

8)可视化逻辑编程　Alerton 公司为 BACtalk 系统开发了一种功能强大的使用简便的编程手段——VisualLogic 图形编程软件。它包括了一整套功能齐全的功能块和模型数据库,每个功能都用一个三维立体图表示。通过功能块的有机连接,可以提供一个非常清晰的控制流程,实现任何控制序列。同时可立即将编程资料存档,方便日后查询。因此任何技术人员接手后,都能在短时间内掌握整个控制原理和程序。使用 VISIO 作为绘图工具,在视窗环境中,VisualLogic 编程图形和 BACtalk 动态运行图形可以同时显示在显示屏上,因而可立即在动态图形上看到修改后的控制效果。这种实时同步操作的编程语言为工程人员提供了前所未有的方便,并减少了反复查询的繁复程序。

5.2.4 Envision for BACtalk 系统软件

Envision for BACtalk 是一个功能强大、容易使用、完全图形化的中央操作站软件,采用三维动态的图形,使操作人员可以轻松地显示、监测、控制楼宇系统中所有的受控设备。

通过 Envision for BACtalk,在个人计算机上可以监控整栋或多座楼宇的设备,以达到节能效果。同时还能对重要数据自动计算及统计,便于管理。

Envision for BACtalk 可通过以太网、ARCNET 或 PTP(Modem)与 BACnet 的现场设备控制器和其他厂家的 BACnet 兼容设备进行通讯。这些灵活的组成方式节省维护成本,并保证 BACtalk 能随时满足任何扩展的需要。

除了显示和控制操作外,Envision for BACtalk 软件提供了全新的用户密码等级、时间计划安排、报警、数据记录、趋势图、能源管理、自动退出、最佳启动时间等强大的功能,使得整个楼宇自控系统操作更简单、更安全、更节省能源。

Envision for BACtalk 图形用户界面设计在现今流行的 Windows 平台上运行,它可以与其他应用软件同时运行。当报警时,不管屏幕的活动窗口程序,总是将报警状态显示在最前面。

Envision for BACtalk 以其强大的图形库而独具特色,生动的 3D 动画和彩色图形使设备操作者实时访问系统数据。其建立的楼层平面图以及暖通空调等特殊设备图形,可以来自 Bitmap 图形,也可以来自 CAD 程序输出的图形、扫描的照片,或者来自任何其他软件制作的图形。

Envision for BACtalk 支持一系列功能,包括:由 BACnet 定义图形或文本格式的时间表、趋势记录、能量记录(每天或小时)、能量限制、动态数据交换(Active X)以及租户和操作人员的活动记录。用户操作级别保护系统免受非法访问。

Envision for BACtalk 与网络控制器 BTI、路由器、VisualLogic 控制器(VLC)及其他系列产品一起使用,可以实现 BACnet 的强大功能。

Envision for BACtalk 软件中附带 VisualLogic 系统编程软件包,允许用户自行对系统软件进行编程或修改程序。

5.2.5 BTI 网络控制器

BTI—100 是艾顿公司完全 BACnet 兼容的网络控制器,适用于现场控制器 VLC 的数量在65个以内的楼宇自控系统。BTI—100 网络控制器如图5-3 所示。VLC 控制器如图5-4 所示。

BTI—100 网络控制器通过 MS/TP 网和现场控制器 VLC 连接,负责对 VLC 的协调管理和数据储存;同时,BTI—100 通过以太网与中央操作站电脑连接,负责数据的传输,实现中央操作软件 Envision for BACtalk 的各种控制功能。

BTI 网络控制器可以连接4条 MS/TP 网路,这一功能使得楼宇的布线更灵活,同时也节省了施工费用。

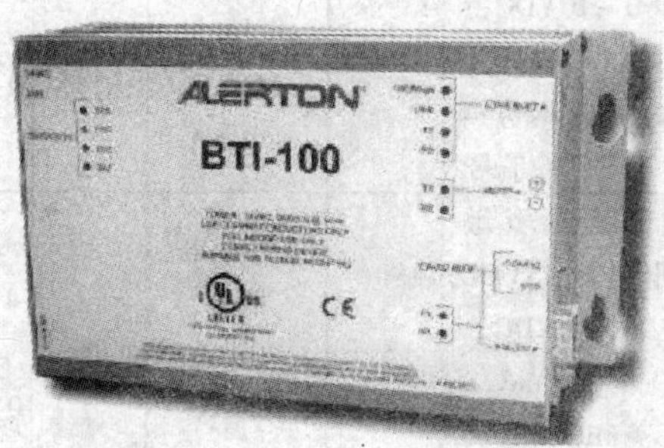

图5-3 BTI—100 网络控制器

图5-4 VLC 控制器

5.2.6 BACtalk VLC 和 VAV 系列可编程控制器

艾顿 VLC 是一个高性能完全可编程的通用控制器系列,可用于楼宇机械及电气设备的控制。VLC 主要控制 HVAC 设备,如热水泵、风机盘管、空调主机、VAV 盒、通风设备、冷凝机及其他相关设备。它们同样适用于其他要求输入和输出监控的应用场合,如供水、照明、报警控制等等。VLC 适用于各种输入和输出(I/O)的配置,输入和输出端可直接连到现场设备。VAV 系列是艾顿的变风量应用控制器。BACtalk 系列可编程控制器技术性能如表5-1 所示。

表5-1 BACtalk 系列可编程控制器技术性能一览表

型号	功耗	通讯速度(Kbps)	24VDC 电源输出(mA)	通用输入点	输入信号	数字输出点	输出信号	模拟输出点	输出信号
VLC—16160IC3	24VAC @20VA 至220VA	76.8	250	16	干触点,热敏电阻,0~5VDC,4~20 mA,Microset,3个脉冲信号	16	16个光电耦合可控硅24VAC @0.5A	0	

续表

型号	功耗	通讯速度（Kbps）	24VDC 电源输出（mA）	通用输入点	输入信号	数字输出点	输出信号	模拟输出点	输出信号
VLC—16160C3	24VAC 20VA～220VA	76.8	250	16	干触点，热敏电阻，0～5VDC，4～20 mA，Microset，3个脉冲信号	16	16个光电耦合可控硅 24VAC @0.5A	0	
VLC—1600 C3	24VAC 20VA～220VA	76.8	250	16	干触点，热敏电阻，0～5VDC，4～20 mA，Microset，3个脉冲信号	0		0	
VLC—1188 C3	24VAC 20VA～110VA	76.8	250	11	干触点，热敏电阻，0～5VDC，0～10VDC，4～20 mA，Microset，3个脉冲信号	8	8个光电耦合可控硅 24VAC @0.5A	8	4～20 mA 或 0～10VDC
VLC—853C3	24VAC 10VA～80VA	76.8	250	8	干触点，热敏电阻，0～5VDC，0～10VDC，4～20 mA，Microset，3个脉冲信号	5	5个光电耦合可控硅 24VAC @0.5A	3	4～20 mA 或 0～10VDC
VLC—660RC3	24VAC 10VA～50VA	76.8	150	6	干触点，热敏电阻，0～5VDC，4～20 mA，Microset，3个脉冲信号	6	3个光电耦合可控硅 24VAC @0.5A，3个220VAC @10A	0	
VLC—651RC3	24VAC 10VA～40VA	76.8	150	6	干触点，热敏电阻，0～5VDC，4～20 mA，Microset，3个脉冲信号	5	2个光电耦合可控硅 24VAC @0.5A，3个220VAC @10A	1	0～20 mA 或 0～10VDC
VLC—550C3	24VAC 10VA～65VA	76.8	250	5	干触点，热敏电阻，0～5VDC，4～20 mA，Microset，3个脉冲信号	5	5个光电耦合可控硅 24VAC @0.5A	0	
VAV—SDC3	24VAC 5VA～65VA	76.8		4	干触点，热敏电阻，Microset	5	5个可控硅 24VAC @0.5A	0	

续表

型号	功耗	通讯速度(Kbps)	24VDC电源输出(mA)	通用输入点	输入信号	数字输出点	输出信号	模拟输出点	输出信号
VAVi—SDC3	24VAC 10VA ~ 65VA	76.8		4	干触点，热敏电阻，Microset	3	3个可控硅 24VAC @0.5A	0	
VAV—DDC3	24VAC 5VA ~ 65VA	76.8		4	干触点，热敏电阻，Microset	4	4个可控硅 24VAC @0.5A	0	
VAV—DD7C3	24VAC 10VA ~ 100VA	76.8		4	干触点，热敏电阻，Microset	7	7个可控硅 24VAC @0.5A	0	

5.2.7　便携式 BACtalk 网络连接诊断工具 FST—100—Toolkit

FST—100—Toolkit 是一种可以不经过网络控制器而直接连接现场控制器的便携设备，用于在现场对各个设备或网络进行检测、控制及诊断。其通信接口是以太网、MS/TP、PTP，内带充电电池，持续工作时间 10 个小时，用 LED 显示工作状态，非常方便。

5.2.8　网络中继器 Repeater

网络中继器 Repeater 的特点是简单、灵活、经济、可靠。它是为 BACnet MS/TP 局域网专门设计的。其星形总线结构对 MS/TP 网的扩展提供极大的灵活性，可分 4 段，每段可以运行 4000 英尺。它为扩展系统中支持多控制器提供经济有效的解决方法。一个选用电池可以连接到 BACtalk MS/TP 网络中继器，以保证在 24 VA 电源中断时保持通讯。当电源中断并启用备用电池时，"电源故障"输出闭合并产生一个报警动作。

网络中继器 Repeater 的技术参数如下。

①电源：24VAC，5VA 最小。

②信号：EIA—485。

③环境：0 ~ 70 ℃，0 ~ 95% RH，不结露。

④电池：6 V，2.5AHR，铅密封。

⑤报警输出：光电耦合可控硅输出，24 VAC，@ 50 mA；

⑥最大尺寸：130 mm(H)、90 mm(W)、30 mm(D)。

⑦遵从标准：UL 标准的 95 安全等级。

⑧欧洲标准：EMC Directive 89/336/ECC。

⑨FCC 标准：15—J A 级。

5.2.9　智慧型房间传感器 Microset

智慧型房间传感器 Microset 的特点是多功能、灵活、经济、美观。它通过 LED 数字显示及按钮控制，用户及维修人员可查看房间温度或温湿度和室外温度，选择风机转速，改变房间温湿度设置，操作简单直接。"操作预设"以半小时为一个设定单元，并可记录在 BACtalk 的操作终端，实现强而有力的能量管理。选用温度传感器或温湿度传感器，均只占一个输入点。

智慧型房间传感器 Microset 的技术参数如下。

①热敏电阻：在 22 ℃时 10 kΩ。

②精度:在0 ℃至77 ℃间为0.2。

③环境:0～－70 ℃,0～95% RH,不结露。

④湿度精度(选项):0～100% RH @ 25 ℃时2% RH。

⑤环境:－40 ℃～85 ℃。

⑥最大尺寸:117 mm(H)、76 mm(W)、34 mm(D)。

⑦遵从标准:UL标准的95安全等级。

⑧欧洲标准:EMC Directive 89/336/ECC。

⑨FCC标准15—J A级。

5.2.10 配套的功能软件

由于BACtalk系统在全世界获得了广泛的应用,得到了非常多的系统集成厂家的支持。根据具体应用需要,一些厂家基于BACtalk系统开发出了一些扩展应用。

1. Envision2 OPC接口软件

OPC是自动化领域应用广泛的一个通信接口,它为系统集成提供了标准的、一致性的通信协议。Envision2 OPC接口软件是将Envision软件扩展出OPC Server接口,这样一些支持OPC客户端的软件,如组态王、iFix等众多的组态软件及楼宇自动化管理软件。Honeywell的EBI Server,Johnson Controls的M3、M5等都可以与它进行通信。本软件还配套提供OPC Client通信测试软件。

2. BACweb软件

BACweb软件的功能是为Envision软件增加Web访问的能力。Alerton公司本身就有Webtalk系统,但价格高昂。本软件实现了Web与BACnet的结合。

3. BACnet Sniffer协议分析软件

BACnet Sniffer协议分析软件为BACnet协议的"嗅探器",能够捕获BACnet的数据包并判断包的类型及功能,是研究BACnet协议的好帮手。

5.2.11 新风机系统(温湿度控制)控制方案

新风机系统控制原理如图5-5所示,其监控功能如下:

①监控及记录风机运行状态、送风温湿度、风机故障状况、过滤网堵塞及防冻报警;

②手动或按预设时间程序启停风机;

③风机与风阀门、水阀门及加湿阀连锁控制;

④确认风机运行后,控制水阀门及加湿阀,保证温湿度在设定范围内;

⑤在冬季,当防冻报警时,停止风机及打开水阀门防止盘管结冰。

新风机系统设备选型清单如表5-2所示。

表5-2 新风机系统设备选型清单

代号	数量	型号	说明
DDC	1	VLC651RC3	直接数字控制器
T—1	1	T—D8	风管温度传感器
H—1	1	H—D	风管湿度传感器
FP—1	1	AFU3	防冻开关

续表

代号	数量	型号	说明
DP—1，2	2	P604	风压差开关
WV—1	1	2WV + MVA	调节量水阀
SV—1	1	406	开关量电磁阀
DA—1	1	TDA	开关量风阀门驱动器

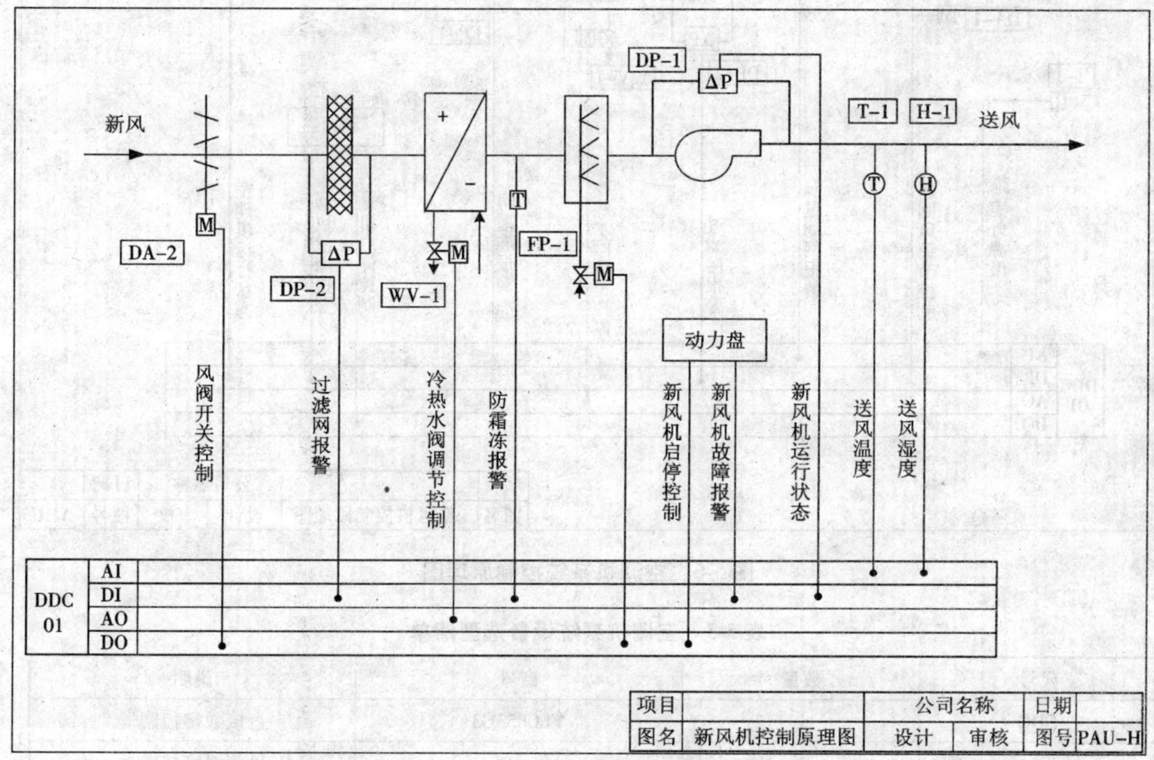

图5-5　新风机系统控制原理图

5.2.12　空调机系统(温度控制)控制方案

空调机系统控制原理如图5-6所示，其监控功能如下：

①监控及记录风机运行状态、回风温度、风机故障、过滤网堵塞及防冻报警；

②手动或按预设时间程序启停风机；

③风机与风阀门及水阀门连锁控制；

④确认风机运行后，控制水阀门，保证温度在设定范围内；

⑤在冬季，当防冻报警时，停止风机及打开水阀门防止盘管结冰；

⑥比较室外温度(可共享)及回风温度，控制新回风阀门的开度，达到节能效果。

空调机系统设备选型清单如表5-3所示。

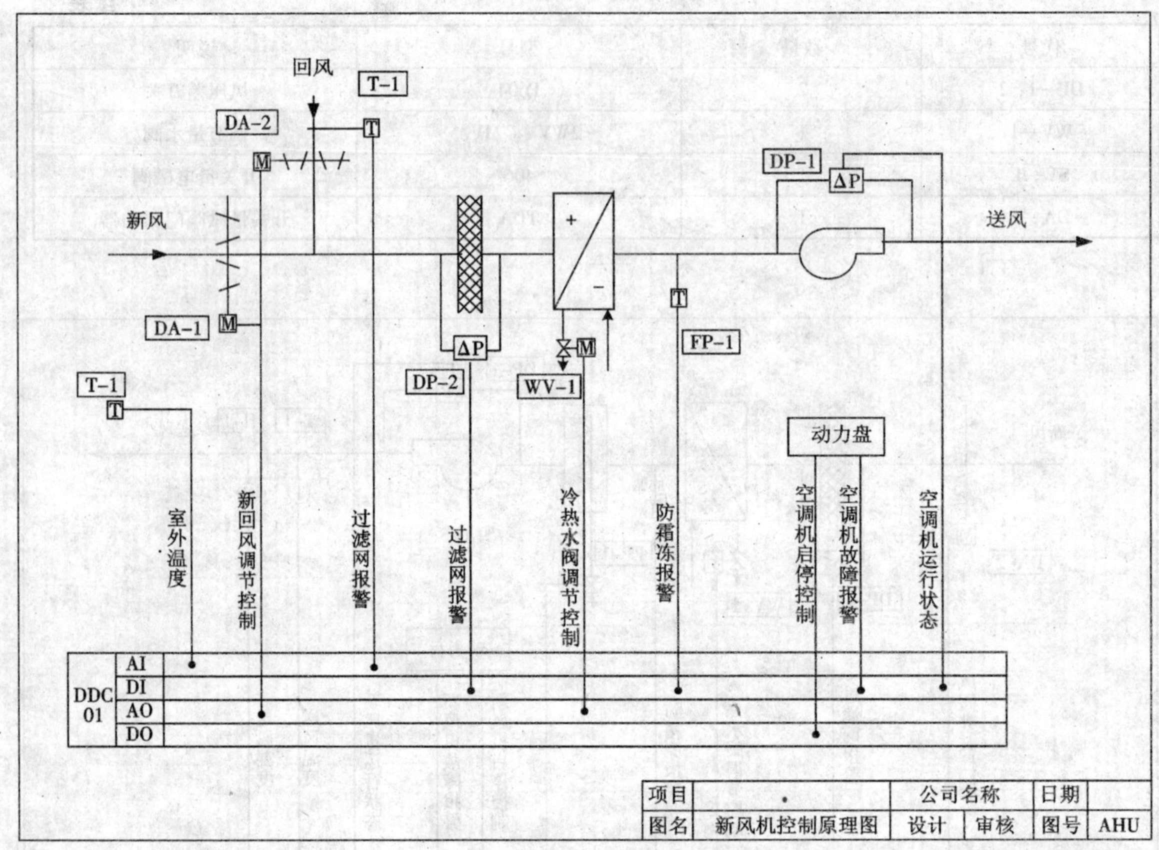

图 5-6 空调机系统控制原理图

表 5-3 空调机系统设备选型清单

代号	数量	型号	说明
DDC	1	VLC853C3	直接数字控制器
T—1	1	T—D8	风管温度传感器
T—2	1	T—O	室外温度传感器
FP—1	1	AFU3	防冻开关
DP—1，2	2	P604	风压差开关
WV—1	1	2WV + MVA	调节量水阀
DA—1，2	2	MDA	调节量风阀门驱动器

5.2.13 变风量系统控制方案

变风量系统控制原理如图 5-7 所示，其监控功能如下：

①变风量风机的功能与恒风量空调机大致相同，并按送风压力控制风机送风量；

②变风量终端机按房间温度控制变风量终端机送风阀门的开度，依据送风压差计算送风量，保证实际送风量在设定范围。

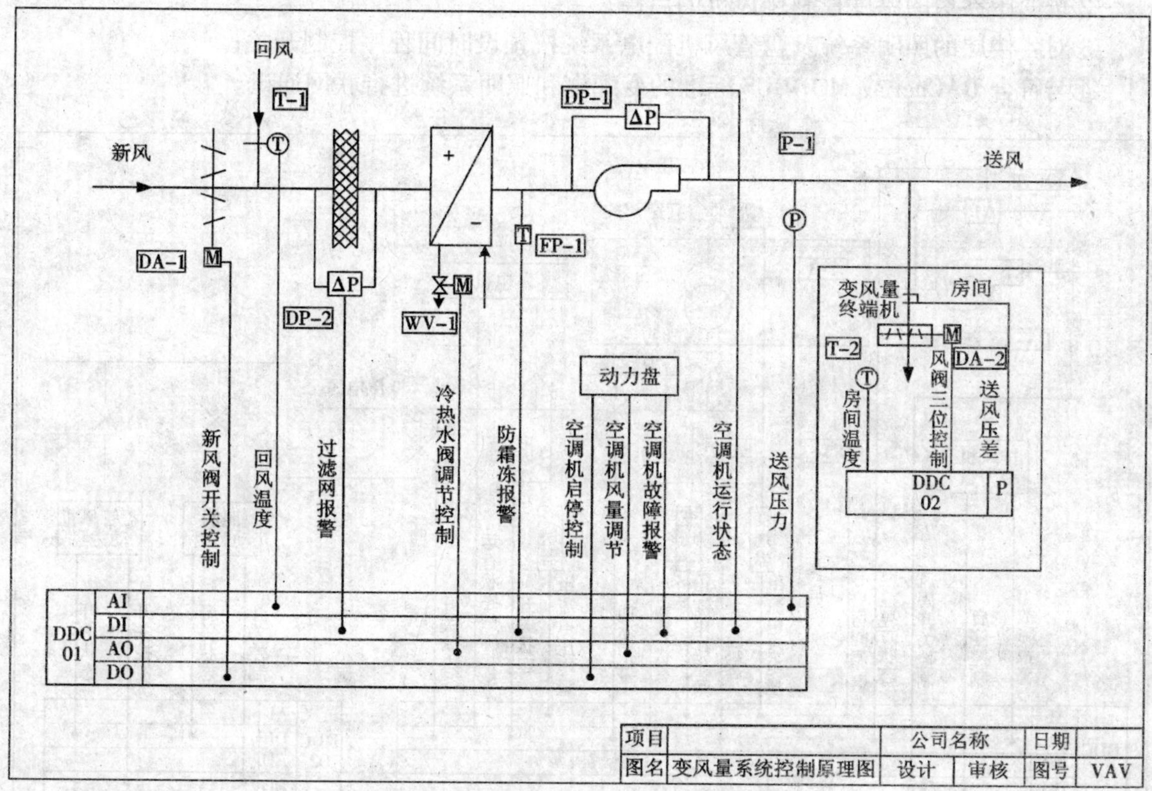

图5-7　变风量系统控制原理图

变风量系统设备选型清单如表5-4所示。

表5-4　变风量系统设备选型清单表

代号	数量	型号	说明
DDC01	1	VLC853C3	直接数字控制器
DDC02	1	VAV SDC3	直接数字控制器
T—1	1	T—D8	风管温度传感器
T—2	1	MS BT	智慧型房间温度传感器(自带温度显示)
P—1	1	P694	风管压力传感器
FP—1	1	AFU3	防冻开关
DP—1，2	2	P604	风压差开关
WV—1	1	2WV + MVA	调节量水阀
DA—1，2	2	TDA	开关量风阀门驱动器

5.2.14　变配电、照明及动力系统控制方案

变配电、照明及动力系统控制原理如图5-8所示，其监控功能如下：

①监控及记录三相电流、三相电压、电量、频率、空气开关状态；

②按变压器房的温度控制排风机的启停；

③对各楼层的照明系统及盘管风机配电系统按预设时间程序控制开关；

④与符合 BACnet 或 MODBUS 标准的变配电和照明系统进行联网通讯。

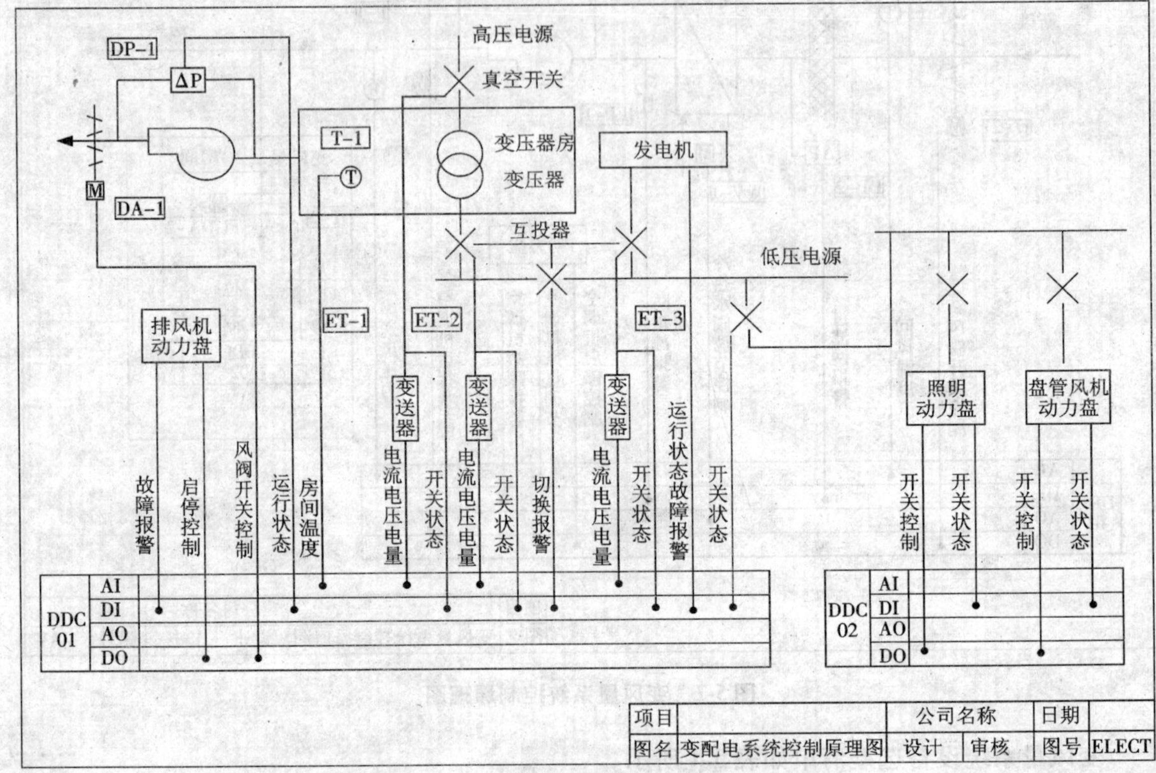

图 5-8 变配电、照明及动力系统控制原理图

变配电、照明及动力系统设备选型清单如表 5-5 所示。

表 5-5 变配电、照明及动力系统设备选型清单表

代号	数量	型号	说明
DDC01	1	VLC16160C3 + VLC1600C3	直接数字控制器（变配电站）
DDC02	1	VLC660RC3	直接数字控制器（各层照明及动力）
T—1	1	T—R	房间温度传感器
DP—1	1	P604	风压差开关
DA—1	1	TDA	开关量风阀门驱动器
ET—1,2,3	3	DA308C	三相电流变送器
ET—1,2,3	3	DV328C	三相电压变送器
ET—1,2,3	3	WH302040FC	电量变送器
ET—3	1	DH5528	频率变送器

5.3 海湾公司 LonWorks 系统应用案例

HW—BA5000 系列楼宇自动化控制模块是海湾公司基于 LonWorks 现场总线技术研制生产的楼宇自动化控制产品,目前已经发展到第三代 52 系列。新模块采用 Echelon 公司最新推出的 NodeBuilder3.1 及 LonMaker3.1 开发平台,采用符合 LonMark 标准的设计,在产品开放性、易用性、灵活性以及功能和结构设计的合理性方面达到了新的高度。

HW—BA5000 系列主要软件和设备如表 5-6 所示。

表 5-6 HW—BA5000 系列产品

名称	型号	说明
应用软件	iiBS3.0	管理软件系统,可用于楼宇自动化系统控制或系统集成
应用软件	LonMaker3.1	LON 网组态管理工具,用于构建 LON 网络
LON 网卡	PCLTA—20	PCI 接口的 LON 网卡,用于台式 PC 与 LON 网络相连
LON 网卡	PCC—10	PCMCIA 接口的 LON 网卡,用于笔记本电脑和 LON 网络相连
DDC 控制器	HW—BA5201	11UI/2UO/4DO/2AO,通用控制器,适合于空调机、新风机的控制
DDC 控制器	HW—BA5202	11UI/7DO,适合配电系统、水泵系统等监测模拟量、控制启停
DDC 控制器	HW—BA5203	17DI,适合大量开关量输入信号的采集
DDC 控制器	HW—BA5204	9DI/8DO,适合照明、变配电、给排水等系统大量开关量输入输出控制
DDC 控制器	HW—BA5205	11UI/7DI,5203 的增强型,适合大量模拟量和开关量数据采集
DDC 控制器	HW—BA5206—11	11UI,小点数的通用输入模块
DDC 控制器	HW—BA5206—6	6UI,小点数的通用输入模块
DDC 控制器	HW—BA5206—3	3UI,小点数的通用输入模块
DDC 控制器	HW—BA5207—8	8DO,小点数的输出模块
DDC 控制器	HW—BA5207—4	4DO,小点数的输出模块
DDC 控制器	HW—BA5207—2	2DO,小点数的输出模块
DDC 控制器	HW—BA5208	5DI/5DO,小点数的输入输出模块
DDC 控制器	HW—BA5209—4	4UO,小点数的通用输出模块
DDC 控制器	HW—BA5209—2	2UO,小点数的通用输出模块
DDC 控制器	HW—BA5210	时钟和逻辑运算模块
路由器	HW—BA5220	用于扩展网络规模
232/485 网关	HW—BA5221	用于连接 232 或 485 接口的设备,如冷冻机
热电阻变送器	HW—BA5222	用于连接各种热电阻型温度传感器

下面以冷冻站系统为例具体说明控制功能及设计方案。

(1)冷冻战的监控功能

冷冻站系统由冷水机组、冷却塔、冷冻泵、冷却泵和膨胀水箱等组成。系统通过控制应达到节约能耗、安全运转的目的。具体监控功能如下:

①冷水机组、冷冻水泵、冷却水泵、冷却塔风机的运行状态监测及故障报警；

②按冷冻机启停工艺顺序，启停冷冻水泵、冷却水泵、冷却塔、冷水机组和有关阀门；

③用水流开关监视水流状态；

④监测冷冻水的供回水温度、压力和供水流量，监测冷却水的供回水温度；

⑤根据冷冻水供水流量和供回水温差计算建筑物实际冷负荷，据此控制冷水机组运行台数；

⑥根据冷冻水供回水总管压差控制冷冻水旁通阀的开度，调节管网压差，保证供水压力稳定；

⑦根据冷却水供回水温度，控制冷却水旁通阀的开度及冷却塔风扇的启停，保证冷却水温度满足工艺要求和最大限度地节约能源；

⑧膨胀水箱设置液位开关，可在中控室监测液位，达到补水液位时开启补水阀，高液位后关闭补水阀。

(2)冷冻站系统主要监控点及功能

监控点主要有以下几个：

①机组手动/自动状态、运行状态和故障状态；

②机组累计运行时间，发出定时检修提示；

③冷冻水泵/冷却水泵的手动/自动状态、运行状态和故障状态；

④冷冻水泵/冷却水泵累计运行时间，发出定时检修提示；

⑤冷冻水总管(冷冻水/空调热水)供、回水温度压力和回水流量；

⑥分集水器压差；

⑦冷却塔风机的运行状态、故障报警、手动/自动状态；

⑧补水箱高、低液位报警。

(3)控制功能主要有以下几个：

①定时控制，按预先编排的时间程序控制系统启停；

②根据冷冻水总管供、回水温度和回水流量，计算大楼实际冷或热负荷，进行机组台数控制，并控制相应的水泵；

③根据 DDC 内部存储的各机组的累计运行时间，对机组进行时间均衡调节，系统为优先权设计，需要启动时，开启累计运行时间最短的机组；需要关闭时，关闭累计运行时间最长的机组；

④按正确顺序依次连锁启停设备，启动顺序为冷却水泵→冷冻水泵→冷却塔风机→冷水机组；

⑤停机顺序为冷水机组→冷冻水泵→冷却水泵→冷却塔风机；

⑥根据空调供、回水总管压差，PID 调节旁通阀开度，保持集分水器供水压力稳定。

由于采用 HW—BA5000 系列产品，可以根据控制点的分布，而不是仅仅根据系统相关性布置数字控制模块。因此，在完成各子系统控制点的设计后，应按子系统进行控制点类型的统计。根据已确定的控制点的类型与数量来选取控制模块。

如图 5-9 所示，本冷冻系统是一个有三台冷冻机组和三台冷却塔组成的冷冻系统，控制器的选配见表 5-7 所示。实际应用中根据系统规模大小和具体所在的现场情况，多个模块可以放在一个或多个控制箱内。

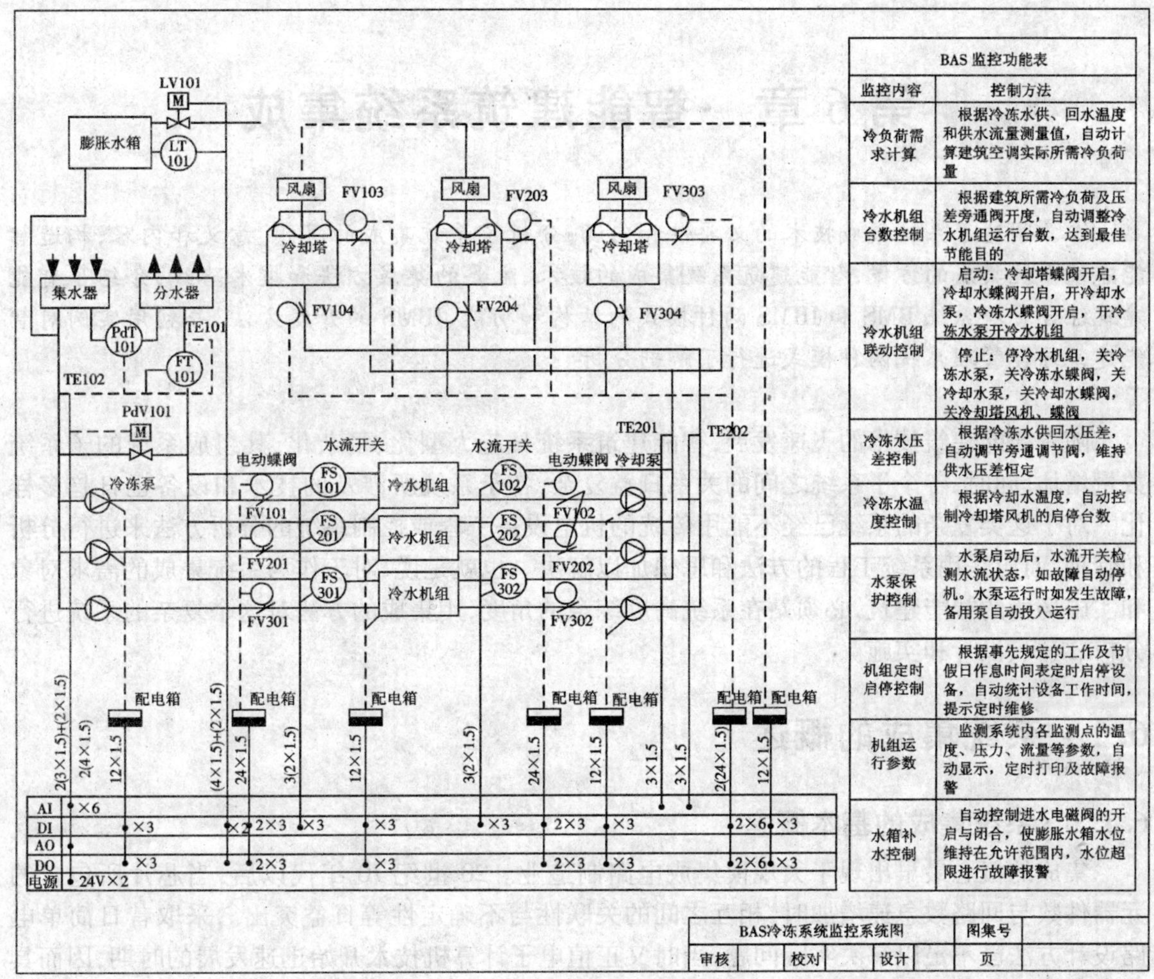

图 5-9　冷冻系统控制原理图

表 5-7　冷冻系统控制器的选配

类型	AI	DI	AO	DO
本例需要点数	7	2 + 14 × 3 = 44	1	1 + 12 × 3 = 37
5201 提供点数	11		2(4)	6(4)
4 个 5204 提供点数	0	9 × 4	0	8 × 4
1 个 5203 提供点数	0	17	0	0
剩余点数	0	13	1	1

习　题

1. 简述楼宇自动化系统的设计步骤。

2. BACtalk 系统的组成要素有哪些？

3. 画出给水设备监控系统原理图(系统由 3 台低区生活水泵、2 台高区生活水泵、地下蓄水池、屋顶水箱等设备组成)，并说明监控工作原理。

第6章 智能建筑系统集成

本章阐述了系统集成技术的必要性和内涵;分析了系统集成的思想、意义和内容,构造智能建筑系统集成的方案,智能建筑系统集成的技术、主要的集成方法和技术路线;介绍了智能建筑综合管理系统BMS和IBMS两种模式的结构和功能、IBMS的开发方法,并利用实例对智能建筑综合管理系统两种模式进行了解剖分析。

随着智能建筑技术的飞速发展,智能建筑系统日趋大型化、复杂化,其组成系统的子系统数量增加,同时,各个子系统之间的关系日益复杂,各子系统所涉及的技术和设备也日趋多样化。对于这类复杂的系统已经不能用传统的机电设备工程或控制系统的分析方法来进行分析和管理,而应采用系统工程的方法和思想加以解决。也就是说,对于作为系统集成的需求对象和实施场所的智能建筑,必须站在系统高度综合的角度,用集成的方法对这个复杂的系统进行分析、组织、设计和实施。

6.1 系统集成的概述

6.1.1 系统集成的基本概念

集成的概念最早出现于大规模集成电路制造业。20世纪70年代以后,当芯片所包含的元器件数与回路数急速增加时,相互之间的关联性与不确定性等日益突出。采取昔日简单电路设计方法已不足以解决实际问题,当时又正值电子计算机技术开始迅速发展的时期,因而具备了提出集成概念与实现集成目标的基本环境。20世纪末,高新技术突飞猛进,继而机械制造业提出并实现了CIMS集成制造系统;计算机网络规模的不断扩大,已进入各行各业,并深入到世界的各个角落,随之提出计算机网络集成任务;集成系统、集成路线、集成技巧、集成环境、集成目标、集成架构、集成技术、集成方法、集成功能、集成特性、集成管理、应用集成、网络集成、系统集成商、智能建筑的系统集成等等专用名词随处可见,并还在不断扩展。因此,为深刻认识智能建筑的系统集成的内涵,本书有必要先简单介绍有关集成的一般知识。

“集成”(Integration),可直译为“整合”,就是为了实现系统的功能而进行再创造的过程。在中文中,集成一词泛指一体化、整体化、消除隔离、相互结合、综合化等诸多含义。只有将系统中各个成分进行有机的连接,完成系统的特定功能,达到系统的目标,才能称为“集成”。

概括地讲,无论是单个或多个学科,无论是一类或多类技术,无论是单个或多个专业,也无论包含多大范围与多少子系统,只要其间相互存在一定的关联,并服务于相同的总目标,为了追求整个大系统的协调和优化所采用的技术统称为集成技术;利用上述集成技术实现的目标为集成目标;实现上述集成技术所必需之环境称为集成环境……凡涉及上述集成内容者,均属“集成”范畴。所以,集成本身就是一个系统的概念。

系统集成(System Integration)的概念来源于计算机应用领域,从字面上讲就是将一个个部件安装在一起,将各功能部分综合、整合为统一的系统。在计算机网络技术出现初期,网络所需要连接的计算机设备多种多样，无论是硬件结构、通信接口，还是操作系统、应用软件，都有很大区别，异种计算机和异种操作系统的互联成为一个很重要、很复杂的课题，一般就称为“系统集成”。例如，系统集成商就是买别人的设备，然后按照最终客户的需求，安装成一个系统，并完成系统的设置和调试。然而系统集成的应用含义远不止于此。

计算机技术发展至今，网络技术、电子技术、通信技术和软件技术都有很大发展，系统集成的要求也更加复杂，尤其在应用软件和数据库的集成方面，不但要求信息共享，更有对信息交换和处理速度方面的要求。可以说，系统集成是一个综合应用领域，它涉及多学科、多技术，它不是一套系统、一套设备，更不是一套软件，而是一种思想、一种哲理，是一种指导信息系统建设的总体规划、分步实施的方法和策略，它是完成一个复杂的应用系统工程从设计到实施的全过程。因此，系统集成是指将各自分散、相互独立的系统，有机地集合在一个平台之下，以实现信息综合、资源共享，高效率、高质量地完成规定的服务。

随着信息技术的发展，智能建筑大大提高了建筑物的自动化与信息化水平，但没有系统集成的建筑就不是真正意义的智能化建筑，因此系统集成是实现楼宇建筑智能化功能的唯一技术手段。智能建筑需要通过系统集成将计算机技术、通信技术和信息技术以及楼宇自动化有机地结合起来，以实现信息综合、资源共享。因此，可以说，智能建筑的系统集成是指将智能建筑中分散的设备、系统、功能、信息借助于计算机网络和综合布线技术集成到相互关联、统一协调的系统之中，实现信息、资源、任务共享。而这种系统集成不仅是提供统一的系统运行平台，而且也要求系统实现内部数据的一致性，使得不同设备、系统、软硬件产品、通信网络和应用软件之间的接口标准化和内部操作一致性得到保证，并与建筑环境相互协调，从而将原来建筑物内相互独立的设备、资源、服务、管理、功能集成为一个相互关联、协调统一的智能建筑大系统。

6.1.2　系统集成的意义

系统集成是建筑智能化系统的核心技术方法。智能建筑的集成化概念是区别其他传统的建筑弱电系统的一个重要标志，也是当今智能建筑所追求的最重要的目标和评判智能化的最高标准。对于智能建筑，系统集成的意义主要在于以下几点。

1. 对各子系统进行统一的监控和管理

智能化建筑系统集成管理可以将各自分散、相互独立的弱电子系统集成于同一计算机系统中，用相同的软件界面进行集中监视和控制。同时各相关部门可以通过自己的桌面计算机检测环境温度、湿度和空调及电梯等设备的运行状态，检测大厦的用电、用水和照明情况，检测保安、监控的布防状况和报警系统，检测消防系统中烟感、温感的变化情况，检测报警产生的位置等信息。可以用方便、生动的图形方式和最熟悉的三维界面展示希望得到的各种信息，提高管理效率，加强对事件的综合控制能力，使管理水平现代化。

2. 实现跨子系统的联动，统一操作界面

系统实现集成后，原各自独立的子系统在集成的角度看，如同一个系统。无论信息点和受控点是否在一个系统内均可建立联动关系，即采用了统一的操作系统平台和操作界面。这种跨系统的控制流程大大提高了大厦的自动化水平。

3. 开放的数据结构，实现信息资源共享

集成管理系统的建立提供了一个开放的平台，采集、传输、管理各子系统的数据，建立统一的开放的数据库，使信息系统自由地选择和处理所需的数据，充分发挥其强大的功能，以提高信息的利用率，发挥最佳的服务功能。

4. 提高工作效率,降低运行成本

集成系统的建立充分发挥了各弱电子系统的功能。过去为达到同样的功能,往往要增加许多硬件设备和众多的管理人员,现在集成系统用软件功能代替硬件设备,计算机辅助维护管理,为管理人员提供了快速咨询和指示,合理地利用资源,不仅节约成本,还增加了集成的信息量和系统功能,实现了高效服务。

6.1.3 系统集成的原则

智能建筑系统集成的核心是如何在各功能子系统相对完善的基础上进行系统集成,因为各个功能子系统都属于专业化管理通用平台软件,软件开发都具有独特背景,但是都不能很好地满足集成平台软件的统一监控、联动、高效的要求。为了保证系统集成任务能够顺利完成,作为系统总集成商就需要有足够的技术保证来完成技术集成的工作,必须具备集成异构网络、数据库、计算机系统、通信系统、机电管理自动化系统和应用软件系统的能力。

智能建筑的系统集成工程是一个复杂的集成系统工程,它将实现对多种信息的综合处理,使建筑物具有全局事务的处理能力,高度的信息综合管理能力,基层通信和网络的功能,流程自动化的功能,集中监视、控制、管理的功能。因此,在智能楼宇集成设计时,需要掌握好以下原则。

1)综合性原则　智能建筑的基础是多种技术的集成、多门学科的综合。多个子系统的有机联系就需要综合性的眼光、全局的思想来统筹规划。目前我国智能建筑的系统集成质量并不是很高,主要原因不是设备不好,而是将整个系统仅按单独设备系统进行考虑,把设计、采购、制造、安装调试、维护保养、技术服务分割开来,造成了许多协调上的困难。综合性原则的把握表现在需要有资深的系统集成工程师总体规划,其他施工者和设计者在统一的指导思想下进行分项设计,保证系统的统一性。另外,整个系统集成工程需要综合设计和统一管理。

2)满足用户需求原则　满足用户需求是智能建筑系统集成的首要考虑因素。也就是说,系统集成所能完成的功能是用户所需要和便于用户使用的。通用性的用户需求表现在智能建筑能提供安全、舒适、快捷的服务,使系统具有科学的管理机制,提高工作效率,节约能耗和经营成本。特定性的用户需求,表现在系统集成能为不同的用户提供与之相适应的服务,如医院、学校、酒店、政府办公楼各自的职能不同,需要的建筑功能也不同,系统集成一定要根据不同的客户来进行设计,并要与用户建立起良好的沟通管道。

3)便于使用与管理原则　系统集成的设计必须本着便于设计和管理的原则进行设计,一般要考虑设计的深度、设计的实用性、设计的可靠性、设计的先进性、设计的扩充性、设计的开放性及规范性几个方面。

6.1.4 系统集成体系结构和系统集成内容

1. 系统集成体系结构

系统集成不仅提供统一的系统运行平台,而且要求系统实现内部数据的一致性,使得不同设备、系统、软硬件产品、通信网络和应用软件之间的接口标准化和内部操作一致性得到保证,并与建筑环境相互协调。系统集成的本质在于将原来建筑物内相互独立的设备、资源、服务、管理等集成为一个相互关联、协调统一的楼宇自动化大系统。智能化系统分层递阶控制结构如图 6-1 所示。图中所示的智能建筑系统集成包括了以下几个方面。

(1)设备级的集成

1)物理集成　物理集成主要指传输介质和通信信道的集成。在建筑物内部,借助于综合

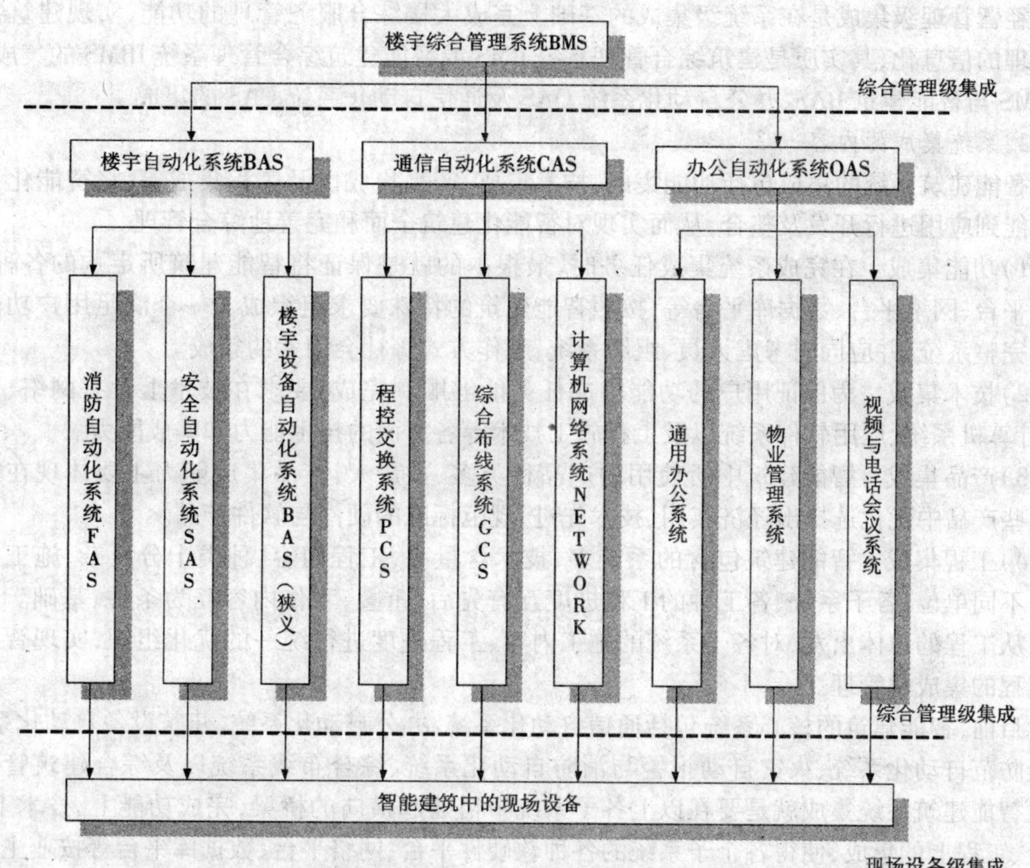

图6-1　建筑智能化系统分层递阶控制结构示意图

布线系统使每个子系统的设备都能以标准的模块化方式进行物理连接。

2）网络集成　网络集成特指计算机网络通信系统的集成，即将不同子系统运行的网络平台连接并与建筑物内计算机主干网连为一体。

（2）系统级的集成

系统级集成是在完成各子系统设备级的集成基础上，将其功能应用，以综合目标系统的总体优化，进一步做到集中一体化管理。它关心的是整个系统内部的应用软件及其用户，包括人和机器之间的控制和信息集成。如果设备级集成是硬件集成，那么系统级集成就是软件集成。软件集成所完成的工作是在硬件集成所架设的桥梁上建立上桥和通信规则，解决不同子系统之间的异构软件互联问题。智能建筑中的建筑设备自动化系统、安防自动化系统等都采用各自的应用软件去完成系统功能，如何将这些不同的软件系统连接起来，进行综合优化、提高系统效率、实现系统效能的成倍增长，是系统级集成所要解决的主要问题。

（3）经营管理级的集成

管理和服务是智能建筑的基本要素之一。集成能否充分发挥作用、发挥效益，主要取决于此。而管理和服务中的重点问题还是人的集成。管理和服务能否正确实施、其思想能否正确贯彻，都由人决定。“人的集成”实际上是技术实现和组织管理相结合的问题，是工程技术和社会科学相结合的问题。

经营管理级集成是在系统级集成的基础上完成大楼综合服务管理的功能，实现建筑物经营管理的信息化，其实质是建筑综合管理系统 BMS 或智能建筑综合管理系统 IBMS 的集成，亦即 BMS 与智能建筑 BAS、办公自动化系统 OAS 及通信自动化系统 CAS 的集成。

2. 系统集成的内容

智能建筑系统的集成包括功能集成、技术集成、产品集成以及工程集成等，将智能化系统从功能到应用进行开发及整合，从而实现对智能化建筑全面和完善地综合管理。

1）功能集成　在完成系统集成任务时，最根本的就是保证将智能建筑所定购的各种软/硬件平台、网络平台、数据库平台等，按照智能建筑的特殊要求组织成为一个满足用户功能需要的完整系统，并应同时考虑人员、组织系统、工作方式等社会因素的集成。

2）技术集成　为保证用户的功能集成任务能够顺利完成，要求在技术上具有网络、数据库、计算机系统、应用软件系统以及工程施工技术等各方面的技术能力和集成能力。

3）产品集成　智能建筑中所使用的产品种类多、数量大，产品集成能力主要体现在能够在这些产品中优化选择出经济实用、技术先进、规范标准的硬件与软件产品。

4）工程集成　智能建筑包含的系统多、技术含量高，工程内容、种类十分复杂，施工队伍来自不同单位，各子系统、各工种的工程进度互有先后、重叠，工作内容互为条件、基础。这些就要从工程的总体出发，对各子系统的施工内容、工程进度进行统一的优化组织，实现智能建筑工程的集成化管理。

目前，智能建筑的核心系统包括通信自动化系统、办公自动化系统、建筑设备自动化系统、安全防范自动化系统、火灾自动报警与消防自动化系统、综合布线系统以及综合建筑管理系统。智能建筑系统集成就是要在以上各子系统中搭建起横向的桥梁，完成功能上、技术上、产品上、工程上的集成，使得各个子系统的各种软硬件平台、网络平台、数据库平台等按业主要求组织成一个满足业主功能需要的、完整的智能建筑管理系统。

针对实际中的工程项目，系统集成的具体内容是：根据建设单位提出的需求，优选各种成熟的楼宇自控、安保、信息通信产品和设备，通过楼宇中结构化的综合布线系统和计算机网络技术，使构成智能建筑的各个主要子系统具有开放式结构，协议和接口都标准化和规范化，即软硬件的连接方式、交换信息的内容和格式、子系统之间的互控和联动功能、各子系统的扩展方法等方面，都必须标准化和规范化，利用网络技术将建筑内不同功能的子系统在物理上、逻辑上和功能上连接在一起，通过计算机软硬件的组态和设计，构成一个完整的智能建筑解决方案。系统集成作为一种系统工程其内容涉及项目开发和实施的整个过程，概括地说，可分为功能结构、技术实现、过程组织和管理决策 4 个方面的内容。

因此，智能建筑的系统集成，不是选择最好产品的简单行为，而是选择最适合用户需要和投资规模的产品和技术；不是简单的设备供应，更体现的是集成设计的技巧、集成应用软件开发的能力以及集成系统调试的经验。在系统集成这项系统工程中，它包括了技术、管理和商务等多个方面。其中，设计是系统集成的工作核心，管理和商务活动是系统集成项目成功实施的可靠保障；性价比的高低是评价一个系统集成项目是否合理和实施成功的重要因素。

6.1.5 系统集成的工程流程

在上述系统集成基本原则和内容的指导下，为了有效地完成系统集成工程，整个系统集成工程总体上可以分为设计、实施和测试三个阶段。

目前，由于硬件通信标准的统一以及计算机通信技术的发展，智能建筑的系统集成工程在很大程度上已经变成软件集成为主的工程。因此,如同所有软件应用工程,系统集成的设计阶段是最重要的阶段。

系统集成的设计包括应用需求的调研、集成核心的选择、集成系统的调研、数据流程的规划、系统集成方案设计、软件开发方案设计、硬件开发方案设计、可行性研究和方案最终确定几个阶段,如图6-2所示。

在智能建筑系统集成的整个过程中,可以分为以下几步来进行。

1. 需求分析

对用户需求进行详细的分析和全面掌握是工程顺利进行的必要前提。要求对建筑物的所有工程资料进行全面分析,特别是大楼内所有机电设备的详细资料要全面了解;设计方与建设方和物业管理部门进行充分的交流,界定用户的实际需求和投资意向;针对各子目标系统的不同,从技术、功能、服务及管理等方面,结合建筑物未来用户的业务需求,对用户经营战略做综合考虑。

2. 总体规划

总体规划是在需求分析的基础上建立系统的功能模型,做出集成目标系统的最优总体设计方案,同时给出系统集成的初步实施建议。

3. 可行性研究

组织智能建筑行业内的相关控制技术、信息技术和计算机技术专家及有经验的系统集成商、建设方和物业管理方共同参与,进行系统集成总体规划的功能定位与可行性认证,对系统的总体设计和初步实施方案,做进一步的技术经济可行性确认,这是系统集成工作的重要一环。经过详细论证,调整总体规划中不合理的规划目标,使之趋向合理可行。

4. 子系统项目实施与系统集成的关联

建筑智能化系统是由多个相互关联的子系统综合集成的结果,众多的子系统设备级的集成不可能由系统集成工作承担者一家独自包揽完成,应选择在各个子系统开发、集成方面富有经验的专业承包商共同参与,完成最终的目标集成系统。采取招标的形式选取合适的分包商是国内外较为通用的做法。

5. 系统集成工程实施

建筑智能化系统应与其依存的建筑功能相适应,系统集成功能的设计要满足建筑功能的要求,在工程实施之前进行功能确认,可有效地避免返工,减少工程风险,完成最终集成目标系统的各项功能指标要求。确认的内容包括既定的集成功能、被集成的系统功能与设备设置、被集成的系统实施情况。

6. 系统运行、维护与改进

系统集成项目初步验收和系统测评结束后,系统要投入试运行,试运行期间可以发现问题,还将使用方提出的功能、界面等改进要求,对系统作相应的调整。同时,经过对用户一段时间的技术培训,将集成目标系统交付使用。

综上所述,智能建筑的系统集成是一项复杂的系统工程,在集成过程中,管理与决策是非常重要的部分,它在系统集成过程中体现了现代化综合管理的作用。在系统集成的工程实施中有两个并行的内容:一个是工程技术;另一个是工程技术的控制过程。

工程技术的控制过程包括:系统立项、系统规划与组织、工程进度与质量的控制以及前后期对方案的分析、比较、决策和评价,统称为管理与决策。管理与决策对目标系统的按期保质

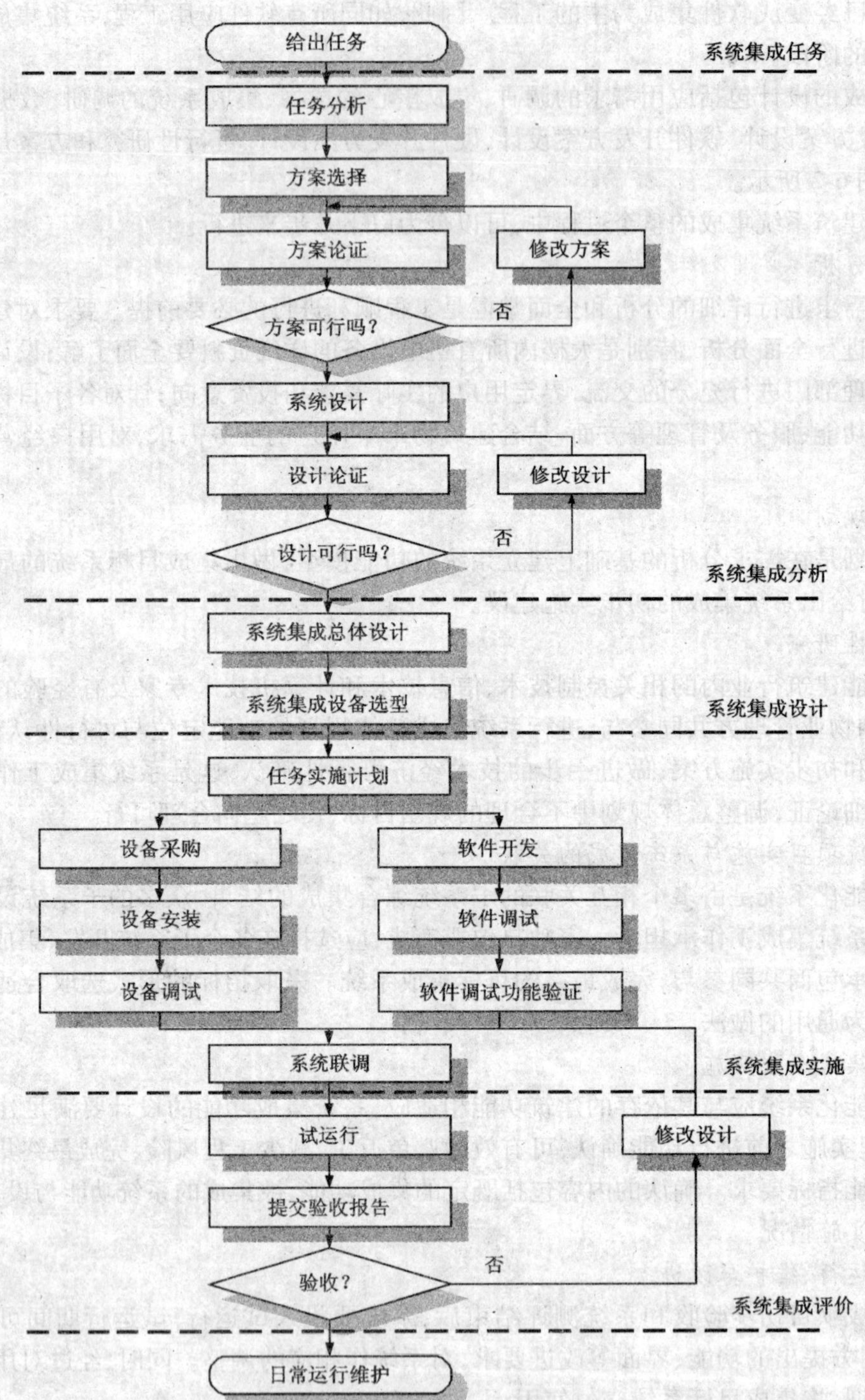

图 6-2　智能建筑系统集成流程图

完成有着十分重要的意义。

系统集成中的决策是指系统集成工作承担者根据用户的战略目标、使用特点，建筑中设备配置与计算机资源应用情况、人员配备情况等确定系统的总体目标和主要功能，拟订初步的总体设计方案和实施技术路线，提出系统的关键技术、可行的解决途径，从技术、经济和社会条件等方面论证总体方案的可行性，制定投资计划和开发计划。决策活动贯穿在系统集成整个过程中，起着极其重要的作用。因此，必须在人员调配、资金投入、项目组织、机构设置、运行机制、技术方案、产品选型、分包选择等方面及时做出决策，确保工程项目的顺利实施。

在设计中，可以把系统集成的整个过程自顶向下分解为若干个阶段，不仅给出了系统的总体目标，也给出每个阶段目标，各阶段的起止时间，完成的主要任务和各阶段要到达的集成度。在每个阶段结束时整理文档，做出评价。只有达到阶段目标、文档资料齐全并且无误后才能转入下阶段的工作。

除了以上所述部分之外，为了完成好智能建筑的系统集成还要注意做好设备和财务的管理，此不详述。

6.1.6　智能建筑集成平台技术

当前市场上智能建筑系统集成软件产品很多，比较有名的有：美国霍尼韦尔（Honey－well）公司的Excel5000和EBI，德国西门子（Siemens）公司的APOGEE，美国江森自控（Johnson Controls）公司的Metasys，KMC控制公司的KMDigital控制系统，英维思（Invensys）公司的Invensys-I/A，加拿大的Delta Controls，澳大利亚韦博自控系统有限公司（Sphere Systems）的EML（Extansible Markup Language）楼宇控制系统，北京海湾控股（GST）的IBS和北京清华同方的IIBS等等。在这里，简单介绍一下Honeywell公司的Excel5000和EBI、德国西门子（Siemens）公司的APOGEE、美国江森自控（Johnson Controls）公司的Metasys。

其中，美国霍尼韦尔（Honeywell）公司的Excel5000系统由开发型建筑物自动化系统（XFi）或基本型建筑物自动化系统（XBS）和保安系统（XSM）、火灾报警消防控制系统（XLS1000和FS90）三部分组成，采用模块化设计方案和开放式系统结构。

美国霍尼韦尔（Honeywell）公司的EBI系统是一套应用于建筑物集成管理的组件。它是源于美国霍尼韦尔公司的Excel5000系统的新系统，使用新一代网络计算模式B/S浏览器/服务器体系结构。EBI系统的管理网络是以Entranet技术为核心，以Web技术基础为集成环境。Honeywell EBI（Enterprise Building Integrator）平台及其建筑物管理、安全管理与数字影像管理等三大子系统构成运作的要素。

APOGEE是西门子楼宇科技推出的一套完整的楼宇控制系统，由Insight监控软件和各种DDC控制器、传感器及执行机构等组成。它是以安装Windows 2000/NT计算机工作站位监控平台的集散控制系统，具有集中操作管理和分散控制功能。它可以应用于采暖供热系统监控、冷冻冷却系统群控、空调机组监控、空调末端设备调节、空调末端能耗计费、通风/排风系统监控、变配电系统监测、照明系统监控、发动机系统监测、电梯系统监测和给排水系统监控等处。

美国江森自控（Johnson Controls）公司的Metasys中央监控系统专门用于各类建筑物内设备的集中监控和管理，以达到最佳节能和提高建筑的管理效率。它采用工业标准的ARCnet网络相连，并以它作为整个建筑物中的通信骨架。该系统也是一个集散的中央监视系统，采用直接数字式控制，很容易扩展，无须更改或增加主机。系统采用PC机作为操作站，其软件具有操作指导程序和密码保护，不会受到人为干扰。系统大部分操作利用鼠标完成，使用非常简单。

6.2 系统集成的主要技术

系统集成是一个涉及多学科、多技术的综合应用领域,它从设计到实施是一个复杂的应用系统工程。系统集成的关键在于解决系统之间的互联性和互操作性问题,在这个过程中,系统集成用到了多种技术,它体现在以下方面。

1. 通信的集成技术

通信的集成是智能建筑系统集成的基础,通信集成的目的是实现多种设备业务相互交换数据,有通路而不能通信就谈不上数据的共享和子系统之间的联动。

2. 控制的集成技术

控制的集成目标是希望将所有的监控单元纳入一个系统框架内,期望将所有的子系统综合设计成一个大型的集散控制系统。

3. 管理信息的集成技术

管理信息的集成目标是在实现各类数据共享的基础上构建智能建筑的信息管理系统和信息发布系统,最终实现数字城市、数字国家、数字地球。

4. 系统集成的方法

系统集成的方法要遵循科学的方法来进行,就是“总体规划,优先设计,从上向下,分步实施”。

本节介绍智能建筑系统集成用到的主要技术,即通信接口技术、客户端技术、数据管理和访问技术。

6.2.1 通信接口技术

1. 网关

网关是一个特殊的设备,它是集成平台系统与第三方系统通信的桥梁,通过通信方式,把第三方系统的实时数据通过特定的通信协议转换成集成平台系统可以识别的数据。在楼宇科技高速发展的今天,系统集成的需求日益提高,网关作为一个集成工具变得越来越重要。网关通常与第三方系统以 RS—232/RS—485/RS—422 或以太网等方式连接,第三方系统可以是空调机组、照明系统、供水系统、消防系统和安保系统等。

智能建筑的集成平台系统应该是一套开放的系统,必须能够支持所有常用的通信形式和协议。例如,DDE、NetApi、Socket、RS—232、RS—485、LonWorks、BACnet、OPC、ODBC 等,只要子系统支持这些协议,原则上都可以实现与集成平台系统的集成。如果某个子系统不支持上述协议,就需要该系统生产商开放其协议,以配合弱电各子系统的集成。网关集成了 OSI 模型 1 ~7 层的全部内容,实现了真正意义上两个网络之间的数据翻译和处理,因此可实现不同结构和协议的通信之间的互联。网关将信息重新打包以符合目的系统的需要,并能够修改报文的格式,因此可以符合接收端的应用程序。这样就使得一种网络能够理解其他网络的应用数据,达到真正连接两个网络的目的。

作为系统集成的关键设备之一,集成网关的主要功能是完成两个采用不同通信协议的系统之间的数据交换。因此集成网关的功能框图可以用图 6-3 简单示意。

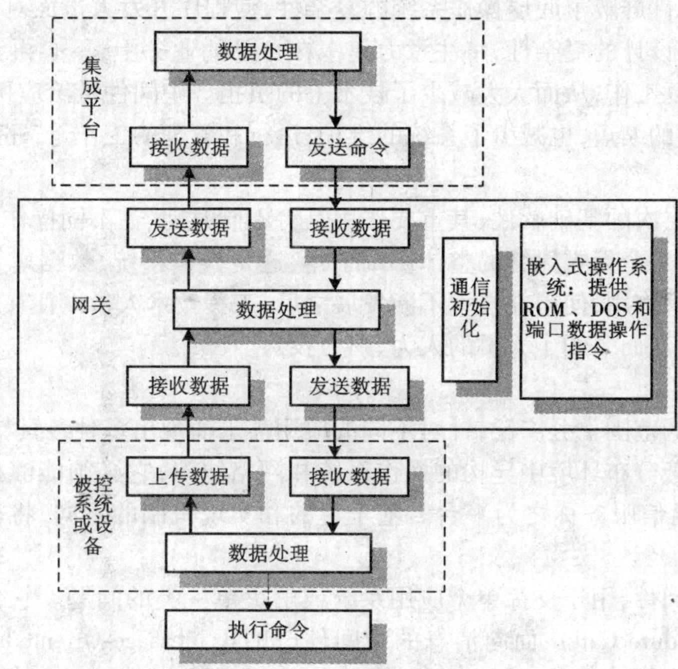

图 6-3 集成网关的功能框图

2. 中间件

(1)概念

中间件(Middleware)是基础软件的一大类,属于可复用软件的范畴。顾名思义,中间件处于操作系统软件与用户的应用软件的中间。中间件在操作系统、网络和数据库之上,在应用软件的下层,总的作用是为处于自己上层的应用软件提供运行与开发的环境,帮助用户灵活、高效地开发和集成复杂的应用软件。

"中间件"一词最早出现于 20 世纪 80 年代,用于描述网络连接管理软件,直到 90 年代才逐渐流行起来。在中间件产生以前,应用软件直接使用操作系统。网络协议和数据库等开发,这些都是计算机最底层的东西,越底层越复杂,开发者不得不面临许多很棘手的问题,如操作系统的多样性,繁杂的网络程序设计、管理,复杂多变的网络环境,数据分散处理带来的不一致性,性能和效率及安全问题等。如何屏蔽不同厂商产品之间的差异,减少应用软件开发与工作的复杂性,成为技术不断进步之后,人们不得不面对的一个现实问题。

于是,有人提出能不能将应用软件所要面临的共性问题进行提炼、抽象,在操作系统之上再形成一个可复用的部分,供成千上万的应用软件重复使用。这一技术思想最终构成了中间件这类软件。由于中间件支持分布式计算,提供跨网络、跨硬件、OS 平台透明性的应用以及服务的交互功能,能够运行于多种硬件和 OS 平台,支持标准的协议和接口,满足大量应用的需要。因此,在 20 世纪 90 年代中期开始广泛地应用。

世界著名的咨询机构 Standish Group 在一份研究报告中归纳了中间件的十大优越性:缩短应用的开发周期;节约应用的开发成本;减少系统初期的建设成本;降低应用开发的失败率;保护已有的投资;简化应用集成;减少维护费用;提高应用的开发质量;保证技术进步的连续性;增强应用的生命力。

具体地说,中间件屏蔽了底层操作系统的复杂性,使程序开发人员面对一个简单而统一的开发环境,减少程序设计的复杂性,将注意力集中在自己的业务上,不必再为程序在不同系统软件上的移植而重复工作,从而大大减少了技术上的负担。中间件带给应用系统的,不只是开发的简便、开发周期的缩短,也减少了系统的维护、运行和管理的工作量,还减少了计算机总体费用的投入。

中间件作为新层次的基础软件,其重要作用是将不同时期、在不同操作系统上开发应用软件集成起来,彼此像一个天衣无缝的整体协调工作,这是操作系统、数据库管理系统本身做不了的。中间件的这一作用,使得在技术不断发展之后,工程技术人员以往在应用软件上的劳动成果仍然物有所用,从而节约了大量的人力、财力投入。

(2)中间件分类

中间件所包括的范围十分广泛,针对不同的应用需求涌现出多种各具特色的中间件产品。由于中间件需要屏蔽分布环境中异构的操作系统和网络协议,它必须能够提供分布环境下的通信服务,将这种通信服务称之为平台。基于目的和实现机制的不同,将平台分为以下两大类。

一类是底层中间件,用于支撑单个应用系统或解决单一类的问题。它包括远程过程调用(RPC,Remote Procedure Call)、面向消息的中间件(MOM,Message-Oriented Middleware)、对象请求代理(ORB,Object Request Brokers)和事务处理监控(TPM,Transaction Processing Monitors)。它们可向上提供不同形式的通信服务,包括同步、排队、订阅发布、广播等,在这些基本的通信平台之上,可构筑各种框架,为应用程序提供不同领域内的服务,如事务处理监控器、分布数据访问、对象事务管理器等。平台为上层应用屏蔽了异构平台的差异,而其上的框架又定义了相应领域内应用的系统结构、标准的服务组件等,用户只需告诉框架所关心的事件,提供处理这些事件的代码。当事件发生时,框架则会调用用户的代码。用户代码不用调用框架,用户程序也不必关心框架结构、执行流程、对系统级 API 的调用等,所有这些由框架负责完成。因此,基于中间件开发的应用具有良好的可扩充性、易管理性、高可用性和可移植性。

①在底层中间件中,远程过程调用是一种广泛使用的分布式应用程序处理方法。一个应用程序使用 RPC 来“远程”执行一个位于不同地址空间里的过程,从效果上看和执行本地调用相同。

②面向消息的中间件指的是利用高效可靠的消息传递机制进行与平台无关的数据交流,并基于数据通信进行分布式系统的集成。通过提供消息传递和消息排队模型,它可在分布环境下扩展进程间的通信,并支持多通信协议、语言、应用程序、硬件和软件平台。目前流行的 MOM 中间件产品有 IBM 的 MQSeries、BEA 的 MessageQ 等。

③对象请求代理(Object Request Broker)是这个模型的核心组件。它的作用在于提供一个通信框架,透明地在异构分布计算环境中传递对象的请求。CORBA 规范包括了 ORB 的所有标准接口。

④事务处理监控界于 Client 和 Server 之间,进行事务管理与协调、负载平衡、失败恢复等,以提高系统的整体性能。它可以被看做是事务处理应用程序的“操作系统”。事务处理监控在操作系统之上提供一组服务,对 Client 请求进行管理并为其分配相应的服务进程,使 Server 在有限的系统资源下,能够高效地为大规模的客户提供服务。

另一类是高层中间件,多用于系统整合。为实现决策分析系统和增值业务系统等新的建设项目,使企业能够进一步地挖掘信息和对外提供多元化的服务,因此需要大量高层中间件的支撑。这一类中间件包括企业应用集成中间件(EAI suites)、工作流中间件(Work-flow)、门户中间件(Portal)等。它们通常会与多个应用系统打交道,在系统中的层次较高,并大多基于前一类的底层中间件运行。这些新的中间件通常都不是单一的中间件产品,而是多种中间件技术的融合,需要融合消息传输、事务处理、流程整合、构件化、应用服务器等中间件技术。Web service 技术将融合到应用服务器、EAI 软件、工作流系统、Portal 等中间件软件中。由于这些中间件技术更加复杂,更加贴近应用,因此需要更多的专业服务。

6.2.2 客户端技术

客户端实际就是用户界面或者称为人机界面,系统集成的客户端要做到在同一界面内实现对各个子系统的监控。当前最为流行的模式是浏览器/服务器模式,英文简称为 B/S(Browser/Server)。为了方便使用者,图形化界面逐渐流行,组态技术、虚拟现实技术也正在被逐渐应用。

1. B/S 结构

B/S 模式是一种以 Web 技术为基础的新型的模式。把传统客户/服务器模式(C/S 模式)中的服务器部分分解为一个数据服务器与一个或多个应用服务器(Web 服务器),从而构成一个三层结构的客户服务器体系。

第一层客户机是用户与整个系统的接口。客户的应用程序精简到一个通用的浏览器软件,如 IE 等。浏览器将 HTML 代码转化成图文并茂的网页。网页还具备一定的交互功能,允许用户在网页提供的申请表上输入信息提交给后台,并提出处理请求。这个后台就是第二层的 Web 服务器。

第二层 Web 服务器将启动相应的进程来响应这一请求,并动态生成一串 HTML 代码,其中嵌入处理的结果,返回给客户机的浏览器。如果客户机提交的请求包括数据的存取,Web 服务器还需与数据库服务器协同完成这一处理工作。

第三层数据库服务器的任务类似于 C/S 模式,负责协调不同的 Web 服务器发出的 SQL 请求,管理数据库。

2. B/S 模式的特点

(1)B/S 模式的优点

B/S 模式使用标准的 Web 浏览器作为操作工具,简化了客户端。它不需要像 C/S 模式那样在不同的客户机上安装不同的客户应用程序,而只需安装通用的浏览器软件。这样不但可以节省客户机的硬盘空间与内存,而且使安装过程更加简便、网络结构更加灵活。

B/S 模式简化了系统的开发和维护,降低开发与升级成本。系统的开发者不需要再为不同级别的用户设计开发不同的客户应用程序,只需把所有的功能都实现在 Web 服务器上,并就不同的功能为各个组别的用户设置权限就可以了。各个用户通过 HTTP 请求在权限范围内调用 Web 服务器上不同处理程序,从而完成对数据的查询或修改。现代企业面临着日新月异的竞争环境,对企业内部运作机制的更新与调整也变得逐渐频繁。相对于 C/S,B/S 的维护具有更大的灵活性。当形势变化时,它无需再为每一个现有的客户应用程序升级,而只需对 Web 服务器上的服务处理程序进行修订。这样不但可以提高公司的运作效率,还省去了维护时协调工作的不少麻烦。如果一个公司有上千台客户机,并且分布在不同的地点,那么便于维护将会显得更加重要。

B/S 模式使用户的操作变得更简单,减少客户使用的培训费用与时间。对于 C/S 模式,客户应用程序有自己特定的规格,使用者需要接受专门培训。而采用 B/S 模式时,客户端只是一个简单易用的浏览器软件。无论是决策层还是操作层的人员都无需培训,就可以直接使用。B/S 模式的这种特性,还使系统维护的限制因素更少。

B/S 特别适用于网上信息发布,这是 C/S 所无法实现的。而这种新增的网上信息发布功能恰是现代企业所需的。这使得企业的大部分书面文件可以被电子文件取代,从而提高了企业的工作效率,使企业行政手续简化,节省人力物力。同时,灵活的授权方式使得控制与管理工作被授权到操作人员所在的地方,使操作人员可在任何地方进行工作。

由于以上所述的 B/S 模式的先进性,B/S 逐渐成为一种流行的系统平台。

(2)B/S 模式的缺陷

B/S 模式的交互性不如 C/S 模式。在 C/S 中,客户端有一套完整的应用程序,在出错提示、在线帮助等方面都有强大的功能,并且可以在子程序间自由切换。B/S 虽然由 JavaScript、VBScript 提供了一定的交互能力,但与 C/S 的一整套客户应用相比是太有限了。

B/S 模式安全性不如 C/S 模式。由于 C/S 是配对的点对点的结构模式,采用适用于局域网、安全性比较好的网络协议(例如 NT 的 NetBEUI 协议),安全性可以得到较好的保证。而 B/S 采用点对多点、多点对多点这种开放的结构模式,并采用 TCP/IP 这一类运用于 Internet 的开放性协议,其安全性只能靠数据服务器上管理密码的数据库来保证。现代企业需要有开放的信息环境,需要加强与外界的联系,有的还需要通过 Internet 发展网上营销业务,这使得大多数企业将它们的内部网与 Internet 相连。由于采用 TCP/IP,它们必须采用一系列的安全措施,如构筑防火墙,来防止 Internet 的用户对企业内部信息的窃取以及外界病毒的侵入。

B/S 模式通信量大于 C/S 模式。B/S 采用了逻辑上的三层结构,而在物理上的网络结构仍然是原来的以太网或环形网。这样,第一层与第二层结构之间的通信、第二层与第三层结构之间的通信都需占用同一条网络线路。而 C/S 只有两层结构,网络通信量只包括 Client 与 Server 之间的通信量。所以,C/S 处理大量信息的能力是 B/S 所无法比拟的。

B/S 模式响应时间比 C/S 模式慢。C/S 在逻辑结构上比 B/S 少一层,对于相同的任务,C/S 完成的速度总比 B/S 快,使得 C/S 更利于处理大量数据。

因此,在开发和选择系统时,应综合考虑以上因素,做出合适的选择。

(3)B/S 模式的安全性

一般来说,一个 B/S 系统的信息安全主要有两个方面与网络相关:数据传输的安全性和用户身份的确认。用户身份的确认在 B/S 系统中是非常重要的,因为 B/S 系统正是根据用户的身份来提供个性化的服务以及不同的权限,所以,如何对用户身份进行安全确认,防止假冒和非法攻击,是维护数据安全性非常重要的环节。目前来说,基于网络的身份认证比较成熟的解决方案是电子证书。电子证书相当于一个人在网络中的身份证,唯一确定了拥有人的身份。一个 B/S 系统可以建立一个独立的证书系统,也可以使用公开服务的 CA 系统,两者各有优缺点,视具体的应用系统而定。

数据传输的安全性主要是指数据在网络中传输的时候防止被人恶意窃取和更改等。目前公认的数据保护措施是数据的加解密技术。该技术目前已经有很多成熟的协议和应用,如 SSL 和 VPN 等。作为专用的 B/S 系统,在数据的保护方面可以根据安全性和已经得到公认的算法,自行定做简单有效的安全协议,这对提供系统的性能和易用性也是非常有效的措施。

当然，一个真正安全的B/S系统并不是简单地将上述技术添加进去，而是要在系统设计阶段，就应该将安全性作为一个重要的因素来考虑。在系统的每一个部分都体现安全性，将信息安全的概念融合到系统中，才能真正成为一个安全的B/S系统。举个简单的例子，比如在做系统设计的时候，在用户进入每一个功能模块的时候，都必须检验该用户的证书，根据该用户的证书决定是否提供服务或提供什么权限的服务。

3. XML

(1)XML概述

随着Internet的发展，网络对于人们的生活影响越来越深远。特别是伴随网络应运而生的HTML(超文本置标语言)，以简单易学、灵活通用的特性，使人们发布、检索、交流信息都变得非常简单。而人们对网络服务功能的需求也达到更高的标准，比如用户需要对网络进行智能化的语义搜索和对数据按照不同的需求进行多样化显示等个性化服务；公司和企业要为客户创建和分发大量有价值的文档信息以降低生产成本以及对不同平台、不同格式的数据源进行数据集成和数据转化等，这些需求越来越广泛和迫切。

由于传统的HTML自身特点的限制，不能有效地解决上述问题。作为一种简单的表示性语言，它只能显示内容而无法表达数据内容。而这一点恰恰是电子商务、智能搜索引擎所必需的。另外，HTML语言不能描述矢量图形、数学公式、化学符号等特殊对象，在数据显示方面的描述能力也不尽如人意。最重要的是，HTML只是SGML(Standard Generalized Markup Language，标准通用置标语言)的一个实例化的子集，可扩展性差，用户根本不能自定义有意义的置标供他人使用。这一切都成为Web技术进一步发展的障碍。

SGML是一种通用的文档结构描述置标语言，为语法置标提供了异常强大的工具，同时具有极好的扩展性，因此在数据分类和索引中非常有用。但SGML复杂度太高，不适合网络的日常应用，加上开发成本高、不被主流浏览器所支持等原因，使得SGML在Web上的推广受到阻碍。在这种情况下，开发一种兼具SGML的强大功能、可扩展性以及HTML的简单性的语言势在必行，由此诞生了XML语言。

XML(eXtensibie Markup Language，可扩展置标语言)是由W3C于1998年2月发布的一种标准。它同样是SGML的一个简化子集，它将SGML的丰富功能与HTML的易用性结合到网络的应用中，以一种开放的自我描述方式定义了数据结构，在描述数据内容的同时能突出对结构的描述，从而体现出数据之间的关系。这样所组织的数据对于应用程序和用户都是友好的、可操作的。

(2)XML的特点

XML的最大优点在于它的数据存储格式不受显示格式的制约。一般来说，一篇文档包括三个要素：数据、结构以及显示方式。对于HTML来说，显示方式内嵌在数据中，这样在创建文本时，要时时考虑输出格式。如果因为需求不同而需要对同样的内容进行不同风格的显示，要从头创建一个全新的文档，重复工作量很大。此外，HTML缺乏对数据结构的描述，对于应用程序理解文档内容、抽取语义信息都有诸多不便。

XML把文档的三要素独立开来，分别处理。首先把显示格式从数据内容中独立出来，保存在样式单文件(Style Sheet)中。这样，如果需要改变文档的显示方式，只要修改样式单文件即可。XML的自我描述性质能够很好地表现许多复杂的数据关系，使得基于XML的应用程序可以在XML文件中准确高效地搜索相关的数据内容，忽略其他不相关部分。XML还有其他许多优点，比如它有利于不同系统之间的信息交流，完全可以充当网际语言，并有希望成为数据和文档交换的标准机制。

XML 不仅有助于为 Web 描述新文档的格式，而且也适用于描述结构化的数据。所谓结构化的数据包括那些电子表格、程序配置文件和网络协议中通常所包含的信息。XML 要优于早期的数据格式，因为 XML 可以很轻松地表示表格式的数据（如数据库中的关系数据或电子表格）和半结构化的数据（如 Web 页面或业务文档）。

XML 的丰富置标完全可以描述不同类型的单据，例如信用证、保险单、索赔单以及各种发票等。结构化的 XML 文档发送至 Web 的数据可以被加密，并且很容易附加上数字签名。因此，XML 有希望推动 EDI（Electronic Data Interchange）技术在电子商务领域的大规模应用。

信息发布在企业的竞争发展中起着重要作用。服务器只需发出一份 XML 文件，客户可根据自己的需求选择和制作不同的应用程序以处理数据。加上 XSL（eXtensible Stylesheet Language）的帮助，使广泛的、通用的分布式计算成为可能。

4. OPC

1）OPC 的概念

OPC 的全称是 Object Linking and Embedding（OLE）for Process Control，是微软公司的对象链接和嵌入技术在过程控制方面的应用。它以 OLE/COM/DCOM 技术为基础，采用客户/服务器模式，为工业自动化软件面向对象的开发提供了统一的标准。这个标准定义了应用 Microsoft 操作系统在基于 PC 的客户机之间交换自动化实时数据的方法，属于应用层协议。采用这项标准后，硬件开发商将取代软件开发商为自己的硬件产品开发统一的 OPC 接口程序，而软件开发者可免除开发驱动程序的工作，充分发挥自己的特长，把更多的精力投入到核心产品的开发上。这样不但可避免开发的重复性，也提高了系统的开放性和可互操作性。

OPC 服务器是数据的供应方，负责为 OPC 客户提供所需的数据；OPC 客户是数据的使用方。在使用 OPC 的过程中，总是包括有 IPC 服务器与 OPC 客户，OPC 服务器一般并不知道它的客户来源。由 OPC 客户根据需要，接通或断开与 OPC 服务器的链接。

在 OPC 诞生之前，应接的驱动器和相应的程序之间的接口并没有统一的标准，为了使硬件与应用程序兼容，必须为不同的硬件开发不同的驱动程序。应用程序和硬件驱动程序的关系如图 6-4 所示。

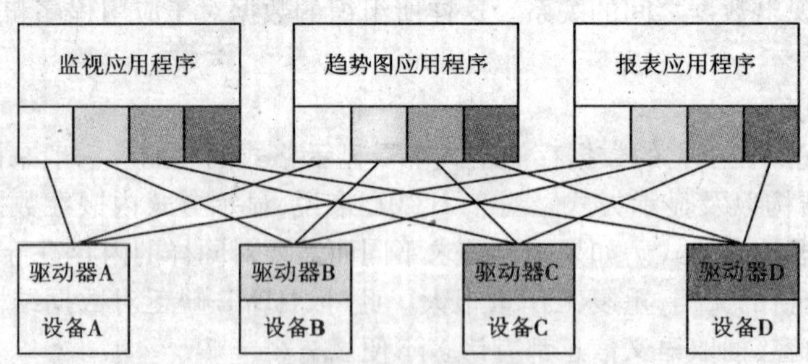

图 6-4 应用程序与硬件驱动程序间的关系

从图中可以看到，四种控制设备和预期连接的监视、趋势图及报表三种应用程序所构成的系统，必须花费大量的数据去开发不同设备与不同的应用程序的接口及其各种驱动器。这样造成系统复杂,系统复杂就会使程序的稳定性受到影响。

OPC 则解决了上述问题,使不同供应厂商的设备和应用程序之间的软件接口标准化,使它们之间的数据交换简单。使用了 OPC 的控制系统如图 6-5 所示。

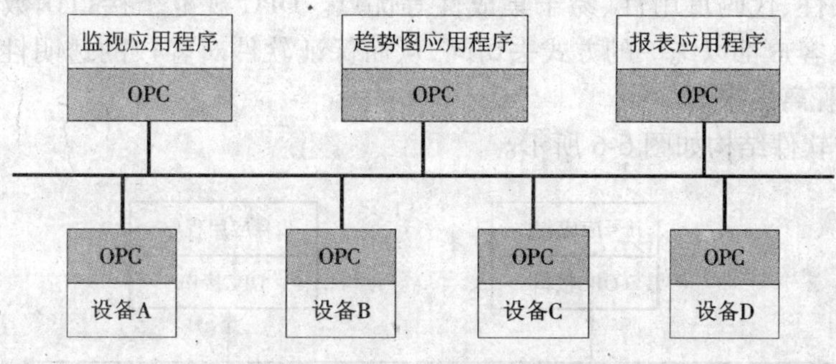

图 6-5　应用 OPC 的控制系统

2) OPC 的规范

OPC 是一套基于 Windows 操作平台,为工业应用程序之间提供高效信息的信息集成和交互功能的组件对象模型的接口标准。它是由一些世界上著名的自动化系统和硬件、软件公司与 Microsoft(微软)紧密合作而建立的。OPC 包括一整套接口、属性和方法的标准集,提供给用户用于过程控制和工业自动化应用。这个标准应用 Microsoft 的 OLE/COM 技术定义了各种不同的软件部件如何交互使用和分享数据,从而使得 OPC 能够提供通用的接口用于各种过程控制设备之间的通信,不论过程中采用什么软件和设备。其发展动态如表 6-1 所列。

表 6-1　OPC 标 准

标准	版本	内容
Data Access	3.0,2.0,1.0	数据访问规范
Alarms and Events	1.10,1.00	报警和事件规范
Historical Data Access	1.0	历史数据存取规范
Batch	2.0,1.0	批量过程规范
Security	1.0	安全性规范
Compliance	2.0,0.2	数据访问标准的测试工具
OPC XML	1.00,0.18	过程数据的 XML 规范
OPC eXchange	1.0	数据交换规范

其中数据访问规范给用户提供访问实时过程数据的方法;报警和事件规范提供了一种由服务器程序将现场的事件或报警通知客户程序的机制;历史数据存取规范用来提供用户得到存储在过程数据存的档文件、数据库或远程终端设备中的历史数据以及分析这些历史过程数据的方法。

复杂数据规范 OPC 技术的实现由 OPC 服务器和 OPC 客户应用两部分组成。OPC 服务器完成的工作就是收集现场设备的数据信息,然后通过标准的 OPC 接口传送给 OPC 客户端应用。OPC 客户端则通过标准的 OPC 接口接收数据信息。在具体的实现过程中,用户可以根据自己的需要挑选相应的规范使用。

(3)OPC 的结构

OPC 是以 OLE/COM 机制作为应用程序的通信标准。OLE/COM 是一种客户机/服务器模式,具有语言无关性、代码重用性、易于集成性等优点。OPC 规范了接口函数,不管现场设备以何种形式存在,客户都以统一的方式去访问,从而保证软件对客户的透明性,使得用户完全从低层的开发中脱离出来。

基于 OPC 的软件结构如图 6-6 所示。

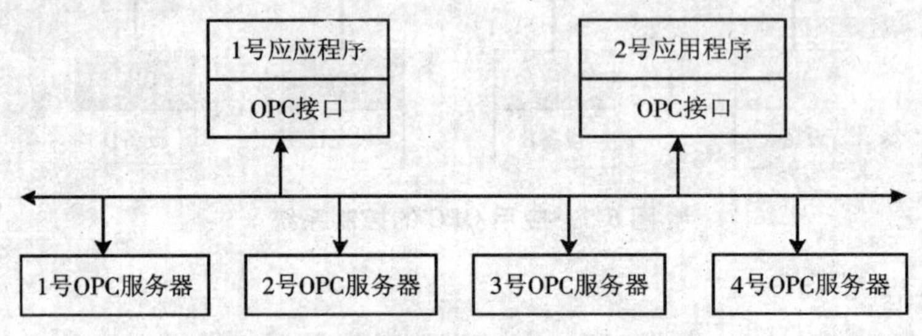

图 6-6 基于 OPC 的软件结构图

由图可见,应用程序与 OPC 服务器之间必须有 OPC 接口,OPC 规范提供了两套标准接口:Custom 标准接口和 OLE 自动化标准接口。通常在设计中常采用 OLE 自动化标准接口,即采用 OLE 自动化技术进行调用。OLE 自动化标准接口定义了以下三层接口。

OPC Server:OPC 启动服务器,获得其他对象和服务的起始类,并用于返回 OPC Group 类对象;

OPC Group:存储由若干 OPC Item 组成的 Group 信息,并用于返回 OPC Item 类对象;

OPC Item:存储具体 Item 的定义、数据值、状态值等信息。

这三层接口的关系如下。依次呈包含关系。

典型的 OPC 结构如图 6-7 所示。当作为客户端的应用程序需访问不同数据库的数据时,可借助 OPC 服务器进行。这种 OPC 服务器是由提供设备的制造商作为一揽子产品提供的。该服务器在同客户端应用连接之前,不但需提供客户同步或异步读、写数据要求的能力,而且还需逐一询问访问数据的目的地址(例如站号、设备或参数工位号及标识号等)、数据品格(品格指数据的类型、尺寸、质量、时标等)、访问速率、是同步读写还是异步读写、访问群组(group)及每一群组内的参数数据等组态或配置数据。OPC 服务器据此按每一群 group 安排线程,每一个 group 内所包含的参数数据由服务器分解为一系列 Item,如图 6-8 所示。例如,一个记录型数据(Recode)包括一个 Status(UI18)及 Value(Float,4byte),则 Status 与 Value 就各构成一个 Item,即 Recode 或 ARRAY 有多少子项,则每一个子项都构成两个 Item。至于每一数据或 Item 的含义则一概不予过问。据此,一个服务器是按多线程调度实施的智能开关,按要求接通数据的源与目的地址,至于是同步读写还是异步读写,则由客户应用确定。例如,进行批处理或配方处理时常要求异步读写。图 6-7 中 OPC Interface 等同于图 6-6 中的 OPC Automation Interface 及/或 OPC Custom Interface。它的功能可大致理解为远程通信打包、拆包。服务器对于传输的数据含义一概不知,然而在这种 Interface 中就需赋以含义。其中,OPC Automation Interface 可由 OPC 基金会一个标准的自动接口搭扣(wrapper)实施平常的接口转换,而 OPC Custom Interface 则在需刷新或更改接口功能时使用。

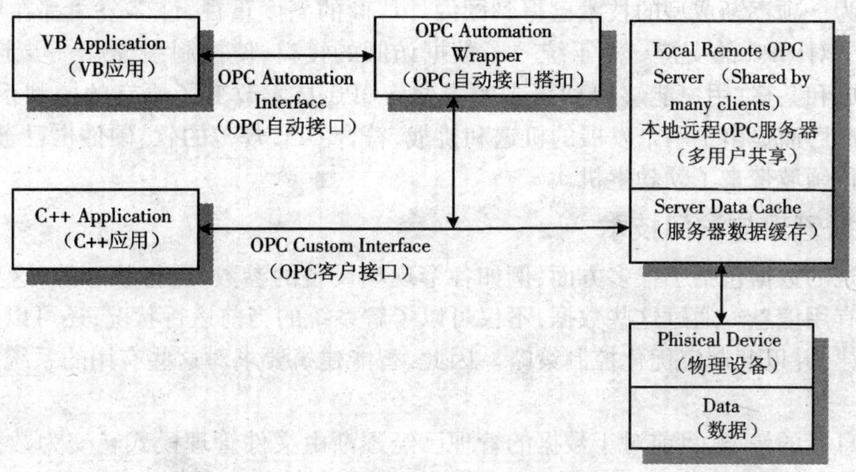

图 6-7 客户应用程序与多个 OPC 服务器联同工作

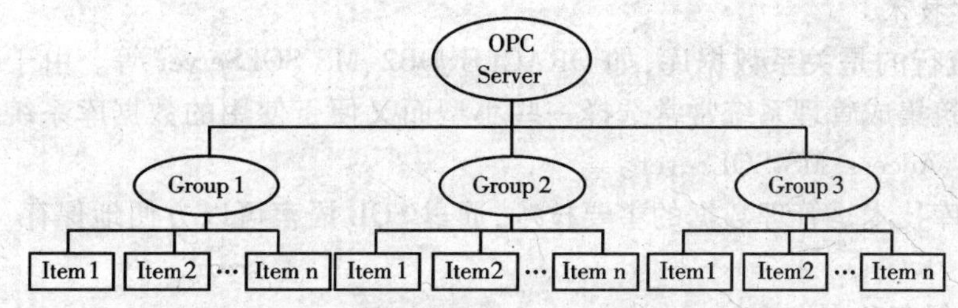

图 6-8 Server、Group、Item 的关系

(4)采用 OPC 规范设计系统的益处

①OPC 规范以 OLE/DCOM 为技术基础，而 OLE/DCOM 支持 TCP/IP 等网络协议，因此可以将各个子系统从物理上分开，分布于网络的不同节点上。

②OPC 按照面向对象的原则，规范化了接口函数，将一个应用程序(OPC 服务器)作为一个对象封装起来，只将接口方法暴露在外面，客户以统一的方式去调用这个方法，从而保证软件对客户的透明性，使得用户完全从底层的开发中脱离出来。

③OPC 便于集成不同的数据、便于系统的组态，为控制系统向管理系统升级提供了方便。当前控制系统的趋势之一就是网络化，控制系统内部采用网络技术，而且整个控制系统与企业的管理系统也连接，控制系统只是整个企业网的一个子网。企业的信息集成包括现场设备与监控系统之间、监控系统内部各组件之间、监控系统与企业管理系统之间以及监控系统与 Internet 之间的信息集成。OPC 作为连接件，按标准的 COM 对象、方法和属性，提供方便的信息流通和交换。OPC 是整个企业网络的数据接口规范，提升了控制系统的功能，增强了网络的功能，提高了企业管理的水平。

④OPC 实现了远程调用，使得应用程序的分布与系统硬件的分布无关，便于系统硬件配置，使得系统的应用范围更广。

⑤OPC 采用标准的 Windows 体系接口，使硬件制造商为其设备提供的接口程序的数量减少到一个，软件制造商也仅需开发一套通信接口程序，解决了设备驱动程序开发中的异构问

题。

OPC 作为一项逐渐成型的技术已得到国内外厂商的高度重视，许多公司都在原来产品的基础上增加了对 OPC 的支持。由于统一了数据访问的接口，使控制系统进一步走向开放，实现信息的集成和共享，用户能够得到更多的方便。OPC 技术改变了原有的控制系统模式，给国内系统生产厂商提出了一个发展的机遇和挑战，符合 OPC 规范的软、硬件也已被广泛应用，给工业自动化领域带来了勃勃生机。

6.2.3 数据管理与访问技术

智能建筑的数据包括了很多方面，例如各个现场设备的参数、运行状态等，这里的数据表示了大量的有用信息。通过这些数据，不仅可以了解系统的当前运行状况，还可以分析系统的历史运行规律，并以此制定优化控制策略。因此，智能建筑要求对这些有用的系统数据尽可能地保存。

随着信息量的暴增，目前对于数据的管理已经逐渐由文件管理模式转变为数据库管理模式。数据库管理数据有着多方面的优势，它解决了数据的冗余和数据的关联依赖问题，将数据以结构化形式存储，实现了数据共享和保护，方便使用。

1. 数据管理技术

目前最为流行的是关系数据库，如 ORACLE、DB2、MS SQLServer 等。由于数据量并不十分庞大，所以建筑集成管理系统常常选择一些小型而又便于使用的数据库系统。常用的数据库系统有：Excel、Access、MS SQLSever。

当前，数据库技术是管理数据的主要技术，通过 SQL 语言可以方便地保存、查询和备份数据。

(1)数据的保存和查询

SQL 指令包含了多种插入、查询等操作指令完成数据的保存和查询。SQL 指令可以嵌入 C 等宿主语言中使用，或者在 ASP、PHP 等网页编程语言中使用，方便地实现了数据的管理。

2)数据的保护

信息系统中数据是最宝贵的，需要加以保护。具体的保护措施有数据访问权限和数据备份。数据库本身具有密码保护措施，并根据用户级别不同分配不同的操作权限，由此保护了数据不会被非法的用户获得。同时，数据库中的数据一般是由程序写入，不提倡直接修改数据库，因此，数据的完整性得到了最大的保护。一般数据库都具备数据备份功能，定期地对数据库进行备份，可以在系统硬件崩溃或毁坏时，数据能够恢复，使得应用系统迅速恢复正常。

2. 数据访问技术

大多数应用程序都需要某种形式的数据访问。如果在微软平台上创建新的应用程序有三种极好的数据访问方式可供选择：ODBC、ADO 和 OLE DB。在 JAVA 环境下可以使用 JDBC。

(1)开放式数据库连接(ODBC：Open Database Connectivity)

开放式数据库连接(ODBC)技术为访问不同种类的 SQL 数据库提供了通用接口。ODBC 是基于结构查询语言(SQL)的，以此作为访问数据的标准。此接口提供了最大的互操作性，一个应用程序可以通过一组公用代码访问不同的 SQL 数据库管理系统(DBMS)。这使得开发人员能够在不以特定的 DBMS 为目标的情况下，构建和分发一个客户端/服务器应用程序。然后会添加数据库驱动程序，以将应用程序链接到用户选择的 DBMS。

ODBC 是随新兴的国际 ISO Call-Level Interface 标准一起设计的。目前提供了可用于 55

种最流行的数据库的 ODBC 数据库驱动程序。

(2) OLE DB

OLE DB 是用于访问数据的重要的系统级编程接口,是 ADO 的基础技术。OLE DB 是用于访问所有类型的数据的开放式标准,这些数据既包括关系数据又包括非关系数据:大型机 ISAM/VSAM 和分层数据库;电子邮件和文件系统存储区;文本、图形和地理数据以及自定义的业务对象。OLE DB 提供对数据一致的、高性能的访问,并支持各种开发需要,包括使用与关系数据库和其他存储区中数据的活连接来创建前端数据库客户端和中间层业务对象。

OLE DB 对象使得面向 OLE 的应用程序可以将数据集作为对象进行共享和操作。此技术包括一个 ODBC 提供程序,它通过任何 ODBC 驱动程序显示 OLE DB 对象。利用这种做法,任何 OLE DB 应用程序都可以通过 ODBC 驱动程序访问显示的 SQL 数据,并且会使得 ODBC 驱动程序得以访问一类全新的客户端。

6.3　BMS 系统集成与 IBMS 系统集成

系统集成的本质是资源共享、信息集成和综合管理,建设中应遵循总体规划、分包实施的原则。总体规划就是各子系统的信息接口、协议等在订货时必须预留,为集成创造条件;分步实施就是待各子系统允许正常工作、管理组织机构稳定后,即待条件成熟后再进行系统集成。系统集成应根据不同的需求分层次集成,下面介绍两种系统集成的模式:建筑管理系统(BMS)模式和智能建筑综合管理系统(IBMS)模式。

6.3.1　建筑管理系统(BMS)模式

1. BMS 系统集成

从概念上讲,智能建筑的系统集成有广义系统集成和狭义系统集成两种。广义系统集成强调的是以建筑物为基础,结合水、暖、电以及运营和服务等多方位的全面集成。狭义系统集成则仅限于弱电系统的集成,也就是 BMS 的系统集成。

智能建筑的系统集成从集成层次上可分为三个层次的集成。

第一层次为子系统纵向集成,目的在于子系统具体功能的实现。对于 BA 子系统,如电梯控制系统、生活饮水供应设备、锅炉控制系统等智能化设备需进行部分网关开发工作,其他子系统的纵向集成多为子系统正常工作,没有过多的技术难度,但从工程管理、技术协调上仍应满足系统集成的需求。

第二层次为子系统横向集成,主要体现各子系统的联动和优化组合,在确定各子系统重要性的基础上,实现几个关键子系统的协调优化运行、报警联动控制等再生功能。特别指出,BMS 横向集成较为复杂。

第三层次为一体化集成,即在横向集成的基础上,建立智能集成管理系统(IBMS),建立一个实现网络集成、功能集成、软件界面集成的高层监控管理系统。即构成智能大厦或者建筑物的最高层的系统集成,目前只有极少建筑做到这一步。

建筑管理系统(Building Management System)简称 BMS。BMS 也被称为弱电集成,主要功能是对智能建筑中的冷冻站设备、空调机组、新风机组、通风设备、给排水系统及供配电设备的控制和监视,并且使建筑设备监控系统、安全防范系统、火灾自动报警及联动系统等集成到统一的协调运行中,并能对若干个相互独立、相互关联的系统,实现统一管理、监控及信息交换。

即 BMS 主要是对上述层次中的第一、二层进行集成。通过 BMS 在同一人机界面下对智能建筑中所有机电设备及子系统进行监视、控制和管理，从而做到提高管理效率、节约能耗、延长设备使用寿命和降低整个建筑的运行成本。BMS 还可进一步与通信网络系统、信息网络系统实现更高层的建筑集成管理系统（IBMS），从而实现建筑物设备的自动检测与优化控制，实现信息资源的优化管理和共享，为使用者提供最佳的现实服务，创造安全、舒适、高效、环保的工作和生活环境。

2. BMS 系统集成的功能

在《全国民用建筑工程设计技术措施 · 电气分册》中规定：以 BAS 为基础的 BMS 集成系统是集成的重点与核心，它与火灾自动报警及联动系统、安全防范系统以及其他独立设置的智能化子系统，实现相关信息的监测，并由这些信息而引起的联动控制。BMS 系统中主要的子系统包括建筑设备监控系统、防盗报警系统、闭路电视监控系统、停车场管理系统、有线电视接收系统、综合布线系统和火灾自动报警系统等。BMS 系统的本质是实现这些需要进行集成的子系统之间的信息交换，并对它们实行统一的管理和监控。因此，系统集成首先应关注各集成子系统之间的互联性和互操作性，其次应关注系统联动实现问题。

因此，建筑管理系统 BMS 的主要功能可以概括为集中监测和管理功能、全局事件响应功能和现代化物业管理功能。

（1）集中监测和管理功能

BMS 集成系统是将分散的、相互独立的 BMS 子系统用相同的环境、相同的软件界面集中监视。通过集成对各 BMS 子系统进行统一的监测和管理。经理、部门主管、物业管理部门以及管理员可以通过自己的桌面计算机进行监视，他们可以看到环境温度、湿度等参数，空调、电梯等设备的运行状态，大厦的用电、用水、通风和照明情况，保安、巡更的布防状况，消防系统的烟感、温感的状态，停车场系统的车位数量等。这种监控功能是方便的，可以以生动的图形方式和方便的人机界面展示用户希望得到的各种信息。

（2）全局事件响应功能

BMS 集成系统通过接口网关，实现了各子系统之间信息交换，各子系统可以互相联动和协调，解决全局事件之间的响应。

BMS 系统实现集成以后，原本各自独立的子系统在集成平台的角度来看，就如同一个系统一样，无论信息点和受控点是否在一个子系统内都可以通过编程建立子系统间联动关系。这种跨系统的控制流程大大提高了建筑的自动化水平。例如：上班时楼宇自控系统将办公室的灯光、空调自动打开，保安系统立刻对工作区撤防，门禁、考勤系统能够记录上下班人员和时间，同时 CCTV 系统也可由摄像机记录人员出入的情况。当建筑发生火灾报警时，建筑设备监控系统关闭相关区域的照明、电源及空调，门禁系统打开房门的电磁锁，CCTV 系统将火警画面切换给主管人员和相关领导，同时停车场系统打开栅栏机，尽快疏散车辆。这些事件的综合处理，在各自独立的 BMS 系统中是不可能实现的，而在集成系统中却可以按实际需要设置后得到实现，这就极大地提高了建筑的集成管理水平。

BMS 跨系统的联动，实现全局事件的管理和工作流程自动化是系统集成的重要特点，也是最直接服务于用户的功能。BMS 通过对各子系统的集成，更有效地对大厦内的各类事件进行全局联动管理，这样节省了人力，也提高了建筑物对突发事件的响应能力，使主管人员迅速作出决策，以减少某些事故带来的危害和损失。同时可以通过编制时间响应程序和事件响应程序的方式,来实现建筑内机电设备流程的自动化控制,节省能源消耗和人员成本。

1° 安防系统与其他系统联动

1)安防系统内部联动 防盗报警信号可以联动报警区域的摄像机,将图像切换到控制室的监视器上,并进行录像;在下班时间有人进入消防楼梯,系统也联动相应楼层摄像机和录像机;多个报警信号出现时,报警信号可以顺序切换到不同的监视器上,报警解除后图像自动取消,防止漏报;有人在防盗系统设防期间进入安装探测器的办公室或开启安装门感应器的房门时,CCTV 系统可在控制室内自动切换到相应区域图像信号;当有人进入房门读卡时,摄像机也可将这一过程切换到控制室,并进行录像;在特殊场合,进入房门需经保安人员认可时,CCTV 将图像切换到指定的监视器上,由保安人员认可后才可以进入房门;在巡更人员到达巡更站点时,可联动摄像机保证巡更者的安全;当保安系统出现报警时,智能卡系统也可以按照程序关闭指定的出入口,只能由保安人员打开。

2)安防系统与火灾自动报警系统联动 火灾报警系统出现火警信号时,该区域摄像机信号切换到控制室监视器上,观察是否误报或火情大小。

3)安防系统与停车场管理系统联动 当车辆进出停车场时联动摄像机,并进行录像,以便以后对照进出车辆的情况,保证车辆安全;当停车场系统出现故障时,联动摄像机观察故障情况,在控制室内操作栅栏机,保证车辆通行,并及时维修。

4)安防系统与建筑设备监控系统联动 当有人读卡时,照明系统将打开相应区域的公共照明,并根据设定的延时时间关闭灯光照明;智能卡系统也可与新风机和风机盘管系统联动,通过智能卡控制打开新风机组和风机盘管,当有人进入办公室后打开空调。

2° 火灾自动报警和消防系统与其他系统联动

火灾自动报警和消防系统本身具备了国家规定的联动功能,但并不能够实现 BMS 系统全面的联动。与其他系统联网后除了能够实现与 CCTV 系统的联动外,还可以实现多种功能的联动。

1)火灾自动报警和消防系统内部联动 当出现火警后启动紧急广播和消防喷淋。

2)火灾自动报警和消防系统与安防系统联动 当出现火警后 BMS 可以联动智能卡读卡机的电磁锁,打开出现火情层面的所有房门的电磁锁,以确保人员的迅速疏散。

3)火灾自动报警和消防系统与建筑设备监控系统联动 火灾自动报警和消防系统及配电照明系统与通风系统的联动是在出现火警时关断相应层面的新风机组、风机盘管和配电照明,防止火情进一步扩展。

(3)现代化物业管理功能

BMS 的另一主要目的是实现现代化物业管理功能。建筑物业管理的内容包括电话、水、电、气、电梯、停车场、公共卫生、环境设施、消防器材、公共服务设施、设备维修管理等。在建筑管理系高度集成的前提下,物业管理的管理系统可以完成以下功能。

1)文档管理 在 BMS 系统信息高度集成的基础上,对所有物业的文档资料进行全面管理,存档备查,包括录入和系统维护的各种数据信息,如各子系统的图片资料、平面结构、建筑说明、装修情况、使用情况等。

2)信息查询 信息查询是以文档管理为基础,可以任意查询所有与物业有关的资料;可以浏览各种物业的总体情况和详细资料(包括建筑物的建筑情况、平面图、建筑面积、使用面积;水、电、气等配套设施的安装、使用和维修情况等),既可以用文字的形式进行统计输出,也可用图形的方式显示。

3)统计报表　对各种设备的现状、使用情况、维修情况等进行统计,形成各种报表,如定期设备维护通知单、日常工作日志统计等输出到打印机或文件上。

4)异常情况报警　BMS系统根据各种设备的性能指标(BMS中采集)制定出相应的异常情况上下限,这样系统就可以跟踪建筑中设备的运行,并记录运行次数、故障情况、使用频率等信息。当设备运行到一定程度,就产生一个警告报告,超出正常情况时,系统自动报警,用不同的颜色表示,且以闪烁的光或声音等信息来告诉设备的异常程度,同时生成详细的异常情况报告单。如电梯的运行,到一定时间或运行次数,就生成一个警告通知单,根据情况需要对电梯进行大修,否则超过一定限制就进行报警。另外,通过与BMS集成的接口,系统还可以对物业进行实时监控,采用图形方式显示物业的正常状况,用不同颜色标识各种异常情况,发现特殊情况可变化颜色、不断闪烁、配以声音,进行自动报警,同时记录当时情况和处理结果,特别是一些严重报警信息,如火警、匪警、电梯故障、停电、停水等。

5)设备管理与维护　通过BMS系统的事件设置、报警设置和日程表的安排可对设备实行有效的管理。设备的管理主要是对设备的运行情况进行监督、控制,对异常情况报警等。对各种设备的维修管理,记录每次维修情况,通过设定一定参数,可以在设备运行一定时间或次数后自动生成一种维修通知单,同时对维修所需要的各种器材进行管理。对维修方面的费用支出,自动生成财务应付账款和发票等,与财务系统进行通信。系统维护与设备管理有着不可分割的关系。BMS系统的维修和保养比传统建筑的简单的供电设备、供水设备、消防灭火器的维修和保养要复杂得多。由于系统复杂而庞大,一定要有严格而严密的维修保养做保证。例如火灾自动报警和消防、安全防范和建筑设备监控系统,为了保证每个传感器和执行器的完好率和对突发性灾害进行处置的有效性,就需要建立一套完整的维修制度。维护的内容包括各种参数的设定、修改,设备基本数据的维护,系统环境的维护,操作权限的划分等。

6)统计决策　对物业的各方面情况进行各种统计分析,包括收费情况统计、办公室租用统计、设备维护统计等。可以进行各种排行榜分析,如设备的使用频率排行等。特别是采用重点指标分析技术,通过保证80%的主要设备的重点性能指标是正常运转的,工作就能正常开展,即80/20分析法。如果达不到这个要求,就需要特别注意,可能是某个环节或部分出现了严重异常,应重点解决。这对领导的正确决策是非常重要的,因为它提供了科学依据。

7)领导综合查询　综合各方面的情况,为领导提供了一个全面而简练的查询界面,用图、文、声、动画等形式,配合统计图表,非常形象地表示各种查询结果,如各种物业的使用情况、配套设施的维修状况、交费情况统计、物业使用率等,让领导层可以方便及时地得知有关物业方面的综合情况。

8)服务管理子系统　服务管理子系统的功能主要是建立在集中信息管理的基础上。建筑物的物业管理人员可根据建筑运转的实际情况对建筑的各种服务制定最完善的管理制度。服务管理子系统是提供涉及公共服务的一些功能,主要有业务人员的管理,会场设施的管理,广告牌的使用管理,出入控制系统管理,车辆运用、票务管理子系统,停车场泊位及计费管理;其他服务设施调度及计费管理。

3. BMS系统集成的结构

BMS模式以BAS为基础的平台,增加信息通信、协议转换、控制管理模块,各类子系统均以BAS为核心,运行在BAS的中央监控计算机上,满足基本功能,实现起来相对简单,造价较低，可以很好地实现联动功能。BMS 集成方法有两类。

一类是以建筑设备监控系统的设备为基础，应用厂商专用的通信规程与技术把安全防范自动化系统（SAS）、火灾报警与消防自动化系统（FAS）、建筑设备监控系统（BAS）等集成在一起。

另一类是采用协议转换器（网关）的方式，把 FAS、SAS 等系统的信息，通过通用多路通信控制器进行协议转换后，集成在 BMS 管理系统平台中。这些系统通过一个共用的（也可以是独立的）通信控制器把它们各自有关的状态信息、报警信息送到 BMS 的数据服务器，而有关的相互联动信息则通过通信控制器，由 BMS 发送到现场控制器，从而实现整个建筑物的信息综合管理和联动控制。

BMS 的结构如图 6-9 所示。

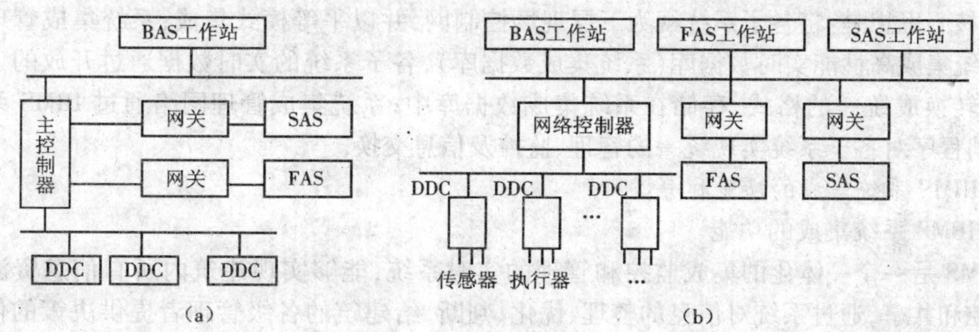

图 6-9　BMS 的结构

（a）BMS 的结构 1；（b）BMS 的结构 2

4. BMS 系统集成的设计理念

BMS 系统立足于各个维护建筑运行的自动控制子系统，集成它们的信息，为建筑的管理、运营提供服务。同时还提供有限的硬件系统控制层功能，为集成系统的集中监控、值班提供必要的服务。

（1）BMS 系统集成的设计目标

BMS 系统的设计目标是对大厦的建筑采用现代化技术进行全面有效的监控和管理，确保大厦内的所有设备处于高效、节能、环保、最佳运行状态，提供安全、舒适、快捷的工作和生活环境。具体有如下子目标。

1）集中管理　在同一平台上对各集成子系统的信息进行统一存储、显示和管理，并为其他信息系统提供数据访问接口。

2）分散控制　将各集成子系统进行分散式控制，保持其相对独立性，以分散故障、风险。

3）系统联动　以各集成子系统的状态参数为基础，实现系统间的相关软件联动。

4）优化运行　在保证各集成子系统正常运行的基础上，完成节能控制。

（2）BMS 系统的设计原则。

1）开放性　集成后的 BMS 系统应是一个开放、通用的系统，保证不同子系统、不同产品间接口和协议的标准化，以使它们之间能达到互联性和互操作性。

2）先进性　采用符合国际技术发展潮流的技术和产品，建立一个可扩展的平台，可保护前期工程和后继先进技术的衔接，使系统具有先进性。

3)可靠性　主要是集成软件的连续无故障运行能力。

4)模块化　系统应严格按照模块化结构方式开发,以满足通用性和可替换性。

5)适应性　从系统目标和用户出发,考虑技术和成本的适应性。

6.3.2　建筑管理系统(IBMS)模式

1. IBMS 系统集成

IBMS 是一个集多种应用管理为一体的综合系统。因此,IBMS 的实质是智能建筑的一体化集成,即在横向集成的基础上,实现网络集成、功能集成、软件界面集成。IBMS 是在 BMS (Building Management System)、CAS(Communication Automation System)、MS(Information Management System)集成的基础上构建的。

从技术层面而论,IBMS 是基于子系统等模式进行系统集成的一种先进的解决方案。这种系统的核心思想是:将各子系统视为下层现场控制网,并以平等模式集成;系统集成管理网络运行系统集成高性能实时数据库(系统集成数据库),各子系统的实时数据通过开放的工业标准接口转换成统一的格式,存储在系统集成数据库中;系统集成管理网络通过 IBMS 系统核心,调动程序对各子系统实现统一的管理、监控及信息交换。

2. IBMS 系统集成的功能和分类

1)IBMS 系统集成的功能

IBMS 是一个一体化的集成监控和管理的实时系统,能够实现建筑内所有信息资源的采集、监控和共享,通过系统对信息的整理、优化、判断,给建筑的各级管理者提供决策的依据和实现控制与管理的自动化;给建筑的使用者提供安全舒适、快捷的优质服务。

IBMS 的一体化集成管理的能力,是通过建筑自动化系统 BAS、办公室自动化系统 OAS、通信网络系统 CAS 的信息和功能集成来实现的。同时,这些集成功能的实现要建立在同一计算机支撑平台和统一的操作运行的界面之下。智能建筑综合管理系统(IBMS)的系统集成主要实现智能建筑的两个共享和五项管理的功能。

1° 两个共享

两个共享是指信息共享和设备资源共享。

1)信息共享　智能建筑综合管理系统(IBMS)通过收集整理建筑内外的信息,建立一个共享信息库,供用户和物业管理人员随时调阅查看,提高系统信息的共享性。在这里,信息指的是建筑内产生的实时采集的控制信息、各类事件信息、报警信息,以及用户、物业管理业务和办公自动化用的各类数据、图文、声像等,还包含来自外部如 Internet 上的各类信息。

2)设备资源共享　它包括内部网络设备的共享、对外通信设施的共享以及公共设备的共享等。

2° 五项管理

五项管理是指集中监视、联动和控制管理,信息的采集、处理、查询和数据库管理,全局事件的决策管理,专网的安全管理,系统的运行、维护和流程自动化管理。

1)集中监视、联动和控制的管理　它对 BAS、FAS、SAS 等子系统的运行状态进行集中监视,实现各子系统间的联动控制,完成对系统运行的启停时间表的制定以及其他需要中央控制室集中控制的动作和系统监视控制管理功能。

2)信息管理　对信息的采集、处理、查询和数据库的管理。

3)全局事件的决策管理　与 BMS 的全局事件响应相似。

4)专网的安全管理　对集成在IBMS上的各子网的管理系统(如宾馆管理系统、商场管理系统、物业管理系统、办公自动化系统等),在共享信息和资源的同时,进行专网的安全管理。

5)系统的运行、维护和流程自动化管理　对保证系统正常运行的各种措施方法和诊断设备、仪器等的管理,可以通过时间响应程序和事件响应程序的方式实现建筑内机电设备流程的自动化控制。例如,空调机和冷热源设备的最佳启停和节能运行控制,电梯、照明的时间控制等。这些流程的自动化控制和管理,可以简化人员的手动操作,使建筑机电设备运行处于最佳状态,达到节约能源和人工成本的目的。

(2)IBMS系统集成的分类

大多数智能建筑综合管理系统IBMS是多家机构共同的综合型建筑。根据服务对象的不同和管理需求的不同,智能建筑综合管理系统IBMS可从总体上划分为楼宇物业管理信息系统、楼宇公共信息服务系统和入住楼宇用户信息系统等子系统。

①楼宇物业管理信息系统的主要功能是设备和物资的管理、租户的管理、事务和信息管理等。

②楼宇公共信息服务系统的主要功能是为其进驻楼宇的所有机构及这些机构的顾客服务的公共信息服务系统,也是智能楼宇综合管理系统IBMS对外的主要标志。应基于Intranet的信息系统和其他技术手段沟通楼宇与外部世界,沟通楼宇内各个用户。

③入住楼宇用户信息系统的主要功能也是IBMS的重要组成,根据用户从事业务的不同,信息系统具有不同的特点。用户信息系统通常由用户自己组织建设,除非用户有特别委托。

3. IBMS和BMS的区别

在《全国民用建筑工程设计技术措施·电气分册》中规定:IBMS是一个先进的综合性系统,涉及各个子系统的集成和信息共享。IBMS应具备与BMS、CNS、INS联网通信的能力,实现各系统之间语音、数据、图像的资源共享,将分离的系统、设备有机地组成一体。IBMS实现建筑物设备的自动检测与优化控制,实现信息资源的优化管理和共享,为使用者提供最佳的信息服务,创造安全、舒适、高效、环保的工作、生活环境。

IBMS系统对信息的集成与管理,主要体现在与物业管理相关的建筑自动化系统信息集成上。从某方面说,IBMS是一个软件系统,或者说是系统平台或框架。IBMS主要功能首先是解决集成中的信息的异构性,通过分层次地实现信息集成和共享;其次是解决信息的分布性,提供分布数据的管理,保证分布数据的一致性和可操作性。

智能建筑综合系统集成的功能,可以分为两类,一是信息层面的功能,二是控制层面的功能。信息层面的功能主要体现在信息的收集、分析、处理和表现,包括设备运行状态监视、设备故障监视、设备基本信息维护、报警记录和管理、视频信息的处理等;控制层面的功能主要体现在系统本身、系统与系统之间的关联上。控制层面的主要内容有火灾事件的联动控制、防盗报警事件的联动控制、门禁管理系统的联动控制、停车场管理系统的联动控制等。

比较BMS和IBMS的概念可以知道,BMS着重强调各集成子系统之间的联动控制,而IBMS强调系统内信息的共享。前者重点是控制层面的集成,后者重点是信息层面的集成。这就是BMS和IBMS之间的区别。此外,IBMS的重要特点是智能建筑一体化集成管理能力,它是区别智能建筑与传统建筑的分水岭。而一体化能力的大小,也反映了智能建筑的“智商”程度。

总之,IBMS一是强调集成,二是强调管理。集成是实现建筑物内控制网络和信息网络一体化的手段;而管理则是实现此二类网络一体化的目标。

4. IBMS 系统集成的结构

(1)IBMS 系统构成

按照《全国民用建筑工程设计技术措施·电气分册》规定,IBMS 系统构成内容主要包括 CNS、INS、BMS。CNS 为通信网络系统简称,INS 为信息网络系统简称,BMS 为前文所述的建筑管理系统的简称。

(2)IBMS 集成的结构

在 IBMS 集成的过程中,各子系统与 IBMS 之间可有以下不同的通信、连接方式。

①子系统独立实行监控功能,在监控同时将运行数据送到 IBMS,而且可以按照 IBMS 的指令改变运行状态或运行方式,实现优化控制、管理。

②子系统本身具备完全独立的监控功能。由于规范或职责的原因,不宜接受 IBMS 系统的统一控制,例如,电视监控子系统、火灾自动报警及联动子系统。

③子系统本身独立运行,基本上没有运行数据传递到 IBMS 系统,或者仅仅传递简单的状态信息,IBMS 系统只是监视其运行状态,记录设备的位置信息。例如,电视会议子系统、综合布线子系统、有线广播子系统等。

④子系统本身是一个软件系统,主要是实现独立运行管理功能。一般是接受其他子系统传递来的信息,也可以对其他子系统作出间接的、非实时控制,并与 IBMS 在软件上融为一体,例如物业管理、办公管理等。

IBMS 集成采用系统集成、功能集成、网络集成、界面集成等多种技术,关键是解决各类设备之间、各子系统之间的接口和协议等问题。智能建筑综合管理系统 IBMS 的硬件可以是楼宇内互联网,即建筑 Intranet 平台。IBMS 集成的结构框图如图 6-10 所示。从图 6-10 可以得到以下几点结论。

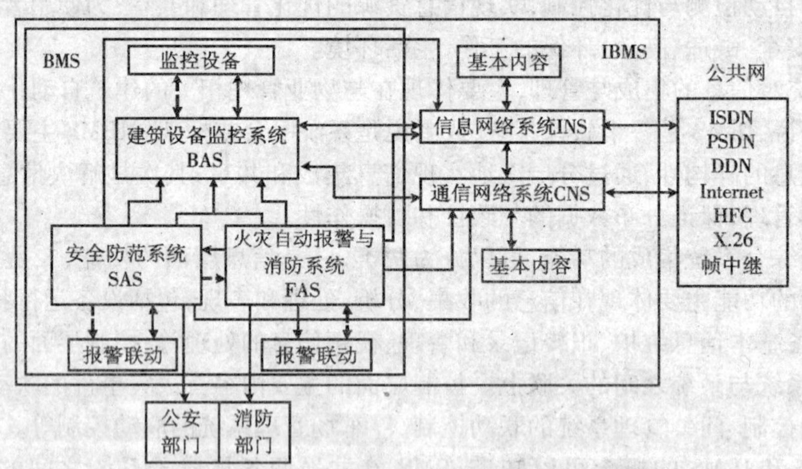

图 6-10 IBMS 集成结构框图

①IBMS 不仅仅是简单的各系统的网络连接,而且是更深层次的信息共享和优化管理策略;

②IBMS 所管理的主要目的不是对设备,而主要是对整个建筑经营体系的物流、人流、资金流和信息流的统一管理;

③IBMS 不是一成不变的，对不同的用户有不同的配置和解决方案；

④IBMS 系统不是技术的简单堆砌，而是技术服务于管理的应用。

总之，一个好的 IBMS 系统平台存在的目的是以方便管理和经营为目的的，同时还要为管理者创造管理效率和效益，这样的集成产品才能得以立足。

6.4 系统集成实例

6.4.1 建筑管理系统(BMS)集成实例

1. 基于美国霍尼韦尔(Honeywell)Excel5000 的 BMS 集成实例

在智能化系统设计上，采用建筑设备管理系统 BMS 对建筑物中的 BAS、SAS、FAS 进行系统集成，实现对建筑物设备的统一监控管理。

系统以 BAS 为基础，采用 ODBC 和 OPC 技术实现应用程序对数据库的访问以及应用程序与现场设备之间的通信，运行在以太网的网络平台上，以统一的集中软件界面达到各子系统的集成，如图 6-11 所示。

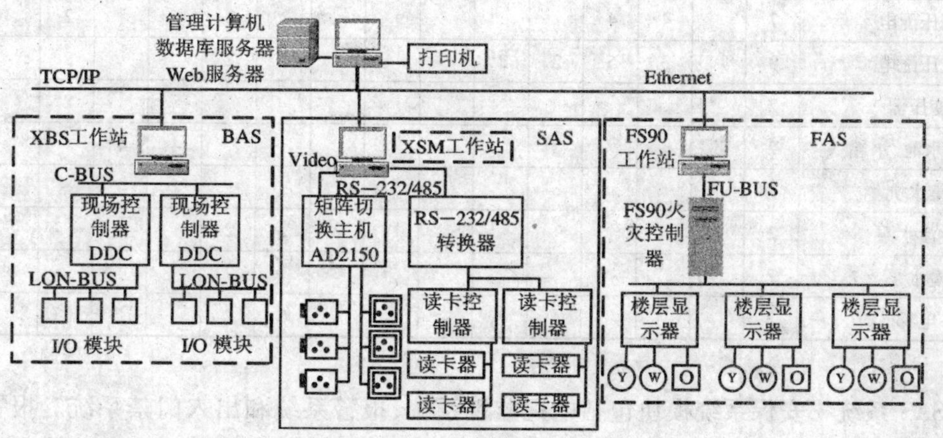

图 6-11　Honeywell 产品集成实例

工作站和管理中央站之间采用建筑内以太网(LAN)进行通信，各子系统内部采用 LonWork 现场总线及 RS—485 总线进行数据传输和交换。中央站嵌入 Web 服务器融合 Web 功能，以网页形式进行工作，是一种 B/S 计算模式的网络通信架构，通过统一软件包 Migrate XFI R620 interfaces to EBI 实现子系统的集成管理和监控。

系统遵循现有的工业标准，系统开放程度处于世界领先地位。EBI 服务器运行于 Windows NT 平台，客户机运行于 Windows NT 或 Windows95/98 平台，系统运行在快速以太网上，协议标准为 TCP/IP，提高 BMS 的数据接口有 ODBC、NETAPI、标准的 SQL 接口，并支持 BACnet、OPC、LonWorks 等工业标准协议。

下面对子系统作简要介绍。

1)BAS 系统　系统受控设备有空调冷水机组、送排风机组、发电机组、高低压配电柜、生活水池水箱、集水坑、生活水泵、潜水泵、电梯等。BAS 监控点数如表 6-2 所示。系统采用 Excel 5000 系统的分布式模块化结构，配置三台 XCL5010(DDC)，控制层 CPU 之间为通信速率

9.6 kB/S 的 C-bus 总线，菊花式连接，线规为美标 AWG18。分布式模块间通信速率 78 kB/S 的 LON-bus 总线，线规为美标 AWG22。BAS 工作站运行 Excel Care 图形软件，可方便地生成图形显示仿真应用程序，并可自动生成软件和报表。另外，工作站配备 OPC 接口，以完成与现场设备之间的通信和数据交换。

表 6-2　BAS 监控点数一览表

楼宇自动化设备管理系统	设备数量	模拟输入(AI)							数字输入(DI)						数字输出(DO)
		温度	电流	电压	有功功率	功率因数	频率	油箱油位	自动/手动	运行状态	故障报警	高低水位	超高低水位	高温报警	开关
空调机组	3	3							3	3	3				3
冷风热泵机组	5								5	5	5				5
通排风机	1									1	13				1
发电机组	2		2	2			2	2		2	2			2	
高压配电	7		4	4						2	2			2	
低压配电	9		3	5	2	2				2	2			2	
变压器	2													2	
生活水池、水箱	2											4	4		
集水坑	7											1	4		
生活水泵	2								2	2	2				2
潜水泵	7								7	7	7				7
电梯	2									6	2				

2)SAS 系统　安保系统模块包括电视监视系统、报警系统和出入门禁系统。报警探测器 12 只、门禁 10 只，分布于总控制中心及各重要区域。采用 Honeywell 的 ODBC 接口实现应用程序和数据库之间的数据交换，XSM 工作站安装 Live Video capture card，连接电视监视系统的矩阵切换主机(兼容 AD2150)的视频输出端口。

3)FAS 系统　采用 Honeywell 的 FS—90 系统实现火灾报警控制和集成，火警控制器 FS—90 和工作站之间采用 FS—bus 连接。本地块消防系统监控点感烟探测器、感温探测器、手动按钮、消火栓按钮等 310 个，系统配置一台火警控制器 FS—90(可监控 967 点)，利用一条楼层显示器总线连接 11 台报警楼层显示器，每个显示器上有 32 个地址码点输出，用于驱动地图盘指示灯和相关设备。

2. 基于美国江森自控公司 Metasys 的 BMS 集成实例

某工程采用美国江森自控公司的楼宇设备基础管理系统，BMS 系统集成网络结构如图 6-12 所示。硬件有 Metasys OPC 服务器(N1 OPC 服务器)、Metasys 数据库服务器以及美国 AspenTech 公司的 M—Historian 服务器；软件有 M—Graphic(M—5)、BMS Trend、BMS Graphic、BMS Historian 等。

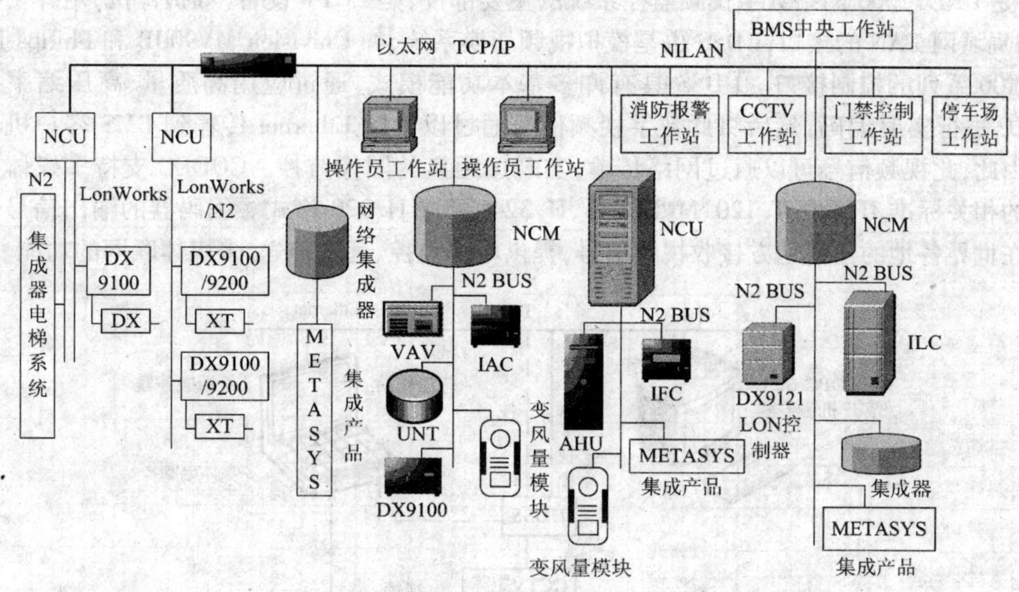

图6-12　BMS系统集成图

(1)实时监控

该项工程自动化控制系统共有6个网络控制器、1个操作站,在此操作台装入Metasys OPC服务器,图形中心装入M—5软件,如图6-13所示。BMS图形中心终端可以通过OPC服务器读取监控PMI9.01中所有点(AI、AO、BI、BO、DI、DO),从而达到在BMS机上实现对建筑自动化系统(BAS)的监控。

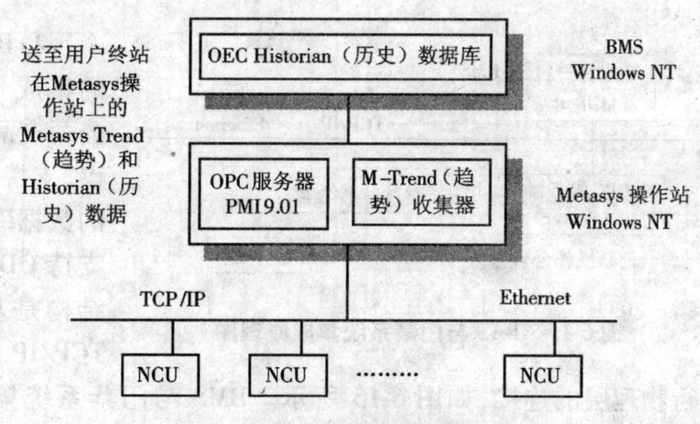

图6-13　BAS和BMS的数据存储

(2)实时数据采集

该建筑自动化系统BAS共有7 103个点,其中冷水机组为32个点,末端设备为3 694个点,变配电系统为719个点,电梯系统为30个点,在能源中心控制站上装入M—Trend服务器。M—Trend服务器可以将所需要的监控点以ODBC的格式送至当地的操作站,以便实现监控和查询。

该BMS装入M—Historian服务器,该服务器采用美国Aspen Tech公司的新一代数据库,它可以读取OPC服务器的数据,并以ODBC的格式存档。它最多可以存储50 000个OPC数据,可满足BMS的需要。

(3)BMS与各专业子系统的集成

1)BMS与闭路电视监控系统的集成　闭路电视监控系统是安全防范系统的重要组成部分之一。江森公司的BMS与CCTV系统实现系统集成,如图6-14所示。其中UDSS是网络服务器，是 UNET2000 网络数字视频监控系统的主要部件，是 CCTV 设备(如摄像机、矩阵切换主机)与局域网 LAN 的接口；UDSS 也是模拟视频切换系统，如 Univision MV900B 和 Philips Burle LTC8X00 系列的控制接口。UDSS 具有许多基本功能模式，通过应用高质量、高压缩率视频 CODEC 进行实时编码，然后将此数字视频信号通过以太网 Ethernet 传输到 BMS 客户机工作站。因此，此视频信号可以通过网络传输，实现远距离的图像监控。CODEC 支持多媒体网络需求的相关标准 H. 320、T. 120、MPEG—1、H. 324，可选 H. 320 格式。编码器的输出信号可以实现在世界各地的任何地方接收视频信号，提供电视监控、远程传送、多媒体联网的功能。

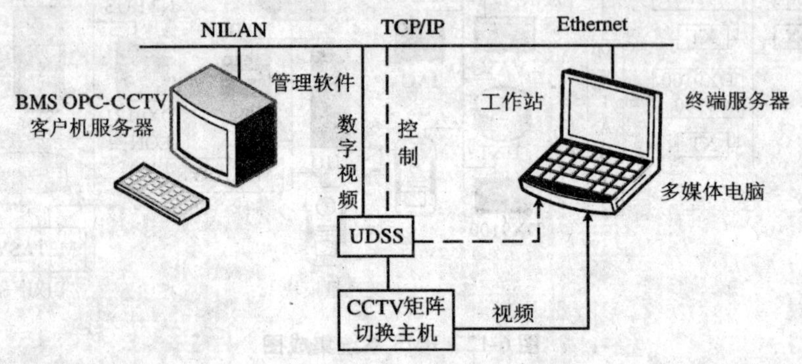

图 6-14 BAS 与 CCTV 系统的集成

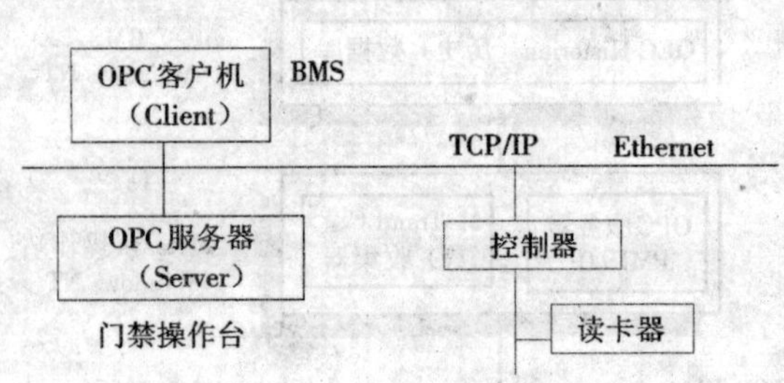

图 6-15 BAS 与门禁系统集成原理图

2)BMS 与出入口控制系统(门禁系统)的集成　该项工程门禁系统采用 Radionics 公司产品。该产品采用了国际标准的通信协议，支持标准的 TCP/IP 协议。因为门禁系统的数据库很重要，因此要求提供的数据库应支持 ODBC 的开放数据库，以便集成。软件结构是基于客户、服务程序，客户终端通过 TCP/IP 协议及 ODBC 到服务器读/写资料，进行物理层的连接，如图 6-15 所示。BMS 与门禁系统集成的方法是在 BMS 服务器上安装 OPC Client，它可以读取门禁系统中的所有信息，并将信息通过 SQL 数据库存在 BMS 上，以实现信息共享和联锁控制，同时可进行各种管理。通过以上集成，可实现如下功能：提供所有门禁状态；可选择地开启每一道门；提供管理所需的报表文件；提供人员的考勤报表；监视非法侵入事件；当确认火灾发生时，机上封闭有关通道，自动打开消防紧急通道和安全门的电子门锁，方便楼内人员疏散。

3)BMS 与巡更系统的集成　在该项工程中，巡更系统作为一个独立系统，采用无线电巡更系统。BMS 与巡更子系统的集成采用和门禁系统一样的方法，可以实现如下功能：提供所有巡更路线的运行状态；提供所需巡更站点的信息(太早、正点、太迟、未到、走错)。

4)BMS 与停车场自动收费管理系统的集成　停车场自动收费管理系统一般均自成系统。采用了国内捷顺公司的产品，该系统具备网络通信功能。通过局域网与 BMS 集成，可以向 BMS 传送停车场自动收费管理信息。江森公司已开发了 OPC 的集成方式。通过装在停车场自动收费管理系统操作站上的 OPC 服务器，便可与 BMS 实现集成，如图 6-16 所示。停车场自动收费管理系统集成信息包括：提供停车场重要设备的运行状态、故障报警信息；提供有关各种收费的记录；传送停车场车辆的流量、空位量信息，由此计算出停车场的利用率；将重要侵入报警信息传送到 BMS，以便其他系统进行相应的联动；收费统计、资料存档。停车场自动收费管理系统由于自成系统，因此，在一般情况下，BMS 不需要较多的干预，集成系统只需采集一些必要的管理信息即可。停车场的重要报警信息可以传送到 BMS，也可以就地声光报警。为实现物业对停车场运营的管理，可将收费系统传送到 BMS 上，同时可进行统计及存档。

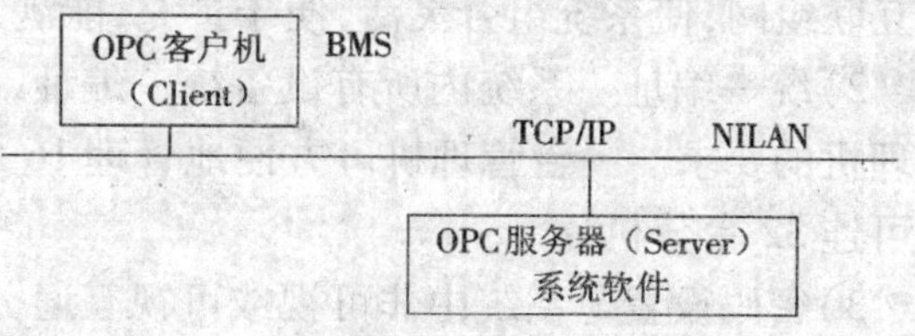

图 6-16 BMS 与停车场自动收费管理的集成

5）BMS 与消防自动报警系统的集成 江森公司的网络控制器可以与江森的消防自动报警系统的现场控制盘（消防盘）IFC2020 直接连接，也可与世界上著名的消防供应商（如 Notifier、Cerberus 和 Simplex 等）进行集成。对于其他品牌的消防报警系统，江森公司也可以提供 Integrator 的方式集成，其他厂商的消防报警系统应提供一个开放的通信接口，可以是 RS—232 或 RS—485 接口，同时应提供数据的表达格式，通过 Integrator 将所感知的重要报警信号，发送给 BMS，以便 BMS 可以分析了解其数据内容。消防自动报警系统的联动方法，通常是采用较为低速的串行通信方法，也有部分厂家采用较高速的通信方式。消防自动报警系统基本上都有比较完善的消防联动接口，如对灭火喷淋系统、电动防火门、防排烟设备及电动防火阀等的联动信号，同时对电梯系统、紧急广播系统发出联动信号。传统上，这些信号都是采用硬触点开关方式，比较易于实现。我国消防部门在验收系统时规定，其他系统不能影响消防系统的运行。因此系统集成方案对消防自动报警系统是“只监不控”，完全满足消防法规的要求。同时又能够使建筑的中央管理控制中心对火警状况了如指掌，实现较高水平的系统集成。

6.4.2 智能建筑综合管理系统（IBMS）集成实例

1. 智能化住宅小区的 IBMS 设计实例

（1）住宅小区智能化系统设计概述

所谓智能小区，是将在一定地域范围内的多个具有相同或不同功能的建筑物（主要指住宅小区），按照统筹方法，利用计算机技术、通信技术、多媒体技术等高科技手段，分别对其功能进行智能化，使资源充分共享，统一管理。在提供安全、舒适、方便、节能、可持续发展的生活环境的同时，便于统一管理和控制，并尽可能地提高性能价格比。

根据建设部有关智能化示范小区的文件规定，按建设单位提出的二星级建设标准三个子系统的具体要求，在方案设计中考虑如下的系统组成：小区家庭防盗报警系统，包括住宅设置楼宇对讲和居室报警及紧急呼叫系统、小区周边边界监控系统、电子巡更系统、三表自动抄集系统。本工程按甲方要求包括水、电、气、热水远程抄表系统（每户四表），地下室车库管理系统，小区机电设备自动化管理系统，紧急广播和背景音乐系统，有线电视系统，CCTV 系统（闭路电视监控系统），小区计算机网络和综合信息服务系统。

系统设计采用国内成熟的智能小区管理系统产品，要求系统计算机软件采用 WINDOWS98 界面。每个子系统通过管理中心电脑协调工作，完成对小区的各项管理，使小区管理科学、快捷、方便，小区居民生活安全、舒适、便利。系统功能与特点如下。

1）互联组网 系统采用标准总线结构，不同类型的分机和不同楼栋的主机都可以通过总线互联组网,使系统组合灵活,便于扩充,能满足用户的各种需求。

2)统一编址　系统内所有设备统一编址,设备连接容量至少要满足同一小区内可接4台管理机的要求。一台管理机可方便地管理16栋楼,而同一栋楼可并联8台门口机,一台门口机可连32台分机。

3)密码设置　系统中非可视或可视互通分机可以通过键盘随意设置或修改用户密码,做到一户一个密码。分机用户可用密码实施密码开锁或给自己家各报警防区实施撤防。

4)可视对讲　系统能实现住户与管理处、住户与住户、不同楼栋住户之间互相呼叫与通话,亦可实现楼门口或家门口与住户分机之间的可视对讲功能。

5)管理模式灵活　系统具有方便灵活的白天或夜间管理模式,管理员能够通过管理机对任何一栋楼的门口机进行管理,即对各门口来访者的呼叫进行干预。干预时这栋楼的来访者对楼内用户的呼叫,自动转到管理机。经管理员许可后由管理员转接,才能使来访者与用户通话。这种管理模式确保小区的严格管理,满足不同层次物业管理者的要求。

6)一卡通　系统中各门口机都可以带有感应式非接触卡阅读器。小区内的居民一人一卡,凡持有已注册的卡片,就能通过刷卡开锁、进入、撤防等,使小区居民所持卡片在小区内一卡通。通过刷卡,管理中心的电脑可以显示进入小区人员的照片资料等,以供管理员核查进入者的合法性。这样既方便了住户又方便了小区的管理。

7)四表抄集　户内水、气、电、热水表采用脉冲式表,利用三表接口和抄表平台与系统总线相连。采集的四表数据存储在三表接口和抄表平台的永久存储器中。当小区管理者需要抄表时,可通过管理中心电脑十分方便地抄表,并通过打印机打印出来。使用四表抄集方便、可靠、简单;如有条件可通过小区结算系统采用IC卡结算。

8)安保防盗　系统中安保防盗采用对讲分机自身具有的1~4个防区的报警功能。它具有延时防区和24小时紧急防区,可外接门磁、红外、烟感、煤气、火灾、紧急按钮等报警探头。住户可通过无线或有线键盘向管理机报警,也可以向管理中心的电脑报警。管理机或管理中心的电脑能记录报警地点、房号、防区等。管理中心的电脑还能自动弹出报警点的电子地图。

9)周边防范　采用远距离红外对射探头,利用接口与总线相连,实现小区周边防范。一旦小区周边有非法者侵入,管理机和管理中心电脑就会发出报警,指出报警的时间和地点、编号等。管理中心的电脑还能自动弹出报警点的电子地图。

10)电子巡更　设计采用的巡更系统要求使用先进的射频识别技术,各巡更点墙内预置一张感应卡,由巡更人员手持巡更手持机到各巡更点读卡,巡更结束后把电脑接口插座插入手持机,电脑就能将巡更的时间和巡更点输入电脑。这种巡更系统不需布线,巡更点设置灵活、方便。

11)电视监控　小区各公共通道、门口都有摄像镜头,保证一天24小时监控和录像。管理人员坐在管理中心的监视屏前,就能切换监视各部位的情况。一旦出现情况,能够马上通知保安人员前往处理,做到防患于未然。

除以上所述,还考虑接入一个4芯多模(室外)的宽带光纤。该网络方案能使光纤到栋,以提供小区高速的综合信息服务。

地下室车库管理系统、小区机电设备自动化管理系统、CCTV系统(闭路电视监控系统)在设计选型时也应考虑到系统集成。

(2)安全防范和信息管理子系统的构成

1)安全防范为主的小区综合集成系统　本系统可通过 RS—485 与管理员主机通信;自动记录处理住户呼叫、报警等多种通信信号;还可使用矢量电子地图系统、住户详尽资料档案;数字录音与警情转发系统;多媒体报警功能;报警中心多级联网;并可与其他安防系统进行联动,如联动探照灯、闭路电视监控系统,以实现小区安全防范综合管理。

2)公用通道及电梯闭路电视监控系统　本系统能够对小区内的多种情况进行监测,并能进行集中监控,从而真正做到少人值守。这样不仅可以节省大量人力,而且具有很好的经济效益和社会效益。本系统可实现下列功能:在一些比较重要的场所,摄像机将采集的信息送往小区内的监控中心,显示图像,并可进行录像。整个系统的管理结构设计采用统一的建网模型,结构清晰,结构化布线,为整个系统的测试、维护、管理提供了强大的支持。本系统由摄像、传输、接收显示和录像记录、控制 4 大部分组成。摄像部分按照实际情况及要求选择固定式黑白摄像机,根据观察需要,可对某人或某地作一段时间的详细摄像;传输部分由普通视频电缆、控制线、视频头等组成;接收显示和录像记录部分由 15 英寸、20 英寸专业黑白监视器各 24 小时专业录像机组成。楼宇地下停车场两个出入口处各设一台固定摄像机,采用 6 mm 镜头,对出入车辆进行监控;住户单元的电梯各设一台固定摄像机,采用 6 mm 镜头,对电梯内部情况进行监控。公用通道各设一台固定摄像机,采用 6 mm 镜头,对小区的公用通道情况进行监控。

(3)智能化停车库管理系统

1)系统性能及特点　图像识别加 IC 卡配合使用,能准确判断出 IC 卡和车牌是否吻合,杜绝了偷车者的盗车途径。图像识别系统的运用,减少了车型及车牌的识别和读写的时间,加快了 IC 卡信息与车辆之间确认、判断,提高了出入车辆的车流速度。正常光照条件下,对车辆的综合识别概率不低于 99.5%。

2)系统软件的功能及特点　自动化程度高和使用简洁友好的全中文操作界面,完善的财务统计功能,自动完成各类报表(班报表、日报表、月报表、年度报表),严密的分级(权限)管理制度,使各级操作者责、权分明。

(4)小区机电设备自动化管理系统

图 6-17 是小区机电设备自动化系统,采用以 RS—485 总线的网络形式,把分散在小区内各部分设备的运行数据集中后,由总线送至 CEE EX—485 智能集中管理器。通过管理,系统软件完成数据的实时传输,由系统软件根据实际的需要发送命令,直接对区内的各设备进行统一的管理和控制。

(5)电子巡更系统

方案设计选用的巡更系统产品的主要特点如下:

①无需布线,安装简易,操作简便,对使用人员要求不高;

②高可靠性,可防止已获得的数据及信息被破坏或有意改写;

③巡棒采用不锈钢外壳,坚固耐用,内置大容量存储体,可存储 1 600 个汉字记录单元,全密封防水,高度省电,使用普通组电池可维持一年。

(6)小区信息网络子系统构成

住宅小区的网络建成一个局域网,物业管理中心建成小区的网络中心,并提供语音、数据和图像的宽带广域网接口。整个网络的拓扑结构为星形,如图 6-18 所示。网络设备由 SERVER(服务器)、SWITCH(交换式集线器)、DDN MODEM(DDN 专用调制解调器)等组成。其中

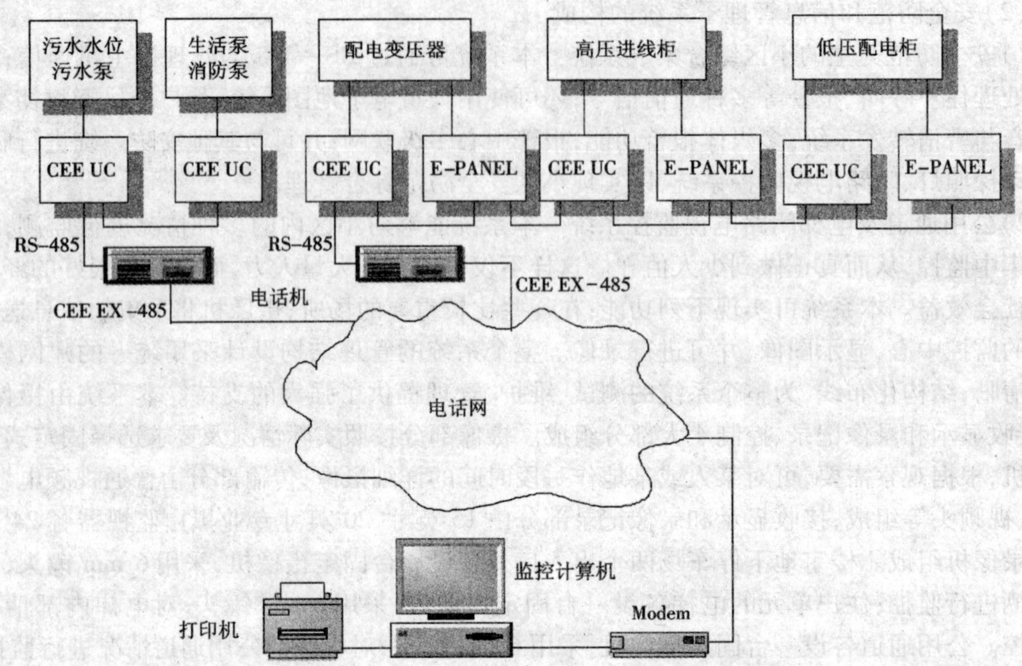

图 6-17 小区机电设备自动化系统方框图

SWITCH 又分为中心 SWITCH(用于小区内中心机房)和边缘 SWITCH(用于楼道单元)。

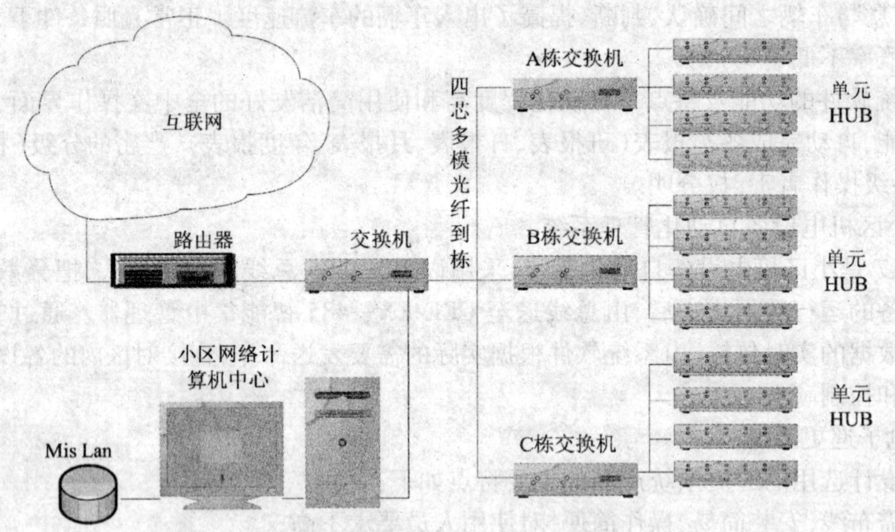

图 6-18 小区计算机网络系统

2. 智能化校园的 IBMS 设计实例

(1)智能化校园设计概述

随着科技的发展,“建筑智能化”技术逐渐趋于成熟,智能化商用大厦、智能化小区、智能化医院、智能化体育馆等智能化建筑相继出现,智能化建筑已得到社会的普遍欢迎,“智能化”已经成为现代生活的主流。

智能化校园是在智能建筑的基本含义中扩展和延伸出来的。与智能化小区相比,智能化学校与智能化小区的服务对象和服务目的完全不同,智能化学校服务的对象是教师和学生,智能化学校更多地强调围绕为学生服务的思想,服务的目的是为学生提供一个高效、舒适、便利以及安全的学习环境。

某大学为了跟上时代的要求,不仅在基础设施上要体现出科学的理性和人文的浪漫,更要有管理上的便捷、先进、可靠,因此他们把建成一所智能化学校作为自己的最佳选择,以充分体现现代教育的发展方向。

(2)方案设计

该大学智能化校园建议方案设计的特点主要体现在功能及实现技术上,系统分析如下。

(1)校园网络设计要求

高效可靠的校园拥有一套高效可靠的校园网络是智能校园必不可少的硬件基础。校园网网络系统基本可分为校园网络中心、教学子网、办公子网、图书馆子网、多媒体教室及电子阅览室子网、宿舍区子网等几大部分。校园网络的设计应当考虑如下原则。

1)先进性　由于计算机、网络、通信等技术发展极为迅速,更新换代频繁,为保证系统有较长的生命力,所设计的网络方案选择了较高的起点,不仅满足现在应用的需要,而且充分考虑了未来发展的需要,使网络能够在尽可能长的时期内满足应用的需要。

2)实用性　设计网络系统时,尽可能保证网络的实用性,并在性能接近的情况下使网络结构尽可能简洁。

3)可靠性　设计的网络系统,具有高可靠性,可防止各种原因导致的网络瘫痪。

4)易维护性　设计的网络系统,具有良好的网络管理功能,提供了综合的、并可监控到每个桌面的方案,便于维护。

5)灵活性　设计的网络系统,满足应用变化的需要。

6)开放性　系统必须接受具备国际标准的设备入网。

7)扩展性　随着应用变化的需要,网络的性能和结构能够方便灵活地扩展,局域网的内部结构及站点的调整不影响骨干网。

8)经济性　所设计的网络系统,提供了性能价格比高的解决方案,并综合考虑了设备价格的变化和设备升级扩展等因素。

(2)校园网络的结构

校园网要能够应用校园教学管理系统、网络办公管理信息系统、Web 系统和网络通信服务系统,还要能够进行网络多媒体教学和召开视频会议等。对网络结构、性能和带宽要求较高,在充分满足系统需求的前提下,考虑到日后的发展,要适当留有余量,采用千兆第三层交换以太网技术构建,主干 1 000 Mbps 交换,桌面 100 Mbps 交换,服务器 1 000 Mbps 连接。网络结构采用完全的星形结构,即以主机房的主干交换机为中心,再通过多模室外光纤与配线间的楼层交换机连接,配线间的交换机通过配线架跳接,然后再直接以 UTP 通路与各信息点进行连接,形成星型网络结构。系统的结构如图 6-19 所示。

(3)校园网的连接

整体网络通过一条光纤和 INTERNET 连接,一个 INTERNET 共享器、一个 IP 地址,使全校师生都可以畅通无阻上网,不仅丰富了教学,而且节约了资金。

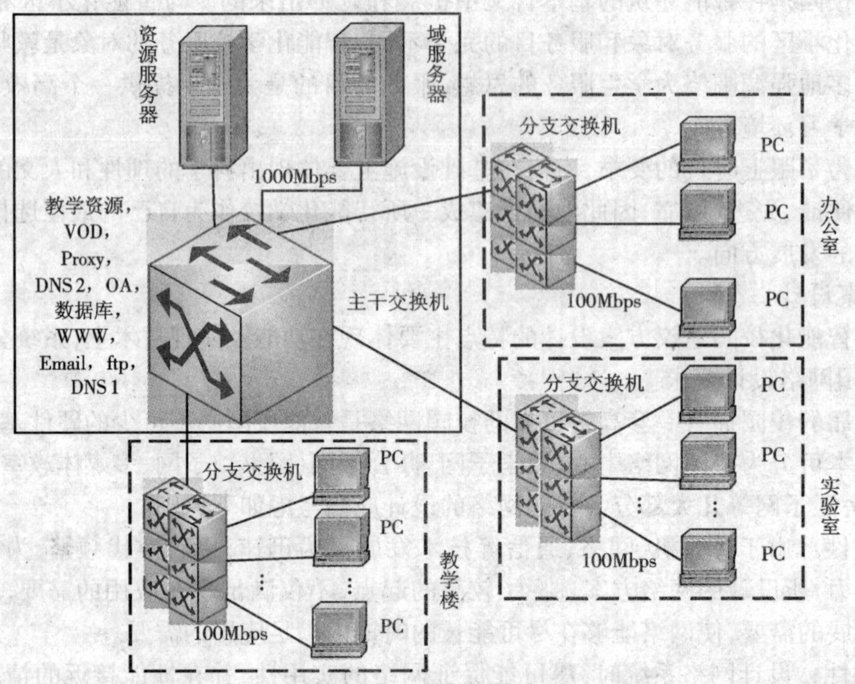

图 6-19 校园网拓扑结构

(4)先进的多媒体教学方式

智能化学校充分利用现代化技术为教学服务,提供一个高效率、便利快捷的学习环境。这种环境增加了学生学习的积极性,提高了学习的兴趣。在该设计中采用了先进的多媒体教学——多媒体教室和电子阅览室。在校园网网络系统的基础上可建立交互式多媒体教室、电子阅览室。交互式多媒体教室由一台教师机和多台学生机组成,通过安装多媒体教学软件可实现如下基本功能。

1)电子黑板 教师可将自己的屏幕传送给指定的一个或一组学生(根据需要可以同时带上声音),其他学生在自己的电脑上可观看到教师对计算机的全部操作过程。此功能起到教学的作用,能够完全舍去黑板进行全电脑的教学,且学生能够更直接、生动地学习。在教师的许可下学生也可以具有此功能。

2)监视监听 老师可在教师机上监看监听任意指定的单个学生机之电脑屏幕画面及声音,也可自动对指定群组或全体学生机轮流监视监听,轮流时间可以设定。屏幕监视和语音监听又可分别独立执行。

3)单独对讲 老师可与任意指定的单个学生进行双向对讲,而此时其他学生听不到对话声,不受干扰。

4)讨论发言 老师可与任意指定的学生(可选 1 ~4 人)进行讨论发言,全体学生通过耳机均可听到对话声,参加讨论的学生可随时增减。

5)遥控辅导 老师在监看任意指定的学生机之电脑画面的同时,可随时将教师的键盘和鼠标切入到该学生机上,遥控其键盘和鼠标操作,进行“手把手”交互辅导教学。在教师的许可下学生也可以具有此功能。

6)答题示范 在多媒体广播教学状态下,可将指定的学生机键盘、鼠标操作切入到教师机上，使其代替老师操作教师机进行答题或代课。此过程中，教师机的键盘、鼠标同时有效。

7）转播示范　将任意指定的学生机之电脑屏幕画面及语音同步播送给全体、群组或单个学生机及教师机。

8）同步教学　教师机锁定并接管指定的单个、群组或全体学生之键盘、鼠标，使学生机操作步骤与教师机相同并同步执行。

9）电子举手　学生可通过本机键盘上的"热键"随时呼叫老师，控制台上对应学生机之指示灯闪亮并伴有呼叫音。

10）课堂点名　老师通过控制台可随时检查并登记学生机的开/关状态，在线扫描学生出勤和学生机上网情况。

11）锁定/解锁、远端复位　必要时，老师可随时锁定/解锁单个、群组或全体学生机的键盘、鼠标，随时对单个、群组或全体学生机执行远端复位操作。

12）黑屏功能　教师在讲课时让学生集中精力听讲而不去观看自己的电脑屏幕画面，可强制学生机屏幕黑屏。

13）语音分组　自动或手动方式将全班学生同时分为多组进行自由交谈，老师可随时加入其中一组交谈。

（5）制作多媒体课件等

利用电子阅览室，学生和教师可以对储存在服务器和光盘存储器上的文件、电子图书、多媒体材料等多种信息进行阅读、浏览，不必再去图书馆排队等待，也不会遭遇"此书已借出"的烦恼。另外教师还可以把影音、文字、图片等素材编辑制作成个性化的多媒体课件，并自动上传到文件服务器中保存。还可以从服务器中获取其他教师已完成的课件，并可依据自己的思路进行修改、补充、完善成新的课件。教师和学生在电子阅览室可以利用计算机网络观看课件。还可以对教师教学质量和学生学习效果进行智能的分析和评估。

（6）建立综合管理系统

建立在校园网基础上的校园综合管理信息系统（图 6-20）为智能化学校提供了以下功能。

1）教务、考试管理　通过教务管理软件，可以方便地进行课时编排、教室安排、课程编排、实验室安排、考试安排等，避免传统教学安排方式中经常出现的错漏、冲突、查询困难等情况。可以通过对学生考试和测试结果、作业批改情况、教师的科研情况进行定期分析总结、评估，为下阶段的教学工作做准备。通过统计学生的考试成绩、体育达标情况、社会实践情况、补考情况，还可以对学生进行全面的综合测评管理。通过建立网上智能题卷库，测验及考试时，教师可利用计算机出题，当堂发卷、收卷、判卷，并统计学生考试成绩，可以马上得到考试成绩分析图表，对教师教学质量和学生学习效果进行分析和评估。

2）行政管理　校长可以随时调阅网上的信息，具有最高的访问权限。可对学校的各种信息进行查询。财务室可以根据学校的物资流动和人员的流动，实时从各室查阅考勤，以便进行财务管理和报表输出。人事室可动态查询各科室的人员状况，以便作好人员的安排和调用。财务室可以随时进行人员工资管理；根据各部门的需求做出物资流的报表，与各部门进行交流和确认；可实时发送物资现有情况表，以便其他部门参考；实现对固定资产和低值易耗品的分类管理，提供资产类别、部门、资产来源、折旧等分类的动态树状编目管理；实现资产的出库和入库登记，固定资产的损耗、折旧登记和统计，低值易耗品的损耗统计，出库和库存品的检索统计；可按各种资产的类别、部门、损耗、折旧进行统计查询，打印出、入库单据和各种报表。

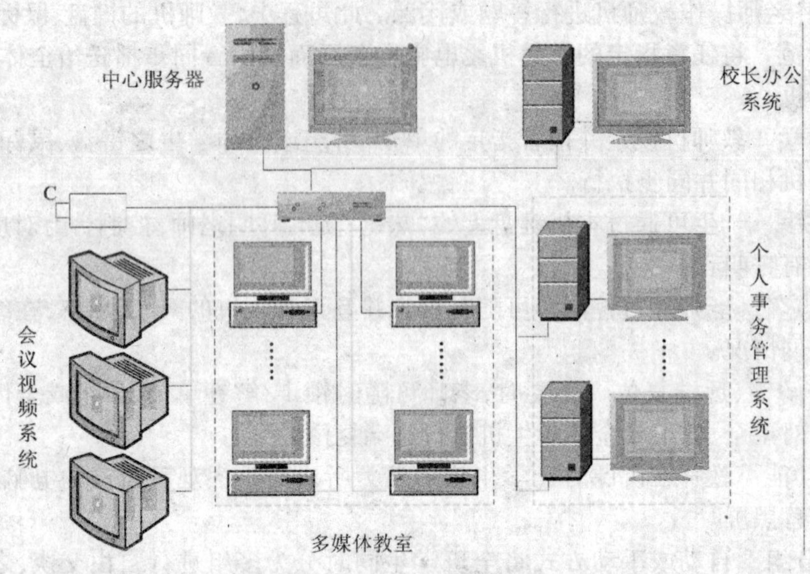

图6-20 校园综合管理信息系统

3)学校图书馆管理 学校图书馆管理系统实现图书编目及维护、图书和杂志查询、借阅查询、图书流通、图书证管理等功能。师生可在网上通过 Web 浏览器进行图书、期刊的网上检索(可按书名、著译者等以及全文检索),进行图书、期刊的网上预约和取消预约;还可借助浏览器查询个人借阅情况,检索及修改借书证密码,在网上进行图书证的挂失和查询。

4)校园一卡通 “一卡通”系统包括门禁管理、考勤管理、食堂用餐管理、图书管理等各个子系统。内容包括通行、考勤、电子钱包、借书证等多项功能。

(7)其他系统

校园网设有安全防范系统、电视及广播音乐系统、智能火灾报警系统,使校园环境安全舒适。

1)校园安全防范系统 校园安全防范及报警系统是智能校园实现安全管理的重要系统,主要包括电视监控、周界防范、出入口控制、消防报警等。在校园的出入口、周界、车库以及重要场所设置监视点,电视摄像机的设置及显示方式与通常的智能建筑基本相似。在校园的围墙上设置主动红外对射式探测器,防止罪犯由围墙翻入校园内作案,保证校园内师生们的安全。在校园内设置电子巡更系统,让保安人员定时定路线对校园内进行巡视,以弥补其他技防手段的不足,及时发现可疑情况,防患于未然。对校园的出入口、重要的仪器设备室进行监视与控制,为学生与教师及保安人员配备不同级别的 IC 卡,对人员出入校园进行身份鉴别、确认及出入信息登记,并提供人员出入校园信息的登记与查询功能。在校园的各个楼栋内设置火灾报警系统,并与消防控制中心联动控制,具体设置方法与一般智能建筑相似。

2)校园电视及广播音乐系统 校园电视包括有线电视系统、会议视频系统等。有线电视系统用于校园广播电视台的广播,是丰富师生校园生活、为教学服务的重要手段。每个教室至少放置一台电视机(也可以是投影仪),节目来源可以是校园电视台的现场直播或录像,也可以是自行接收的卫星电视节目,还可以播接城市有线电视系统,作为其主要的节目来源。该系统具有上行控制信号传输功能,可以在需要的时候直接点播存放在多媒体教学服务器上的视频信号。电视信号的传输可以采用数字式的,这就可以方便地把一些节目转存至多媒体服务器上,为学校的多媒体教学提供素材。会议视频系统使分设于不同会场的与会者可以一起参加会议,相互交流。有线电视系统和会议视频系统与局域网连接,形成一网多用。在学校的各种休闲场所(食堂、操场、校园风景区、宿舍甚至办公区域)提供背景音乐系统,并能根据不同的场合以及不同的时段而播放不同的音乐,紧急情况下能够切断背景音乐,强行插入报警信号。

3)智能火灾报警系统　随着计算机技术和网络技术的发展,已经可以实现独立火灾报警系统与楼宇监控管理系统联网,从而达到对火灾报警系统的二次监视和信息共享;并通过提供综合保安管理系统、楼宇设备自控系统、广播系统以及有线/无线通信系统等相应的联动功能提高防范火患和降低火灾损失的能力。

习　题

1. 智能化系统集成的主要内容是什么?
2. 系统集成的设计要注意哪些基本原则?
3. 系统集成所采用的主要技术有哪些?
4. 简述管理与决策在系统集成中的地位与作用。
5. 智能建筑集成有哪几种模式? 它们的主要区别是什么?
6. 简述 BMS 和 IBMS 的功能。
7. 智能化住宅小区应具有什么功能特征?
8. 智能化学校应具有什么功能特征?

第7章 智能家居控制系统

本章简要介绍了智能家居控制系统的基本内涵、特征及构成，控制系统的组成原理、控制方式和控制功能，现代化家庭所需的智能化管理模式。

随着社会经济水平的发展，人们的生活日益追求个性化、自动化、智能化，追求高科技，从而给现代人带来了充满快感、充满趣味的高雅浪漫的生活方式。生活家居要求一种高层次、人性化、智能化的管理模式。在现实生活中，智能家居电子产品得到广泛应用，计算机网络与通讯技术的应用，给人们的家居生活带来了全新的感受。智能家居正在日渐兴起，家居智能化成为一种趋势和潮流。

7.1 智能家居的概述

1. 智能家居控制系统的概念

智能化系统是从上世纪80年代兴起于欧美和日本，并在90年代末进入我国。经过十余年的孕育与发展，特别是伴随住宅产业的进步，小区智能化系统在中国已经显现出风雨欲来的势头。近几年来，伴随着城市住宅建设的发展，出现了越来越多的密集型的住宅小区，因此住宅小区的智能化管理模式日益走向成熟，与此同时，出现了目前较为规范的、无所不包的“智能小区”的模式。

“智能小区”是一个多功能的系统，每个功能子系统都可以单独使用。诸多功能的子系统还要具有协同配合的能力。它可提供面向家庭设备的网络平台，将各种与信息相关的通信设备、家用电器设备和安防装置等通过有线或无线方式连接成网络，进行集中监视与控制、异地监视与控制和家庭事务管理，并通过设置各种组合条件控制，保持这些家庭设施与住宅环境的协调。其中核心技术是家庭智能控制器、网络家电与各种传感器的接口及各种控制模块。该系统向用户提供家电统一管理、照明控制、供电控制、室内无线遥控、防盗报警、家居安全保障、温度光照检测与调节、电话远程控制及Internet远程监控、小区对讲系统、门禁系统、小区周界防范系统、停车场系统等功能，并结合其他系统为住户提供一个温馨舒适、安全节能、先进易用的家居环境，让住户充分享受到现代科技给居家生活带来的安全、舒适、便利与精彩。而专门针对家庭智能化的系统应运而生，称之“智能家居”。智能家居系统为“智能小区”的核心部分。

“智能家居”是以住宅为平台，集系统、结构、服务、管理、控制于一体，利用先进的网络通信技术、电力自动化技术、计算机技术、无线电技术，将与居家生活有关的各种设备有机地结合起来，通过网络化，综合管理家中的设备，形成智能家居控制系统。

智能家居可以成为智能小区的一部分，也可以独立安装。智能家居的实施其实就是智能化装修。智能家居控制系统采用先进的电力线载波通讯技术，产品部件安装时无需对家中已有的居住环境进行大幅度的改造，无需复杂的布线及添置新的设备材料，只要将产品模块接入居室中的 220 V 电力线，即可形成控制系统。该系统采用模块式设计，使用简单的编码指令，可轻松进行扩展。可先以低廉的价格安装基本系统后，再根据居室的需要扩展增置更多的功能，以达到家居的需求。我国智能家居控制系统已渐成熟，有多家企业提供各种系列模块化的智能家居控制器。智能家居控制系统结构图如图 7-1 所示。

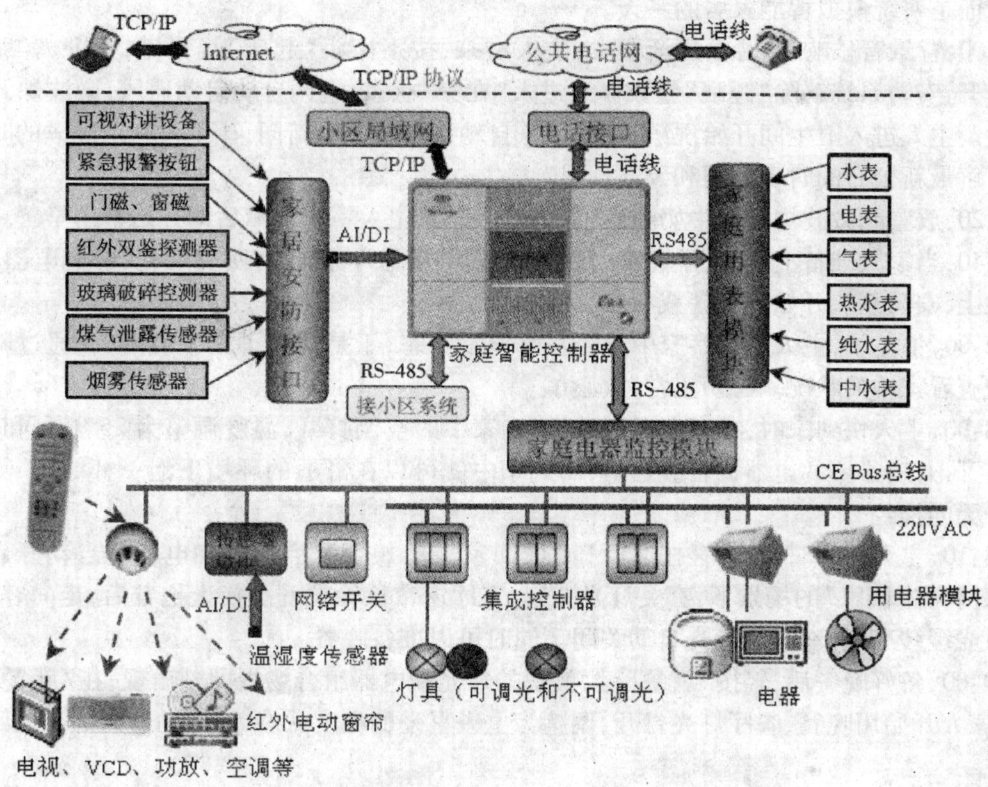

图 7-1　智能家居控制系统结构图(－－－－→为红外信号)

智能家居在保持了传统的居住功能的基础上，摆脱了被动模式，成为具有能动性智能化的现代工具。它不仅提供了全方位的信息交换功能，还优化了人们的生活方式和居住环境，帮助人们有效地安排时间、节约各种能源，实现了家电(如空调、热水器等)控制、照明控制、室内外遥控、窗帘自控、防盗报警、定时控制、电话远程控制及计算机控制等。

对于智能化家庭生活平台采用的智能家居网络技术，操作非常简便，用户使用一个手持无线遥控器、墙上开关、定时器，甚至任何一个电话及计算机就能控制家中所有的灯、家电，调节室内温度，设置不同时间的窗帘开关控制。甚至用户在外出的汽车上、在遥远的外地都能通过这个系统达到控制家中的任何系统的目的。

2. 智能家居器的系统特点

1)先进易用　“总线化”设计能实现智能家居的完整配套，使用方法简单，使用户更能享受居家的乐趣，老人与儿童也能轻松掌握。

2)方便舒适　“智能化”通讯能使家中所有的灯光、电器都可通过系统随时随意地调节控制。

3)安心放心　可以“远程化”报警，家里如果不幸发生意外，系统会立即向外出的用户及小区中心报告,能够第一时间处理。

4)随心调控　可以进行“人性化”设置,饭厅、客厅、寝室预设场景,只需轻轻一按控制器,所需要的气氛便可立即呈现。

3. 智能家居控制系统的工作过程

下面是系统模拟智能家居的一天。

7:00,背景音乐响起,音量逐渐增大;主人醒来,按下床头“起床”场景键,主卧、客厅窗帘徐徐拉开,安防系统解除“睡眠”警戒模式进入“在家”状态,空调自动启动通风,微波炉开始准备早餐。主人进入卫生间开始洗漱,背景音乐自动切换成电台新闻,让主人利用洗漱的时间就能够了解最新公布的时事新闻和天气预报。

7:20,放置到微波炉中的牛奶和面包已加热完毕,主人一家洗漱后即开始享用早餐。

7:40,当家人准备上班、上学离家时,主人按下“离家”场景键,所有灯光、部分电器关闭,窗帘拉上,安防系统开始处于警戒状态。

12:00,午休了,主人想观察家中是否发生异常状态,于是访问了家中的网关,通过网络监控系统查看家中的状况。一切正常,放心了。

18:00,主人快到家时,在车上通过手机,将家中的空调打开,温度调整为 25 ℃,同时将饮水机打开,开启必要的电器设备。这样,回到家中就可以在舒适的环境下泡一杯绿茶,舒缓了紧张一天的神经。

18:10,主人回家时,只要轻按门厅口的“回家”键,想要开启的灯和电器就自动开启。当踏入家门,在“回家”的场景下,玄关灯光亮起,客厅窗帘徐徐拉开。换上拖鞋后,走向客厅,客厅的灯光缓缓亮起,玄关的灯光自动关闭。同时可以准备晚餐。

19:00,备好晚餐后,轻按“就餐”键,就餐的灯光和电器组合场景即刻出现;在“就餐”场景下,一家人开始用晚餐,餐厅灯光打开,调整为主人喜爱的亮度状态,客厅的灯光部分关闭或变暗。

19:40,用过晚餐,家人准备看新买的影碟了,轻按“影院”键,欣赏影视大片的灯光和电器组合场景随之出现;客厅灯光暗了下来,电视机打开,窗帘拉上。

20:00,门铃响了,控制器自动切换成门外的探测镜头画面,看到来客是老朋友,主人用遥控器立刻打开了大门,并按下“会客”场景键,客厅的灯光变亮了,电视关闭了,响起了舒缓的背景音乐。

22:00,送走了客人,主人躺在床上,准备休息了,按下“睡眠”场景键,除床头台灯外,所有房间的灯光都关闭,切断无需工作的电器电源,安防系统转入“睡眠”警戒模式。

凌晨 1:00,主人起床去卫生间,轻按床头“夜起”场景键,卧室的壁灯缓缓亮起,自动达到 30% 的亮度,同时,通向卫生间的灯带群就逐一启动,过道和卫生间的灯光都亮了起来,夜间起床不用担心摸黑。

这就是一个智能化家庭生活平台,智能化家居是给人们创造一个简便的生活方式、舒适的生活环境、经济实用的家居控制手段。现代生活比以往更神奇而富有诗意。智能家居是住宅智能化的核心部分。严格意义上讲,智能家居系统也是智能小区系统中的一部分。与智能小区相似,智能家居在住户内部同样也是一个多功能的系统,诸多子系统可协同配合使用。目前最为流行、同时也比较实用的功能子系统有智能照明系统、智能电器控制系统、电动窗帘系统、家庭安防系统等等。

7.2　智能化家居系统的功能

智能家居系统包括三个子系统和五大功能模块。三个子系统是家庭安防报警系统(含可视对讲系统)、智能家电控制系统、信息服务系统(含家庭数据采集系统);五大功能模块是家居保安系统功能模块、家居设备控制功能模块、家居综合布线功能模块、家居信息化功能模块和住宅小区管理系统功能模块。下面介绍五大功能模块的具体功能,其中重点介绍家居保安系统功能和家居设备控制功能。

1. 家居保安系统功能

家居安防系统实现对家居安全状态的监测与报警。系统对各种安全探测器的状态进行监测,通过布防和撤防设置有选择性报警(报警灯、报主叫手机、报小区、照明联动等),并根据需要选择联动报警装置(灯光或警铃)、消防装置和家庭网络中的任何电器设备。智能家居系统可以通过手机、电话、互联网浏览器等进行远程报警和远程控制,使用户无论身处何处都能及时了解家中情况,并对家庭设备进行有效的远程控制。同时用户通过可视对讲实现住户对客人的来访管理及来访留言,通过紧急呼救为用户家人在各种紧急情况下利用事先设置的电话提供及时的紧急求助。

概括起来,家居安防系统包括安防报警、可视对讲、远程报警和紧急求助四个功能。

1)家居安防报警　家居安防报警包括防盗报警、火灾报警和煤气泄漏报警。家庭中所有的安全探测装置,如消防类(烟感、煤气泄漏报警器等)、防盗类(门磁、窗磁、各种监测器、防盗幕帘、紧急求救按钮等)都连接到家庭智能控制器,对其状态进行监测。用户可以通过主机面板、手持安防遥控器或 Internet 进行撤防与布防。还可通过发送短信和拨打固定电话、手机等方式自动传送到主人或者小区物业中心,以便及时查明原因排除险情。在布防状态下,一旦意外发生,即可配合其他设备实现联动。例如,警钟响起、警灯打开,与此同时,系统会拨打主人的电话报警。面板上设有一个紧急呼叫按钮,当室内主人遭人抢劫时或家中仅有老人、病人而发生紧急求救时,都可按动紧急按钮。当室内主人遭人劫持时,可输入反劫持密码。

2)可视对讲　在各小区、单元门入口安装防盗门和可视对讲装置,在各住户内安装室内机,以实现访客与住户的可视对讲。住户可遥控开启防盗门,有效地防止非法人员进入住宅楼内。若主人不在,访客可以用大楼门禁装置在家庭智能终端上留言。系统能将来访人员的图像进行传输并加以处理,使用户能更全面地了解来访情况及室外的安全情况。

3)远程报警与远程撤防布防　通过在家庭智能终端上配装电话模块和网络模块,可以实现通过电话和网络在异地远程改变家庭安防系统的布防撤防状态。同时在布防状态下,将住宅内的各种安防报警信息发送到事先在家庭智能终端设定的电话号码上。

4)紧急呼叫　在家庭智能终端上设有一个紧急呼叫按钮,同时事先在家庭智能控制器上设定4个紧急呼叫电话号码。当住户需要紧急救助时,直接按下紧急呼叫按钮,家庭智能控制器将拨打预先设定的求救电话及时通知相关人员。

2. 家居设备控制功能

家居设备控制功能包括:

①家庭照明控制功能;

②家用电器运行状态控制;

③家用多媒体控制；

④背景音乐及家庭影院系统；

⑤水电气智能远程抄表系统。

家电智能控制系统检测家庭居住环境，如温度、湿度、光照度等，同时能根据这些环境条件实现对网络家电设备、电源、灯光的各种控制及家电状态显示（计算机、家庭智能控制器或单独的显示器）。

使用该系统，人们可以通过家庭终端、遥控器、按键面板、语音、电话及 Internet 等多种方式，在家中的任何一个位置或在家外，进行家中所有网络电器的本地或远程控制、无线遥控、集中控制、开关控制、条件控制、语音控制、感应控制、电器组合控制和灯光的组合场景控制。组合场景包括回家、离家、用餐、看电视、阅读、家庭影院、娱乐、聚会、个性等，组合场景可以是所有网络灯光和电器的任何状态。

3. 家居综合布线功能

家居综合布线功能包括：

①家庭局域网；

②Internet 网络及通讯网络接口；

③强、弱电综合布线。

4. 家居信息化功能

家居信息化功能包括：

（1）家居自动办公系统；

（2）家庭信息管理。

7.3 智能家居控制系统的控制方式

智能家居的控制方式有很多种，如集中遥控控制、条件控制、远程控制、感应控制、本地控制、网络控制、定时控制等等。在实际生活中，这些系统功能通过智能家居产品统合在一起，并按照人们的行为、心理需要和生活习惯，最大化地方便人们的生活，满足现代人的需求。今后，人们还将以家庭智能服务器为媒介扩展各种活动，如电子购物、电子远程教育、电子娱乐、电子远程保健等，甚至还有今天人们都想象不到的活动。

1. 集中遥控控制

集中遥控控制是将家庭中所有红外电器遥控器的功能都集中在一个控制器上。该遥控器具有自学习功能，通过学习电视机、VCD 机、DVD 机、功放、空调、遥控照明等多种红外设备的控制码，使该控制器能够控制家中所有电器设备。该功能的核心部件为多功能遥控器、场景遥控器和红外收发模块/无线接入模块。通过多功能遥控器，可以在家中的任何一个位置控制家中所有网络电器的开关控制、线性调节控制和多个设备、灯光的组合场景控制，同时，可以控制家庭中的所有红外遥控设备，从而无需再使用多个遥控器控制家用电器。它就像宾馆床头柜的集中控制器一样，集中控制家里的所有灯和电器；即插即用，外观更小巧，使用更方便；夜晚，如有突发事件，只要按一下全开紧急按键，所有灯就全部同时亮起；睡觉前，只要按一下全关按键，所有灯和电器就全部关掉。

2. 条件控制

条件控制是根据设定住宅环境条件来控制一种或几种家电设备的动作的控制方式。该功能的核心部件为传感器接线箱和各种传感器(光照、温度和湿度传感器等)。条件控制中可设定的条件为时间、居室温度、居室湿度和居室光照度。当系统监测到的条件满足设定要求时，系统将自动发出信号，控制选定设备完成设置的功能。系统采取直读方式监测住宅内环境条件(温度、湿度和光照度)，同时在家庭智能控制器上显示。

3. 远程控制

通过拨打家中的电话或登陆 Internet，实现对家庭的所有家用电器、灯光、电源的远程控制。该功能的核心部件为家庭智能终端、电话模块和网络模块，通过电话或 Internet，将控制信号发送到家庭智能终端，控制电器完成动作。若在上班途中，突然想起忘记关闭家中的灯或电器，打个电话就可以把家里想要关的灯和电器全部关掉；下班途中，打个电话先把家里的电饭煲和热水器启动，让电饭煲先煮饭，热水器先预热；回到家，马上就可以洗个热水澡，并可立即享用香喷喷的饭菜。若是在炎热的夏天，可以打电话把家里的空调先开启，回家后就能享受丝丝凉意。

4. 感应控制

可以通过采用人体感应开关或语音对家庭中的所有家用电器设备进行控制。当主人进屋后人体感应控制开关自动进入回家模式。自动开启附近灯光，待人离开后自动关闭。

语音控制功能的核心部件为家庭智能终端和语音模块。语音模块学习并存储主人的各种语音指令。当主人发出某些控制操作的语音时，语音模块通过识别主人发出的语音，将自动发出对应的控制信号给家庭智能终端，控制选定设备完成设置的功能。

5. 电器状态监测和控制

利用液晶显示器显示家庭电器的开闭状态，通过电器状态显示器对家中分布各处的电器开闭状态了如指掌。该功能的核心部件为八路液晶显示器。通过电器随意插、红外伴侣、定时控制器、语音电话远程控制器等智能产品的随意组合，无需对现有普通家用电器进行改造，就能轻松实现对家用电器的定时控制、无线遥控、集中控制、电话远程控制、场景控制、电脑控制等多种智能控制。

7.4　智能化家居系统实例

前文所描述的智能家居控制系统已经在各地实现，国内外的许多教学仪器公司也根据社会对人才的需求制造了相关的培训设备。现以浙江天煌教学仪器有限公司所生产的 THPJK—1 型智能家居控制系统实验台为例，对智能家居控制系统进行介绍。

1. 系统概况

THPJK—1 型智能家居控制系统实验装置采用实际施工现场的模块化部件，直观、全面地展示了智能家居中的住宅布防撤防报警系统、联动控制、场景控制、无线遥控、菜单控制等功能；采用唯一拥有中国自己的自主知识产权的总线技术——ApBus 和模块化结构，可以根据用户的不同需要进行组合。总体看来，该实验台由家庭多媒体信息系统和家庭控制系统两部分组成。

(1)家庭多媒体信息系统

家庭多媒体信息系统主要包括对家庭电视、电话和宽带网络的接入与分配。

①通过对电话布线系统的设置,实现对进入室内的电话线进行分配和管理。

②利用有线电视分支分配器,对有线电视信号进行分配,使每台电视都能接收到高质量的有线电视节目。

③通过在布线箱内安装家庭网络交换机(或集线器),配合网络布线,可以实现家庭内部计算机的联网,并通过互联网接入设备实现与外部互联网的连接。

(2)家庭控制系统

家庭智能化控制系统由家庭智能控制主机、安全子系统、家庭电器控制子系统和家庭控制总线等组成。

1)家庭智能控制主机　家庭智能控制主机作为家庭智能化系统的管理单元和人机界面,功能主要体现在对系统的管理方面,如家庭安全报警管理、报警联动控制管理、系统工作状态设定、系统状态信息显示、广播信息接收、家庭智能系统控制等。这里,采用家庭智能控制主机组成的家庭智能化系统的分布式功能模块主要有安防报警控制单元、灯光开关/调光模块(智能开关)、电器供电回路控制模块(智能插座)、电器红外遥控模块、电动窗帘控制模块、无线射频遥控模块和电脑通讯接口模块。这样,采用家庭智能控制主机的家庭智能化系统便具有了很强的可扩展性和灵活性,可以根据具体情况和要求灵活配置,并可以根据需要对系统进行升级和扩展。

2)安全子系统　安全子系统是家庭智能化控制系统最基本的组成部分,由各类安防探测器、报警通讯网络等组成,一般为家庭提供防入侵、防燃气泄漏、防火灾报警和紧急求助等安全管理功能。

3)家庭电器控制子系统　典型的家电控制子系统由控制主机(包括操作面板)、家庭控制总线、各种功能模块组成,为用户提供家庭照明及空调、电动门窗控制等功能,并提供无线射频遥控、电话远程控制(此功能为扩展功能,需外部提供电话线)、定时控制、程序控制以及模块面板直接控制等多种控制手段。

4)家庭控制总线　家庭控制总线将各功能模块和控制主机互联成实时通讯网络。本实验装置的 ApBus 总线采用自由拓扑的双绞线总线结构,各网络结点(Node)可以从总线上馈电,通过同一总线实现结点间的无极性、无拓扑逻辑限制的互联和通信,信号传输速率和系统容量分别为 10 Kbps 和 4 Gbps。ApBus 产品具有双向通信能力以及互操作性和互换性,其控制部件都可以编程。

2. 系统的组成结构

智能家居控制系统由家庭控制总线(ApBus)、家庭智能控制主机、家庭控制总线专用网络电源、多功能射频/红外遥控器、各种功能模块以及家庭多媒体接入中心等产品和系统组成。系统组成结构图如图 7-2 所示。

3. 系统硬件组成

本实验装置由控制主机、键盘和若干功能模块组成,主要部件配置如表 7-1 所示。

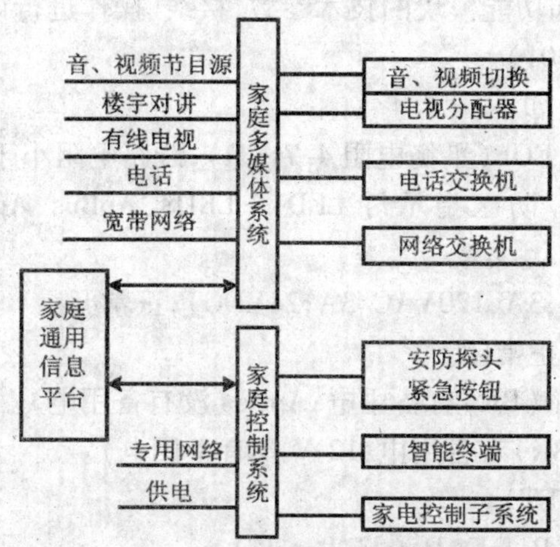

图 7-2　THPJK－1 型智能家居控制系统实验装置的组成结构图

表 7-1　THPJK－1 型智能家居控制系统实验台配置

产品名称	型号	品牌	数量	备注
系统控制键盘(触摸屏)	CP301	ApBus	1	
系统控制主机(含电源)	CB301	ApBus	1	
灯光控制模块	DM203	ApBus	2	
电源插座模块	PW115	ApBus	1	
空调控制模块	IR102	ApBus	1	
窗帘控制模块	CT101	ApBus	1	
电脑接口模块	NC323	ApBus	1	
无线接收模块	RC101	ApBus	1	
简易遥控器	RC112	ApBus	1	
彩色门口机	AP800	ApBus	1	
安防探头、紧急按纽	一套	可自选	1	
门磁	一个	可自选	1	
射灯及射灯支架	36W		4	
电动窗帘、定制轨道	一套	巨力	1	
电话接口模块	80 mm × 80 mm		3	通用的电话接口模块
视频接口模块	80 mm × 80 mm		3	通用的视频接口模块
RJ45 接口模块	80 mm × 80 mm		3	通用的 RJ45 接口模块
视频分配器			1	通用的 1 入 4 出
集线器	4 口		1	通用型

4. 系统主要部件功能描述

智能家居控制系统中的多媒体系统接入部件和安防探测部件均为通用部件，主要对 Ap-

Bus 系列的控制主机、键盘和功能模块的技术参数、接线、操作进行说明。

(1)系统控制主板(CB301)

系统控制主板技术参数如下:

报警输入:8 路 S1 - S8,EOL(平衡电阻 4.7 KΩ),线路电阻小于 30 Ω。

状态指示:15 个(探头/防区指示灯 LED1—LED8、ApBus、ApNet、Setup、Security、LOW、Power、TEL)。

报警输出:2 路(继电器,3A,120VAC/3A,24VDC),正常开。

防拆输入:1 路(SW3),正常闭。

ApBus 接口:2 路(ApBus(BK)有备用电;ApBus 没有备用电)。

直流输出:2 路(12 V(BK)有备用电;12 V 没有备用电)。

ApNET 接口:1 个(ApNET)。

键盘接口:4 个(Panel1,Panel2,Panel3,Panel4)。

电话接口:1 路进(Line In),1 路接电话(Telephone)。

扩展板口:2 个(EXTEND PORT1/PORT2)。

工作电压范围:直流 9.5 ~5 V(13 V 最佳)。

正常工作电流:≤200 mA(中心)。

(2)系统控制键盘(CP301)

CP301 内部集成了家庭安全控制和报警、电话接口、小区专用网络(ApNnet)接口、操作键盘及语音模块等。功能及参数如下:

灯光电器遥控;

在家/离家设定;

监视范围:8 防区;

预设报警电话号码:6 组(24 位/组);

预设报警寻呼号码:6 组(24 位/组);

内置麦克风(用于对讲、留言及监听);

易用紧急按钮:3(警讯/火灾/求救);

警报信号:语音;

工作电压:DC12 V。

通过系统控制键盘 CP301 可以实现安防管理、信息资讯、家电控制、定时控制和设置系统参数。

(3)灯光控制模块(DM203)

DM203 是与 ApBus 总线兼容使用的五键调光模块,可以接两组灯具,一组可以调光,另外一组为不可调光,用户可给每组灯赋予一个恰当的名称。其上面有 5 个可编程的轻触式按钮,用户可定义每一个按钮的操作功能。它能与 ApBus 兼容产品构成双联、三联和多联控制功能。(在出厂时,DM203 预设上边 2 个按钮控制其调光回路,下边 2 个按钮控制其开关回路,旁边一个按钮可用于将 2 个回路同时关闭。)DM203 出厂预设定按钮功能图如图 7-3 所示。

通过对灯光控制模块 DM203 进行设定,可完成被控灯的开启/关闭、调亮/调暗、定时开/定时关、渐亮/渐暗、定时渐亮/定时渐暗、本地控制、无线遥控器控制、多联控制。

DM203 的技术参数如下:

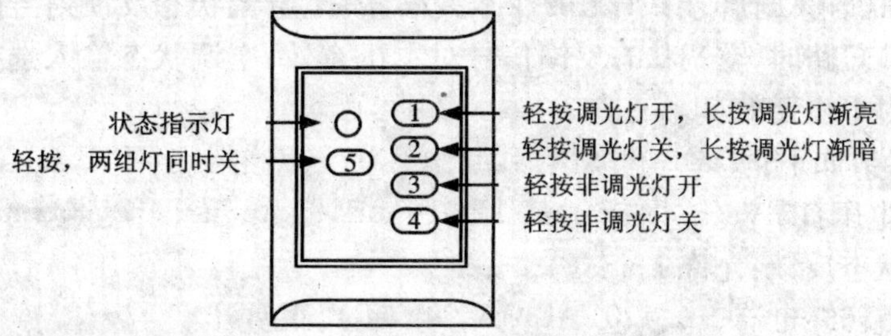

图 7-3　DM203 出厂预设定按钮功能图

额定功率输出(开关):300 W(1 路);

额定功率输出(调光):300 W(1 路);

电子调光级数:256 级;

输入电压:220 V/50 Hz;

ApBus 接口:12 VDC/24 VDC/40 mA;

尺寸:86 mm × 86 mm × 52 mm。

(4)电源插座模块(PW115)

PW115 是 ApBus 总线兼容使用的智能 2 孔/3 孔插座模块。它本身具有普通的插座功能,通过编程赋予它一个名称后,可通过键盘、无线遥控器操作控制它的开和关。电控模块的面板上的手动开关按钮具有本地手动控制功能。模块可用于电饭锅、热水器、空调等开关电源控制。电源插座模块说明图如图 7-4 所示。

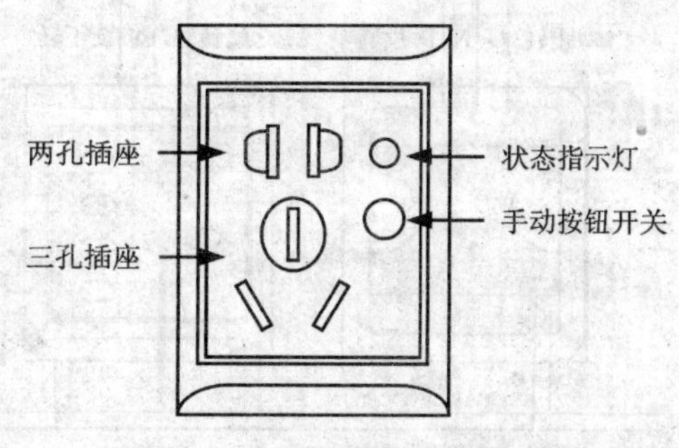

图 7-4　电源插座模块说明图

通过对电源插座模块 PW115 进行设定,可完成被控负载的接通/所开、锁定/解锁(本地开关)、多联控制、本地控制、无线遥控等功能。

PW115 的技术参数如下:

额定输出电流:10 A;

额定工作电压:220 V/50 Hz;

电流通断能力:10 A(阻性负载);

ApBus 接口:12 VDC/24 VDC/20 mA;

外观:2 孔/3 孔插座(2 路);

尺寸:86 mm × 86 mm × 52 mm。

(5)空调控制模块(IR102)

ApBus 总线红外遥控模块 IR102,可以通过红外学习器,接受大部分空调、影音设备红外控制指令。它有别于一般遥控器之处,是可以配合 ApBus 智能家居控制系统实现对红外遥控家用电器的远程控制,而且易于安装。

IR102 模块背面有 ApBus 输入接口、空调状态输入接口(两个两位接线端子)和一个空调状态输入选择接口的两位单排插座,其中空调状态输入接口接空调状态反馈信号(无极性开关信号)。空调状态输入选择接口(无极性开关信号)是空调状态反馈信号的控制开关,空调状态输入选择接口短路时,空调状态反馈信号对本机有效;空调状态输入选择接口断路时,空调状态反馈信号对本机无效。

IR102 技术参数如下:

APBUS 输入电压:12 V 。

第一路开关状态反馈:允许 1 个。

静态工作电流:55 mA。

工作环境温度:-10 ℃~70 ℃。

存储环境温度:-20 ℃~80 ℃。

最大遥控距离:>8 m。

红外线波长:950 nm。

红外线入射角度:30°。

红外控制回路:3 路(IR102 仅 1 路)。

(6)窗帘控制模块(CT101)

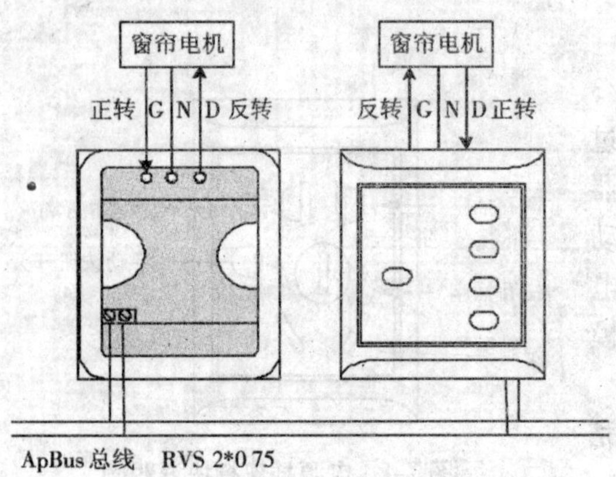

图 7-5 模块接线图

CT101 是 ApBus 总线兼容使用的窗帘控制模块。它本身具有控制电动窗帘的打开与闭合的功能,而且通过手动按键可随意调节窗帘的闭合尺度。通过系统编程后,还可通过与 ApBus 兼容的遥控器发送指令对窗帘进行无线遥控。

模块接线图如图 7-5 所示。

模块技术参数如下:

额定电压:220 VAC。

总额定输出功率:600 W。

ApBus 接口:12 VDC/24 VDC/40 mA。

尺寸:86 mm×86 mm×52 mm。

安装:面板安装。

(7)电脑接口模块(NC323)

NC232 是 ApBus 总线及计算机串口通信的连接器。通过它,ApBus 总线可与计算机作双向通讯。ApBus. com 网站上提供各样计算机应用软件。其中 ASPI2003 系统编程软件,可以通过 NC232 对系统上的模块作参数设定、操作编程,更改各样家电控制模式及安防配置。

电脑接口模块 NC232 接线如图 7-6 所示。

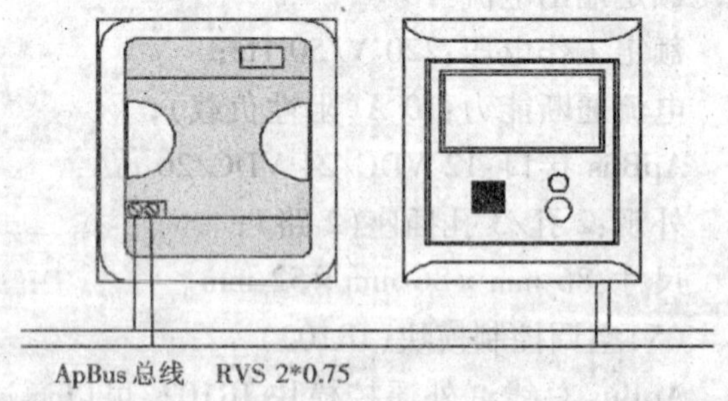

图 7-6 电脑接口模块 NC232 接线图

电脑模块有如下功能:

①APBUS 用于系统编程及家居控制使用;

②通过软件把电脑传输过来的信号发送到 APBUS 系统上,同时也把 APBUS 传输过来的号发送到电脑上;

③LED 绿色灯亮表示正常工作,绿色灯闪烁表示发送数据包到 APBUS 或者接收 APBUS 据包成功,红色灯闪烁表示发送数据包或者接收数据包受到冲撞或者失败。

电脑模块技术参数如下:

APBUS 接口:12 VDC/24 VDC/32 mA。

工作环境温度: -10 ℃ ~70 ℃。

存储环境温度: -20 ℃ ~80 ℃。

ApBus 通讯速率:10 Kbit/s。

PC 串口设定:9 600 Baud Rate,8 bit。

尺寸:86mm×86mm×32 mm。

安装:面板安装。

(8)无线接收模块(RC101)

RC101 是与 ApBus 总线兼容使用的无线控制接收模块,它使用了超外差接收方式及 SAW 谐振电路,具有抗干扰强及稳定性好的特性。通过设定记录 ApBus 专用或兼容的遥控器的地址码后,则 ApBus 专用或兼容的遥控器可通过 RC101 接入 ApBus 系统,进行设备或灯光控制。它具有 4 路 ID 转换功能,每路接收 8 个无线遥控器,最多可以接收到 32 个 ApBus 专用或兼容的遥控器的控制。无线接收模块 RC101 接线如图 7-7 所示。

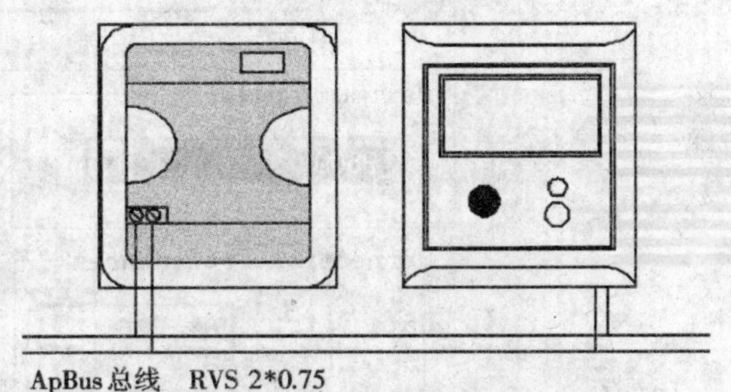

图 7-7 无线接收模块 RC101 接线图

无线接收模块的技术参数如下。

面板按键:1 个。

ApBus 接口:12 VDC/25 mA 或 24 VDC/25 mA。

接收频率:315 MHz 或 433.92 MHz。

接收灵敏: -95 dB/mV。

接收方式: 超外差式接收。

编码制式: 24 Bit Address + 16 Bit Code。

尺寸:86mm×86mm×32 mm。

安装:入墙式安装。

(9)简易遥控器(RC112)

ApBus 简易遥控器可用于控制家中大部分或所有影音器材,按键具有夜视功能。它有别于一般遥控器之处,在于它还可以遥控家中的灯光及电器,无需接线。

(10)彩色门口机(AP800)

彩色门口机 AP800 不属于 ApBus 总线上的设备,它直接和系统显示设备控制键盘 CP301 相连,双向语音通道,CCD 摄像头具有夜晚红外补偿功能,工作电源为直流 12 V,面板安装。

5. 系统应用软件使用说明

在 ApBus 系统安装完成后，需要通过 ApBus 系统软件进行编辑来设定各种模块的功能和场景。直接点击“apbus—二代 apbus—aspi2000—Support—Aspi2003. exe”即可打开登录窗口，系统默认的登录用户名是本地计算机名，密码是 apbus，登录窗口如图 7-8 所示。

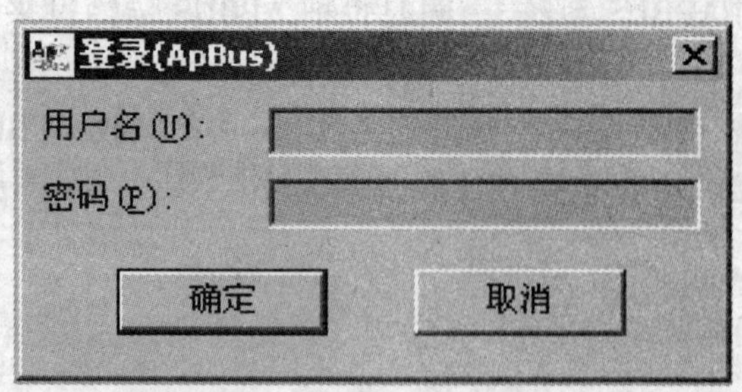

图 7-8 ApBus 系统登录窗口

输入用户名和登录密码后，点击“确定”按钮，即可进入 ApBus 系统编程界面。点击编程软件窗口菜单“系统管理—串口参数设置”，弹出“串口参数设置”窗口，如图 7-9 所示。

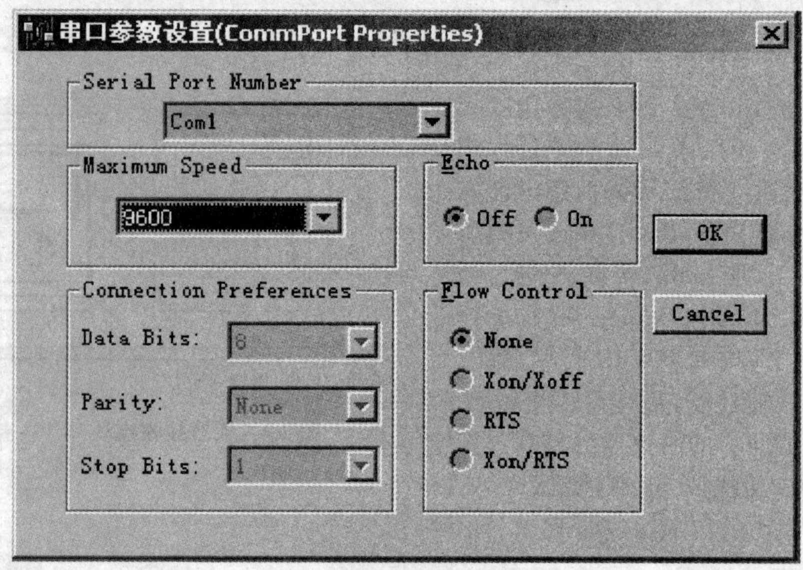

图 7-9 串口参数设置窗口

串口选用 COM1，使用 NC232 编程模块进行系统编程，端口速率应为 9 600 Kps。在确认各项设置正确无误后，点击“OK”键。

然后再点击菜单栏上的“参数设定—模块通用编程设置”就可以对模块进行编程。点击菜单栏上的“参数设定—CB201 编程设置及测试”可对主板功能进行编程设置。

6. 系统主要功能

THPJK—1 型智能家居控制系统实验装置完整地实现了智能家居远程自动化控制和监控报警及联动控制功能。

(1)智能家居远程自动化控制和监控功能

现代家庭拥有越来越多的家用电器设备，ApBus 家庭自动化系统具有对这些家电设备进行远程和监控功能。

1° 多种控制方式

该实验装置中 ApBus 家庭自动化系统总线上的任意一个模块都可以选择多种控制方式。例如：直接操作智能模块上的按键进行控制和调节；在智能控制主机的键盘上输入操作码控制;通过射频(RF)遥控器进行控制和调节。实际上,如果在实验装置上接入电话线,则可在异地通过电话进行远程控制;如果扩展了网管等设备,还可以在异地通过 INTERNET 网络控制。

2° 防止误操作

ApBus 家庭智能化系统可以通过系统的控制状态反馈检测,报告模块的运行状态,以有效防止误操作。

3° 联动控制

ApBus 家庭自动化系统,由于采用了控制网络技术,从而彻底改变了传统的控制方式,ApBus 家庭智能化系统可以实现的联动控制方式主要有以下几个。

1)场景控制　在很多情况下,要营造不同的场景往往需要多个灯具共同作用才能实现。ApBus 家庭智能化系统的场景控制功能可以将常用的各种场景模式保存起来,并把控制指令定义给任意一个开关模块的任意一个按键上,需要时只要按一下对应的按键,所有的灯具就会按照预先的定义产生动作,营造出不同的灯光效果。

2)报警联动控制　当有报警信号时,系统可以在向外发布信息的同时,联动打开室内的灯光等设备。

3)设/撤防联动控制　当启动安全防范系统的同时,系统可以联动切断家用电器的电源。

4)定时控制　ApBus 家庭智能化系统提供一个定时控制器。通过对定时控制器的设置,可以实现对系统中各个模块的定时控制。

(2)智能家居报警及联动控制功能

ApBus 家庭安防系统带有 8 个有线报警防区,每个防区相互独立。但定义不同的报警信息,通过软件的设置可以给每个防区设置不同的报警级别。同时,由于各个防区之间能够任意组合,还可以设定组合防区以滤除误报警。当有报警信号发生时,系统将提供报警的位置和报警类型等信息,如果有多个报警探测器同时被触发,系统将动态地报告发生报警的位置与类型。

用户可以在本地对家庭智能化系统进行设防和撤防操作(如果外部提供电话线也可以通过电话对家庭报警系统进行布防操作)。布防方式又分为离家设防模式和在家设防模式。

①离家设防模式适应于家中无人的情况。离家时按动离家设防键,让所有的防区进入工作状态,同时系统对各个防区进行自检(是否已被触发)。如果有已经触发的探测器则报告已被触发的防区,以备正确布防。系统可提供一段布防延迟时间(该时间可调)供布防人员正常离开。

②当撤防人员进行系统撤防时,系统也留有一段报警延迟时间(该时间可调),让撤防人员在进入防区以后、报警之前撤防。

③在家设防防和撤防模式是指有人在家时能够将部分防区设置为工作状态。

习　题

1. 什么是智能小区?智能家居与智能小区为何种关系?
2. 简述智能家居的功能。
3. 智能家居可以采用什么样的控制方式?
4. 集中遥控控制指的是什么?
5. 智能家居应具备什么样的特点和功能?

第8章 绿色智能建筑

本章介绍了绿色智能建筑的概念和意义。从以人为本、节约能源、利用能源、保护生态环境和可持续发展的角度,论述了实现绿色智能建筑的方案;重点讲述了在绿色智能建筑中的资源利用问题,其中包括太阳能、风能、中水等能源的利用;提出了绿色智能建筑中可以利用的节能方法;介绍了一种以建筑节能检测为应用背景、采用无线网络实现无线数据采集的、基于单片机的围护结构传热系数检测方法。

8.1 绿色智能建筑概述

20世纪60年代,美籍意大利建筑师保罗·索勒瑞首次将生态与建筑合称为"生态建筑",即"绿色建筑"。在1992年举行的联合国环境与发展大会上,由于当时全球的科学家和社会各界都认识到,日益快速发展的经济给环境带来的巨大压力,与会者第一次比较明确地提出了"绿色建筑"的概念。

绿色建筑在国际上亦被称为绿色生态建筑、可持续发展建筑等,其核心是实施建筑的可持续发展战略。绿色生态建筑遵循全球人居可持续发展战略,实施了国际上公认的三大主题。这三大主题是:以人为本,呵护健康;资源的节约与再利用;与周围生态环境相协调与融合。与可持续发展相关的三种模式为人类的生态模式、现有的生产模式、消费模式。评价生产活动的三个效益为社会效益、环境效益和经济效益。将以上"三大主题"、"三种模式"、"三个效益"进行优化整合,并使其协调一致,从而制定出绿色生态建筑的技术、经济标准,这是当前国内外共同研究的问题之一。

8.1.1 绿色建筑的定义

2004年8月,我国国家建设部将"绿色建筑"明确定义为:"为人们提供健康、舒适、安全的居住、工作和活动的空间,同时在建筑全生命周期中实现高效率地利用资源(节能、节地、节水、节材)、最低限度地影响环境的建筑物。"同年,建设部科技发展促进中心成立了"全国建筑生态智能技术展示推广中心"。2005年3月,在北京召开了首届国际智能与绿色建筑技术研讨会,会上提出了绿色建筑的概念,并于2006年成立了全国建筑生态智能技术专家委员会。2006年3月,在北京召开了第二届国际智能与绿色建筑技术研讨会,绿色建筑的概念又有了新的发展。在这次会议上,专家们建议将第三届研讨会改为国际绿色智能建筑论坛。

绿色建筑的定义如下:绿色建筑(green building)是指效率高、环境好又可持续的建筑,自身适应生态而又不破坏生态的建筑。因此,绿色建筑又叫可持续建筑(sustainable building)、生态建筑(ecological building)。它通过科学的整体设计,集成绿色配置、自然通风、自然采光、低能耗维护结构、新能源利用、中水回用、绿色建材和智能控制等高新技术,具有选址规划合理、资源利用高效循环、节能措施综合有效、建筑环境健康舒适、废物排放减量无害、建筑功能灵活适宜等六大特点。它不仅可以满足人们的生理和心理需求,而且能源和资源的消耗最为经济合理,对环境的影响最小。

绿色建筑要对建筑的围护结构和供热、空调系统进行节能设计,建筑节能要达到 50% 以上,同时鼓励采用新能源和绿色能源,如太阳能、风能等。在水环境方面,室外要设立将杂排水、雨水等处理后重复使用的中水系统、雨水收集利用系统等,供水设施一律采用节水节能型。生态小区的室外空气质量要达到二级标准,日间噪声小于 50 分贝,夜间小于 40 分贝,同时建筑设计中也要有隔音降噪措施,使室内噪声日间小于 35 分贝、夜间小于 30 分贝。生态小区内的生活垃圾收集要全部袋装、密闭容器存放,收集率达 100%,并实现垃圾分类。绿色建筑是一种高效、低耗、无废、无污染、生态平衡的居住、生活环境,而不仅仅是建筑加绿化。

绿色建筑综合了节能、环保、生态与智能建筑,因此可以认为绿色智能建筑是未来建筑的综合发展方向。目前还有一种提法为智能绿色建筑,将智能放在绿色之前,这显然主次倒置,应为绿色智能建筑。

8.1.2　绿色智能建筑遵循的原则

2005 年 10 月建设部、科技部正式颁布了《绿色建筑技术导则》。其前言如下:“推进绿色建筑是发展节能省地型住宅和公共建筑的具体实践。党的十六大报告指出我国要实现‘可持续发展能力不断增强,生态环境得到改善,资源利用效率显著提高,促进人与自然的和谐,推动整个社会走上生产发展、生活富裕、生态良好的文明发展道路’。发展绿色建筑必须牢固树立和认真落实科学发展观,必须从建筑全寿命周期的角度,全面审视建筑活动对生态环境和住宅区环境的影响,采取综合措施,实现建筑业的可持续发展。”

可以说,对于绿色智能建筑,绿色是目的、方向、总纲,智能化是手段、措施与技术。所谓绿色建筑,就是用绿色的观念和方式进行建筑的规划、设计、开发、使用和管理,执行统一的绿色建筑标准体系,并由独立的第三方进行认证和管理。绿色建筑的设计要满足某些特定的目标,如保护居住者的健康,提高员工的生产力,更有效地使用能源、水及其他资源,减少对环境的综合影响。智能化的基本体系包括安全防范系统、信息管理系统和信息网络系统。其中安全防范系统又应包括防盗报警子系统(住户门窗)、周界报警子系统、出入口管理子系统、火灾及天然气报警子系统和访客对讲子系统;信息管理系统应包括三(多)表远程抄表子系统、主要设备监控子系统、车辆管理子系统、紧急广播与背景音乐子系统、有线电视子系统和电话子系统;信息网络系统应是宽带网络系统。

因此通常绿色智能建筑遵循以下三项原则。

1)资源经济原则　建筑中减少能耗和有效利用非可再生资源,如生产、运输低能耗,采用人和小型车辆可运输的建筑材料,中水利用,低速洗浴喷头,较小冲厕水箱,高压冲厕,乡土景观,短寿命易耗品的再利用,太阳能利用,气流利用,建筑屋顶和外表雨水收集利用等。

2)全寿命设计原则　在建筑生命周期中减少能量消耗和对环境的影响。

3)人道主义设计原则　人的一生有 70% 的时间在室内,必须考虑人的生活质量和自然环境。

8.1.3　我国绿色智能建筑的特点、重点与难点

现代绿色智能建筑与传统建筑不同,它除需具备传统住宅遮风避雨、通风采光等基本功能外,还要具备协调环境、保护生态的特殊功能。因此,现代绿色建筑的建造应遵循生态学原理,体现可持续发展的原则,在规划设计、营建方式、选材用料方面,按区别于传统建筑的特定要求

进行。

1. 特点

我国绿色建筑的特点如下：

①在生理生态方面有广泛的开敞性；

②采用的是无害、无污、可以自然降解的环保型建筑材料；

③按生态经济开放式闭合循环的原理作无废无污的生态工程设计；

④有合理的立体绿化，能有利于保护、稳定周边地域的生态；

⑤利用清洁能源，降解建筑运转的能耗，提高自养水平；

⑥富有生态文化及艺术内涵。

2. 重点

绿色智能建筑的重点在于发展包括能源、水、气、声、光、热、绿化、废弃物管理和绿色建材等九个系统。这九个系统的发展，需要从以下几方面进行完善。

1）能源系统　绿色智能建筑应该对其进行优化，采用新能源和绿色能源，例如太阳能、风能等。

2）水处理系统　绿色智能建筑应该采用节水型的供水设施，把排水和雨水收集起来，重复利用。

3）空气环境处理系统　绿色智能建筑的室内空气系统要达到二级要求，居室内要自然通风。

4）声音系统　绿色智能建筑需要解决的问题比较简单，只需对周边环境采取降噪措施即可。

5）光环境系统　绿色智能建筑所面临的问题比较大。在光环境下，绿色智能建筑不能过分强调“小面宽、大进深”，而且居住区内要防止光污染，因此在公共场所提倡使用节能灯具，采取绿色照明方式。

6）热环境系统　绿色智能建筑主要是对保温隔热和湿度提出要求。

7）绿化系统　绿色智能建筑要明确该系统三种功能的次序。绿化系统的三大功能是：生态环境功能、休闲活动功能和景观文化功能。其中，首要的是绿化系统的生态环境功能。绿地是提供光合作用的绿色再生机制，它能调节温湿度，释放氧气，保持生物多样性。其次是绿化系统的休闲活动功能，即提供户外活动场所，要求卫生整洁设施齐全。最后是景观文化功能。

8）废弃物管理系统　在绿色智能建筑中，该系统主要体现在生活垃圾的收集上。对于生活垃圾，要做到“谁污染、谁治理、谁排放”，收集率要达到100%，分类率达到50%。

9）绿色建材　它作为最后一个系统，常常被人们所忽视。在建筑材料方面，绿色智能建筑提倡可重复使用、可循环使用和可再生使用。在使用建筑材料时，最好选用无害型并取得国家健康标志的材料和产品。

只有完善了上述九大系统，才能走出单纯绿化的误区，实现与国际接轨，建造完整意义上的绿色智能建筑。

3. 难点

实现绿色智能建筑的难点，首先是目前绿色智能建筑正处于初始阶段，缺乏国家统一的标准和规范；其次是绿色智能建筑建设还有赖于国民经济的发展和国民总体素质的提高，智能化系统还不完善；同时，政府各部门的支持力度不足，没有制定统一规划和相关法规。由此可见，要真正实现绿色建筑智能化，在我国还仍需要走相当长的一段路。

8.1.4 对我国发展绿色智能建筑的建议与展望

绿色智能建筑的推广是一个系统化的工程，应该站在全局的高度对其统筹规划。审视目前我国对于绿色智能建筑的推广，除了要在法律法规、设计标准等方面加强建设外，还应在以下几个领域加以侧重。

1. 建立广泛的绿色智能建筑推广平台，提高群众的认识

目前，由于我国还未真正经历过能源危机，所以全社会对能源问题的严重性缺乏足够的认识。仅仅是在中央政府和科学界有着较高的关注，缺乏群众基础，这将会使我国绿色智能建筑的推广没有立足点。因此，应该广泛利用媒体大力唤起全社会保护环境的意识。借助媒体的力量，综合利用各种宣传手段，以人民喜闻乐见的形式，加强大众对能源危机的认识，使之更积极地接受绿色智能建筑这样的节能产品。

发展现代绿色智能建筑要有可持续发展的意识。发展是人类社会永恒的主题，而人类的发展直接受到环境的影响。环境是人类赖以生存和活动的场所，是人类生存与可持续发展的物质基础，世界只有一个地球，保护环境已成为世界性和世纪性之共识。人类社会发展的事实已经说明社会发展只有两种选择：一种是继续以无限制地消耗自然资源、破坏环境为代价发展经济；另一种是在保护环境、合理科学地使用资源条件下，实现人类和自然的协调与持续发展。人类在解决居住者有其居的房地产开发中，只能选择后者，选择后者意味着房地产开发商在房屋建造过程中，应当从绿色环保的角度进行定位、考虑设计、选择建筑材料、进行施工建造、围绕绿色住宅选择管理模式。通过房地产开发商的房屋建造，使人类的环境更加优美，生活更加舒适，人尽其才，物尽其用，地尽其利，自然、社会、经济协调发展。

2. 建立正确的行政导向

在全民缺乏节能意识的今天，政府不能静等其变，应该用超越大众的眼光，以政府政策作为引导、国家法律作为保障，对建筑业的发展提供正确的导向。在这一点上，德、日、加等国已经取得了有益的经验。例如，设定建筑能耗标准，实施建材产品的“生态标签计划”，针对设计和建造过程进行“绿色审查”以及对建筑投入使用后的能耗进行监督等。这样，从建筑设计开始到使用的方方面面，都有节能法律约束，使节能成为建筑师、业主和使用者的份内之事。

3. 制定符合市场规律的经济刺激政策

与前面的政府行政法规不同，经济激励政策强调的是利用市场解决绿色智能建筑推广中的问题。这种政策通过市场因素影响大众的价值取向，因此在大力推行市场经济的今天将更为有效。此外，与强制性政策相比，它还具有低成本、高效率的特点，并能鼓励绿色智能建筑技术的创新及推广。如果设计得当，经济激励政策能以更低的社会成本实现绿色智能建筑的推广，因此它将成为绿色智能建筑推广的发展方向。

从目前中国的建材市场及房地产市场来看，绿色智能建筑因较高的成本使得在各个层面全面推行是不符合市场经济规律的。现实的方法应是根据不同的消费层次制定相应的推广策略。目前比较可行的是在推广力度上形成一种哑铃型的格局，将推广重点放在农村和高档建筑领域。一方面，在消费水平较低的农村地区，因地制宜地大力推广生土、生态建筑等低成本绿色智能建筑，以最大限度地提高建筑节能的效费比为目标；另一方面，在对成本因素不很敏感的城市高档住宅中，则强制推行完整的绿色智能建筑体系，这样既强化了富裕人群的社会责任，又能起到一定的示范作用。而对于那些对价格十分敏感的低、中档住房，则应根据市场发

展，有计划、有步骤地逐步推行绿色理念。

4. 提高技术、产品的质量

目前，我国智能化系统集成技术的发展还不是很完善，现代绿色智能化建筑主要产品由外商提供，重大项目系统集成也主要由国外大公司承担，在技术、施工、运行、维护管理和可持续发展等方面都存在一定问题，不能满足用户的需求，因此提高技术和产品的质量已刻不容缓。

5. 加强绿色建材、智能设备等配套领域的研究

绿色智能建筑不是停留在图纸上的概念，最终还是要形成实实在在的建筑。这就需要建材、设备等许多相关领域的配合，但我国这些领域的产业才刚刚起步。以建材为例，绿色智能建筑造价居高不下的一个主要原因就是绿色建材价格过高。而且与普通建材相比，种类和规格都较为单一，制约着绿色智能建筑的发展。因此，加强绿色智能建筑相关领域的产业整合，是应该关注的问题。

目前我国政府正在加速制定 2010 年我国建筑可持续发展的国家行动计划，准备到 2010 年使我国人居环境水平达到智能化、村落化、诗意化。人们将越来越重视田园生活般的村落化人居环境。“绿色智能建筑”是一个新兴的、动态的发展方向，它将成为人类运用科技手段寻求与自然和谐共存，并达到可持续发展的理想建筑模式。

8.2 太阳能和风能的利用

目前，世界上广泛应用的还是矿物能源。矿物能源再生周期长，对大气污染严重。为了寻求再生周期短、适应生态平衡、对环境污染影响小的能源，人们从上个世纪开始就致力于新能源开发和研究，如今已取得了显著的进展，为绿色智能建筑能源的利用开辟了广阔的前景。

全世界现今的能源现状是：根据美国、日本和 Shell、BP 等公司预测，世界化石燃料生产和消耗峰值出现在 2020—2030 年之间。我国人口众多，人均能源资源占有量低于世界人均值，而且能源经济可开发剩余采储量的资源保证程度为有限年。

根据我国的统计要求，建筑能耗一般指建筑使用能耗，即建筑物在使用过程中所消耗的能源，包括照明、电器、采暖制冷设施、热水、炊事等。2000 年的统计结果表明，尽管我国民用建筑的整体舒适度低于世界各发达国家，但我国的建筑能耗已经占到当年全社会终端能源消耗的 27.8%，接近发达国家（1/3 左右）的水平，采暖和空调为主的建筑能耗已占 10% 以上。最新报道显示，我国终端能源消耗总量已经位于世界第二。

随着生活水平的提高，人们对生活环境的舒适度的需求也越来越高，其中空调、采暖和热水是三个主要方面。这三方面目前消耗着大量常规能源，并严重污染环境。同时，由于城市中采用常规空调越来越多，排出大量热气而形成热岛效应，对城市气候也产生不良影响。因此，大力采用可再生能源，已经成为建筑业发展的趋势。

对于可再生能源来说，太阳能是无味、无毒、无污染的再生清洁能源，它广泛存在，具有其他能源不可比拟的优点。据科学家估算，太阳能的寿命还有大约 34 亿年，因此，太阳能是取之不尽、用之不竭的能源。风能也是非常重要并储量巨大的能源，它安全、清洁、充裕，能提供源源不绝、稳定的能源。下面就对建筑物中的太阳能和风能的利用进行介绍。

8.2.1 太阳能的利用

我国具有丰富的太阳能资源，年日照时数在 2 200 小时以上地区占国土面积的 2/3 以上。

特别是我国长三角地区，日照时间较长，是太阳能资源较丰富的地区，造就了大力开发利用太阳能的先天条件。

目前，单台太阳能热水器已为人们的生活带来很多方便，但随着经济的发展和建筑设计成坡屋面，其安装和使用对城市景观、建筑维护等带来一系列问题，已经满足不了人们的需求和发展的要求。

建筑业作为一个能源消耗的大户，迫切需要从传统的开发模式进行改变，就是大量地、尽可能地利用太阳能。这种能源的利用，可以为社会和消费者节省更多的能源方面的支出，也能从实际上落实构建和谐社会的要求。因此，房地产贯彻绿色节能住宅的思想其中一条最重要的就是节约能源，除了通过对建筑应用有效的手段节能外，节能的重要渠道是开发利用太阳能。

当前，我国太阳能的热利用特别是太阳能光热利用技术日趋成熟，而太阳能的利用和建筑一体化这项新的课题引起了各界、各地的关注和重视，科研院所、高等院校、能源开发等部门都在积极地探索，在工程实践中尝试。

下面先来了解一下太阳能建筑。

1. 太阳能建筑的定义和优点

(1)太阳能建筑的定义

太阳能建筑是指综合考虑社会进步、技术发展和经济能力等因素，在建筑物的策划、建造、设计、使用、维护以及改造等活动中，主动与被动地利用太阳能的建筑物。

在我国，太阳能建筑领域中技术最成熟、应用范围最广、产业化发展最快的是家用太阳能热水器(系统)，其次是被动式采暖太阳房。我国在太阳能建筑领域进行了长期的、积极的研究与实践，包括太阳能光热、光伏设备设施厂家在内，各地政府、研究机构、设计院以及开发企业等在不同层面、不同区域、不同建筑上做了大量细致的研究、开发、设计、建设工作。正是在这些工作基础上，中国太阳能学会决定增设太阳能建筑专业委员会。其作用是以满足建筑对清洁能源的需求为宗旨，在可持续发展框架下，为太阳能在建筑中的应用，构架学术和技术交流平台，促进两个行业的技术进步。

(2)太阳能利用与建筑一体化的优点

①有利于人们生活环境的生态保护，不但降低了日益严重的生态污染，而且有效地减少常规能源的使用量，降低了能耗。

②解决了目前单台太阳能热水器各户自行安装不规范、不统一，且先建筑后设置，特别是设置在坡屋面上，对城市的景观、建筑维护等带来的不利影响。

③太阳能热水器是一种绿色环保的产品，不但具有明显的节能效果，而且使用安全，寿命长，为人们创造一个安全、高舒适性的生活环境，提高了生活水平。

④太阳能与建筑一体化，采用"瓦片式"可替代坡屋面上部分建筑瓦片，既减少建筑成本，又达到防水、遮阳的效果，与建筑融为一体，外观独特美观。

⑤分户计量，按表收费，便于管理；集中供水可进行上下水水温、水位的自动控制，定温输水，自然循环，使用方便。

中国太阳能建筑总体来说发展还是处于初级阶段。太阳能与建筑一体化还需要国家政策法规部门、建筑主管部门、太阳能企业、建筑设计单位的共同努力。随着高科技的发展，太阳能必将得到更加科学的研究开发和广泛的普及与推广应用，太阳能建筑将为社会节约大量能源，净化环境,造福民众。

2. 太阳能建筑技术

在建筑结构设计中加入太阳能利用技术,既需要考虑对太阳能的“光热应用”,也需要考虑“光电应用”。就目前发展最快的太阳能光热利用而言,它包括低温利用、中温利用和高温利用等多层次能源效率利用形式;而太阳能光伏利用也将在太阳能建筑一体化上表现出更为广阔的发展前景。

太阳能的光热利用系统所采用的关键部件是太阳能集热器。它是用于吸收太阳辐射并将产生的热能传送给需要加热的物件的设备,是一种光热转换装置。无论是太阳能热水器、太阳灶、太阳房还是太阳能干燥、太阳能工业加热等,都离不开太阳能集热器。因此,太阳能集热器是所有这些系统的核心和动力。

(1)太阳能的热利用原理

太阳能的热利用就是把太阳辐射能通过集热装置转变成热能。太阳能集热装置是太阳能热利用系统的关键部件。它通过空气或液体(水或防冻液)为传导介质。其吸热方式可以是直接吸收太阳辐射,也可以是太阳辐射经会聚后集中照射。减少集热装置的热损失,可以采用抽真空或其他透光隔热材料的方式。

1° 太阳能“光-热”转换

通过反射、吸收或其他方式收集太阳能,使太阳能转换为热能并加以利用,这个过程称为“光-热”转换,或称为太阳能利用。以热能形式利用太阳能的关键是如何高效地收集太阳能辐射能,并把它转变成热能。太阳主要以电磁辐射的形式给地球带来光与热。太阳辐射波长主要分布在0.25~2.5 m范围内。人们在强烈的阳光下感觉温暖和炎热,主要是衣服和皮肤吸收太阳光线的能量,从而转换为热的缘故。从物理角度来讲,黑色意味着光线几乎全部被吸收,被吸收的光能即转化为热能。因此,为了最大限度地实现太阳能的光热转换,似乎用黑色的涂层材料就可满足了。但实际情况并非如此。这主要是材料本身还有一个热辐射问题。从量子物理的理论可知,黑色辐射的波长范围在2~200 m之间。

2° 太阳辐射能的吸收、反射和透射

从以上热辐射的分析可见,太阳光谱的波长分布范围基本上与热辐射不重叠,因此要实现最佳的太阳能热转换所采用的材料必须满足两个条件:一是在太阳光谱内吸收光线程度高,即有高吸收率;二是在热辐射波长范围内有尽可能低的辐射损失,即有尽可能低的发射率。一般来说,要单纯达到高的能量吸收率并不困难,难的是既要保持高的能量吸收率,又要达到低的发射率。对于选择性吸收涂层来讲,随着能量吸收率的提高,往往发射率也随之升高。通常使用的黑板漆的太阳吸收率可高达0.95,但发射率也在0.90左右。面对这种情况,所有选择性吸收涂层的构造基本上分成两个部分:红外反射底层(铜、铝等高红外反射率金属)和太阳光谱吸收层(金属化合物或金属复合材料)。吸收涂层在太阳光波峰值波长0.5 m附近产生强烈的吸收,在红外波段则自由透过,并借助于底层的高红外反射特性构成选择性涂层。选择性吸收涂层可以用多种方法制造,如喷涂法、电化学法、真空蒸发法、磁控溅射法等。采用这些方法制成的选择性吸收涂层能量吸收率都可以达到0.90以上,其发射率只有0.04~0.32。各种制造方法所形成的选择性涂层发射率,如表8-1所示。

表 8-1　各种方法制造的选择性吸收涂层的发射率

制造方法	涂层材料	发射率
喷涂法	氧化铁、氧化钴、硫化铝、铁锰铜氧化物	0.30 ~ 0.5
化学法	氧化铁、氧化铜	0.18 ~ 0.32
电化学法	黑镍、黑钴、黑铬、铝阳极氧化	0.08 ~ 0.20
真空蒸发法	硫化铅/铝、黑铬/铝	0.05 ~ 0.12
磁控溅射法	不锈钢 - 碳/铝、铝 - 氮/铝、铝 - 氮 - 氧/铝、铝 - 碳 - 氧/铝	0.04 ~ 0.09

3° 热能的传递

在太阳能的热利用中，一要解决光热转换问题，二要解决热能的传递问题。热能的传递可通过三种方式实现，即传导、对流和辐射。

热传导又称接触传热，它通过物体质点的直接接触传递热能。根据傅立叶热传导定律，物体中的热传导速率 q_k 与温度梯度 dT/dx 及通过的截面积 A 成比例。即

$$q_k = -\lambda A dT/dx$$

式中，q_k 的单位为 W；A 的单位为 m^2；dT/dx 的单位为 K/m；λ 为导热系数，单位为 W/(m · K)。由于在热流方向上，随着距离 x 的增加，温度 T 总是要下降的，因此，温度梯度总是负值。

对流传热是当流体的微团在空间改变自己的位置时，起着导热体的作用，并实现热能的传递。对流传热是在流体中（其中包括液体和气体）产生的物理现象。根据牛顿冷却定律，对流传热的换热速率 q_x 是表面与流体的温度差（$T_x - T_t$）以及与流体接触的表面积 A 成正比例，即

$$q_c = h_c A(T_s - T_t)$$

式中，q_c 的单位为 W；A 的单位为 m^2；表面温度 T_x 和流体温度 T_t 的单位均为 K；h_c 为对流换热系数，单位为 W/(m · K)。

辐射换热时物体的部分热能转变成电磁波（辐射能）向外发射。当电磁波碰到其他物体时，又部分地被物体吸收而重新转变成热能。在自然界常见的一种现象是，所有的物体只要温度高于绝对零度，总是向外发射电磁波，人体就向外发射红外线。当然，所有的物体也吸收来自外界的辐射能。与传导和对流不同，电磁波的传递即使在真空中也可进行，太阳辐射就是在宇宙的真空环境中进行的。

根据斯蒂芬 - 玻耳兹曼定律，物体的辐射功率 q_r 与物体温度 T 的 4 次方及物体的表面积 A 成比例，即

$$q_r = \varepsilon \sigma A T^4$$

式中，q_r 的单位为 W；A 的单位为 m^2；T 的单位均为 K；σ 为斯蒂芬 - 玻耳兹曼常数，5.669×10^{-8}（$W/m^2 \cdot K^4$）；ε 为发射率，是物体发射的辐射功率与同温度下黑体发射的辐射功率之比值。发射率有右半球向发射率和法向发射率两种表示法，在工程上常用法向发射率。

（2）太阳能集热器的分类和用途

1° 集热器的分类

集热器的分类方法有多种，主要是看从哪个方面、哪个角度来划分。表 8-2 给出了集热器的各种分类方法、类型及说明。

表 8-2 集热器的分类方法、类型及说明

分类方法	类 型	说 明
按传热介质分类	液体集热器	用液体作为传热媒质,如水、防冻液等
	空气集热器	用空气作为传热媒质
按采光口汇聚分类	聚光型集热器	利用透镜或反射器把太阳能聚集到集热器上
	非聚光型集热器	不改变阳光的入射方向
按跟踪太阳分类	跟踪型集热器	采用单轴或双轴旋转跟踪太阳射线运动
	非跟踪型集热器	不跟踪太阳射线
按是否有真空空间分类	平板型集热器	吸热体表面是平板型、非聚光型
	真空管型集热器	采用玻璃管,并在管壁和吸热体之间有真空空间
按工作温度分类	低温集热器	工作温度在 100 ℃以下
	中温集热器	工作温度为 100 ℃ ~200 ℃
	高温集热器	工作温度在 200 ℃以上

2° 集热器的用途

集热器的用途十分广泛,可用于采暖、空调、提供热水,还可用于干燥、蒸馏、造冰、制取淡水、高温处理、产生动力和热力发电等方面。

1)太阳能供热水 利用集热器使水温升高为住户供应热水,是城乡居民普遍使用的太阳能设施。太阳能热水器有闷晒式、平板式、真空管式等多种结构。吸热体采用"选择性涂层"制成。涂有这种涂层的集热器,可以提高光热转换效率,较小面积的集热器能够获得较多的热量。太阳能热水器不仅可供家庭使用,工业上也有广泛的用途,例如金属吸热体真空管集热器,工作温度可达 300 ℃ ~400 ℃,承压能力达 10^6 Pa 以上,可以产生高压蒸汽。

2)太阳能采暖 太阳能采暖有主动式采暖和被动式采暖两种。主动式采暖就是利用集热器,辅之于供热管道、散热设备、储热设备等组成太阳能采暖系统。有的采用太阳能供热水和采暖联合系统;被动式采暖不需要专门的集热器,而是通过建筑物朝向、建筑材料的选择而取得采暖效果。

3)太阳能高温炉 抛物面型反射聚光集热器常用于太阳能聚光灶和太阳能高温炉,它们用抛物面反射镜把阳光聚焦起来,在聚焦处能够得到较高的温度。世界上最大的抛物面型反射聚光器是一种太阳能高温炉,有 9 层楼高,它由 9 000 块小反射镜组成,总面积达 2 500 m^2,焦点处的温度最高可达 4 000 ℃。

(3)太阳能发电

太阳辐射能除可以转换为热能外,还可以转换为电能,这就是人们常讲的"光-电"转换。太阳能转换成电能,在能源开发领域具有广阔的前景,国际上已列为清洁绿色能源。目前正在逐步推广并应用于绿色建筑、生态住宅小区、边防海岛、科研单位以及成功地应用于人造卫星、宇宙飞船和星际空间站,成为宇宙飞行器的主要能源之一。光电转换通常有两种方式:一种是先把太阳辐射能转换为热能,然后再按照某种发电方式将热能转换成电能,即太阳能热发电;另一种则是通过光电器件直接将太阳能转换成电能,即太阳能光伏发电。前者常用于太阳能电站建设,后者常用于绿色生态建筑和宇宙飞行器。

1° 太阳能发电系统的组成

太阳能发电有热发电系统和光伏发电系统两种。

1△太阳能热发电系统的组成

太阳能热发电系统由 4 个部分组成，如图 8-1 所示。

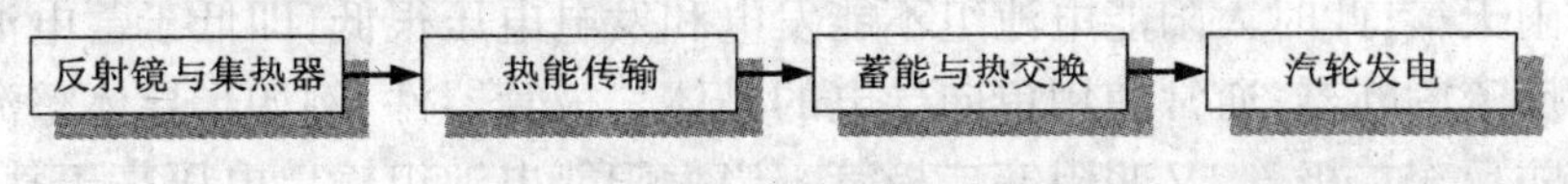

图 8-1　太阳能热发电系统组成

1）反射镜与集热器部分　此部分功能在于吸收太阳辐射能并将光能转换成热能。它能够聚集和跟踪太阳的光照，在有阳光的时段里，最有效地聚集太阳的光能。反射镜与集热器部分包括聚光装置、跟踪机构接收器与集热器（又称聚光型集热器）。聚光型集热器有三种，即槽式聚焦系统、塔式聚焦系统和碟式聚焦系统。槽式聚焦系统利用槽形抛物面反射镜把阳光聚焦到集热器上；塔式聚焦系统在很大面积的场地上安装多台大型反射镜，每台都有跟踪机构，能够准确地把阳光反射集中到一个高塔顶部的接收器上加热；碟式聚焦系统结构类似大型的抛物面雷达天线，通过抛物面把阳光聚焦到集热器上，聚光可达数百倍到数千倍。

2）热能传输部分　它把各个单元集热器收集起来的热能传输给蓄热部分。对于分散型集热系统，通常要把多单元集热器串联或并联起来组成集热器方阵。传热介质通常选用加压水和有机流体。为减少输热管的热损失，在输热管外要加装绝热材料或利用热管输热。

3）蓄热与热交换部分　由于太阳能受季节、昼夜和气象条件的影响，为保证系统按正常温度运行，需要设置蓄热装置。蓄热分低温（低于 100 ℃）、中温（100 ~ 500 ℃）、高温（500 ℃以上）和极高温（1 000 ℃）4 种，分别采用水化盐、导热油、熔化盐、氧化锆耐火球等作为蓄热材料。蓄热机制所存储的热能可供短缺时使用。为了适应汽轮机发电的需要，传输和存储的热能还需通过热交换装置，转化为高压蒸汽推动汽轮机工作。

4）汽轮发电部分　经过集热、蓄热以及热交换后的高压高温蒸汽，可以推动汽轮发电机工作。汽轮机发电部分是实现电能供应的重要部件，电能输出可以是单机供电，也可以采用并网供电。

2△太阳能光伏发电系统的组成

太阳能光伏发电系统是利用光电转换器件把太阳辐射能直接转换成电能的发电系统，组成如图 8-2 所示。

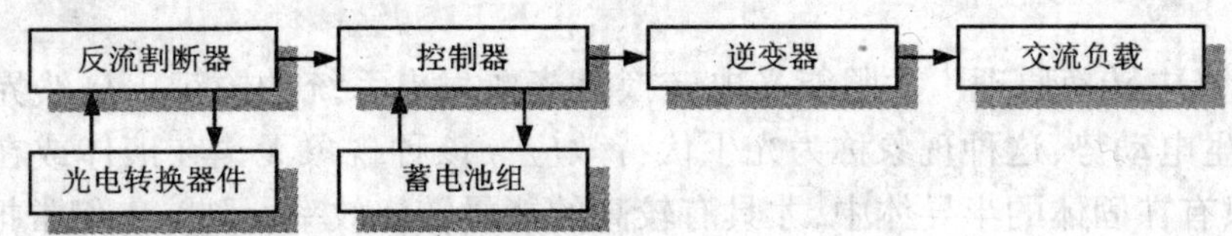

图 8-2　太阳能光伏发电系统组成

1）光电转换器件　把光能转换为电能的器件叫光电转换器件，又称光伏器件。太阳能电池就是由这些光电转换器件组成的。太阳能电池单体的工作电压一般为 0.45 ~ 0.5 V，每平方厘米的工作电流为 20 ~ 25 mA，尺寸为 4 ~ 100 cm^2。由于电压太低、电流太小，通常不能单独作为电源使用，需要把它们串并联起来做成太阳能电池方阵，方可满足负载所要求的输出功率。

2)反流割断器 在发电机与蓄电池连接的电路里,通常都要设置反流割断器。反流割断器的作用在于当发电机电压低于蓄电池电压时,防止蓄电池通过发电机绕组产生反向电流。在太阳能光伏发电系统中,同样也要防止蓄电池通过太阳能电池组反向放电,这种情况一般发生在夜晚和阴雨天气,此时太阳能电池组不能发电和发电电压很低,即低于蓄电池电压。光伏发电系统中的反流割断器,通常使用单向导电的晶体二极管器件,例如半导体整流二极管。这类二极管称为防反充二极管,又叫阻塞二极管。当太阳能电池组输出电压高于蓄电池电压时,二极管导通;反之,二极管截止。对防反充二极管的要求是:能承受足够大的导通电流,而且正向电压降要小,二极管反向饱和电流要小。

3)控制器 这是对太阳能光伏发电系统进行智能控制和管理的设备,能够完成信号检测、充电控制、放电管理、运行保护、故障诊断、状态显示等任务。它能检测系统各种装置、各个单元的状态和参数;根据太阳能资源状况和蓄电池储电状况,确定最佳充电方式;对蓄电池放电进行有效保护,能自动开关电路,工作运行实现软启动;能对系统过压、负载短路及时控制,防止系统设备受到损害;能够显示运行状态,进行故障报警。常用的控制器有单板机逻辑控制器和计算机程序控制器等。

4)蓄电池组 由于太阳辐射能受昼夜、季节、气象条件的影响具有间歇性、随机性,需要把晴天吸收的能量存储起来,在太阳能光伏发电系统中,专门设置了蓄电池组。太阳能光伏发电系统通常配备铅酸蓄电池,储电能力为200 Ah以上。对蓄电池组的要求是:充电效率高,自放电率低,深放电能力强,工作温度适应范围宽,使用寿命长,价格低廉,能适应少维护或免维护的要求。

5)逆变器 光电转换器件产生的电能和蓄电池中存储的电能都是直流电能。如果给直流负载提供电力,就可以免除逆变器设备。当系统对交流负载供电时,就需要加装逆变器。由此可见,逆变器是把直流变成交流的设备。由于常规电网都采用交流供电方式,如果要把太阳能光伏发电系统和常规电网并网,就必须备有逆变器。对逆变器的技术要求是:输出交流电压稳定、频率稳定;输出电压波形含谐波成分小,对电网的“污染”小、干扰小;逆变效率高,换流损失小;快速动态响应性能好,具有良好的过载能力;对过载、过热、欠电压、过电压以及短路都有有效的保护功能和报警功能。逆变器按输出波形分,有防波逆变器和正弦波逆变器两种。方波逆变器的电路简单,造价低,但谐波分量大,适用于对谐波干扰要求不高的小功率系统;正弦波逆变器输出波形好,谐波分量小,适用于各种负载,也适宜于联网运行,是当前逆变器的主流产品。

2° 太阳能光电转换原理 太阳能光电转换是光电发电系统的关键。自然界的物质吸收了光能将会产生电动势,这种现象称为光生伏特效应。该种现象无论在液体或在固体中都常发生。但是,只有在固体的半导体中,才具有较高的能量转换效率,因此,人们常把光电转换器件称为半导体太阳能器件,又称为半导体太阳能电池。

1)纯净半导体的导电情况 纯净半导体称为本征半导体,在绝对零度时,价带中充满电子,而导带中没有电子,在外电场作用下不能产生电子的定向运动,即不会产生电流。如果利用光或热的激发,使价带中的某些电子获得大于禁带宽度的能量而跃迁到导带中去,半导体就能导电,这种现象称为本征激发。在导带中,由于自由电子的存在而引起的导电性,称为电子导电性。在价带中,由于少数电子的跃迁,留下了一些空穴,在外电场的作用下,邻近的电子迁入空穴，而在原有的能级中有形成了新的空穴，这样，电子的运动就相当于空穴的反运动。电子带负电，因此可以认为空穴的运动是正电荷的运动。在半导体中，无论是空穴还是电子，都统称为载流子。

2）杂质半导体的导电情况及 PN 结　在本征半导体中，可以用扩散的方法掺入其他元素的少量原子，这些原子对半导体基体而言，叫做杂质。掺有杂质的半导体叫做杂质半导体。杂质半导体一般分为两类：一是在四价元素，如硅或锗半导体中掺入少量的五价元素，如磷、砷、锑；二是在四价元素中掺入少量的三价元素如硼、铝、铟。在第一种情况中，五价元素的原子将在晶体中替代四价元素的原子位置，其中将有四个价电子与四价元素的价电子形成共价键，多余的一个电子在共价键之外。由于原子对它的束缚力较弱，因此只需要较少的能量，就可以使它激发成为自由电子而参与导电。这种半导体的导电机构是由杂质中的多余电子而形成的。因此，也称这种半导体为“N 型半导体”。在第二种情况中，在四价元素的纯净晶体中，掺入少量三价元素的杂质原子，三价元素的原子与四价元素的原子构成共价键时，将因缺少电子而出现空穴。这种杂质半导体的导电基本上决定于空穴的运动。因此，也称这种半导体为“P 型半导体”。两种杂质半导体结合在一起就形成了“PN 结”。

3）PN 结被阳光激发的情况　当太阳光照射到 PN 结时，在半导体内部结构中由于获得光能而释放电子，相应地产生了电子-空穴对。在内电场的作用下，电子被驱向 N 区，空穴则被驱向 P 区，于是就在 PN 结的附近形成了内电场方向相反的光生电场。光生电场一部分抵消了内电场，其余部分便使 P 区带正电，N 区带负电。如此，在阳光照射下，将使得半导体的 N 区与 P 区之间的薄层产生了电动势，这就是光生电动势，当接通外电路时，便有电能输出。若把几十或数百个单体串联、并联起来组成阵列，在阳光的激励下，便可获得相当可观的电能输出，这就是半导体太阳能电池的光电转换原理。

3° 太阳能电池特性

太阳能电池的性能可用等效电路、等效参数和特性曲线表示。

1）太阳能电池的等效电路　太阳能电池在阳光照射下，接上负载 R_L，就形成图 8-3 所示电路。为了定量分析的需要，按照图 8-3（a）的连接可以画出等效电路图 8-3（b）。在图中，R_S 为串联电阻，由电池的体电阻、表面电阻、电极导电电阻、电极与硅表面间接触电阻组成；R_{sh} 为旁漏电阻，由硅片边缘不清洁或体内的缺陷引起的电阻；I_{sc} 为电池的短路电流，即太阳能电池在标准光源照射下，当输出端短路时流过太阳能电池的电流；I_D 为二极管电流，即 PN 结作为半导体二极管的电流，方向与 I_{sc} 相反。在以上电路中，流过负载 R_L 的电流 I_L 为：

$$I_L = I_{sc} - I_D$$

根据理论分析，PN 结二极管电流 I_D 有：

$$I_D = I_0(e^{\frac{U}{U_t}} - 1) = I_0(e^{\frac{qu}{AkT}} - 1)$$

式中，I_0 为反向饱和电流；U 为外加电压；$U_t = KT/q$ 为温度的电压当量；$k = 1.381 \times 10^{-23}$ J/K 是玻尔兹曼常数；$q = 1.6 \times 10^{-19}$ C，则 $U_t = \frac{T}{11\,600}$。在常温（300 K）下，$U_t \approx 26$ mV；A 为常数因子；T 为温度，正偏压大时取 1、小时取 2；U_t 与 U 应采用同一单位。把 I_D 代入 I_L 的公式即得到理想的 PN 结特性曲线方程：

$$I_L = I_{sc} - I_0(e^{\frac{qu}{AkT}} - 1)$$

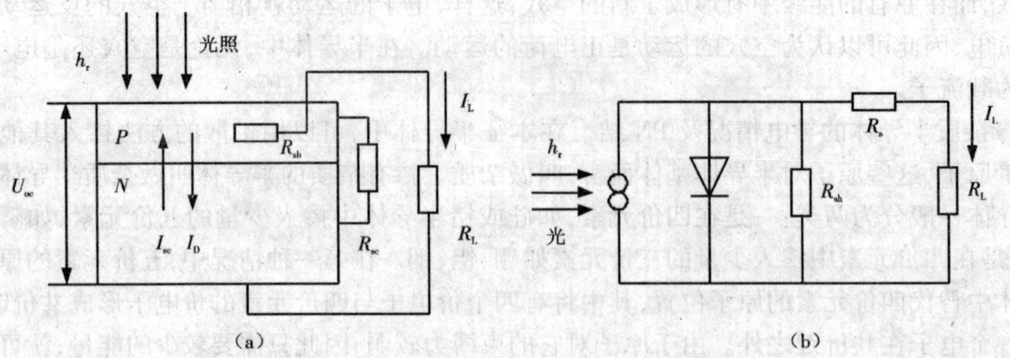

图 8-3 太阳能电池的电路及等效电路图

(a)光照时太阳能电池的电路图;(b)光照时太阳能电池的等效电路图

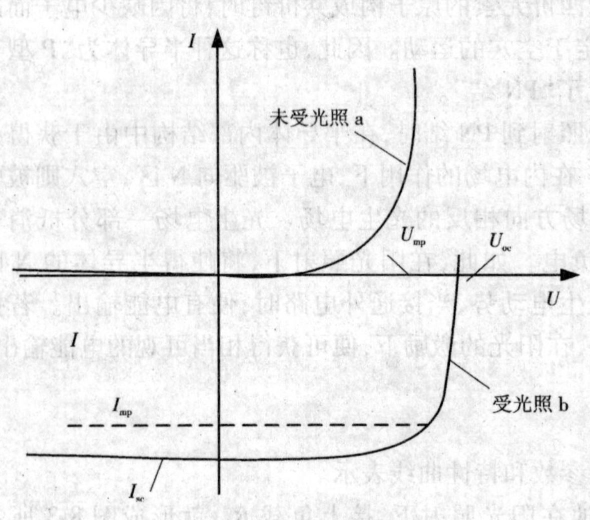

图 8-4 太阳能电池的伏安特性曲线

当 $I_L=0$ 时,电压 U 即为开路电压 U_{oc},即

$$U_{oc}=\frac{AkT}{q}\ln\left(\frac{I_{sc}}{I_0}+1\right)$$

2)太阳能电池的特性曲线 根据以上等效电路分析所取得的 I_L、U_{oc} 的表达式,可以得到太阳能电池的伏安特性曲线,如图 8-4 所示。图中,曲线 a 为无光照情况下太阳能电池的伏安曲线;曲线 b 为有光照情况下电池的伏安曲线。曲线中,I_{sc}为电池的短路电流,I_{mD}为最大负载电流,U_{oc}为电池的开路电压,U_{mD}为最大负载电压。

4° 太阳能光伏发电系统工程应用的基本结构

太阳能光伏发电系统工程应用的基本结构如图 8-5 所示。它由太阳能方阵、防反流二极管、控制器、蓄电池组和逆变器组成。图中给出的结构既可为直流负载供电,又可为交流负载供电。其中,ac 输出供交流负载使用,bc 输出供直流负载使用。太阳能电池方阵是光伏发电的核心器件,电池单体尺寸一般为 4～100 cm^2,工作电压为 0.45～0.5 V,工作电流为 20～25 mA/cm^2。因为电池单体电压、电流太小,不能作为电源使用,故将多个电池单体串/并联起来,封装好安装在支架上,就构成了太阳能方阵。太阳能电池方阵及光伏发电系统的应用范围日益广泛。它可以用于绿色智能建筑、生态小区,还广泛用于航天技术、铁路交通、邮电通信、广播电视、军事国防等领域。表 8-3 给出了几种应用领域的状况。

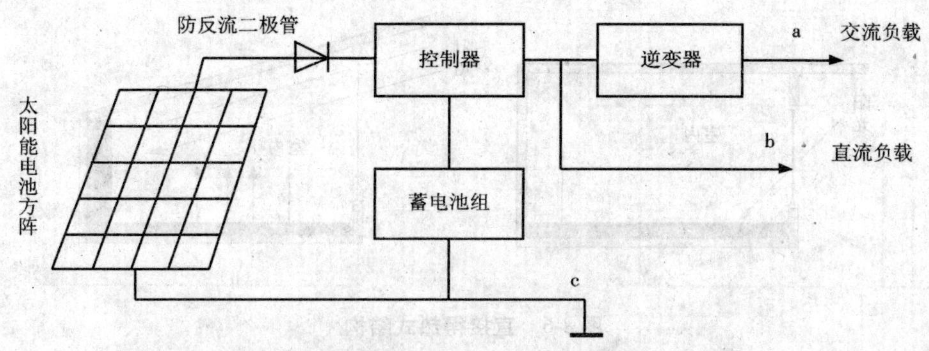

图 8-5　太阳能光伏发电系统工程应用的基本结构

表 8-3　太阳能电池方阵的应用状况

应用领域	成本效应	标准系统	市场前景
人造卫星光伏发电系统	较好，产品性能稳定，应用正在发展	数百至数 kW	前景较好
工业应用系统	利润最高的太阳能应用	1.5 kW 以上	微波站、高速公路设备等
国家建立的建筑物整体性太阳能系统	国家资助	2 ~ 30 kW	某些发达国家的“屋顶方案”，市场将超过每年 10 000 kW
中央电力供应站	电价较贵	1 000 kW ~ 10 000 kW	解决石油短缺，满足环保要求

(4)太阳能建筑的种类和工作原理

目前太阳能建筑主要通过被动应用、主动应用和综合应用等途径实现，如从保温隔热材料的开发、自然采光通风功能的实现、太阳能光热光伏技术的应用到遮阳、光影和舒适环境的创造，全方位地综合应用太阳能资源。

太阳能建筑的种类、工作原理与特点如下。

1°被动式太阳房

只依靠太阳能自然供暖而不需要其他方式供暖的建筑均称为被动式太阳房。被动式太阳房最基本的工作机理是“温室效应”。被动式太阳房的外围护结构应具有较大的热阻，室内要有足够的重质材料，如砖石、混凝土，以保持房屋有良好的蓄热性能。白天的一段时间里，直接依靠太阳能取暖，多余的热量被热容量大的建筑构件(如墙壁、屋顶、地板等)吸收，夜间通过自然对流放热，使室内保持一定的温度，达到采暖的目的。被动式太阳房种类很多，按采集太阳能的方式区分，可以分为以下几类。

1)直接得热式　冬天阳光通过较大面积的南向玻璃窗直接照射至室内的地面、墙壁和家具上，使其吸收大部分热量，因而温度升高，如图 8-6 所示。吸收的太阳能一部分以辐射、对流方式在室内空间传递，一部分导入蓄热体内，然后逐渐释放出热量，使房间在晚上和阴天也能保持一定温度。采用这种方式的太阳房，由于南窗面积较大，应配置保温窗帘，并要求窗扇的密封性能良好，以减少通过窗的热损失。窗应设置遮阳板，以遮挡夏季阳光进入室内。

2)集热蓄热墙式　这种太阳房主要是利用南向垂直集热蓄热墙吸收穿过玻璃采光面的阳光，通过传导、辐射及对流，把热量送至室内。即把向阳外表面涂成黑色或某种深色，加强吸热并减少辐射散热，使该墙成为集热和储热器。离墙外表面 10 cm 处装上玻璃，白天有太阳

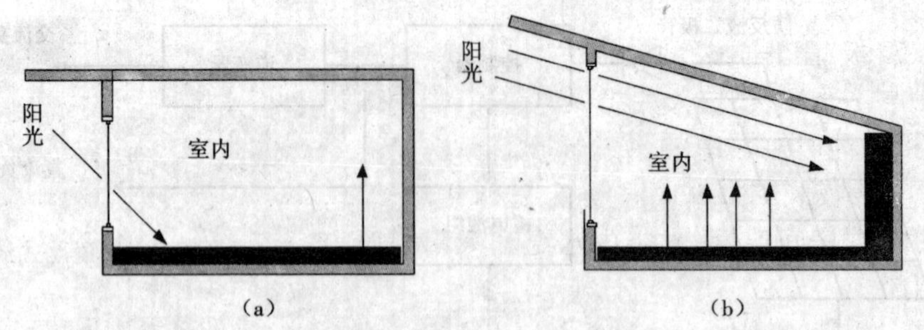

图 8-6 直接得热式结构

(a)室内对流供暖;(b)利用导入热体向室内供暖

时,主要靠空气夹层被加热的空气通过墙顶与底部通风孔向室内对流供暖,如图 8-7(a)所示;夜间利用墙体作为放热体向室内供暖,如图 8-7(b)所示。但要注意,在夜晚必须关闭通风孔,同时要在玻璃和墙体之间设置保温窗帘。集热蓄热墙的形式有实体式、花格式、水墙式、相变材料和快速式等。

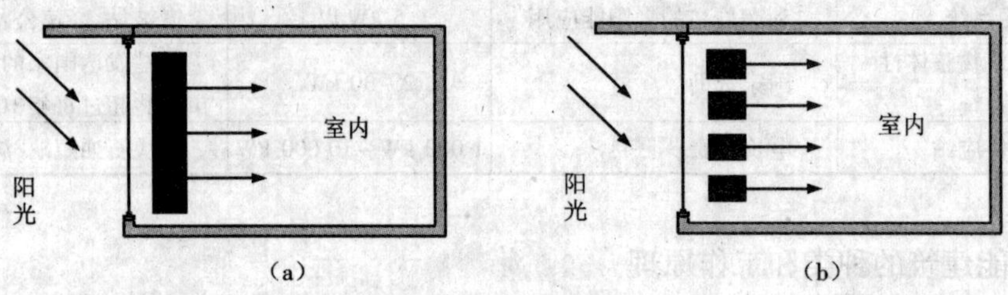

图 8-7 集热蓄热式结构

(a)室内对流供暖;(b)利用放热体向室内供暖

3)附加阳光间式　附加阳光间式是把直接受热式和集热墙式两种方法结合起来,人们常称它为集热虚热墙的一种发展,又称它为一种综合式被动太阳房。它把玻璃与墙体之间的空气夹层加宽,形成了一个可以使用的空间,即"附加阳光间"。阳光间附建在房屋南侧,围护结构全部或部分由玻璃等透光材料构成。与房间之间的公共墙上开有门、窗等孔洞,如图 8-8 所示。阳光间得到阳光照射被加热,内部温度始终高于外环境温度。所以既可以在白天通过对流经门、窗供给房间以太阳热能,又可在夜间作为缓冲区,减少房间热损失。

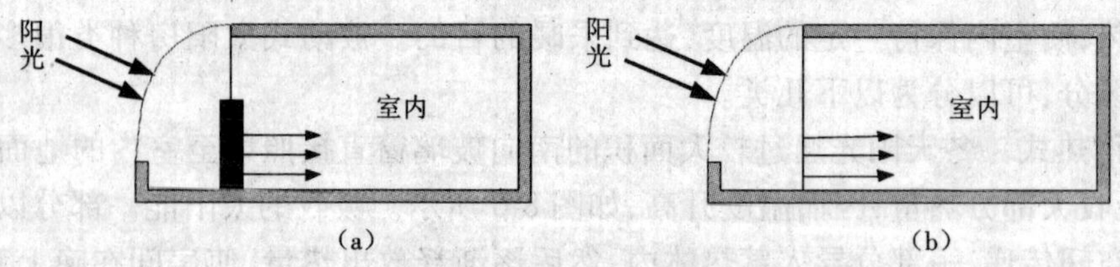

图 8-8 附加阳光间式结构

(a)利用空气夹层向室内供暖;(b)利用玻璃透光向室内供暖

4)屋顶池式　屋顶池式太阳房兼有冬季采暖和夏季降温两种功能,适合冬季不太寒冷而夏季较热的地区。用装满水的密封塑料袋作为储热体,置于屋顶顶棚之上,其上设置可水平推拉开闭的保温盖板,如图 8-9 所示。冬季白天晴天时,将保温板敞开,让水袋充分吸收太阳辐射热，水袋所储热量，通过辐射和对流传至下面房间。夜间则关闭保温板，阻止向外的热损失。夏季保温盖板启闭情况则与冬季相反，白天关闭保温盖板，隔绝阳光及室外热空气，同时用较凉的水袋吸收下面房间的热量，使室温下降；夜晚则打开保温盖板，让水袋冷却。保温盖板还可根据房间温度、水袋内水温和太阳辐照度自动调节启闭。

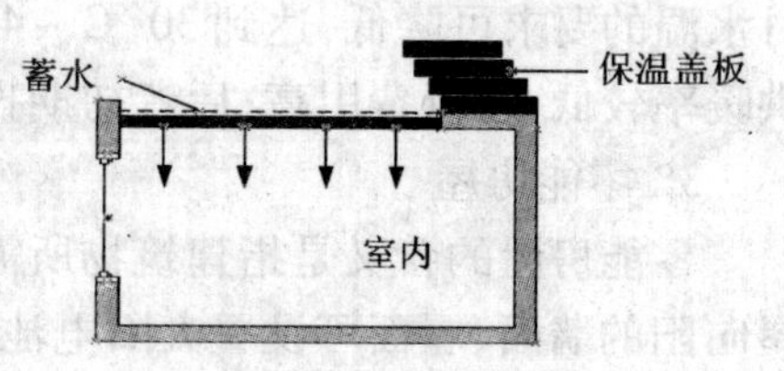

图 8-9　屋顶池式结构

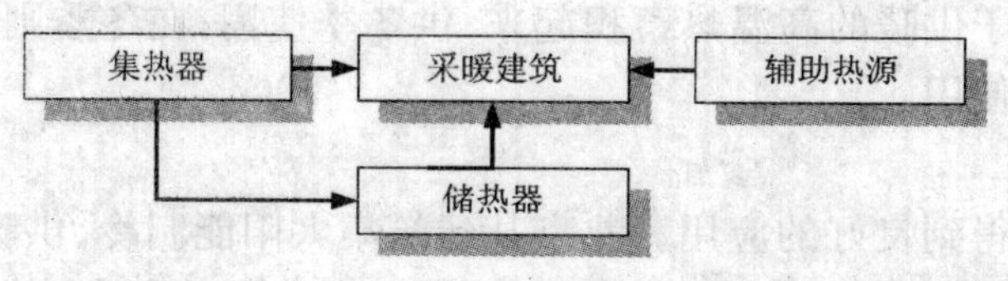

图 8-10　主动太阳能供暖系统组成

2° 主动式太阳房

主动式太阳房与被动式太阳房一样，围护结构应具有良好的保温隔热性能。主动式太阳房需要安装主动太阳能采暖系统，组成如图 8-10 所示。这个系统的主要设备包括太阳能集热器、储热器、辅助热源以及阀门、风机、水泵、连接管、控制系统等。太阳能集热器获取太阳辐射的热能，通过配热系统透入采暖建筑，多余的热量储存在储能器里。由于照射到地面的太阳辐射能随气象条件和时间而变化，不仅各季节不同，即使在一天之内，太阳辐射到地面的强度也是不一样的，阴天、下雨、下雪和晚上几乎没有或根本没有日照。因此，对地面而言，太阳辐射要成为连续、稳定、独立的能源，满足连续采暖的需要，系统中必须设有存储热量的设备和辅助热源装置。由此可见，主动太阳能采暖系统只能起到节约能源的作用，而不能作为独立能源使用。在开发利用中，为尽量发挥系统的作用，可以把采暖和供应热水两种功能一并使用。对于太阳能供暖系统来说，首先应考虑采用热媒温度尽可能低的采暖方式，所以地板辐射采暖最适宜于太阳能供暖。太阳能供热系统可以用空气，也可以用水作为热媒，两者各有利弊。热风式集热器比较便宜，热交换次数少，但集热用循环动力大，是热水式的 10 倍，风道和蓄热装置占据的空间也大。太阳热水集热器技术较复杂，价格较高，但综合考虑优点较多，特别是近年来真空管集热器的性能、质量有很大提高，价格不断下降，所以今后太阳能供热系统将以热水集热式为主。

1）热风集热式供热系统　该系统在屋面上朝南布置太阳空气集热器，被加热的空气通过碎石储热层后由风机送入房间，辅助热源为煤气热风炉，并设置控制调节装置，根据送风温度确定辅助热源的投入比例。

2）热水集热式地板辐射采暖兼生活热水供应系统　该系统在屋顶设置太阳能集热器，系统有集热循环水泵、辅助蓄热水箱、供热水箱、采暖循环水泵、辅助热源-燃气锅炉、辅助热源热水循环泵、辅助加热换热器、地板辐射采暖盘管。地板辐射采暖盘管的做法是，在地面上先铺设保温层，再铺设聚乙烯塑料盘管，然后再做地面面层。热媒水通过盘管向房间散出热量后温度降低，再返回蓄热水箱，由集热泵送到太阳集热器重新加热；夜间或阴天太阳热能不足时，则由辅助热源加热系统保证供暖。

3）太阳能空调系统　该系统兼有供暖、供冷功能，也可以只有供冷功能。夏季供冷的太阳能空调系统，制冷机为小型溴化钾吸收式制冷机，空调机为风机盘管，只需增加供暖功能。可以有两种方法：一种仍使用风机盘管作末端设备，由蓄热水箱提供热媒水给风机盘管，但水温要求较高，一般要 60 ℃；另一种是风机盘管只在夏季工作，冬季则增设地板辐射采暖系统，对水温的要求可降低，达到 30 ℃ ~40 ℃即可。两种方法各有利弊，前者初投资少，但太阳能供暖率较低，运行费用高；后者初期投资高，但太阳能供暖率高，运行费用低。

3° 零能房屋

零能房屋的含义是指建筑物所需的全部能源均来自太阳能，常规能源消耗为零。这种房屋向阳的墙面、屋面可设置太阳电池板，产生的电能除满足用户的照明、电器等需要外，还可为建筑供暖、为空调供电，保证房屋的热舒适度。

除了上面介绍的系统外，还有太阳能热泵供冷暖系统以及把土壤作为热源或排热源的地下蓄热式供冷暖系统，即在夏季把能利用于供暖的高温热蓄积起来，供冬季使用；在冬季则把能利用于供冷的低温热蓄积起来，供夏季使用。

3. 太阳能建筑发展现状

在一些示范大楼上，太阳能技术已经得到良好的应用。北京某建筑集太阳能制冷、供暖、热水、发电于一体，空调采暖和制冷都可以靠太阳能实现，大楼的太阳能空调制冷、采暖和热水综合系统主要由管式真空管集热器、溴化锂吸收式制冷机、储热水箱、储冷水箱、生活用热水箱、开水箱、冷却塔、风机盘管、自动控制系统等组成。夏季，真空管集热器向溴化锂制冷机提供高达 88 ℃左右的热水，通过制冷机产生 8 ℃左右的冷水，冷水流经风机盘管向房间提供冷风。冬季，集热器将水加热到 40 ℃ ~60 ℃，再通过风机盘管向房间提供热风。大楼内还局部使用了地板采暖系统。楼上集热器提供的热水，直接流经预置在地板下的管路，为房间供暖。过渡季节，这个系统太阳热水器可提供大量生产和生活用水。同时，这个系统可全年提供开水。该系统经近半年的试运行，各方面正常，冬季室温保持在 22 ℃左右，满足规定的采暖高于 18 ℃的需求。

现在，我国的太阳能利用技术已经相当成熟，以往太阳能建筑不能大面积推广，主要是晶硅太阳能电池板的价格居高不下，每平方米售价最低也要 8 000 元。深圳某公司开发的非晶硅太阳能玻璃幕墙是将晶硅气体喷在玻璃上，制造出非晶硅太阳能薄膜电池，因此成本大大降低。一开始这种太阳能玻璃幕墙每平方米售价 3 000 元，市场规模扩大后，很快会下降到每一平方米 2 000 元，已经到了大众可以接受的程度。非晶硅太阳能玻璃用作住宅的窗户效果很好。由于这些产品是太阳能与建材的有机结合，发电而且保温、隔音效果好，可综合节能 50% 以上。

在常州的一个小区，屋顶上面铺了一层太阳能光热瓦，最大程度收集太阳能热量。晴天阳光的热量储存一次，足够小区连续用三天。在这基础上，小区又大胆采用宾馆式的集中 24 小时热水供应，建筑内部铺设有专门的热水管道。这些管道像自来水管一样，接入各家各户。这对居民来说，使用热水就显得十分方便，居民随时打开水龙头，就会有恒温 45 ℃的热水涌出，这是原来普通热水器无法媲美的。装上太阳能光热瓦后，一平方米增加 70 元左右的成本费。这么看，房子确实贵了，但还要算一笔账，那就是运转后热水的价格。宾馆式集中供水、普通太阳热水器、燃气热水器、电热水器每吨热水价格分别是 25 元、28.7 元、32.06 元、44.98 元。一个家庭如果按每月用 4 吨热水计算，宾馆式的集中供水一个月只需花费 100 元，而一年时间，就能比其他方式节约 200 ~1 000 元不等。同时，集中供热水的及时、舒适也是其他方式望尘莫及的。对整个小区来说，环境不但没有受到破坏，而且还为其开发的楼盘增加了一大卖点。

在日本，有人利用楼房外墙中部向阳面设置太阳能集热器，形成一个“太阳能幕墙”，解除了只有平顶房屋才适宜安装集热装置的局限性。日本轻金属公司为太阳能住宅设计了一种特别的窗帘,它是双层玻璃中的一组百叶帘,颜色是黑色的,易于吸热。白天靠它采光吸热储存起来,到了晚上再向室内施放暖气,使室内的昼夜温差缩小。

德国设计的应用燃料电池的住宅,屋顶上除装有太阳能硅电池外,整个建筑物都采用高效热交换材料,屋外砌有大块的硅砖。此外,还安装了氢气发生器,把产生的氢气储存在燃料箱中,可用作燃料电池的燃料。

美国科学家发明了一种专供太阳能住宅使用的化学药品,把它们密封进百叶窗的夹层中,白天太阳照射,它会熔解。到了晚上,这种熔解了的化学药品又重新析出凝固起来,从而散发出能量,使室温上升。

瑞士科学家也发明了一种利用太阳能发电的住宅用户玻璃,其发电原理类似植物绿叶的光合作用。其结构也像树叶,是夹心式的,含有捕捉光能的染料和半导体物质。光线激发染料层中的电子,经过定向传递产生电流,光电转换率达 10% 以上,每平方米可发电 150 W 左右,与普通太阳能电池差不多,而成本却只有太阳能电池的 1/5。

太阳能建筑能改善居住条件和市容卫生,将成为 21 世纪住宅的主旋律,成为市场的大热点,是未来最重要的新兴产业。同时,太阳能建筑的普及将有力地推动传统建筑业和建材业的革新。对广大百姓来说,能够享受到清洁能源带来的舒适生活,也是“福音”。

4. 太阳能建筑的发展策略

(1)太阳能建筑的发展思路

今后,太阳能建筑的发展思路是:在各级政府的政策导向和激励机制的基础上,提高职业培训和公众教育程度,加强产品(系统)检测认证和建筑准入制度,完善规范标准及相关技术规程,发挥从企业到业主等各个层面的积极性,共同推进太阳能建筑的有序健康发展。

(2)太阳能建筑的发展目标

今后,太阳能建筑的发展目标是:充分地综合利用太阳能,满足建筑物对使用功能和环境功能尽量多的能源供应需求,以降低建筑能耗在社会总能耗中的比例。因此,进一步考虑将太阳能利用与地热能、风能、生物能以及自然界中的低温热能等复合能源的利用结合起来,并进行系统的优化配置,以满足建筑的能源供应和健康环境的需求,是太阳能建筑发展的最高目标。零排放建筑代表太阳能综合应用的最高理想。近期研究开发的重点是太阳能热利用产品和系统与建筑一体化。

(3)综合确定太阳能建筑发展策略

综合确定太阳能建筑发展策略要充分考虑以下因素。

1)气候特征和经济发达程度　西部经济欠发达地区,往往又是太阳能资源丰富的区域。西部应以被动利用太阳能建筑为主,加强集热、蓄热、导热等材料和技术的研发与推广。而对于经济发达的沿海地区,夏季炎热、冬季阴冷,又具有冬季采暖、夏季空调的生活需求和经济能力,也应推广。因此,应积极扩大综合利用太阳能建筑新技术的投资优势,并成为实施太阳能或水源热泵等采暖空调技术示范建筑的首选地区。

2)生活习惯和经济水平　随着我国社会发展和人民生活水平的不断提高,稳定的热水供应逐步成为居民的基本生活需求之一。这是太阳能热水设备及系统与建筑一体化成为太阳能建筑领域发展最快的主要原因。

3)建筑特征与政策导向　对于不同的建筑类型和社会功能,在太阳能利用等领域应给予不同的示范导向和税收等激励政策。例如,对于公益性建筑采取强制推行太阳能利用的政策;

对于商业性建筑则给予税收等激励政策;对于量大面广的居住建筑则实行税收激励政策、能源投资机构及业主有偿使用相结合的策略。当然这些策略对于建筑需要改造的地方同样适用。同时可在选择特殊用途建筑、大型公益性建筑及政府办公建筑时进行示范推广和政策引导。

4)太阳能建筑技术和体系　编制设计规范、标准及其相关图集,建立产品(系统)检测中心和认证机构,完善施工验收及维护技术规程等,是太阳能利用(如热水供应)列入建筑工程设计环节,并作为一个"专业"纳入建筑体系的前提。

5)理念推广　节能生态的教育、生活方式的改变和理念的传播在太阳能建筑发展中的重要性日渐凸现。教育人们了解常规能源的一般知识、太阳能的优越性以及健康的生活方式,是一项全社会的重要任务,各级政府应给予足够的重视,并予以专项资金支持。

6)太阳能建筑应用技术的研究与推广　针对我国的社会发展、技术进步、经济能力、区域气候、生活需求等因素,以太阳能建筑领域中的热水供应为切入点,扩大太阳能热水供应的既有理念优势,倡导"理念先行、示范突破、政策跟进"的原则,推行"标准设计、检测认证、建筑准入"的机制,分阶段逐步推进太阳能建筑在中国的发展,最终达到太阳能建筑的普及和推广。

5. 太阳能与建筑一体化案例

(1)案例内容

案例一:"湖前兰庭"别墅区位于福州市湖前江厝路106号,由天福集团投资开发,福建省闽武建筑设计院承担设计,康安康合太阳能技术开发公司设计并安装太阳能热水器。该项目为9幢连体别墅,共78户,总建筑面积为13 429 m^2,均为四层框架结构,房屋总高度为17.25 m,屋面设计均为坡屋面,采用"瓦片式",于2003年3月安装完毕,并投入使用。《东南快报》和《八闽房产》、《福州房地产》、《福建建筑》等报刊、杂志作了专题报道,受到消费者、房地产开发商的共同关注和青睐,同时也引起了省建设厅、市建设局有关部门的重视。

案例二:"中远名城"住宅小区位于泉州市泉秀路,由泉州中远房地产公司投资建设,康安康合太阳能技术开发公司设计、安装太阳能热水器。该项目总建筑面积约100 000 m^2,共9幢建筑,住户804户,多层建筑5幢(7层框架结构),高层建筑4幢(13层和18层各两幢),屋面设计为平屋顶,太阳能采用"凉棚式"设计。该项目是全国太阳能与建筑一体化规模最大的项目之一,产品被建设部指定为"国家康居示范工程选用产品"。该项目已批准为"省级新技术推广应用示范小区"。《东南早报》在22版以头条新闻"太阳能住宅,未来人居新亮点"的醒目标题进行了详细报道,在当地引起了强烈反响,有效地提高了楼盘的档次,成为民众热买的新亮点。

(2)案例的设计原理与主材选用

1)系统设计　太阳能热水系统由太阳能集热系统和热水分配系统组成。集热系统的主要部件有太阳能集热器、辅助加热、储热水箱、循环管路、循环泵、控制部件和线路等;热水分配系统由配水循环管路、水泵、储热水箱、控制阀门和热水计量表组成。储热水箱是两个系统的共同部件和连接点。热水管系统由太阳能真空集热管和吸热瓦片组成的吸热器,在阳光下得出40~85 ℃的水温,进入储热水箱,再由水箱进入热水管道至每户的分支管道供室内使用。根据工程的实际情况,湖前兰庭连体别墅的热水系统采用四户型和六户型进行循环,中远名城多层及高层以梯位进行循环。

2)主材选用　采用专利太阳能不锈钢轧花反射板和吸热真空管,水箱内胆采用不锈钢热水给水管。其中,"湖前兰庭"采用铝塑复合管新型材料。"中远名城"考虑到高层建筑,采用钢塑管，主管均用聚乙烯发泡保温材料保温。

(3)设置安装

1)轧花反射板　"湖前兰庭"紧贴南面坡屋面上，"中远名城"设置在平屋顶上。反射板上设 φ47 mm × 1 500 mm 真空吸热管，管间设 120 mm × 160 mm × 2 000 mm 集热箱。

2)储热水箱　"湖前兰庭"设置在北向坡屋面上，四户型为 860 L，六户型为 1 300 L，直径均为 810 mm；"中远名城"设置在平屋顶上，为 1 970 L 和 1 550 L 两种，直径分别为 1 230 mm 和 970 mm，根据梯位户数进行组合设置。

3)与土建配合　将各分户的上下冷热水管、辅助加热电线等设在管道井内。

8.2.2　风能的利用

1. 风能基础知识

风能就是空气的动能，是指风所负载的能量。风能的大小决定于风速和空气的密度。

风能非常重要并是巨大的能源，它安全、清洁、充裕，能提供源源不绝、稳定的能源。太阳辐射的能量到地球表面约有 2% 转化为风能，风能是地球上自然能源的一部分。风力资源是一种取之不尽，又不会产生任何污染的可再生能源，具有永久性、无污染、可转移、可再生、就地可取等五大特征。

2. 风能利用的发展方向和特点

目前，利用风力发电已成为风能利用的主要形式，受到世界各国的高度重视，发展速度最快。而且，风能电厂建设成本低、占地少、不需要移民、建设周期短，能迅速缓解我国能源急需和电力短缺的局面，是解决边远农村独立供电的重要途径，还能有效遏制温室效应和沙尘暴灾害，抑制荒漠化的发展。

全球的风能约 2.74×10^9 MW，其中可利用的风能为 2×10^7 MW，比地球上可开发利用的水能总量还要大 10 倍。我国的风能资源丰富。据初步探明结果，我国陆地上可开发的风能资源为 2.53 亿 kW，加上近海的风能资源，全国可开发风能资源约 10 亿 kW 以上，居世界首位，具有商业化、规模化发展的潜力。我国处于风电开发的初期，未来三年国内对风电机组需求仍将高速增长，复合增长率将达到 40%。

风力发电有三种运行方式：一是独立运行方式，通常是一台小型风力发电机向一户或几户提供电力，用蓄电池蓄能，以保证无风时的用电；二是风力发电与其他发电方式（如柴油机发电）相结合，向一个单位或一个村庄或一个海岛供电；三是风力发电并入常规电网运行，向大电网提供电力，常常是一处风能电厂安装几十台甚至几百台风力发电机，这是风力发电的主要发展方向。

在风力发电系统中两个主要部件是风力机和发电机。风力机向着变距调节技术、发电机向着变速恒频发电技术发展，这是风力发电技术发展的趋势，也是当今风力发电的核心技术。

对于绿色智能建筑来说，风能发电主要是辅助太阳能光伏发电系统进行供电。特别是在天气状况不好时，例如阴天、雨雪等不能进行太阳能发电、但有风的气候条件下，可以由风力发电系统供电。图 8-11 为由一个小型风力发电机和一个小型太阳能电池板供电的路灯。

图 8-11 风力发电辅助太阳能光伏发电实例

8.3 水资源——中水的利用

水既是地球上一切生命赖以生存及人类生活和生产活动中不可缺少的重要物质，又是不可替代的重要自然资源。早从20世纪60年代以来，随着工业迅速发展、城市人口逐渐增加、人民生活水平逐渐提高以及近期世界经济的高速发展，各种用水量亦随之增长。但是大自然赋予人类的这部分资源是有限的，而这有限的资源还在不断地受到人类肆意开采及污染。这就使得水资源供需矛盾愈来愈突出，愈来愈明显，造成了世界上许多国家和地区相继出现“水危机”。

由于“水危机”的困扰，许多国家和地区积极着手巩固和加强节水意识以及研究城市废水再生与回用工作。城市污水回用就是将城市居民生活及生产中使用过的水经过处理后回用。有两种不同程度的回用：一种是将污水处理到可饮用的程度，另一种是将污水处理到非饮用的程度。对于前一种，因投资较高、工艺复杂，非特缺水地区一般不常采用。多数国家则是将污水处理到非饮用的程度，在此引出了中水概念。

对于缺水的国家，中水回用的意义已远远超越了经济范畴，它不仅攸关水资源的可持续利用，更重要的是攸关每个人生活质量的提高，攸关当代与子孙后代的生存发展。节约就是创造，利用一份中水，就会增加一份洁净水资源、增加一份发展能力、增加一份生存保障。当今，从世界范围看，中水回用已不再是一个“行业”，而成长为一个朝阳“产业”。中水利用是一项任重而道远的环保事业。

8.3.1 中水的定义

“中水”就是把排放的生活污水、工业废水回收，经过处理后可以再利用的水。“中水”起名于日本。“中水”的定义有多种，在污水工程方面称为“再生水”，在工厂方面称为“回用水”，一般以水质作为区分的标志。城市污水经处理设施深度净化处理后的水，包括污水处理厂经二级处理再进行深化处理后的水和大型建筑物与生活社区的洗浴水、洗菜水（不含粪便和厨房排水）等集中经过处理后的水统称“中水”。其水质介于自来水（上水）与排入管道内污水(下水)之间。其主要是指城市污水或生活污水经处理后达到一定的水质标准,可在一定范围内重复使用的非饮用水。

中水利用也称作污水回用。“中水”回用,一方面为城镇供水开辟了第二水源,可大幅度降低“上水”(自来水)的消耗量;另一方面在一定程度上解决了“下水”(污水)对水源的污染,从而起到保护水源、水量的作用。在美国、日本、以色列等国,厕所冲洗、园林和农田灌溉、道路保洁、洗车、城市喷泉、冷却设备补充用水等,都大量使用中水。

8.3.2　中水系统及分类

中水系统(Reclaimed Water System)是由中水源水的收集、储存、处理和中水供给等工程设施组成的有机结合体,是建筑物或建筑小区的功能配套设施之一。

中水利用系统按供应的范围大小和规模有下面四大类。

1)排水设施完善地区的单位建筑中水回用系统　该系统中水水源取自本系统内杂用水和优质杂排水。该排水经集流处理后供建筑内冲洗便器、清洗车、绿化等。其处理设施根据条件可设于该建筑内部或临近外部,如北京新万寿宾馆中水处理设备设于地下室中。

2)排水设施不完善地区的单位建筑中水回用系统　城市排水体系不健全的地区,其水处理设施达不到二级处理标准,通过中水回用可以减轻污水对当地河流再污染。该系统中水水源取自该建筑物的排水净化池(如沉淀池、化粪池、除油池等)。该池内的水为总的生活污水。该系统处理设施根据条件可设于室内或室外。

3)小区域建筑群中水回用系统　该系统的中水水源取自建筑小区内各建筑物所产生的杂排水。这种系统可用于建筑住宅小区、学校以及机关团体大院。其处理设施放置小区内。

4)区域性建筑群中水回用系统　本系统特点是小区域具有二级污水处理设施,区域中水水源可取城市污水处理厂处理后的水或利用工业废水,将这些水运至区域中水处理站,经进一步深度处理后供建筑内冲洗、绿化等用。

8.3.3　中水利用的要求和水质标准

1. 中水利用的要求

中水利用除满足水量外,还应符合下列要求:

①满足不同的用途,选用不同的水质标准;

②卫生上安全可靠,无有害物质,其主要衡量指标有大肠菌群数、细菌总数、悬浮物量、生化需氧量、化学耗氧量等;

③符合人们的感官要求,即无不快感觉,以解除人们使用中水的心理障碍,主要指标有浊度、色度、臭气、表面活性剂和油脂等;

④中水回用的水质不应引起设备、管道等严重腐蚀,不造成维护管理的困难,主要指标有 pH 值、硬度、溶解性固体等。

污水再生的利用按用途可分为农林牧渔用水、城市杂用水、工业用水、景观环境用水、补充水源水等,详见表 8-4。

表 8-4　城市污水再生利用类别

序号	分类	范围	示例
1	农、林、牧、渔业用水	农田灌溉	种子与育种、粮食与饲料作物、经济作物
		造林育苗	种子、苗木、苗圃、观赏植物
		畜牧养殖	畜牧、家畜、家禽
		水产养殖	淡水养殖
2	城市杂用水	城市绿化	公共绿地、住宅小区绿化
		冲厕	厕所便器冲洗
		道路清扫	城市道路的冲洗及喷洒
		车辆冲洗	各种车辆冲洗
		建筑施工	施工场地清扫、浇洒、灰尘抑制、混凝土制备与养护、施工中的混凝土构件和建筑物冲洗
		消防	消火栓、消防水炮
3	工业用水	冷却用水	直流式、循环式
		洗涤用水	冲渣、冲灰、消烟除尘、清洗
		锅炉用水	中压、低压锅炉
		工艺用水	溶料、水浴、蒸煮、漂洗、水力开采、水力输送、增湿、稀释、搅拌、选矿、油田回注
		产品用水	浆料、化工制剂、涂料
4	环境用水	娱乐性景观环境用水	娱乐性景观河道、景观湖泊及水景
		观赏性景观环境用水	观赏性景观河道、景观湖泊及水景
		湿地环境用水	恢复自然湿地、营造人工湿地
5	补充水源水	补充地表水	河流、湖泊
		补充地下水	水源补给、防止海水入侵、防止地面沉降

2. 中水水质标准

中水用作城市杂用水，水质应符合《城市污水再生利用 城市杂用水水质》(GB/T18920—2002)的规定。

中水用于景观环境用水，水质应符合《城市污水再生利用 景观环境用水水质》(GB/T18921—2002)的规定。

中水用于食物作物、蔬菜浇灌用水时，应符合《农田灌溉水质标准》(GB 5084—92)规定的水质要求。

中水用于采暖系统补水等其他用途时，水质应达到相应适用要求的水质标准。

当中水同时满足多种用途时，水质应按最高水质标准确定。

8.3.4　中水回用技术

中水开发与回用技术近期得到了迅速发展，在美国、日本、印度、英国等国家(尤以日本为突出)得到了广泛应用。这些国家均以本国度、区域的特点确定出适合国情国力的中水回用技术，使中水回用技术越来越臻于完善。在我国，这一技术已受到各级政府及有关部门重视并对建筑中水回用做了大量理论研究和实践工作，在全国许多城市(如深圳、北京、青岛、天津、太原等)开展了中水工程的运行并取得了显著的效果。

中水回用的特点是用各种物理、化学、生物等手段对工业所排出的废水进行不同深度的处理,达到工艺要求的水质,然后回用到工艺中去,从而达到节约水资源、减少环境污染的目的。

中水处理系统是中水回用系统中的重要设备,处理方法和工艺直接影响输出中水的水质。随着科学技术的进展以及水处理技术水平的提高,中水处理的技术、方法和工艺获得了很大的进步,国内外出现了许多新技术、新方法和新工艺。在工程实施中,有许多工艺流程可供选择。

1. 中水处理系统的程序

中水处理的程序一般分为三个阶段:前处理阶段、中心处理阶段和后处理阶段,如图8-12所示。

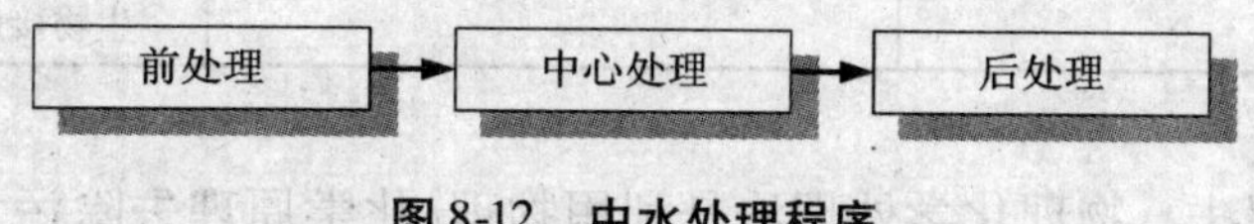

图8-12 中水处理程序

1)前处理阶段 此阶段截留中水原水中大的漂浮物、悬浮物及杂质,如用格栅来截留尺寸较大的悬浮杂质,用格筛截留格栅所不能截留的细小固体线头、毛发等。同时,利用沉淀池分离砂粒等密度大于水的悬浮颗粒,利用隔油池、气浮池分离密度小于水的悬浮颗粒和油脂。

2)中心处理阶段 此阶段去除中水中呈胶体和溶解状态的有机物质,并进一步降低悬浮固体的含量。处理方法分人工处理和自然处理两大类。人工处理法有生物处理法、物理化学处理法、膜分离法等;自然处理法有氧化塘法、土地处理法等。

3)后处理阶段 此阶段进一步去除水中残存的有机物、无机物及细菌、病毒等,对中水供水进行浓度处理,使出水满足回用水的各项指标。如采用过滤法、膜分离法去除悬浮物;采用生物处理法、活性炭吸附法和臭氧氧化法去除溶解性有机物,去除色度和臭味;采用臭氧和投氯等方法杀灭细菌、防止管壁结垢等。

2. 中水处理方法

中水回用的处理技术按机理可分为物理化学处理法、生物处理法和膜处理法等。通常,回用技术需多种污水处理技术的合理组合,即各种水处理方法结合起来深度处理污水,这是因为单一的某种水处理方法一般很难达到回用水水质的要求。

1)生物处理法 中水原水常含有大量的洗涤废水,生物处理法是去除洗涤剂的最有效方法,且技术可靠、运行费用低,出水水质也较稳定。目前,宾馆、饭店的中水处理工程中以沐浴废水为中水原水时,多采用生物接触氧化法作为中心处理工艺。该处理方法是利用微生物把污水中有机物转化为微生物生物细胞及简单形式无机物的处理方法。按照微生物生长种类和生长方式的不同,有不同的处理方法。生物处理法的种类如表8-5所示。由于生物转盘法有部分盘面暴露在空气中,将给周围环境带来很大的气味,不少单位因此而停用。有的单位则改为生物接触氧化池。而生物接触氧化法是在曝气方法提供充足氧的条件下使污水与附着在填料上的生物膜接触,使水得以净化。

表 8-5 生物处理法种类

分类方法	处理方法	
按照微生物种类不同分类	好氧生物处理法	
	厌氧生物处理法	
按照微生物生长方式不同分类	活性污泥法	传统活性污泥法
		多级活性污泥法
		氧化池活性污泥法
	生物膜法	生物滤池
		生物转盘
		生物接触氧化法

2)物理化学处理法 物理化学处理法是利用物理、化学原理去除污水中污染物的一种方法,常用的有混凝沉淀气浮法、过滤法和活性炭吸附法。处理方法如表 8-6 所示。

表 8-6 物理化学处理法的特点

分类名称	特点
混凝沉淀气浮法	在污水中投入化学药剂以破坏胶体的稳定性,使污水中的胶体和细小悬浮物聚集成具有可分离性的絮凝水,继而通过沉淀或气浮使固液分离
过滤法	利用惯性、沉淀、扩散或直接截留把悬浮颗粒输送到滤料表面,并通过双电层之间的相互作用力和分子间力的综合作用使之附着在滤料表面,从而使 污染物与水分离
活性炭吸附法	利用活性炭的物理吸附、化学吸附、生物吸附以及氧化、催化氧化和还原等作用,去除污水中的多种污染物。能够去除的污染物为溶解性有机物、表面活性剂、重金属和余氯等

3)膜处理法 膜处理法是一种深度处理的污水处理方法,一般用于物化或生化处理法之后,对处理的出水进行进一步处理。其特点是对 SS 的去除率高,分离细菌和病毒的性能好,但设备投资和处理的成本较高。膜处理法是利用特殊的有选择透过性的半透膜,把溶液中的部分溶质或溶剂渗透出来,从而达到分离或浓缩的目的。膜处理法又叫膜分离法,种类很多,在中水处理中常采用的是超滤和反渗透膜。前者受渗透压力的影响小,能在低压下操作;后者的操作压力必须高于溶液的渗透压。

中水处理方法的比较如表 8-7 所示。

表 8-7 各种处理方法的比较

项目	生物处理法(如接触氧化或曝气)	物化处理法(如絮凝沉淀、沉淀、气浮)	膜处理法(超滤或反渗透;需配置可靠的前处理设备)
水回收率	90% 以上	90% 以上	70% 左右
适用原水	优质杂排水、杂排水、生活污水	优质杂排水	超滤:优质杂排水 反渗透:杂排水、生活污水
应用范围	冲厕	冲厕	冲厕、空调冷却
水量负荷变化适应能力	小	较大	大
水质变化适应能力	较适应	较适应	适应

续表

项目		生物处理法（如接触氧化或曝气）	物化处理法（如絮凝沉淀、沉淀、气浮）	膜处理法（超滤或反渗透；需配置可靠的前处理设备）
间歇运转适应能力		较差	稍好	好
产生臭气		多	较少	少
运转管理		较复杂	较容易	容易
产生污泥量		较多	较少	不需经过处理随冲洗水排掉
装置的密封性		差	稍差	好
设备占地面积		最大	中等	最小
基建投资		较小	较小	大
动力消耗		小	较小	超滤：较小 反渗透：大
处理后水质	BOD_5	好	一般	好
	SS	一般	好	好
应用普遍性		多	一般	少

3. 中水处理的工艺流程

发展到现今，中水回用的工艺流程形式多样，主要根据中水原水的水质、水量和中水使用的要求确定。下面是几种中水处理的工艺流程。

1）生物处理法　流程是原水→格栅→调节池→生物处理（接触氧化）池→沉淀池→过滤→消毒→出水。

2）物理化学处理法　流程是原水→格栅→调节池→絮凝沉淀池→超滤膜→消毒→出水。此法以超滤膜分离技术替代了生物处理法工艺中的沉淀、过滤单元。

3）膜生物反应器技术（物化生化结合法）　膜生物反应器技术采用 MRB（Membrane Bioreactor，简称 MBR）工艺。MRB 是将生物降解作用与膜的高效分离技术结合而成的一种新型高效的污水处理与回用工艺。其处理流程为原水→格栅→调节池→活性污泥池→超滤膜→消毒→出水。

对于中水处理流程选择的一般原则是，当以洗漱、沐浴或地面冲洗等优质杂排水（CODcr 150 ~ 200 mg/L，BOD_5 50 ~ 100 mg/L）为中水水源时，一般采用物理化学法为主的处理工艺流程即可满足回用要求。当主要以厨房、厕所冲洗水等生活污水（CODcr 300 ~ 350 mg/L，BOD_5 150 ~ 200 mg/L）为中水水源时，一般采用生化法为主或生化、物化结合的处理工艺。而物化法一般流程为混凝、沉淀和过滤。

传统的生物化学法运转时必须考虑到反应速率和污泥的沉降性能。反应速率主要取决于活性污泥的浓度。污泥浓度高，反应速度就快。但考虑到二沉池不能过大，所以活性污泥的浓度就不能太大，从而影响了反应速率。污泥的沉降性能则取决于曝气池的运行条件。严格控制曝气池的操作是首要条件，因此也限制了生物化学法的应用范围。为了克服这些不足，科学家们首先想到了用膜进行固液分离。超滤膜分离技术正是在这样的情形下发展起来的。其原理是在一定压力下，采用具有一定孔径的分离膜，将溶液中的大分子物质、胶体、细菌和微生物截留下来，从而达到浓缩与分离的目的。其处理精度可达 0.1 μm，也不会产生生化法那样的气味儿，且污泥量少，无需进行污泥处理。同时启动也十分方便，不必像生化法那样接种和培养污泥，因而操作方便。国外的研究资料表明，超滤技术作为中水处理的后处理技术，具有适应性强，对悬浮物、细菌和洗涤剂的去除率高，出水稳定等诸多优点。

8.3.5 中水回用实例

某生态住宅小区是一个集文化、科技、环保为一体的大型环保区域的示范小区，总用地面积 72 635.4 m^2，总建筑面积 80 288.64 m^2，为多层公寓和跃层公寓。小区的中水回用系统纳入住宅建设的全过程，并与小区规划、设计、建设同步进行，为了保证小区的用水安全，专门设置了中水原水和供水管网，确保中水不进入生活饮用水和管道直饮水系统。

该中水回用系统的中水水源由优质杂排水和雨水组成，中水使用量达到小区全部用水量的 50%；中水使用范围是冲厕、清扫、绿化；设计水量为 Q_d = 1 206 m^3/d，Q_h = 67 m^3/h；占地面积 750 m^2，工程投资 290 万元(不含管网)，运行成本 0.88 元/m^3。

该小区的中水回用工程的工艺流程如图 8-13 所示。

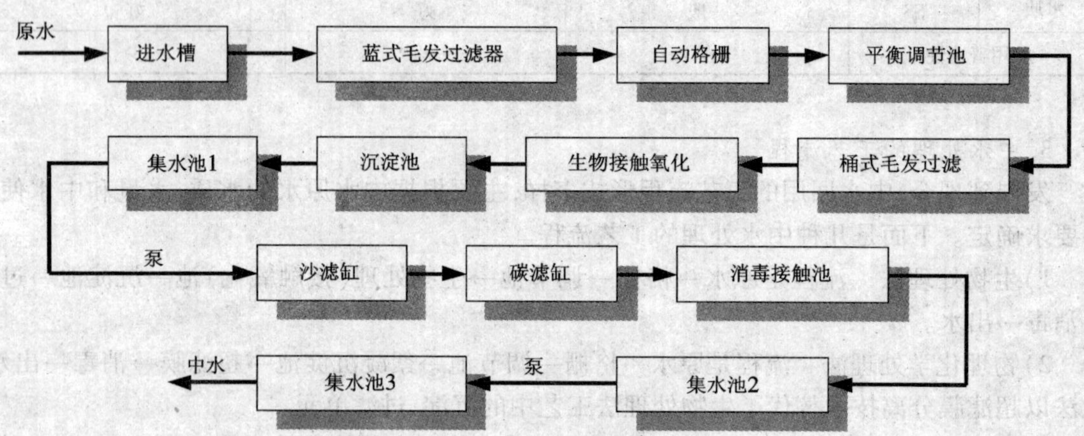

图 8-13 某小区中水回用工程的工艺流程

表 8-8 中给出了中水处理系统的设施和参数。

表 8-8 中水处理系统的设施和参数

名称	尺寸	单位	数量
进水槽	0.5 m×2.0 m×0.6 m	个	1
格栅槽	0.9 m×1.5 m×0.5 m	个	1
溢水池	53 m^3	座	1
调节池	420 m^3	座	1
接触氧化池(1 级)	130 m^3	座	1
接触氧化池(2 级)	108 m^3	座	1
沉淀池	63.6 m^2 ×3.78 m(h)	座	1
集水池(1)	18.5 m^3	座	1
消毒池	45 m^3	座	1

续表

名称	尺寸	单位	数量
集水池(2)	30 m^3	座	1
中水池	2.0 m×3.2 m×2.7 m	座	1

8.3.6　中水利用所面临的问题

如此重要、必要的“产业”,目前在国内却受到冷落。究其原因,主要有以下几方面。

1. 思想观念问题

思想观念问题是最关键的阻力。首先,由于一些人的水资源保护意识淡薄,对他人、对后代缺乏使命感、责任心。因此,对中水回用缺乏诚意与善感,总认为用不用中水是个人爱好,无碍大局。其次,总认为水是老天降下来的,不用白不用;总认为水是取之不尽、用之不竭的廉价资源,多用无非多交点水费,无关大局,回用中水岂不是杞人忧天、画蛇添足。再次,由于一些人对中水回用缺乏认知,总认为中水就是“脏水”,绝对不可回用。在上述观念的导引下,致使宝贵的水资源污染严重,饮用水水质不断下降;致使水资源日益匮乏,致使江河断流、地面下沉、土地沙化、植被衰竭。

2. 评价标准问题

评价标准问题也是最主要阻力。市场经济时代,追求经济利益无可非议,但对于构建和谐社会的今天,在追求经济利益的同时,更应懂得兼顾环境代价、社会效益。沉重的代价,终于使人们清醒,仅靠 GDP 去评价一个国家、城市、行业的发展是片面的、有害的,仅追求经济增长也无法支撑起全民所向往的和谐社会。故不是任何项目都适宜以直接的、局部的、短期的经济价值衡量优劣,甚至决定成败,中水回用就是这样的项目。如果不是发自内心地树立资源有限、浪费可耻的观念,而只是以一吨水几块钱、每度电几角钱的表面价格来度量价值、衡量意义,建设资源节约型社会将无从谈起。所以,对于中水回用项目,不仅要计较一时、一事的经济得失,更要看到其环保价值、社会价值和无形价值,看到中水回用的成长和必然趋势,承担起社会责任和历史使命。只有良知,才有责任;只有飞翔,才有超越。

3. 守法执法问题

不能守法执法是最直接阻力。针对水环境的不断恶化、水资源的日益匮乏,我国颁发了许多相应的法律、法规,也做了大量工作;但水质恶化的趋势并没有得到有效遏止,水资源浪费的行为并没有得到有效扭转,中水回用的重大潜能并没有得到有效发挥。究其原因,关键在于有法不依,违法不纠,导致现有的法律、法规等同于一纸空文、行同虚设,违法企业得不到应有的惩处,使其冠冕堂皇地抛开环保“包袱”,占据成本竞争优势,而相应的守法企业则处于成本竞争劣势。

4. 认知不清问题

认识不清问题也是不可忽视的阻力。由于一些人对中水回用事业缺乏学习与认知,总认为中水回用就是污水处理,他们自然会将污水处理的全部费用(建设投资、运行费用等)强加到中水回用项目上,造成中水回用不仅投资大,而且运行费用高的假象。尤其是在目前水资源价格与价值严重背离的福利型供水模式下,在被一些人捧为逃避中水回用之堂皇借口的同时,也挫伤了一部分人主动使用中水的热情与信心。

5. 宣传引导问题

宣传引导问题也是不可忽视的阻力。作为当今世界节水治污最有效措施之一的中水回用,由于宣传、引导的力度还不够,致使一些人对国内外中水处理技术、回用水质标准和中水回用事业的战略意义等缺乏认识和了解,致使中水回用事业得不到应有的重视。

总之,不论从当前还是今后、不论从思想观念还是实际行动、不论从个人还是组织,中水回用事业都是一项长期的、复杂的、艰巨的社会系统工程,需要"十年树木,百年树人"的历程,需要多管齐下和社会的共同努力。

8.4 照明节能技术

建筑照明系统的能量损耗占建筑物能量损耗的20%~30%。"绿色照明"是20世纪90年代初提出的照明领域的新方针,它是从节约能源、保护环境的角度提出来的。美国环保局于1991年初提出了绿色照明和有关计划,并积极付诸实施,几年来取得了显著成效。随后联合国和世界上众多国家对此很关注,并制定了相关的计划。

目前,我国照明耗电量已占总用电量的10%左右,例如2004年我国总发电量为21 860.0亿kWh,年照明耗电量为3 280.5亿kWh,约相当于三峡年发电量的4倍。其中主要以低效照明为主,照明终端节能具有很大的潜力。同时照明用电大都属于高峰用电,照明节电还可以缓解高峰用电压力。

我国对节约能源十分重视,在照明领域的节能方面也进行了很多工作。国家经贸委1993年开始把照明节能提到了能源、环境与经济协调发展的战略高度,放在资源节约工作的优先位置,并于1994年开始组织制定中国绿色照明工程计划,于1996年制定了《中国绿色照明工程实施方案》,并正式组织试点和实施。1996年10月、1997年10月、1998年10月,结合全国节能宣传周,由国家经贸委资源节约综合利用司主办、中国照明学会等单位协办了三届中国绿色照明国际研讨会,进行了技术交流和广泛的宣传,起到了积极推动作用。为了实现建筑界的可持续发展战略,自2006年6月1日开始施行的《民用建筑节能管理规定》中第8条提到大力发展建筑照明节能技术与产品。照明用电是建筑物用电的重要部分,此部分的节能也成为人们很关心的问题。本节以照明节能原则为基础,对照明节能进行探讨。

8.4.1 绿色照明的内涵和意义

不论是在美国提出的"绿色照明计划"或者在我国制定的《绿色照明工程实施方案》中,都有明确的宗旨和目标,都具有丰富的内涵。要实施我国的绿色照明工程方案,达到预期的目标,必须要使照明工程的设计、科研、生产维护专业人员和各行业、各地区、各企业事业单位的管理者,对绿色照明工程有比较全面的认识和正确的理解,懂得它是一项综合性的系统工程,需要从多方面采取政策手段和技术措施,才能奏效。对这个问题认识的简单化或理解的片面性,都是有害的。

①绿色照明工程要求人们不要简单地认为只是节能,而要从更高层次去认识,提高到节约能源、保护环境的高度对待,这样意义更广泛、更深远。绿色照明工程提出的宗旨不只是个经济效益问题,而更主要的是着眼于资源的利用和环境保护的重大课题。通过照明节电,从而减少发电量,即降低燃煤量(目前我国70%以上的发电量还是依赖燃煤获得),以减少SO_2、CO_2以及氮氧化合物等有害气体的排放,对于解决世界面临的环境与发展的课题,都有深远的意

义。

②绿色照明工程要求的照明节能,已经不完全是传统意义的节能。这一点在我国"绿色照明工程实施方案"中提出的宗旨里已经有清楚的描述,就是要满足对照明质量和视觉环境条件的更高要求。因此,不能靠降低照明标准实现节能,而是要靠充分运用现代科技手段提高照明工程设计水平、提高照明器材效率实现。

③实施绿色照明工程不能简单地理解为提供高效节能照明器材。高效的器材是重要的物质基础,但是还应有正确合理的照明工程设计。设计是统管全局的,对能否实施绿色照明要求起着决定作用。此外,运行维护管理也有不可忽视的作用,没有这一因素,照明节能的实施也不完整。

④高效照明器材是照明节能的重要基础,但照明器材不只是光源。光源是首要因素,并已经为人们所认识。但灯具和电气附件(如镇流器)的效率,对于照明节能的影响也是不可忽视的。这一点往往不为人们所注意。比如一台带漫射罩的灯具,一台带格栅的直管形荧光灯具,高效优质产品比低质产品的效率可以高出50%~100%,足见其节能效果。

⑤高效光源是照明节能的首要因素,必须重视推广应用高效光源。目前有人把推广高效光源简单地理解为推广节能灯(而这里的节能灯是专指紧凑型荧光灯),这是很不全面的、很有害的。因为光源种类很多,有不少高效者应予推广。就能量转换效率而言,有与紧凑型荧光灯的光效相当的(如直管荧光灯),有比其光效更高的(如高压钠灯、金属卤化物灯)。这些高效光源各有其特点和优点,各有适用场所,决非简单地用一类节能光源所能代替的。

8.4.2　高效优质照明器材

所谓的绿色照明,就是在保证不降低作业视觉要求、不降低照明质量的前提下,力求减少照明系统中的光能损失,最有效地利用电能。一般来讲建筑照明节能要遵循以下三个原则:

①满足建筑物照明功能的要求;

②考虑实际经济效益,不能单纯追求节能而导致过高的消耗投资,应该使增加的投资费用能够在短期内通过节约运行费用来回收;

③最大限度地减小无谓的消耗,在选用节能设备时,要了解原理、性能及效果,从技术经济上给以全面的比较,并结合建筑实际情况选定节能设备,达到真正节能目的。

1. 高效优质照明器材种类

实施绿色照明的宗旨,是要在我国发展和推广高效照明器具,节约照明用电,建立优质高效、经济、舒适、安全可靠、有益的环境和改善人们的生活质量,提高人们的工作效率,造就有利于人民身心健康的照明环境,以满足国民经济各部门和人民群众日益增长的、对照明质量与照明环境的更高要求和减少环境污染的需要。

与普通灯具相比,高效节能照明灯具主要性能特点如下:

①高效节能,节电率为37.5%~50%;

②提高了照明质量,照度提高1~3倍;

③光污染低,紫光和紫外线的反射率只有5%,是普通灯具的12.5%;

④使用寿命是普通灯具的2倍以上;

⑤光衰减少,长期使用反射率仅降低3%~8%,远低于普通灯具。

目前可以采用的高效照明器材主要有以下几种。

(1)太阳能照明

太阳能照明设备主要由照明灯具、光源和控制系统组成。灯具类型主要有太阳能草坪灯、庭院灯、景观灯和高杆灯等。这些灯具以太阳光为能源,白天充电,晚上使用,无需进行复杂昂贵的管线铺设,而且可以任意调整灯具的布局。其光源一般采用LED或直流节能灯,使用寿命较长,又为冷光源,对植物生长无害,是一种环保型的绿色能源。

(2)发光二极管(LED)

发光二极管是由电能转换成光的半导体器件,是彩色照明中能效最高的一种节能光源,并以其长寿命(达10万小时)、良好显色性(Ra达75~85)、无频闪、激励响应时间短(ns级)、耐震动、耐气候、使用安全等诸多优点进入绿色照明领域。它还具有丰富多样的颜色光,方便选色和变色,可广泛应用在宾馆酒店、超市百货商场、建筑工程、商业空间、机场、地铁、医院等场所。

(3)高强度气体放电灯(HID)

以高压钠灯、金属卤化物灯为代表的高强度气体放电灯(HID),具有节能、发光效率高、光色好等特点,适用于高大工业厂房、体育场馆、道路、广场、户外作业场所等。这类场所范围广,使用光源多(按光源总功率计更为明显),节能效果最显著。对灯具悬挂高度较低的场所,如商场、超市,可选用小功率金属卤化物灯、高压钠灯;而对灯具悬挂高度较高的场所,如体育场馆、广场、高大厂房,可选用大功率金属卤化物灯、高压钠灯。

4)节能荧光灯

以直管荧光灯(以冷阴极T8型荧光灯为推广重点)为主的节能荧光灯,适合于灯具悬挂高度较低的室内场所,如学校、办公楼、图书馆、商店等。家庭住宅、旅馆、餐厅、门厅、走廊等场所的照明可用细管径代替粗管径,以紧凑型荧光灯(俗称节能灯,包括“H”形、“U”形、“D”形、环形等)代替白炽灯等。稀土(三基色)节能荧光灯含有稀土类荧光物质,与其他荧光灯相比,不仅亮度增强,光色也大为改善,且显色指数可达80%以上,使人对颜色感觉清晰、明亮。近来,国外已研制出了一种1 cm厚的平板型不含汞的荧光灯,使用电子控制系统,将工作频率提高到30~60 kHz,可节电30%,灯寿命延长50%,还消除了闪烁现象。

5)其他新型光源

其他新型光源主要有光纤灯、高频无极灯、场致发光灯等,目前世界上最先进的CCFL节能面光源模组也正走向市场。

2. 高效优质照明器材的选择

按照前文所述的绿色照明的内涵,照明节能器材应根据视觉条件的需要,综合考虑灯具的照明技术特性及其长期运行的经济性等原则选择。在满足显色、启动时间等要求下,应优先选用高效节能灯。按不同的工作场所条件,采用不同种类的高效照明器材,可降低电能消耗、节约能源。

在第一类场所,即高大工业厂房、户外场地,主要是推广金属卤化物灯和高压钠灯。前者以其较优的色温和显色指数,获得更多应用;后者则以更高光效和更长寿命而受欢迎,尤其是在户外(道路、广场等)占有绝对优势,在户内,则由于显色指数太低而受到很大限制。显色改进型高压钠灯,由于显色指数大大提高,而获得广泛应用。在这类场所,过去曾使用的荧光高压汞灯,由于其光效不高,性能也不好,不应再使用,现在还在使用的应逐步改造。至于自镇流荧光高压汞灯,更不应再使用。

在第二类场所，应积极推广使用直管荧光灯，目前主要任务是使用 T8 灯管（直径 26 mm）取代 T12 灯管（直径 38 mm），无论是光效和寿命，T8 灯管都大大优于 T12 灯管，应该无条件应用。在欧美、日本等国，T12 灯管已很少使用，甚至趋于淘汰。可惜到现在，我国还有大量 T12 灯管在运行使用，甚至新建的建筑物还设计和使用 T12 灯管，可见绿色照明工程的实施还需要做大量艰巨的工作。此外，T8 灯管由于直径减少，体积减少近一半，荧光粉等有害物质耗量也减少，大大有利于环保。

高效节能照明灯的电子镇流器也是照明耗能的一部分，而品质优良、可靠性好、效率高、能耗低于传统电感型镇流器的电子镇流器已成为首选产品。T8 直管型荧光灯应选用电子镇流器或节能型电感镇流器；T5（>14 W）荧光灯应采用电子镇流器；大功率高压钠灯、金属卤化物灯应采用节能型电感镇流器；小功率金属卤化物灯选用电子镇流器；高压钠灯、金属卤化物灯在电压偏差大的场所，为了节能和保持光输出稳定、延长光源寿命，宜配用恒功率镇流器。

应该清楚地认识上述几类照明设备，它们都是需要积极进行推广的照明设备，但由于第一、二类场所范围更大、节能潜力更大，因此它们所用的照明设备更有不可忽视的地位。

8.4.3　照明节能系统的设计

照明节能与照明设计有密切的关系，照明节能的具体实施，是通过建筑电气设计与照明装置和节能产品的采用这个重要环节来完成的。合理的照明设计方案是实现照明节能的保证。在保证设计照明质量的前提下，优先选用照明用电指标较低的设计方案。照明设计应注意以下三个环节：

①根据视觉的需要，合理地选取高、中、低档照度水平，在所需的照度前提下，优化照明设计，限定照明节能指标，最优控制单位面积照明功率密度值；

②正确选用与建筑场所使用要求及特点相适应的光源、灯具，合理布灯，保证照明质量（亮度分布、眩光限制、显色均匀度、造型等）；

③采用分区控制灯光或自动控光、调光等控制方式，并充分利用天然采光。

1. 精确的照度计算

建筑电气照明设计中，许多人认为照度没必要计算那么详细，往往根据经验进行估算。而仅凭经验估算，是不可能把照明规定场所的实际照度设计值与照度标准值误差控制在 ±10% 的范围内的。影响照度计算的因素很多，如灯具的效率、灯具的配光、光源的光通量、灯具安装位置、房间的尺寸与形状和表面反射面的材料等。若忽略上述因素，凭感觉来取值，会造成计算结果与实际要求不符，造成能源的浪费。

目前，常用的照度计算方法有基本的手工计算方法、单位容量法、逐点计算法、系数法。手工计算法和单位容量法一般依赖于各类经验表格，计算简洁直观。但是对于新型灯具、光源，表格数据相对滞后，此计算方法不太适用。逐点计算法运算量太大，一般在讨论照度均匀度时才采用。系数法是时下使用较多的照度计算方法。该方法的核心问题是如何取得适合的利用系数。目前取得利用系数主要的方法如下：

①根据灯具的配光曲线查找万能固有利用系数，然后再考虑灯具的效率因素，就可以得到利用系数；

②根据灯具的典型反射率下的利用系数，由房间的实际情况插值求得实际利用系数，并且还要考虑空间反射面的情况、灯具安装高度、工作面的高度等因素。

2. 采用节能控制措施

为了在不同工作状态下避免不必要的耗电,应该采取不同的节能控制措施。

(1)采用各种类型的节能开关和管理措施

例如:建筑的公共部位,除高层住宅的电梯厅和应急照明外,均采用节能自熄开关;推行电力计量装置,实行用电计量收费,以经济核算的方式来约束照明耗能浪费。因此,在照明配电系统设计中,应根据设计对象的性质、功能等因素,按区域划分装设计量表。

(2)采用合适的照明方式

照明方式可根据建筑物在功能和生产工艺流程方面的要求不同分为以下三种。

1)局部照明　局部照明是为了满足某些部位的特殊需要而设置固定或移动照明。设单独控制开关,开闭灵活方便,并能有效地突出对象。

2)一般照明　一般照明是为在整个场地或场地的特殊局部所设置的基本均匀的照明。它由若干灯具对称均匀排列而成,可获得较均匀的水平照度。

3)混和照明　混和照明是由一般照明和局部照明组成的照明方式对工作位置需要有较高照度并对照射方向有特殊要求的场所,应采用混和照明。可以在工作面上获得较高照度,并易于改变光色,减少装置功率和节约运行费用。

(3)充分利用天然光,减少电能的使用

①应合理开窗。房间的采光系数或采光窗地面积比应符合《建筑采光设计标准》的规定。当天然采光不足时,可辅以人工照明。对天然光不足区域进行补充,使从窗户入射的天然光和室内人工照明合理协调。

②可利用导光和反光装置,将天然光引入室内。这些装置利用光的反射、折射特性,将天然光引入并传到需要的地方。

③可将太阳能作为照明能源,通过光电转换装置把太阳能转换成电能,供建筑照明使用。

(4)采用合理的控制方式

在建筑照明上,采用集中遥控、自动智能控制等方式,也是节能的重要途径。目前常用的有以下四种。

1)红外线、超声波控制开关　检测到有人出入时自动感应实现开闭,在人离开后还延迟一段时间。

2)预先设置合适的工作照度　根据对自然环境的检测,由光控调光装置随时调整人工照明各区域的灯光照明。无论环境如何变化,系统均保持建筑物室内的照明度维持在预先设定的水平。

3)时钟控制　可要求照明灯光按预先设定的不同时序来自动控制照明开关。

智能照明控制系统可实现照明控制的完全自动化和智能化。智能控制系统由智能照明灯具、调光控制及开关模块、照度及动静智能传感器、计算机通信网络等单元组成。将专用的微处理器置入各类模块,使它们具有数字计算和数字通信能力,采用双绞线电缆进行联网组成局域网络(不需要通过计算机,而直接设置输出、输入单元间的逻辑程序)。而且可在网络中随时添加新的控制单元,并可以和其他建筑管理系统(BMS)、楼宇自控系统(BA)、保安和消防系统结合起来,其软件的可编程性和硬件的灵活结构大大节省了投资成本。可任意实现单点、双点、多点、区域、群组逻辑控制,实现定时开关、亮度手动/自动调节、红外线监控、遥控、场景组合、电话拨打等多种照明控制功能。实现照明的智能化管理,可以展现丰富的灯光效果,同时实现节约能源的目的。系统可对低压卤素灯(电子镇流器)、荧光灯(电子镇流器)、石英灯等多种光源调光,满足各种环境如体育场馆、图书馆、市政工程、广场、公园、景观等户外公共场合对照明的要求。利用群组开关可控制整个区域的灯光以及多种亮灯模式,无须考虑开关容量问题。可分时启动,定时开关,利用局域网进行远程监控。

建筑照明节能是绿色智能建筑技术的一个重大标志,也是建筑界实现可持续发展战略的一个重要环节。不仅对保护环境与节约能源具有重要意义,而且还能改善、提高人们的工作、学习、生活质量,前景十分广阔,经济与社会效益显著,意义重大而深远。

8.5 绿色智能建筑的其他节能方法

我国是一个能源短缺的国家,仅民用建筑耗能就占我国总能源消耗量的 40% 左右。以黑龙江省为例,每年全省建筑能耗总量 2 300 万吨标准煤,采暖期为 180 天至 200 天,采暖能耗位居全国前列。因此,民用建筑节能已成为节约能源和可持继发展的重大国策,也是尽快实现全面小康生活的迫切需要。

随着社会的进步、科技的发展、节约能源政策的制定,尤其是我国《民用建筑节能设计标准》(JGJ26—95)的出台,通过在建筑设计和采暖设计中采用有效的技术措施,将采暖能耗控制在规定水平,从而改善了民用建筑的热环境质量,降低了能源的消耗。

8.5.1 外墙保温节能技术

在达到节能标准的民用建筑中,外墙的保温隔热性能为非节能建筑的 2 ~ 3 倍。我国目前外墙保温措施主要有三种方式,即外保温、内保温和夹芯复合墙保温。

1. 外墙外保温技术

外墙外保温自 1995 年发展至今,优越性日益显现,应用面积已超过 50 %。该技术主要优点是保温隔热性能好,不占室内面积,施工不影响住户生活,保护主体结构等。其保温材料主要为聚苯乙烯板,较普遍的做法有以下几种。

(1)ZL 胶粉聚苯颗粒外保温技术

ZL 胶粉聚苯颗粒外保温技术含保温层、抗裂防护层、抗渗保护层。ZL 胶粉采用氢氧化钙、不定型二氧化硅加入少量硅酸盐水泥做骨料,并加入高分子黏合剂、保水增稠剂等外加剂,在工厂制配包装。其保温层采用一袋 ZL 胶粉(约 25 kg)配一袋聚苯颗粒(约 200 L)加水搅拌成保温浆料,按保温层厚度分层抹灰(每次抹灰厚度不超过 10 mm)。抗裂保护层采用多种纤维加入抗裂砂浆内,使其具有良好的弹性,后将涂塑耐碱网格布压入抗裂砂浆表面,承受保温层产生的变形应力,以此提高拉裂防护层的抗拉裂能力。最后刮柔性耐水腻子,涂刷弹性养护液。该技术施工速度快,容易控制质量,整体性强,材料利用率高,墙面不用修补(直接用保温砂浆抹平即可)。

(2)粘贴聚苯板、抹抗裂砂浆的外保温技术

在墙体外侧用聚合物砂浆粘贴 40 ~ 60 mm 厚聚苯板,用专用砂浆勾缝,卡固钉锚固。保温板外侧用聚合物抗裂砂浆和耐碱玻璃纤维网格布结合而成的复合面层罩面。此技术采用粘贴与锚固方法以保证聚苯板与主体结构连接的可靠性和耐久性,但必须注重玻璃纤维网格布和外涂胶泥的有效性。

(3)保温板与混凝土现浇法技术

在墙体模板内、钢骨架外侧安装聚苯板,浇筑混凝土拆模后,聚苯板便与结构墙体浇注在一起,最后在聚苯板上抹抗裂砂浆并压入耐碱网格布。施工时聚苯板拼缝要严密,板面要平整,浇筑混凝土时要均匀连续,以防止因混凝土侧压力不均出现聚苯板错茬,导致后序施工困难,甚至影响保温效果。

(4)GRC外墙保温装饰挂板技术

GRC外墙保温装饰挂板是集围护、保温与艺术造型于一体的新型挂板,采用托、粘、挂施工技术。板面喷射GRC 6~25 mm厚,在模具中反打成型,再与聚苯材料复合成保温板。与墙体连接的钢件预埋在板肋处,通过墙上的预留件或后埋件与挂板相连。这种保温挂板外侧可实现丰富多彩的艺术图案,再喷刷一层优质彩色涂料,建筑物表面艺术的观赏性尤为显现。施工时必须解决预埋件和板间嵌缝问题。

2. 外墙内保温技术

外墙内保温墙体主要采用黏土砖、多孔砖、粉煤灰蒸压砖、加气混凝土砌块、陶粒混凝土空心砌块等做围护结构。保温材料主要有保温砂浆抹灰、保温制品粘贴、保温板挂装等。由于是室内操作,楼层施工互不影响,工作面大,操作灵活方便安全,施工速度快,加之材料比较广泛,这是外保温施工所不及的。该技术目前主要有如下几种。

(1)内抹保温砂浆技术

保温砂浆主要有膨胀珍珠岩、石膏聚苯颗粒、双灰粉保温砂浆等。其优点是施工方便,造价低廉。但随着建筑节能技术要求的提高和新型节能建筑材料的出现,一些不适合节能和施工的保温材料逐渐被市场淘汰。目前多用于工程的是ZL胶粉聚苯颗粒保温砂浆。该材料耐化学腐蚀性优良,为闭孔憎水结构,其韧性、耐水性、耐候性、抗裂性、隔热保温性均优于传统的保温材料,是一种新型的抹灰保温材料。其施工方法也很简单,将ZL胶粉与聚苯颗粒现场配制成砂浆,分层抹灰,初凝后抹抗裂保护浆料并压入耐碱纤维网格布,表面喷弹性养护液。

(2)粘贴聚合砂浆复合聚苯保温板技术

采用三层聚合物砂浆与两层聚苯板复合形成夹芯保温板,解决了保温板自身强度低的弱点,增强了板的柔度和抗裂性。由于保温板取消了边肋,减少了内保温热桥5%左右,因此保温效果很好。

(3)增强粉刷石膏聚苯板保温技术

将60 mm厚中密度聚苯板粘贴在墙体结构层上,保温层罩面采用干缩值较低的粉刷石膏,结合玻璃纤维网格分布共同使用。施工时现场直接成型,增强了保温面层的整体性及抗干缩能力。该技术避免了块材保温墙体易出现的冷(热)桥、表面开裂等质量通病,施工工艺简单,质量易于保证,节能效果很好。

(4)隔热保温挂装技术

采用岩棉板或聚苯板加纸面石膏板,在热绝缘层与结构层间形成封闭空气隔层,传热系数可达$k=0.91\sim1.25\ \mathrm{W/(m^2\cdot K)}$,是较为理想的保温节能材料,缺点是施工技术较为复杂,造价也相对较高。

3. 夹芯复合墙体保温技术

夹芯复合墙体主要有非承重的自保温墙体和可承重的中芯双层墙体。前者适合外墙体非承重体系,后者则适合外墙体承重体系。

(1)非承重的自保温墙体

墙体采用各种空心砌块,在砌块孔洞中填充隔热保温材料,如聚苯颗粒、膨胀珍珠岩等。其优点是填充材料不占室内使用面积,形成非承重墙体自保温体系。但因受到圈梁、砌块骨架、构造柱等的影响,容易造成墙体隔热保温面积不够,并产生冷(热)桥现象,在一定程度上限制了墙体热工性能的提高。

(2)可承重双墙中芯复合墙体

外层墙为 240 mm 或 370 mm 厚普通黏土砖墙体,内层为 60 mm 厚黏土砖或 100 mm 厚空心砌块,中间夹层为聚苯板、玻璃棉、岩棉等保温材料,形成外层承重、内层防护的复合墙体。施工时,利用 φ4 mm 钢筋或高强塑料筋对内外墙进行可靠拉结。优点是内外层墙体可采用传统材料,对建筑立面造型和饰面材料限制性小。缺点是构造较为复杂,施工工序衔接要求高,局部梁柱有产生“热桥”的可能,墙体较厚,自重较大。

8.5.2　屋面保温节能技术

在达到节能标准的民用建筑中,屋面的保温隔热性能为非节能建筑的 2 ~ 2.5 倍。目前,屋面隔热保温材料主要有憎水性膨胀珍珠岩、聚苯复合材料、玻璃棉等。

1. 憎水膨胀珍珠岩保温技术

在屋顶结构层上用 20 mm 厚、1:3 水泥砂浆找平,刷冷底子油,炉渣找坡,铺膨胀珍珠岩保温层 100 ~ 180 mm 厚和 SBS 卷材防水层 8 ~ 10 mm 厚。该屋面的传热系数 k = 1.36 W/(m^2 · K),满足节能目标的要求。

2. 聚苯复合隔热保温屋面技术

利用废旧聚苯材料粉碎成直径 2 ~ 4 mm 颗粒,外加漂珠、少量水泥及胶结材料,经现场配制现浇成一种保温层。其密度为 239 kg/m^3,抗压强度为 6.67 MPa,传热系数为 k = 0.072 W/(m^2 · K),铺设厚度为 150 ~ 200 mm,具有较好的隔热保温效果。

3. 硬质发泡聚氨酯防水保温技术

硬质发泡聚氨酯材料泡孔致密、闭孔率高,具有光滑厚实的自结膜。施工时直接喷涂在结构找平层或找坡层上,形成一个无拼缝的柔性、耐水性、抗渗性极好的整体保温层。用 50 mm 厚聚氨酯做防水试验,经多次储水和雨后观察,未见渗漏。该材料传热系数 k = 1.1 ~ 1.5 W/(m^2 · K),50 mm 厚硬质聚氨酯可达到 200 mm 厚水泥珍珠岩的保温效果,隔热保温性能明显优于一般绝热材料。该技术隔热防水一体化,节省了防水层,简化了施工工序,使用效果很好。

(4)粘贴屋面保温板技术

在屋面结构找平层上用掺入黏结胶的聚合物砂浆粘贴保温板,如聚苯板、石棉板等,然后进行嵌缝、节点处理,做屋面防水层等。施工时要注意保温板粘贴时拼缝要严密,处理好屋面上(如女儿墙、烟气孔、通风帽等处)的节点构造,切实做好屋面防水。

(5)双面彩钢保温板技术

双面彩钢保温板技术克服了小坡平屋顶防水构造节点复杂、耐久性差等瑕疵,满足了构筑廉价阁楼及创造丰富多彩建筑立面造型的需求。目前,我国兴起的坡顶屋面为双面彩钢保温板材料的大量使用创造了前所未有的商业良机。双面彩钢保温板是将优质彩色薄钢板压粘在聚脲氰酸酯(PIR)、聚氨酯(PUR)、聚苯乙烯(PS)等新型建筑夹芯板材单面或双面上,而形成的具有一定强度和刚度的、能承受一般雨雪荷载和施工人员荷载及小型施工机具荷载的、集保温防水于一身的优质屋面建筑节能材料。该材料工厂化生产,现场拼接安装,节点件及扣件齐全，一般采用 φ5.5 mm 自攻钉固定在间距 700 mm 左右的轻型冷弯薄壁型钢檩条上。它耐冷热、防锈蚀、容重轻、强度高、外观美、保温防水好、施工速度快，装饰一次完成，尤其是双面彩钢保温板可免除二次吊项，大有流行之势。

8.5.3 门窗保温节能技术

测试和分析表明，外门窗的传热量占节能建筑外围护结构的总耗热量的 30% ~40%，窗的保温节能好坏直接关系到建筑节能目标能否实现。

1. 窗的传热系数

我国《民用建筑节能设计标准》(JGJ26—95)中规定不同地区采暖居住建筑窗的传热系数限值。目前市场上各类窗户的传热系数如表 8-9 所示。

表 8-9 各类窗的传热系数

窗户种类	传热系数($W/(m^2 \cdot K)$)
单玻双层木窗	2.3
双玻单层木窗	2.45
双玻单层塑钢窗	2.5
双玻单层铝塑复合窗	3.1

2. 门窗的保温技术

表 8-9 中列出的是各类窗本身的传热系数。若考虑窗本身的气密性纰漏及窗周边洞口的传热等因素，则表中的传热系数还要增大，超过严寒地区的传热系数限值。通过窗的保温技术，可以解决这一问题。

(1)木窗保温技术

对单玻双层木窗采用密封条或粘窗缝的办法提高气密性，可减少 10 % 左右的建筑能耗；对窗洞口周边内侧粘贴不小于 30 mm 厚保温板的办法，可减小窗洞口侧边热桥的影响；把单玻双层木窗的内扇玻璃换成中空玻璃，则可使单玻双层木窗的传热系数减少到 1.9 $W/m^2 \cdot K$ 左右；对南向和偏南向采用双玻单层窗，其他朝向采用三玻单层木窗。这些保温技术均可满足严寒地区的建筑节能要求。

(2)塑钢窗保温技术

对于目前使用率在 70% ~80% 的塑钢窗，为满足《民用建筑节能设计标准》(JGJ26—95)的节能要求，可对南向及偏南向采用中空玻璃的单框双玻窗，其他朝向应采用中空玻璃的单框三玻窗。框料可由一般使用的 60 mm 或 66 mm 厚改用 70 mm 厚，传热系数小于 1.9 $W/m^2 \cdot K$，再对窗周边采用保温材料塞缝及对窗周内侧面粘贴保温板后，完全可以满足严寒地区的节能要求。

(3)铝塑复合窗的保温技术

采用三玻中空框料在 90 ~120 mm 厚单框铝塑复合窗，并对窗周边采用保温材料塞缝及对窗周内侧面粘贴保温板，也可以满足严寒地区的节能要求。

(4)对非采暖楼梯间隔墙保温

用“三防门”及在 -6.0 ℃以下地区，对楼梯间实行采暖并在入口处设置门斗等保温措施也是门窗节能的重要方面。

8.5.4　采暖供热系统的节能技术

1. 集中供热分户计量技术

每层采暖用户可同时接在分单元设置的供回水立管上，连接方式可为上供式或下供式。目前采用较多的是水平双管系统。每户入口设置一个热计量表和锁闭阀，以便计量收费。室内每组散热器装设温控阀，用户可根据各自的需要调节室温。为保证室温调节不对其他用户造成影响，在单元入口和每户入口处安装差压控制器或流量调节阀，使整个采暖系统的压力流量保持稳定状态，调节采暖系统的水力失调。为防止管道中脏物堵塞仪表，在楼入口和每户入口处分别加装二级除污器。

2. "一气三用"独立式采暖技术

在每户厨房安装一台壁挂式使用管道煤气的燃气小锅炉，为户内各房间提供生活热水，使管道煤气集饮食、洗浴、采暖于一体。各房间散热器均为单独回路，统一由分水器进行控制，用户可根据需要调节室温。该采暖系统为户内独立采暖节省了大量室外管线，减少了热能消耗，并免去了建造锅炉房和铺设室外管线的费用。计量收费由供热计量改为煤气计量，无需安装热量表，不但计量方便，而且节约了仪表费用。住户可根据气温和起居时间的变化随时调节房间温度，充分地利用了能源，降低了能耗。因热媒由燃煤改为燃气，减少了大气污染，可谓"绿色供暖"。据测算，该技术节能可超过 20%。

3. 低温地板辐射采暖技术

低温地板辐射采暖技术是将交联聚乙烯塑料管（PEX）埋敷在楼（地）面细石混凝土热层内，向管中送入 50～60 ℃的热水，通过分水器对每个环路进行控制，热量从管中辐射出来，将楼（地）板加热，使室温升高，达 20 ℃以上。其优点如下：

①可通过温控阀调节温度，且散热均匀，是一种舒适先进的采暖方式；

②热量由地板向上辐射，使室温下高上低，符合人的生理需求；

③使用低温热水，高效节能，热稳定性能好；

④免去了暖气片的占用空间，提高了房间的利用率和使用功能；

⑤PEX 管不腐蚀，不结垢，使用寿命在 50 年以上，基本不用维修，运行费用低。

我国寒冷地区的民用建筑节能技术是一项经济性、技术性很强的工作。它需要在国家的宏观决策下，制定统一的技术标准，加大建筑节能技术国际交流，提高各有关方面的节能意识，加快保温节能新材料新技术的研发和推广。要注重墙体、屋面、门窗、采暖等保温系统技术的相互配合和内外保温措施的紧密结合，在设计单位的精心设计和施工单位的认真施工下，不断创造出我国采暖能耗小、热环境质量高的现代化都市新居。

8.6　绿色智能建筑节能诊断

我国建筑节能工作，是以 1986 年颁布实施《民用建筑节能设计标准（采暖居住建筑部分）》为标志启动的。经过二十多年的发展，取得了明显成效。但是与发达国家相比，在气候条件类似情况下，我国建筑单位能耗量还处于高消耗阶段。其原因主要有：建筑围护结构热工性能较差；供热和空调系统效率太低，调节不均匀；照明设备效率较低。因此从围护结构、暖通空调系统以及照明设备等方面考虑，具有很大的节能潜力。做好建筑围护结构、暖通空调系统和照明设备等方面的诊断,是建筑节能工作中重要的环节之一。

8.6.1 绿色智能建筑的节能措施

智能建筑由于配置了大量的建筑设备,采用了先进的技术手段,建成了功能强大的智能化系统,因而在节能方面更加灵活、便捷,可以具有比传统建筑更多的节能手段。例如,在空调系统中可以采用如下的节能措施。

(1)冷冻水温度设定

提高冷冻水温度,可以达到节能效果。在保证舒适的前提下,现场操作人员根据每个季节及每天室外温度的变化情况,设定冷冻水的出水温度。

(2)设定合理的温度

对于大堂、走廊、办公室主要以保证舒适为前提,适当放宽控制要求,提高设定温度。如进门的前厅在夏季将温度设定值设在28 ℃~30 ℃,比室外低4 ℃~5 ℃,人已感觉舒适;廊道设定值定在27 ℃~28 ℃已满足要求;办公区定在26 ℃左右,同样可以令人感觉舒适。

(3)新风量控制

根据季节变化,进行合理的新风量有效调节是节能的另一个措施。在设计工况(夏季室温26 ℃,相对湿度60%;冬季室温22 ℃,相对湿度55%)下,处理一公斤室外新风量需要冷量6.5 kW,热量12.7 kW,故在满足室内卫生的前提下,适当减少新风量,有显著的节能效果。可以实现新风量控制的措施有以下几种:

①在回风位置设置CO_2或空气品质检测器,根据回风CO_2气体浓度或空气品质自动调节新风风门的开启度,改变新风量;

②根据室内人员变动规律,并采用统计学的方法,建立新风风阀控制模型,以相应的时间确定运行程序,进行程序控制新风阀,以达到对新风的控制;

③对新风机组、空调机组及通风设备编制相应的时间程序、假日时间程序及事故程序,控制器除了能对机组实现PID控制及TEP(Time/Event Program)控制,还包含间隔运行、最佳启动、最佳关机、设定值再设定、夜间净化等节能条件,并且当机组滤网发生压差报警时,能及时通知清洗滤网,保持空调风的清净程度。

(4)夜间设定

夏季通过大量引入夜间室外的低温新鲜空气,置换室内污浊的空气,以提高室内空气的品质,减少能量消耗。

(5)控制优化

以最佳组合方式控制设备的启停。通过楼宇自动化系统(BAS)对空调设备进行预冷、预热的最佳启停时间的计算和控制,以缩短不必要的预冷、预热时间,达到节能的目的。同时在大厦预冷、预热时,关闭室外新风阀,不仅可以减少设备容量,而且还可以减少获取新风带来的冷却或加热的能量损耗。

(6)风机水泵变频调速

一幢建筑物中有数百台风机水泵,由于空调的水系统与风系统运行状态是变化的,且都小于设计的最大工况,因此广泛应用变频技术不仅可以改变流量使设备处于最佳工作状态,而且可以降低10%的流量,节省27%的电力消耗。

8.6.2 绿色智能建筑节能诊断方法

为了降低建筑能耗,挖掘节能潜力,应当运用科学的方法和先进的技术手段,对建筑围护结构、暖通空调系统和照明设备进行节能诊断，从而找出存在的问题，分析建筑节能潜力大小，为建筑的经济运行和节能改造提供客观、全面、准确的依据，进而通过具体的节能技术措施和管理措施，提高能源的有效利用率。

1. 建筑能耗调查

目前我国各级政府都十分重视建筑节能工作，节能工作（尤其是建筑节能诊断及进一步的改造）重要的基础是建筑能耗数据的调查。从宏观角度，建筑能耗数据的调查，一方面可以通过相同功能类型的建筑能耗进行统计分析，获得相应类型建筑的能耗状况，对建筑节能工作及相关政策具有指导意义；另一方面可从微观上了解具体建筑的能耗特点，摸清基本情况，分析能耗特点，对症下药，找出减少能源消耗的对策，研究提高能源使用效率的技术，从而为降低建筑能源消耗制定相应的节能策略。

建筑能耗调查的对象为建筑在使用过程中消耗的所有能源类型和所有能源消费形式的能耗量，包括采暖、通风、空调、照明、热水、炊事等。近些年来，建筑能耗在全国总能耗中比例逐年增加，建筑节能被广泛重视，不少业内人士进行了一些建筑能耗调查以及相关的节能潜力研究工作，某些城市进行了小范围的建筑能耗调查与节能潜力分析。目前我国的建筑能耗统计体系尚不完善，近期建设部正在组织相关单位进行《民用建筑能耗统计标准》的编制，并有望于近期发布实施，该标准的实施将有力地推动我国建筑节能工作的进行。

2. 建筑物本体节能检测

节能检测是用科学的仪器和实验方法得出具有权威性的检测结论，为评价建筑物的节能效果提供依据，从而推动建筑节能的发展。长久以来我国北方地区为传统的采暖地区，并已形成了较为成熟的检测方法，国家建设部已于 2001 年批准发布了行业标准《采暖居住建筑节能检验标准》（JGJ132—2001）。但对于夏热冬冷等南方地区，在我国历史上不属于采暖区，而中央空调系统和家用空调器在民用建筑中的普遍应用也仅是近 20 年的事情。此外，由于地理位置和气候差异等因素，因此尚无较为系统的针对这些地区的建筑节能检测标准，其建筑节能检测有一定的特殊性，针对北方采暖建筑的单位面积耗热量指标等检测方法并不适用于南方地区。

判断建筑物是否达到节能标准，首先应对所选建筑围护结构进行热工检测，最主要的是检测围护结构传热系数、围护结构热工缺陷和门窗气密性等。当其满足相关标准，则围护结构热工性能符合节能要求，否则应对围护结构进行节能改造，使建筑围护结构满足节能要求。

（1）围护结构传热系数检测

建筑物的围护结构，通常指外围护结构，包括外墙、屋面、窗户、阳台门、外门以及不采暖楼梯间的隔墙和户门等。传热系数是指在稳定传热条件下，围护结构两侧空气温差为 1 ℃时，通过单位面积墙体传递的热量，单位为 $W/m^2 \cdot K$。围护结构传热系数测量方法主要有热流计法和热箱法。

1）热流计法　热流计法是采用热流计及温度传感器测量通过构件的热流值和表面温度，通过计算得到传热系数。其检测基本原理为：在被测部位至少布置两块热流计，在热流计的周围布置四个铜 - 康铜热电偶，对应的冷表面上也相应地布置四个热电偶。通过导线把所测试的各部分连接起来，将测试信号直接输入微机，通过计算机数据处理，可打印出热流值及温度读数。通过瞬变期，达稳定状态后，计量时间包括足够数量的测量周期，以获得所要求精度的测试数值。为使测试结果具有客观性，测试时应在连续采暖（人为制造室内外温差亦可）稳定至少七天的房间中进行，检测时间宜选在最冷月份，且应避开气温剧烈变化的天气。一般来说，室内外温差愈大（要求必须大于 20 ℃），则读数误差相对愈小，所得结果亦较为精确。其缺点是受季节限制。该方法是目前国内外常用的现场测试方法。

2）热箱法 热箱装置是实验室内测量多种均质或非均质构件热传递性能的专用设备。根据一维稳定传热原理在试件两侧的箱体内分别建立所需的温度，达到稳定传热后，测量空气温度、试件的表面温度及输入到计量箱内的功率，即可计算出试件的热传递特性。热箱法通常用于实验室测试墙体围护结构的传热系数，精度高于热流计法。

（2）围护结构热桥及热工缺陷检测

围护结构热桥是指处在外墙和屋面围护结构中的钢筋混凝土或金属梁、柱、肋等部位，因这些部位传热能力强，热流较密集，故称为热桥。热桥内表面温度是衡量建筑节能的一个重要基本参数。围护结构热桥部位的内表面温度不应低于室内空气露点温度。热桥部位内表面温度宜采用热电偶等温度传感器贴于被测表面进行检测。

热工缺陷是指建筑物围护结构因缺少保温材料、保温材料受潮和空气渗透等原因产生的热工性能方面的缺陷。常见的检测方法为红外摄像法，在建筑暖通空调系统正常运行时，首先对围护结构进行普测，然后对可疑部位进行详细测量。用红外摄像仪测出可疑部位的实测热像图，与参考热像图进行对比分析，判断是否存在热工缺陷、缺陷类型以及其严重程度。

（3）建筑玻璃及外遮阳设施的性能检测

随着现代化建筑中设计大开窗，大量使用玻璃幕墙，建筑玻璃在建筑节能中的地位也越来越重要。检测建筑玻璃的热工性能一般是测量和计算相结合。单片玻璃的光学性能检测主要包括透射率、前反射率、后反射率和吸收率，并根据相关物性参数和标准计算出可见光透射比、太阳光直接透射比、太阳能总透射比、遮阳系数和传热系数等参数。对于两层玻璃或三层玻璃构成的玻璃系统，如果知道了每一层玻璃的相关数据，就可利用相关计算方法获得其光学特性参数。

目前建筑外遮阳设施在南方建筑中越来越普遍，检测遮阳设施是否满足要求也成为建筑节能检测的内容之一。由于遮阳设施的遮阳系数主要取决于遮阳设施的几何尺寸和安装位置，因而建筑的外遮阳设施检测主要是遮阳设施的构件尺寸、角度及安装位置。此外，有一定透明度的遮阳构件或百叶类构件的遮阳系数还与材料的光学特性有关，所以还要对此类遮阳构件材料的光学性能进行抽样检测。

3. 供暖空调系统节能检测

供暖空调系统是由许多子系统组成，按能量消耗可分为冷热源能耗、输配系统能耗和末端设备能耗。它们所消耗的能量占整个空调能耗的绝大部分。因而对系统进行节能检测时，可从以下三方面进行。

（1）冷热源检测

冷热源能耗是指为了消耗建筑物内热、湿负荷向空气处理设备提供冷量和热量而引起的能耗。冷热源作为空调系统中最为重要的设备之一，冷热源的选择依据不仅包括系统自身的要求，而且还涉及工程所在地的能源结构、价格、政策导向，环境保护，城市规划，建筑物用途、规模、冷热负荷、初投资、运行费用以及消防、安全和维护管理等许多问题。因而在对冷热源进行检测时，要注意以下关键点：

①能源选择形式是否合理以及与现行设备是否匹配；

②测定冷水、热水、冷冻水和冷却水的温度,测定各供热、空调设备的流量及各分支管线的流量;判断冷冻水量分配是否合理及冷却水旁通是否导致水温度过高,冷水机组选型是否过大和是否长年处于部分负荷工况;

③制冷机、锅炉的能耗、效率能否随冷热负荷变化而变化,在运行过程中能否发现设备和系统的故障。

(2)输配系统检测

输配能耗是指流体输送设备运行时所消耗的电能,主要包括水系统和风系统中为克服流动阻力而消耗的电能。

1° 水系统检测

供热和空调水系统的作用就是以水为介质在建筑物之间和建筑物内部传递冷量和热量。因而对空调水系统检测不仅是整个空调系统正常运行的重要保证,而且能够有效地节省水泵的耗电量。检测项目有如下几个。

1)温度 测定冷水、热水、冷冻水等的温度,确定它是否达到了设计规定的温度范围。测定的具体位置有各供热、空调设备的入口、出口,分水器、集水器,热(冷) 源的入口、出口,分支管道和末端装置的入口等处。

2)压力 测定管道内的压力,确认管道内的堵塞、污染的状态;判断冷冻水泵、冷却水泵扬程选择是否偏大,水泵是否长期低负荷运转,各用户支路水力是否平衡。测定的具体位置是各空调设备的出、入口,同时使用压力传感器和压力计,判断它们的可靠度。

3)流量 测定各供热、空调设备的流量,各分支管线的流量,确定它是否达到了设计值。测定仪器为流量计。

4)热量 测定热水用户使用的热量。测定仪器为热量表。

2° 风系统检测

空调风系统的作用就是以风为介质在建筑物之间和建筑物内部传递冷量和热量,并向建筑物提供新风。因而对空调风系统检测不仅是整个空调系统正常运行的重要保证,而且能够有效地节省风机的耗电量。检测项目有如下几个。

1)温度 测定风管内和送风口空气温度,确定风管保温效果、送风温差是否合理。

2)压力 测定风管内和风机进出口的压力,确定风管内是否清洁、过滤器是否堵塞以及风机扬程选择是否合理。

3)流速 测定风管内、送风口、排风口等流速,确定送风机选型是否匹配、是否造成室内正压或负压过大。

4)新风流量 测定新风口送风量,确定新风机是否变频、是否满足室内卫生要求。

(3)末端设备检测

空调末端设备的作用是利用输配系统送来的冷(热)量将空气处理到所要求的状态点,按一定的送风方式送入室内,消除室内的余热、余湿。对末端设备的检测可以保证室内环境参数维持在设定值,还可以提高末端设备的换热效率,节约能量。检测项目有如下几个。

1)温度 测定进出口水温、进出口空气温度;计算出换热效率,判断肋片的换热情况以及肋片污染和腐蚀程度。

2)压力 测量进、出风口压力;确定风系统的压降情况,判断系统是否堵塞。

3)风速 测量室内风速分布情况;确定风机选型、送风方式是否合理。

4)湿度　测定室内、送风口和新风机组等出口湿度,确定风机盘管是否过大而导致不能除湿。

4. 照明设备检测

目前,我国照明用电占社会总用电量的12%左右,采用高效照明产品替代传统的低效照明产品可节电60%～80%,照明节电潜力巨大。照明节能的主要措施是在保证照度(是指物体被照亮的程度,采用单位面积所接受的光通量表示)的情况下,推广高效节能照明器具,提高电能利用率。照明设备节能检测包括如下几项。

1)节能灯具的应用情况　调查建筑内采用光源的类型,确定光源选择是否合理。采用效率高、寿命长、安全和性能稳定的照明产品可有效降低建筑照明能耗。

2)照度　测量照明设备的照度,根据室内工作性质,确定室内照度是否符合节能要求。

3)照明节能控制　检查照明节能控制系统和控制方法是否合理。合理的照明控制系统和控制方法同样能有效地降低建筑照明能耗。

当建筑节能检测各项内容均检测完毕后,可对检测获得的数据进行分析,与相关的建筑节能检测和设计标准进行对比。有条件或需要的情况下还可通过进一步的节能模拟进行深入研究,进行建筑节能诊断,最终提出合理的建筑节能改造措施。建筑节能模拟和建筑节能改造的内容,这里不再详述。

8.6.3　一种围护结构传热系数检测方案

建设部提出"十一五"期间建筑节能是重点工作领域。这些领域分别是新建建筑全面执行节能设计标准,逐步建立4个直辖市和北方寒冷地区节能65%的国家标准体系和技术支撑体系,发展低能耗、超低能耗的绿色建筑,并形成相关标准和技术体系,引导未来建设发展方向。

为改善居住建筑室内热环境质量,提高人民居住水平,提高采暖、空调能源利用效率,贯彻执行国家可持续发展战略,2001年《夏热冬冷地区居住建筑节能设计标准》颁布实施。该标准在提出节能50%的同时,对建筑物围护结构的热工性能也进行了规定。为保证建筑物建造完后也能达到节能要求,判定建筑物围护结构热工性能成为一项重要的现场实测手段。

围护结构传热系数是表征围护结构传热量大小的一个物理量,是围护结构保温性能的评价指标,也是隔热性能的指标之一,因此本方法主要针对围护结构传热系数的现场检测技术进行采集,它以建筑节能检测为应用背景,采用无线网络实现无线数据采集。

图8-14是将智能无线传感器应用于建筑围护结构热流远程采集系统的一个方案。本方案将基于HOLTEK公司HT46R232单片机的以及其围护结构的智能无线传感器应用于建筑围护结构热流远程采集系统,它能有效地解决墙体温度的测量监控,对墙体及其材料的保温性能进行评价。采用目前国内建筑节能检测普遍采用的"热流计法"现场检测,该方法采用热流计及温度传感器测量构件的热流值和表面温度,通过计算得出其热阻和传热系数。

项目分墙体热流检测模块、室内外温度检测模块、射频模块、GSM通信模块以及HT46R232等几个模块合作完成。现将几个模块的工作原理分别介绍如下。

1. 墙体热流检测模块

墙体的热阻是表征建筑物隔热性能的一个重要参数。精确地测定墙体的热阻有助于准确估算通过围护结构的热量,有助于确定整个空间的空调负荷,为热舒适性设计、节能设计以及空调系统的选择提供可靠的依据。

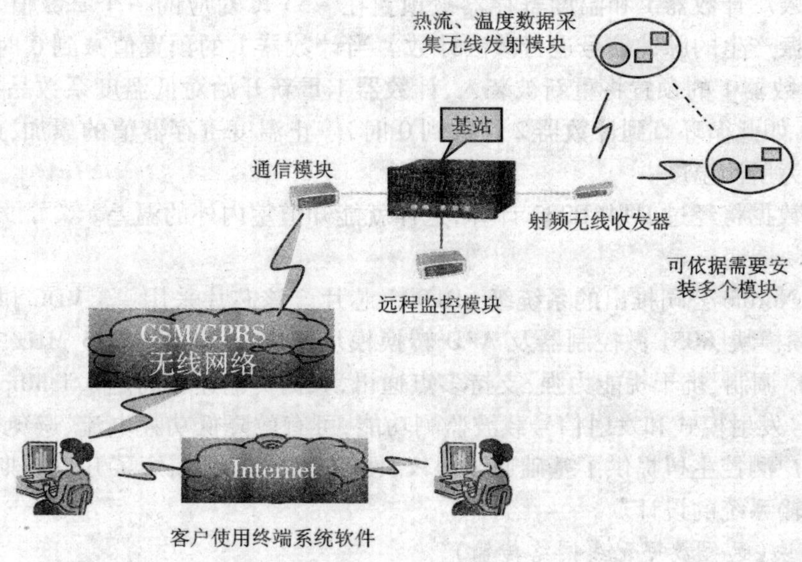

图 8-14 数据采集方案

对于现场测量建筑物墙体的构造热阻，由于既不能拆下一部分墙体去测量它的厚度大小，也很难弄清楚墙体材料的精确组份，也就不能算出导热系数的数值，而且建筑物内、外的状态是瞬时变化的，墙体的传热是不稳定传热，因此，在实践中通常是采用“保护热箱法”测量墙体的热阻。这种测量方法结构比较复杂，所用仪器设备比较多，安装热箱时费时费力，很不实用，而且测量过程受到的干扰因素较多，要得到一个比较准确的测量数据是困难的。为了改进“保护热箱法”的不足，简化其结构、提高测量的精确度，方案中采用了测量墙体构造热阻的“双面热流计法”。“双面热流计法”测量墙体的构造热阻得到了满意的结果。这种测量方法不仅操作简便、测试的准确度高，而且适用性很广。它既可测量小试件的热阻，也可以测量大块材料的热阻；它既适用于稳定传热状态，又适用于不稳定传热状态。所以通过预埋在墙体内的热流检测计可以检测到墙体内的热流。

WYP 建筑热流传感器(板式)是根据温度梯度原理制成，如图 8-15 所示。其主要技术指标是：尺寸为 110 mm × 110 mm × 2.5 mm；测头系数分 11.63 W/m^2mV(10 $kcal/m^2.h.mV$)；使用温度范围为 100 ℃以下；标定误差≤5%。

图 8-15 WYP 建筑热流传感器(板式)

2. 室内外温度检测模块

通过两个 Dallas 公司的 DS18B20 测温模块置于室内和室外分别检测室内外的温度，通过 A/D、D/A 转换将所测量的温度数据送入单片机。它支持“一线总线”接口，测量温度范围为 -55 ℃ ~ +125 ℃，在 -10 ℃ ~ +85 ℃范围内，精度为 ±0.5 ℃，现场温度直接以“一线总线”的数字方式传输，大大提高了系统的抗干扰性。

由于 DS18B20 低温度系数晶振的振荡频率受温度影响很小，用于产生固定频率的脉冲信号，并送给计数器 1。高温度系数晶振随温度变化振荡频率明显改变，所产生的信号作为计数器2的脉冲输入。计数器1和温度寄存器被预置在-55 ℃对应的一个基数值。计数器1对低温度系数晶振产生的脉冲信号进行减法计数。当计数器1的预置值减到0时,温度寄存器的值将加1,计数器1的预置将重新被装入,计数器1重新开始对低温度系数晶振产生的脉冲信号进行计数,如此循环直到计数器2计数到0时,停止温度寄存器值的累加,此时温度寄存器中的数值即为所测温度。

采集到的数据将经过HT46R232计算,这样就能知道室内外的温差。

3. 射频模块

采用挪威Nordic公司推出的系统级nRF905芯片。该芯片采用+3 VDC供电,内部集成了nRF905射频模块、8051微控制器及A/D转换模块,具有433/868/915 MHz三波段载波频率。采用GFSK调制,抗干扰能力强;支持多点通讯,数据传输速率高达0.1 Mbps;具有特有的ShockBurst信号发射模式和发射信号载波监测功能,可有效降低功耗电流、避免数据冲突。内部寄存器为用户测控主机提供了基础通讯协议,便于用户扩展,缩短了开发周期,因此很适用于无线数据传输系统的设计。

4. GSM模块(远程数据无线网络传输)

系统要用到的GSM模块为手机的核心部件,用过时的手机即可。

(1)基站

基站应由射频收发器、报警模块及基于GSM网络的远程通信模块组成。它是负责通过射频以无线方式从节点采集温度与热流数据,并将数据暂存在内存中,根据中央管理器的要求或根据系统的定时设定将数据打包通过GPRS或SMS发至中央管理器终端。

(2)测试方式是现场实测

根据标准要求,当采用热流计法进行现场实测时,建议在冬季进行。但为了分析其他时间测量传热系数的可能性与准确性,要在春季对该屋顶的传热系数进行现场实测。为了提高测试精度,选用受太阳辐射影响较小的北屋面进行传热系数现场实测布点。其中:屋顶外表面温度传感器布置在裸露的覆土层上,并避开阳光直接照射,测点数量为3点;屋顶内表面温度传感器布置在室内相对应位置,测点数量为3点;热流计布置在室内温度传感器中间,数量为2只。温度传感器采用铜-康铜热电偶传感器,热流和温度采用自动化数据记录仪表与计算机进行数据分析处理。根据相关文献,采用热流计测量时建议室内外温差大于20 ℃。为了制造人为温差,在实测过程中采用电热器进行加热。当温度基本稳定后,进行相关参数的计量与测试。测试期间,热流和温度的记录间隔为30分钟。

要想把智能传感器应用于建筑节能检测,必须达到技术指标,数据采集精度符合国际标准《建筑构件热阻和传热系数的现场测量》(ISO 9869)流程规范,符合《夏热冬冷地区居住建筑节能设计标准》、《现场检测管理程序》、《采暖居住建筑节能检验标准》(JGJ 132—2001)。

习　题

1. 什么是绿色智能建筑?我国绿色智能建筑有什么特点?
2. 简述建筑利用太阳能和风能的好处。
3. 太阳能有哪几种利用形式?常用的集热器有哪些种类?
4. 简述太阳能电池的用途和太阳房的种类。

5. 简述中水处理流程。常用的中水处理方法有哪些?

6. 绿色照明可以采用哪些优质高效的照明器材? 可以采用什么样的控制方法?

7. 对于绿色智能建筑来说,什么方法可以用于节约各类能源?

参考文献

[1] 张少军编著. 建筑智能化系统技术[M]. 北京:中国电力出版社,2006.

[2] 王再英编著. 楼宇自动化系统原理与应用[M]. 北京:电子工业出版社,2005.

[3] 张振昭,许锦标主编. 楼宇智能化技术[M]. 北京:机械工业出版社,2003.

[4] 陈龙编著. 智能建筑楼宇控制与系统集成技术[M]. 北京:中国建筑工业出版社,2004.

[5] 张九根,丁玉林编著. 智能建筑工程设计[M]. 北京:中国电力出版社,2007.

[6] 章云,许锦标编著. 建筑智能化系统[M]. 北京:清华大学出版社,2007.

[7] 董春桥编著. 智能楼宇 BACnet 原理与应用[M]. 北京:电子工业出版社,2003.

[8] 刘国林编著. 建筑物自动化系统[M]. 北京:机械电子工业出版社,2002.

[9] 盛海涛等编著. 楼宇自动化[M]. 西安:西安电子科技大学出版社,2002.

[10] 张瑞武编著. 智能建筑的系统集成及其工程实施(上)[M]. 北京:清华大学出版社,2000.

[11] 建设部智能建筑推广中心编著. 智能建筑技术与应用[M]. 北京:中国建筑工业出版社,2001.

[12] 刘国林编著. 智能建筑标准实施手册[M]. 北京:中国建筑工业出版社,2000.

[13] 刘晓胜,吴乐南等编著. 智能小区系统工程技术导论[M]. 北京:电子工业出版社,2001.

[14] 韩江洪编著. 智能家居系统与技术[M]. 合肥:合肥工业大学出版社,2005.